Internet Protocol TeleVision
Basic & Practical Application

IPTV 기초와 실무

김창익 · 박홍식 · 최준균 공저

홍릉과학출판사

저자 서문

2009년 6월 현재 정부는 첨단융합, 녹색기술, 고부가서비스 산업의 3대분야 17개 신성장동력 육성을 위해 향후 5년간 24.5조원을 투입하기로 결정하였으며 이는 현 정부 출범 이후 최대의 재정 투자액으로 알려져 있다. 그 중에서도 방송통신 융합, IT 융합 시스템, 로봇, 신소재 등이 망라된 첨단 융합 신성장 동력에 전체 50%인 12조 2000억원을 쏟아 부을 예정이라는 말이 증명하듯 이제는 많은 기술들이 유기적으로 융합되는 시대가 이미 도래했음은 의문의 여지가 없다. 지난 10여년간 눈부신 발전을 거듭해온 IT(정보기술)는 BT(생명기술), NT(나노기술), CT(문화기술) 등과 같은 다양한 기술과 짝짓기에 여념이 없으며 IT의 테두리 안에서도 여러 IT 기술간의 융합이 하루가 다르게 일어나고 있다.

이 책은 방송과 통신간의 대표적 융합 서비스인 IPTV 서비스를 이루기 위한 구체적인 기술들을 다룬다. IPTV가 케이블 TV나 위성 TV 등과 비슷해 보이면서도 급속히 주목을 받고 있는 이유는 인터넷 망을 이용한 양방향성과 다양한 서비스로의 무한확장성, 그리고 와이브로와 연계한 이동성(Mobile IPTV)에 있다고 할 수 있다. 따라서 IPTV가 단순히 방통융합의 결과물이 아니라 미래성장동력의 씨앗이자 견인차의 역할을 맡고 있다는 사실에 주목할 때, IPTV 서비스의 근간이 되는 기술에 대한 자세한 소개를 담은 이 책의 출간은 오히려 늦은 감이 없지 않다.

이 책은 모두 9개의 장으로 구성되어 있다. 1장은 IPTV에 대한 개요를, 2장~4장에서는 IPTV 시스템, 비디오 부호화 및 전송 기술을 다룬다. 아울러 5장과 6장에서 IPTV의 대표적인 응용서비스를 소개하고, IPTV 서비스 구간별 품질측정 방법과 각 열화항목에 대한 품질측정 메트릭 소개가 7장에서 이어진다. 8장에서는 성공적인 IPTV 서비스 도입을 위해서 트래픽을 제어하고 관리하는 네트워크 엔지니어링과 품질최적화를 위한 기술에 대해 상세히 설명하며 9장에서 차세대 IPTV의 진화 전략과 발전 전망에 대해 논의한다.

이 책이 나오기까지 여러 사람이 도움을 주었다. 카이스트의 대학원생인 김원준, 박지용, 안일구, 이종민 학생들이 원고의 기획에서 출판에 이르기까지 모든 과정 하나하나에 큰 도움이 되었음을 밝히며 그들에게 감사의 마음과 더불어 촉망 받는 인재로 계속 성장해 나아가길 기원한다. 귀중한 책을 만드는데 아낌없는 지원을 해 주신 홍릉과학출판사의 김응수 부장님 및 관계자들에게도 감사의 마음을 전한다. 이 책을 읽는 누군가에게 조금이나마 가치 있는 책으로 기억되기를 바라며.

2009년 8월 10일

저자 일동

차 례

제 1 장

IPTV 개요

1.1 IPTV 정의

IPTV는 인터넷 프로토콜 텔레비전(Internet Protocol Television)의 약자로 인터넷 통신 규약(Protocol), 즉 인터넷 통신언어를 이용하여 텔레비전 신호인 영상, 음성, 문자 등을 보내고 받을 수 있는 서비스를 말한다.

International Telecommunication Union(ITU) 산하의 표준화 단체인 IPTV Global Standards Initiative(IPTV-GSI)에 의하면 IPTV란 QoS/QoE, 양방향성, 보안 및 신뢰성이 보장된 IP망을 통해 제공되는 텔레비전, 비디오, 텍스트, 오디오, 그래픽 및 데이터 등과 같은 멀티미디어 서비스라고 정의되어 있다.

서비스 사업자의 측면에서 IPTV는 IP 기반의 네트워크에서 비디오 콘텐츠의 획득, 처리, 보안이 보장된 전달 과정을 포함한다. 이러한 IPTV 서비스를 구성하기 위해 참여하는 서비스 사업자는 케이블과 위성 TV 사업자에서부터 대규모 통신회사, 사설 네트워크 운영업체 등과 같이 세계 여러 분야에 걸쳐 있다. 따라서 IPTV 서비스는 기존의 통신서비스 기반 위에 영상 서비스를 제공함으로써 TPS(Triple Play Service)를 완성하기 위한 현실적인 대안으로 부각되고 있다. 좁은 의미에서는 Walled Garden, VoD 등 초고속 인터넷의 부가서비스로 서비스 제공영역을 PC에서 TV로 확장시킨 개념이지만, 넓은 의미에서는 초고속 인터넷의 가입자 망 구간을 물리적인 방송매체로 활용하여 Audio/Video 형태의 방송채널을 적극적으로 수용하는 것을 포함하는 개념이다.

실제로 영국의 조사기관인 OVUM에서도 IPTV를 IP 네트워크 상에서의 방송과 VoD 형태의 TV 및 비디오를 전달하는 서비스로 정의하고 있다. 명칭에 있어서도 OCED에서 Broadband Audio-Visual Service 또는 Internet Video, 미국에서는 IPTV, 영국은 Telco TV, 프랑스는 TV over DSL, 일본과 홍콩은 Broadband TV로 부르는 등 국가에 따라 다양한 호칭으로 명명되고 있다.

1.1.1 IPTV 특성

IPTV는 다음과 같은 여러 특성을 지닌다. 첫째, 양방향 TV를 지원한다. 양방향 통신이 가능한 IPTV 시스템은 서비스 사업자들에게 양방향 TV 응용이 가능한 프로그램들을 지원할 수 있게 한다. 표준 라이브 TV부터, HDTV, 양방향 게임, 초고속 인터넷 브라우징 등이 이러한 서비스에 포함된다. 이러한 양방향성은 사용자가 단순히 시청하던 방식에서 벗어나 서비스에 대한 피드백을 가지고 직접 참여하게 되므로 새로운 패러

다임을 이끌어 낼 수 있다. 둘째, 시간 이동 기능을 지원한다. 디지털 비디오 녹화 기술에 힘입어 프로그래밍된 콘텐츠의 특정 시점으로 이동이 가능하다. 다시 말해, 먼저 해당 콘텐츠를 녹화하고 저장한 후에 시청하는 방식이다. 셋째, 개인화가 활성화 된다. 앞서 말한 것과 같이 쌍방간의 통신을 지원하므로 IPTV는 사용자들이 무엇을 언제 볼 수 있을지를 결정하는데 그들의 시청 습관을 반영할 수 있도록 한다. 넷째, 대역폭의 효율적 이용이 가능한다. 기존 TV와는 달리 모든 채널을 사용자에게 제공하는 대신에, 사용자가 요구하는 채널에 한하여 스트림으로 제공하므로 망 운영에 있어 대역폭의 효율적 이용을 가능하게 한다. 이 밖에도 TV뿐만 아니라 PC, 모바일 장치에서도 IPTV 콘텐츠에 접근할 수 있다.

1.2 IPTV와 인터넷 TV의 차이

IP 네트워크를 기반으로 하기 때문에 IPTV의 개념은 인터넷 TV와 종종 혼동되곤 한다. 비록 동일한 기술을 기반으로 하고 있지만 이를 IP 기반의 비디오를 제공하는 방식에 있어서 차이점들이 있다.

1.2.1 기반 네트워크

기존 인터넷 TV는 TV를 비롯한 영상 콘텐츠를 제공받기 위해 일반 인터넷을 이용하지만 IPTV의 경우 서비스를 위해서 보안이 되어 있는 전용 네트워크를 이용한다. 이러한 네트워크는 사설망으로 유지되며 네트워크 사업자에 의해 운용된다. 따라서 통신 회사에 의해 운용되는 IPTV 네트워크는 일반 인터넷 사용자들에게는 개방되지 않는다. 이에 반해 일반 인터넷 TV는 지역적인 제한이 없어 인터넷이 연결된 곳이라면 어디에서나 접근할 수 있다. 하지만 콘텐츠가 일반 인터넷을 통해 전송될 때는 인터넷 상의 여러 경로를 지나면서 IP 패킷 일부가 지연되거나 손실될 수 있는데 이는 결과적으로 지상파, 케이블, 위성 TV와 같은 기존 TV 대비 품질을 보장할 수 없게 된다. 인터넷 기반의 비디오 스트림이 종종 끊어짐과 저해상도의 문제를 해결하지 못하는 이유도 여기에 있다. 인터넷의 경우 따로 비디오 스트림을 관리하지 않고는 Best effort의 방법으로 이용자에게 제공되기 때문에 이러한 열하현상을 겪게 된다. 이에 비해서 IPTV는 서비스 사업자가 계약한 사설 네트워크를 통해 전송되기 때문에 인터넷에 비해 월등히 높은 비디오 품질을 지원할 수 있다.

1.2.2 단말 장치와 콘텐츠

IPTV 서비스에서 단말 장치인 디지털 셋톱박스는 사용자의 요청을 인식하여 해당 비디오 콘텐츠에 접속하고 디코딩에 사용된다. 따라서 디지털 셋톱박스의 경우 디코딩을 위한 자체적인 모듈을 가지게 된다. 반면 인터넷 TV의 경우는 PC를 이용하여 인터넷 TV 서비스에 접속하게 되는데 PC에서 사용되는 소프트웨어의 종류는 인터넷 TV 콘텐츠에 따라 달라진다. 예를 들어 웹 TV 사이트에서 제공하는 영상 콘텐츠를 요청했을 때 이를 재생하기 위한 특정 재생 프로그램이 필요할 수도 있다. 콘텐츠에 대한 차이를 살펴보면, 먼저 인터넷 TV 서비스에서는 다수의 비디오 콘텐츠가 UCC와 같이 이용자에 의해 만들어지고 상대적으로 채널에 의한 콘텐츠는 적은 반면에 IPTV 서비스의 경우, 콘텐츠 사업자와의 계약하에 사전 제작된 콘텐츠와 TV 프로그램 등을 제공하게 된다. 콘텐츠에 대한 비용 측면에서 과금 방식에서 차이가 있다. 인터넷 서비스를 통해서 무료 비디오 콘텐츠가 많이 제공되고 있지만, 영화나 드라마 같은 매체의 경우 상당 부분 유료로 제공되고 있다. 특히 IPTV의 경우, 월 단위로 시청권을 구매하는 방식과 원하는 서비스를 패키지로 구매하는 방식이 주류를 이룰 것으로 보인다. 따라서 기존의 유료 TV 사업자의 방식에서 확장된 것으로 볼 수 있을 것이다.

1.3 IPTV 네트워크 시스템

그림 1.1은 단대단 IPTV 시스템에서 여러 사업자와 가입자간의 영역이 어떤 식으로 나뉘는가를 보여준다. 예를 들어 실시간 방송을 IPTV 망을 통해 가입자에게 전송한다

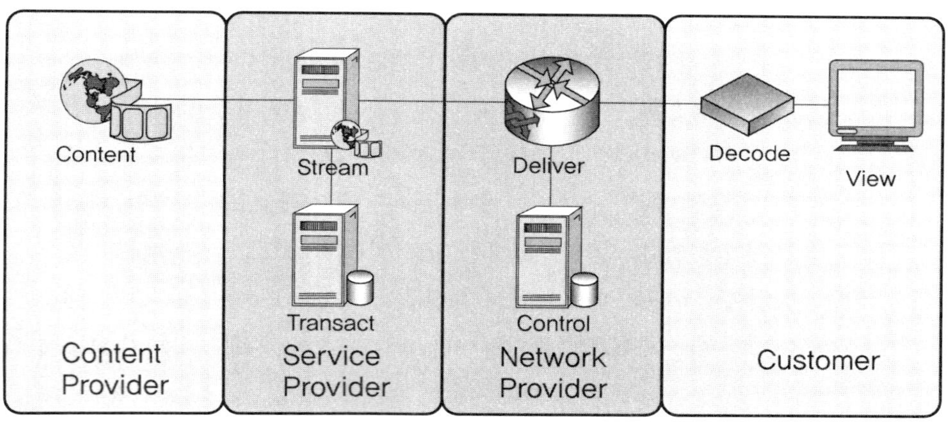

그림 1.1 IPTV 네트워크 시스템

고 가정하자. 이 때 비디오 콘텐츠는 위성이나 여타 방법을 통해 콘텐츠 사업자에서 서비스 사업자에게로 전달된다. 서비스 사업자는 하나 혹은 그 이상의 전송망을 이용해 콘텐츠를 홈 네트워크로 전달하게 된다. 일반 인터넷과 달리 IPTV는 네트워크 보안과 고품질의 콘텐츠를 전달하기 위한 성능 조정 기능을 보유하고 있다. 그림에서 본 것과 같이 IPTV 시스템은 크게 네 개의 영역으로 구분할 수 있다.

1.3.1 콘텐츠 사업자

콘텐츠 사업자는 콘텐츠나 관련 매체들을 보유하거나 라이센스를 가지고 있다. 서비스 사업자가 콘텐츠 전송의 핵심을 담당하지만 저작권 관리나 보호와 같이 콘텐츠 사업자와 홈 네트워크 사이에서 직접적인 정보의 전송이 이루어 질 수도 있다.

1.3.2 서비스 사업자

서비스 사업자는 해당 서비스를 가입자에게 제공하며 어떤 서비스를 제공하느냐에 따라 그 형태를 달리한다. 단순 인터넷 서비스 사업자인 ISP가 있는가하면 콘텐츠를 서비스하는 CSP도 있다. IP에 텔레비전 서비스를 전송하게 되는 상황에서 서비스 사업자는 콘텐츠 사업자로부터 해당 콘텐츠를 넘겨받아 서비스를 하게 된다. 좀 자세히 살펴보면, 헤드엔드라고 알려진 IPTV 데이터 센터에서 여러 소스로부터 콘텐츠를 제공받는다. 이를 하드웨어 장치를 거쳐 IP 기반 네트워크 전송에 적합하도록 비디오 콘텐츠를 준비한다. 또한 이와 관련하여 IPTV 가입자 프로파일과 지불 체계를 위한 가입자 관리 시스템도 구비되어야 한다. 이러한 헤드엔드의 물리적 위치는 서비스 사업자가 사용하는 네트워크 구조에 의해 결정된다.

1.3.3 네트워크 사업자

IPTV 서비스의 전송은 일대일 연결을 요한다. IPTV 서비스가 대단위로 시작되면 이러한 일대일 연결이 크게 증가하고 대역폭에 대한 요구 사항이 커질 수 있다. 네트워크 사업자는 이러한 가입자와 서비스 사업자 사이를 연결한다. 이 때의 분배 시스템은 접속망, 코어망 혹은 백본망으로 구성된다. 한편, 지난 몇 년간의 기술적 진보 덕분에 통신 사업자들은 대역폭에 대한 요구를 충족시킬 수 있게 되었는데, 광동축 혼합망(Hybrid fiber coaxial) 기반 통신 네트워크는 특히 IPTV 콘텐츠의 전송에 적합하다.

1.3.4 단말 사업자

가입자는 홈 네트워크를 통해 IPTV 서비스를 전달받게 된다. 홈 네트워크는 많은 수의 디지털 장비와 연결되어 있는데 통신 시스템을 개선하고 가구 내의 구성원 간에 디지털 자원을 공유할 수 있도록 해준다. 홈 네트워크의 목적은 영상, 비디오, 데이터 등과 같은 정보에 접속을 제공하여 가구 내의 서로 다른 디지털 장비간에 이용이 가능하도록 하는 것이다. 이 때 IPTV CD(IPTV Consumer Device)는 이용자들이 IPTV 서비스에 접속하는데 필요한 주요 장치이다. IPTV CD는 광대역 네트워크에 연결되어 있으며 입력되는 IP 기반의 비디오 스트림의 디코딩과 프로세싱을 맡게 된다. 광대역 서비스가 주요하게 자리 잡으면서 IPTV CD의 기능 또한 점점 더 복잡해지고 있다.

1.4 주요 IPTV 어플리케이션과 서비스

1.4.1 VoD(Video on Demand) 서비스

당 절에서는 텔레비전을 통해 콘텐츠를 제공하는 VoD 서비스에 대해 설명한다. VoD는 본래 개인이 TV나 컴퓨터 화면을 통해 중앙 서버로부터 비디오를 선택해 볼 수 있도록 하는 서비스 형태이다. IPTV의 도입과 함께 광대역 기반의 네트워크에 적합한 양방향 특징을 적절히 활용함으로써 VoD 서비스는 IPTV 가입자에게 다양한 범주의 주문형 서비스를 제공할 수 있다.

(1) Push VoD

Push VoD는 사전에 VoD 서버로부터 비디오 콘텐츠를 다운받아 셋톱박스의 하드디스크에 저장하는 서비스 형태이다. 따라서 저장된 콘텐츠를 사용자가 원할 때 시청할 수 있다. 이러한 콘텐츠의 전송은 대개 늦은 밤처럼 네트워크 이용률이 높지 않은 시간에 이루어진다. Push VoD는 많은 수의 셋톱박스에서 동시다발적으로 콘텐츠 스트림을 요구할 때 일어날 수 있는 대역폭 부족의 단점을 줄이기 위하여 고안되었다. 셋톱박스 하드디스크에 콘텐츠를 미리 저장해 출시하고 보급 후에는 네트워크의 일정 대역을 통해 지속적으로 콘텐츠를 업데이트하게 되는데, 이 때 VoD 콘텐츠 종류와 갱신 비율은 서비스를 등록할 때 사용자가 구성한 개인의 TV 선호 프로필에 따라 결정된다. 따라서 최근에 방영된 콘텐츠라도 사용자는 네트워크를 통해 수시로 내려 받을 필요가 없어 서버의 부담과 네트워크 트래픽을 줄일 수 있는 장점이 있다.

(2) Movid on Demand(MoD)

MoD는 가장 널리 이용되는 VoD 서비스 형태로 흔히 생각하는 VoD 서비스의 대표적인 예라 할 수 있다. IPTV에서는 디지털 네트워크를 통해 DVD 품질의 비디오를 VCR 기능처럼 제공한다. MoD의 경우 과금은 PPV(Pay per View) 방식으로 운영되는 경우가 많다.

(3) Near Video on Demand(NVoD)

NVoD는 기존의 종합유선방송이나 다채널 위성방송에서 서비스를 하던 형태이다. 5~10분마다 시간을 달리하여 동일 프로그램을 복수 채널에 분배, 방송하는 방식으로 시청자는 원하는 시간대에 희망하는 프로그램을 볼 수가 있다. IPTV에서 NVoD의 개념은 다음과 같이 설명될 수 있다. 예를 들어 동일 비디오 프로그램의 시작 시간이 다섯 개의 채널로 분산된다면, 이를 통해 사용자들은 빨리감기와 되감기 같은 VCR의 기능을 이용할 수 있게 된다. 이 경우, 사용자는 15분 단위로 빨리감기와 되감기를 할 수 있다. 또한 특정 시점을 간편하게 시청할 수도 있다.

(4) Subscription VoD(SVoD)

SVoD는 MoD와 거의 동일한 형태로 서비스된다. MoD와 다른 점이 있다면 SVoD의 경우에는 월별로 일정 이용료를 지급함으로써 이용자의 취향대로 콘텐츠 패키지를 구성하고 편의대로 시청할 수 있다.

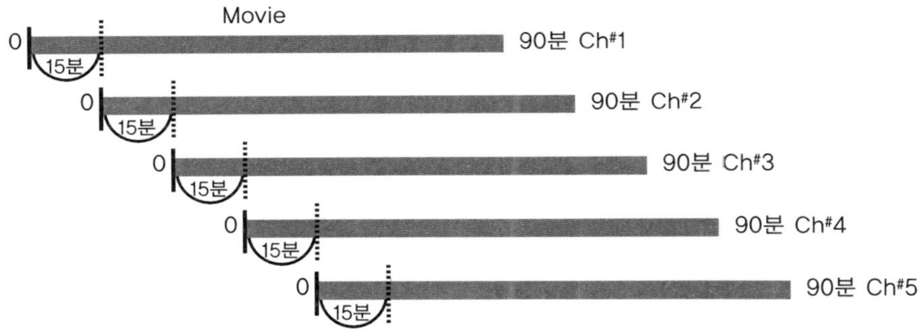

그림 1.2 NVoD 시스템 모델

(5) Network-Based Digital Video Recording(NDVR)

NDVR은 사용자가 비디오 프로그램을 녹화하고 편리하게 다시 보기를 하는 기술이다. NDVR과 VoD의 차이점은 비디오 콘텐츠를 저장하기 위한 공간과 프로세스 작업들이 STB가 아닌 IPTV 데이터 센터에 위치한다는 점이다. 즉, DVR의 기능을 중앙집중화하는 것이다. 따라서 사용자들은 되감기, 빨리감기, 정지, 녹화와 같은 표준 DVR 컨트롤을 사용할 수 있다. NDVR 플랫폼에서 사용자가 요구하는 콘텐츠는 중앙 서버에 저장된다. NDVR을 도입하기 위해서는 아래와 같이 두 가지 방법이 있다.

- 하나는 사용자들에게 VoD 서버에 하드디스크 공간을 제공하는 방법이다. 이러한 하드디크스 공간은 수십 기가바이트 정도이며 사업자에 따라 다를 수 있다. 일단 STB로부터 특정 비디오에 대한 녹화 요구가 접수되면, 콘텐츠는 서버의 하드디스크 중 사용자의 영역에 저장하게 된다.
- 다른 하나는 전체 프로그램 구성을 녹화하여 일정 기간, 대체로 일주일 동안 사용자들에게 이용하도록 하는 방법이다.

NDVR은 사용자에게 하드디스크가 장착비용을 제거함으로써 STB의 가격을 낮출 수 있는 장점이 있으나, 서비스 사업자의 IPTV 데이터 센터에 많은 양의 저장 공간을 확보해야 하는 단점도 있다.

(6) Free on Demand(FoD)

FoD는 사용자가 프로그램, 로컬화된 콘텐츠, 영화, 뮤직 비디오 등의 콘텐츠를 자유롭게 시청하도록 하는 서비스이다. 이러한 FoD 서비스는 서비스 사업자가 경쟁적인 서비스를 제공하거나 신규 고객을 확보하기 위한 방편으로 사용된다.

(7) Bandwidth on Demand(BoD)

BoD는 상대적으로 새로운 주문형 서비스로 사용자가 HD급의 프로그램 컨텐츠를 이용할 때처럼 특정 서비스를 지원하기 위하여 망의 대역폭을 증가시키는 서비스이다.

1.4.2 양방향 서비스

(1) Electronic Programming Guide(EPG)

IPTV 서비스를 원활하기 제공하기 위해서는 채널, 정보 등의 수많은 콘텐츠를 비롯하여 다양한 서비스들을 사용자가 쉽게 선택할 수 있도록 해야 한다. 이를 위해 필요한 안내 프로그램이 바로 EPG이다. 전자 프로그램 가이드인 EPG는 IPG(Intelligent Program Guide)라고도 알려져 있으며 사용자들이 프로그램에 대한 정보를 사전에 보고 선택하며 연관된 서비스에 접속할 수 있도록 도와주는 사용자 중심의 인터페이스이다. EPG는 IPTV 서비스를 제공할 때 일반적으로 사용되는데 대개의 경우 HTML 포맷으로 사용자에게 메뉴를 제공하고 리모콘을 통하여 해당 메뉴들을 이용할 수 있도록 한다. IPTV의 주요 특징인 망의 양방향성에 따라 사용자들은 프로그램에 대한 자세한 쉽게 정보를 받을 수가 있으며 프로그램의 종류, 제목, 채널 심지어 프로그램의 재생 시간에 따라서도 검색할 수 있게 된다. EPG를 통하여 채널이 선택되면 해당 콘텐츠는 즉시 망을 통하여 재생되게 된다. EPG는 대개의 경우 일람표 형식으로 표시되어 사용자들이 쉽게 EPG를 인지하도록 한다. EPG의 형태나 서비스 형식은 사업자에 따라 얼마든지 변경이 가능하지만 EPG와 서버 사이의 통신은 표준 IP 프로토콜을 이용하게 된다. 만약 IPTV 전송망이 멀티캐스트를 통해 EPG를 이용할 경우, 셋톱박스에 프로그램에 대한 정보뿐만 아니라 포트 넘버와 해당 멀티캐스트 주소까지도 수신하게 된다.

(2) IPTV 브라우징

사실 TV기반의 웹 브라우징은 PC에서의 브라우징과 거의 유사한 형태로 이루어진다. 다만 대다수의 웹 페이지들이 PC기반으로 구현되어 있기 때문에 해당 페이지들을 TV에 맞추기 위하여 망 사업자들은 셋톱박스에서 자동으로 웹 페이지를 다시 구현해주는 브라우저를 제공하기도 한다. 물론, 이러한 방식은 이미 십여 년 전부터 상업적으로 제공되었지만 대다수의 사용자들이 외면해왔던 실정이다. 하지만, IPTV의 성장과 더불어 TV기반의 응용 프로그램을 통해 웹 기술들이 다양하게 보일 것으로 기대된다.

(3) IPTV E-Mail

인터넷의 성장과 함께 사람들의 주요 통신 수단으로 E-mail이 급성장해왔다. 또 최근 인터넷의 역량이 크게 발전하였지만 컴퓨터 이용자간의 가장 인기있는 통신 수단은 여전히 E-mail이라고 할 수 있을 것이다. IPTV의 도입으로 인하여 이제 이러한 E-mail 서비스가 TV 스크린을 통해 쉽게 이용될 수 있도록 옮겨지게 될 것이다.

(4) Instant Messenger

흔히 메신저라고 부르는 Instant Messenger의 문자 메시지 서비스를 TV를 통하여 사용자가 이용할 수 있도록 한다. IPTV의 네트워크/서비스 사업자는 다양한 대화 포럼을 구성하여 헤드엔드의 서버에 구현하고 이에 따라 이들 서버는 고객 중심이면서 지속적인 광고 배너를 통하여 부가 수익을 창출할 수 있다.

1.4.3 부가 응용 서비스

(1) IPTV-Commerce

IPTV-Commerce는 키보드나 댁내장비 대신 간단한 원격조작을 통해 비즈니스 업무와 상품의 구매 등을 할 수 있도록 지원한다. IPTV-Commerce란 용어는 온라인 쇼핑과 즉석쇼핑, 온라인 입찰, 홈뱅킹을 모두 아우르는 말이다. 즉석쇼핑의 경우 사용자들은 그들이 현재 시청하고 있는 채널에서 광고에 나오는 상품을 구매할 수 있다. IPTV를 통한 e-commerce 확장은 서비스 사업자에게 전체적인 수입 증대를 안겨줄 수 있다. 또한 PC에서 사용되던 보안 체계 역시 IPTV에서 동일하게 동작하게 되므로 기존에 PC를 통해 온라인 구매를 하던 이들에게는 이상적인 서비스를 제공할 수가 있다.

(2) IPTV Social Networking

지난 20년간 사회 네트워크 사이트를 기반으로 하는 인터넷의 인구가 점점 증가해 왔다. 이러한 사회적 네트워크 현상은 텔레비전을 넘어서 일어나게 되었다. IPTV의 댁내장비를 통하여 사용자들은 양방향 통신을 이용하여 새로운 사람을 버디리스트에 올리거나 그들의 친구와 같은 프로그램을 실시간으로 채팅하며 보는 것도 할 수 있게 된다.

(3) IPTV Advertising

양방향 TV를 통하여 광고를 하는 방법이 빠른 속도로 늘어나고 있다. 광고주가 서비스 사용자들에게 광고를 적절하게 보여주는 방법은 IPTV의 주요 이슈 중의 하나이다. 해당 상품의 여러 형식을 광고를 통해 보여주거나 컨텐츠에 직접 보여줄 수도 있다.

1.4.4 실시간 채널 서비스

실시간 채널 서비스는 방송 TV 서비스로서, 기존 TV 방송과 같이 케이블, 지상파, 위성 수신 방송을 정해진 스케쥴에 따라 전송하고 시청하는 서비스이며, 단말 이용자의 실시간 시청을 기본으로 한다. 따라서 이러한 타입의 서비스는 반드시 끊어짐이 없는 스트림을 컨텐츠 사업자부터 가입자의 장비까지 제공하도록 하고 있다. 이러한 실시간 채널 서비스는 담고 있는 컨텐츠에 따라 세 가지로 나누어 볼 수 있다. 첫 번째는 영상과 음성을 동시에 수신하는 경우이고, 두 번째는 음성 신호만 수신하는 경우이다. 세 번째는 영상, 음성뿐만 아니라 데이터도 함께 수신할 수 있게 되는데 이를 통해 프로그램에 대한 정보나 부가가치 정보와 같은 양방향 서비스 또한 제공 받을 수 있게 된다.

(1) 채널 서비스(트릭 모드)

채널 서비스의 트릭 모드는 단말 이용자가 채널 서비스를 멈출 수 있도록 한다. 컨텐츠를 건너뛰거나 다시 재생하는 것과 같은 다른 기능들을 위해서는 PVR이나 DVR이 요구된다.

1.5 IPTV 성장 배경

IPTV의 등장 배경은 크게 두 가지 요인으로 나누어 볼 수 있다. 하나는 공급측 요인으로써 기술적, 경제적, 전략적 관점으로 살펴 볼 수 있으며, 다른 하나는 수요측 요인으로 양방향성과 편리성 관점에서 살펴 볼 수 있다.

공급측 요인으로는 첫째, 초고속 인터넷 기술의 발전으로 인한 데이터 전송속도의 증가이다. 초기만 해도 약 1Mbps에 머물던 초고속 인터넷 속도가 최근에는 VDSL(Very high bit-rate Digital Subscriber Line), FTTH와 같은 다양한 기술방식에 의해 최대 100Mbps에 이르면서 동영상 콘텐츠를 스트리밍 형태로 제공하는 것이 점차 일반화되었다. HD급 방송이나 VoD(Video on Demand)를 재생하기 위해 약 20Mbps의 대역폭이 필요한 것을 감안한다면 현재의 VDSL이나 LAN 방식의 초고속 인터넷도 일반방송뿐만 아니라 HD급 방송도 충분히 제공할 수 있는 수준에 이르게 되었다.

둘째, 통신사업자들이 범위의 경제 효과를 누리기 위해 기존 인프라를 최대한 활용한 IPTV 제공에 적극적이라는 점이다. 사업자들은 기존의 안정된 가입자 기반 위에 이미 투자된 초고속 인터넷을 통해 동영상, 방송 등의 부가 서비스를 제공함으로써 매출을 확대하는 동시에 설비 활용도를 제고시키는 일석이조의 효과를 얻을 수 있기 때문이다.

셋째, 통신사업자들이 방송시장 진입을 위한 수단으로 IPTV를 활용하려는 것이다. 초고속 인터넷은 통신사업자 뿐만 아니라 케이블방송 사업자에게도 새로운 사업영역을 개척해 주었다. 그런데 케이블방송 사업자들은 VoIP(Voice over IP)를 이용하여 통신사업자들의 고유영역으로 인식되던 음성통신 시장에까지 진출하게 되었다. 이에 따라 통신사업자들은 방송사업자에 대한 역공격 전략이 필요해졌고, 또한 초고속 인터넷 시장의 성숙기 진입 및 경쟁 심화에 따른 가입자 이탈을 방지하기 위한 방편으로 IPTV를 활용하게 된 것이다.

이와 반대로 소비자 측면에서는 첫째, 사용자들이 점차 원하는 콘텐츠에 한해 한정적으로 선택하여 보는 양방향 서비스에 익숙해지고 있다는 점이 다. 인터넷의 등장과 함께 소비자들은 원하는 정보와 콘텐츠를 적극적으로 찾아보고 있으며, 게임과 같은 양방향 서비스에 몰입하고 있다. 이러한 성향은 방송의 경우에도 적용되어서 소비자는 모든 사람에게 동일하게 제공되는 콘텐츠에 만족하지 않고, 원하는 방송을 원하는 시간에 선택적으로 보기를 기대하고 있는 것이다.

둘째, 소비자들이 융합형 서비스의 편리성을 요구하고 있다는 점도 IPTV의 서비스의 활성화를 촉진하고 있다. 초고속 인터넷 위에 전화(VoIP)까지 한꺼번에 제공받고, 그 위에 방송까지 구현되는 IPTV가 제공되면서, 통합 빌링, 가격 할인, 원스톱 A/S까지 제공받을 수 있어 소비자의 선호도가 증가할 수 있는 것이다.

이처럼 IPTV 서비스는 IP망을 기반으로 하고 있어 양방향 서비스, 개인화, 번들 서비스가 가능하다는 장점을 지니고 있다. 기존에 PC 기반으로 인터넷 서비스를 제공하는 방송기능이 통합된 서비스 개념을 포괄할 뿐만 아니라 동시에 VoD, EPG, T-Commerce, 방송프로그램 연동형 데이터서비스를 제공하는 통신과 방송 기능이 모두 녹아 있는 융합 서비스이다. 초기에 제공되는 IPTV 서비스는 기존 방송의 실시간 전송서비스보다는 VoD 형태의 주문형 서비스로 출발하였지만, 여기에 인터넷과 TV가 결합한 T-Commerce, T-Government, T-Learning 등의 추가 기능이 제공되어 모든 TV 방송의 주도권이 방송사는 중계업자가 아닌 시청자 중심으로 전환되는 현상을 보이고 있다.

결국, IPTV 서비스는 TV 기반의 SD/HD의 디지털 영상 서비스는 물론 T-인포메이션(뉴스, 날씨, 교통 등), T-엔터테인먼트(게임, 노래방, T-모바일), T-커머스(증권, 뱅킹, 쇼핑, 주문배달 등), T-커뮤니케이션(SMS, 메일, 메신저, 영상전화 등), T-러닝(영유아, 초등, 중고등, 어학 등) 등의 양방향 데이터 서비스와 EPG, VoD, PPV, PVR 등의 다양한 개인 맞춤형 서비스로 구성된다.

IPTV는 초고속 인터넷 네트워크를 기반으로 이루어진 서비스이기 때문에 성공적인 서비스를 위해서는 콘텐츠 사업자, 서비스 사업자 그리고 네트워크 운영자 간의 긴밀한 관계 유지가 필수적이다. 따라서 IPTV도 콘텐츠를 제공하는 다른 유사 비즈니스와 마찬가지로 콘텐츠 제공 사업자들에 의해 만들어진 콘텐츠를 서비스 사업자가 특정 고객을 위해 특화된 서비스 형태로 가공하여 네트워크를 보유한 서비스 제공자나 네트워크 운영자를 통해 제공하게 된다. 단계별로 사업적인 면에서 추구하는 바가 다르지만 최종 서비스를 전달하는 네트워크 운영자 측면에서는 서비스의 질, 네트워크 트래픽 관리 및 ARPU의 증대 등에 집중하는 전략이 요구된다.

1.6 IPTV 시장

전 세계적으로 IPTV 시장은 아직 형성 초기 단계이지만 향후 10년 안에 매우 빠르게 성장할 수 있는 분야이기도 하다. 이는 방송과 통신 융합을 통한 시장 활성화로 인해 IPTV 서비스를 도입하는 국가들이 차츰 늘어나고 있기 때문이다. 〈그림 1.3〉은 영국 시장조사기관인 Ovum에서 조사한 2007년부터 2012년 사이의 세계 IPTV 시장 규모에 대한 자료이다.

2007년 기준, 1,109만 가입자에서 지속적으로 증가하여 2012년에는 6,429만 가입자에 이를 것으로 전망하고 있다. 또한 수익 규모 역시 2007년 18억 달러에서 2012년 175억 달러 수준으로 성장할 것으로 전망하였다.

지역별 예측 자료를 보면 북미, 서유럽, 아시아의 성장이 지속적으로 강세를 보일 것으로 전망하면서 2012년 지역별 가입자가 북미 1,562만, 서유럽 2,019만, 아시아 2,098만에 이를 것으로 예측한 반면에, 남미와 중앙 아메리카 152만, 동유럽 417만, 서

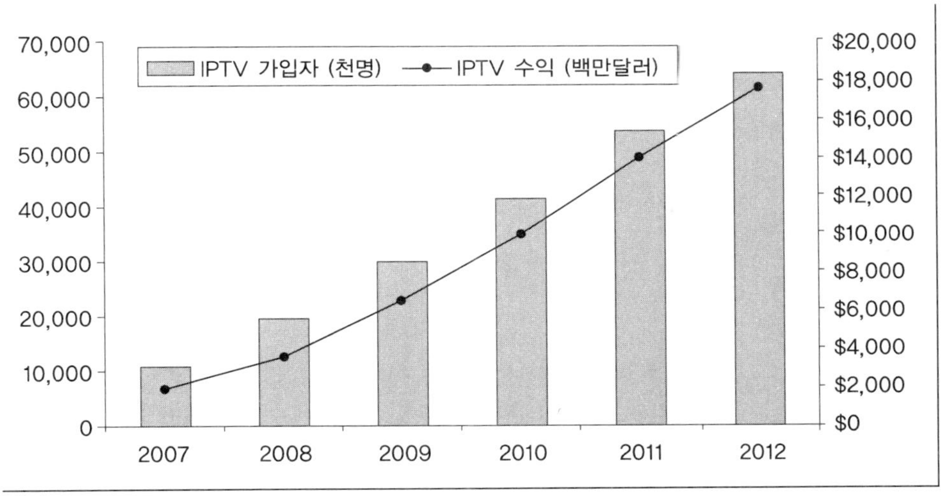

그림 1.3 세계 IPTV 시장 규모, 2007~2012

(단위: 천명)

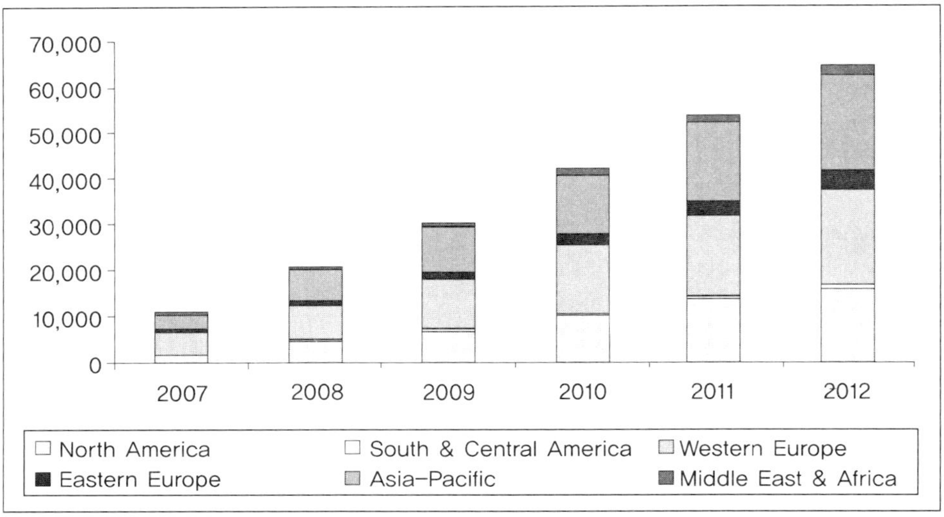

그림 1.4 지역별 IPTV 시장 전망

유럽 및 아프리카는 181만에 그칠 것으로 예측하였다.

우리나라의 경우, 2007년 113만명이었던 IPTV 가입자가 2012년 348만 명으로 증가하며 이에 따른 수익도 3,175만 달러에서 31,417만 달러까지 성장할 것으로 내다봤다.

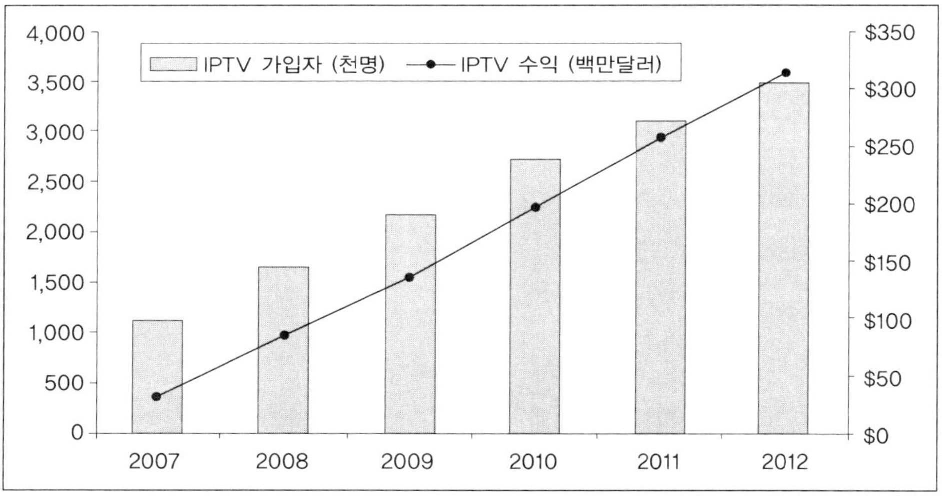

자료: Ovum(2008)

그림 1.5 우리나라 IPTV 시장 전망

이는 우리나라가 IPTV에 대한 법제정 및 지상파의 실시간 재전송을 위한 노력이 선진국에 비해 늦었지만, 이를 극복하고 시장 활성화를 빠른 시일 내에 달성할 수 있을 것으로 분석했다고 풀이된다.

1.7 IPTV 표준화 기구

케이블과 유료위성 TV처럼 IPTV 산업에서도 경쟁을 촉진하고, 낮은 비용을 책정하며, 시장에서의 혼란을 줄이고, 전송 품질 개선을 촉진하기 위한 표준들이 요구되고 있다. 단대단 IPTV 시스템을 구축하려면 대단위의 사업체들이 참가해야 하기 때문에 IPTV의 표준화는 쉬운 작업은 아니다. 하지만 IPTV는 여러 분야의 통합 기술로서 해당 분야의 많은 표준화 단체와 산업 컨소시엄들이 표준화에 동참해오고 있다.

1.7.1 ITU-T IPTV Global Standards Initiative(IPTV-GSI)

2006년에서 2007년 2년간 구성되었던 FG IPTV의 후신으로, IPTV 구조, DRM, Quality of Service(QoS) 측정, 메타데이터, 연동성/테스트와 같은 주요 영역들에 대한 표준을 ITU-T 산하의 관련 study group과의 연계하에 추진하고 있다.

1.7.2 Alliance for Telecommunications Industry Standards(ATIS)

ATIS는 전화통신 산업 조직으로 주요 서비스 사업자를 비롯하여 350여 개의 회사가 참여하여 미국 내 통신 및 정보기술 관련 기술/운용 표준을 개발하고 보급하는 역할을 하는 표준화 기구이다. ATIS는 IPTV 산업을 보다 세밀하게 표준화하기 위해 2005년 중반부터 IPTV Interoperability Forum(IIF)이라는 산하 그룹을 출범시켰는데 각 산하 그룹은 네트워크의 기반 장비, 콘텐츠 보안, 연동성 실험, 품질과 같은 주요 이슈들을 가지고 표준화를 하고 있으며 최근에는 이와 관련된 지침서 다수를 출간하였다. 또 ATIS는 IPTV-GSI와 같은 여타 다른 IPTV 표준 단체들과 더불어 다양한 기술 간의 연동성을 주제로 논의하고 있다.

1.7.3 Digital Subscriber Line(DSL) 포럼

DSL 포럼은 DSL 네트워크 시스템의 개발과 도입을 위한 가이드라인을 제기하는 비영리 단체이다. 원신은 기존의 전화선 구조에 DSL 기술을 적용하기 위하여 관련사업자 및 제조업자 중심으로 설립되었다. DSL 포럼은 IPTV 산업에 관계된 많은 권고안을 만들어 내고 있다.

1.7.4 DVB-IPI

DVB(Digital Video Broadcasting Project)는 디지털 TV, 위성방송, CATV의 기술개발과 주파수 계획 및 접속 방법과 같은 관련사항에 대한 연구를 촉진하고 범유럽적으로 연구개발 활동과 표준화 작업을 조정하기 위한 프로젝트이다. DVB Technical Module Ad Hoc Group on IP Infrastructure(DVB-IPI)는 DVB에서 IP 광대역 네트워크를 통한 디지털 TV를 전송 표준 개발을 위해 출범시킨 산하 그룹이다. 따라서 DVB-IPI의 목적은 소비자들이 DVB-IPI 셋톱박스를 쉽게 구매하고, 광대역 네트워크에 연결하여, 쉽게 DVB 서비스를 IP 기반 네트워크로 전송받을 수 있도록 하는 것이다.

1.7.5 Moving Pictures Expert Group(MPEG)

MPEG은 ISO/IEC 산하의 그룹으로 미디어의 압축, 압축해제, 프로세싱, 코딩에 관련된 국제 표준의 개발을 책임지고 있다. MPEG는 IPTV와 관련된 많은 규격을 처리 중이며 이 밖에도 많은 수의 API로 구성된 멀티미디어 미들웨어 표준도 개발하고 있다.

1.7.6 European Telecommunications Standards Institute(ETSI)

ETSI는 Telecoms & Internet converged Services & Protocols for Advanced Networks(TISPAN)이라 불리는 그룹을 지정하여 차세대 유무선 네트워킹 기반 구조를 위한 규격을 개발해오고 있다. 이를 통해 홈 네트워크에서 네트워크 관리와 주소 관리를 위한 보안까지 IPTV 산업에 중요한 규격들을 다루고 있다.

1.7.7 오픈 IPTV 포럼

오픈 IPTV 포럼은 네트워크 사업자, 장비 사업자, 소비자와 같이 다양한 그룹으로 이루어진 IPTV 표준화 컨소시엄이다. 오픈 IPTV의 목적은 기존 표준화 단체들과 더불어 IPTV 서비스를 다양한 네트워크 구조에서 전송할 수 있는 규격들을 정의하는 것이다.

제 2 장

IPTV 기능 구조 및 시스템

2.1 서론
2.2 IPTV 도메인
2.3 IPTV 구조적 접근
2.4 IPTV 기능적 구조 프레임워크
2.5 IPTV 구조적 개요
2.6 IPTV 기능적 구조

2.1 서론

IPTV 기능 구조는 크게 컨텐츠 제공자, 서비스 제공자, 네트워크 제공자, 단말로 나눌 수 있다. 서비스 제공자는 컨텐츠 제공자로부터 방송 컨텐츠를 제공받아 망의 효율에 맞게 압축하고, 데이터 신호와 다중화한 후 암호화(스크램블링) 및 IP 패킷화하여 전송하는 압축다중화 시스템, 실시간 채널에 대한 암호화 및 VoD 컨텐츠의 사전 암호화를 수행하여 시청 권한을 제어하고 컨텐츠를 보호하는 수신제한 시스템, 각 시스템들과의 유기적인 결합을 통해 정보흐름을 통합 관리하는 미디어 종합관리시스템 등으로 세분된다. 그리고 네트워크 제공자는 헤드엔드와 셋톱박스 간의 신뢰성 있는 컨텐츠 전달을 위해 필요한 멀티캐스팅, QoS 기술 등이 있고, 단말은 가입자에게 고화질을 제공하기 위한 영상 코덱 기술과 양방향 데이터 서비스 제공을 위한 미들웨어 기술이 필요하다.

2.2 IPTV 도메인

IPTV 서비스는 기본적으로 컨텐츠 제공자로부터 획득한 컨텐츠를 사용자에게 전달하는 서비스를 기본으로 한다. 아래 그림 2.1은 IPTV 서비스를 제공하기 위한 4가지 IPTV 도메인을 나타낸다.

- Content Provider : IPTV 컨텐츠나 컨텐츠 자산을 소유하고 있거나 팔 수 있는 자격을 가진 주체를 의미한다. 비록 서비스 제공자가 가정에 있는 사용자를 위한 주된

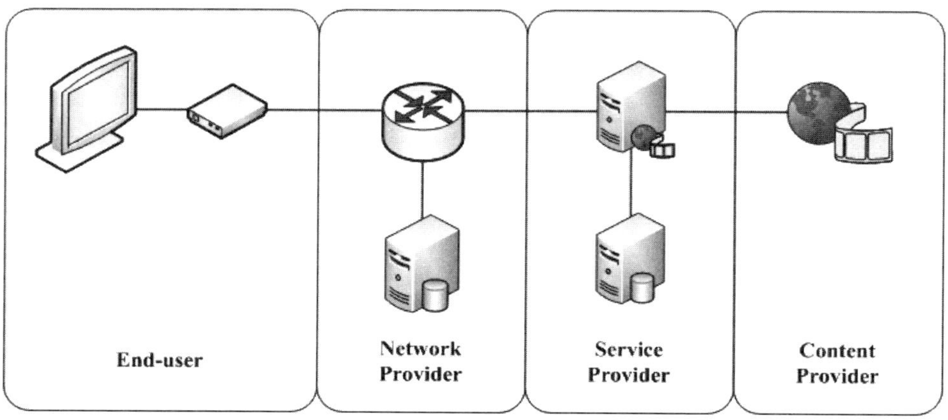

그림 2.1 IPTV 도메인

제공자이지만, 직접적인 정보 흐름은 컨텐츠 제공자와 사용자 사이에서 설정될 수 있을 것이다.

- Service Provider : IPTV 컨텐츠를 제공받아 실질적 IPTV 서비스를 사용자에게 제공하는 계층으로서 가입자에게 서비스를 제공하는 주체다. 다양한 종류의 IPTV 컨텐츠를 가공하여 사용자가 원하는 서비스를 제공해 주는 역할을 담당한다.
- Network Provider : 네트워크 공급자는 사용자와 서비스 제공자를 연결하는 주체이다. 전달 시스템은 주로 다양한 망 기술을 이용하는 액세스 망과 코어나 백본망으로 구성된다. 전달망은 IP망으로 스트림되는 IPTV 컨텐츠와 관련된 타이밍과 패킷 손실 이슈가 있을 수 있다.
- Customer : IPTV 서비스가 제공되는 영역으로 사용자 영역에서는 단일 단말기가 서비스를 위해 이용될 수도 있을 뿐만 아니라, 단말기들이 연결된 네트워크와 관련된 장치들이 이 영역에 존재할 수도 있다. 이런 경우에 사용자 영역은 모바일 단말기 그 자체가 될 수도 있고, 네트워크 제공자의 전달 시스템이 무선 광대역(Wireless Wide Area Network)이 될 수 있다.

2.3 IPTV 구조적 접근

IPTV 구조 모델은 네트워크 구조의 유형에 따라 다음과 같이 3가지 형태로 나뉘어 상위계층구조를 정의하고 있다

- Non-NGN IPTV
- NGN-based non-IMS IPTV
- NGN IMS-based IPTV

먼저 Non-NGN IPTV는 현재 깔려있는 기존망을 기반으로 하는 구조로서 현재 ITU-T에서 표준화하고 있는 NGN(Next Generation Network) 환경을 고려하지 않은 IPTV 구조이다. 다른 하나는 NGN 중에서 IMS를 염두해 두지 않는 구조로서 NGN-based non-IMS IPTV이고, 마지막 하나는 NGN과 IMS망을 모두 고려한 NGN IMS-based IPTV로 구분된다.

2.3.1 Non-NGN IPTV 기능적 구조

Non-NGN IPTV 구조는 기존 IPTV 네트워크 컴포넌트와 프로토콜/인터페이스에 기반

을 둔다. IPTV 구조에 사용되는 기술적 컴포넌트, 프로토콜과 인터페이스는 이미 널리 사용되고 있으며 이런 접근은 전형적인 기존 IPTV 네트워크와 서비스를 나타낸다. 이와 같은 구조적 접근은 아래의 다른 IPTV 구조의 진화에 기초로 사용된다.

2.3.2 NGN 기반 non-IMS IPTV 기능적 구조

NGN-based Non-IMS IPTV 구조는 현재 정의된 다른 NGN 서비스와 함께 IPTV 서비스를 지원하기 위해 [ITU-T Y.2012]에 추가적으로 정의함으로써 현재 정의되어 있는 NGN 프레임워크 컴포넌트와 함께 IPTV 서비스를 가능하게 한다.

2.3.3 NGN IMS 기반 IPTV 기능적 구조

NGN-IMS 기반 IPTV 기능적 구조는 현재 정의된 다른 IMS 서비스에 함께 IPTV 서비스를 지원하기 위해 IMS 컴포넌트를 포함하여 NGN 프레임워크 컴포넌트와 함께 IPTV 서비스를 가능하게 한다.

2.4 IPTV 기능적 구조 프레임워크

IPTV의 기반 통신망이 무엇이 되었든 기능 구조를 정립함에 있어 기반이 되는 것은 통신망과 서비스를 대변하는 기능 구조 모델 프레임의 정립이 우선 필요하다. IPTV 기능 구조에서는 IPTV의 주요 기능을 각 기능 블록별로 세분화 하여 설명하고 있다. 이들 그룹은 앞에서 분류한 IPTV 기능적 도메인을 좀 더 상세히 나누어 각각의 동작을 기술하고 있으며, 이러한 기능 집합들은 역할에 따라 몇 가지 하위 개념으로 분류된다. 컨텐츠 제공자와 사용자 또는 소비자의 개념은 위에서 설명한 바와 같으며, 상업적인 측면에서 그리고 운영자 측면에서 서비스 제공자와 네트워크 제공자의 역할은 이 구조에 포함되지 않고 있다. 본 구조에 있는 여러 계층들은 관련된 기능 집합들을 묶은 것이며, 어떻게 이러한 계층들이 조직 차원에서 혹은 운영을 위해서 할당되고 조직화 될 것인가는 실제적인 구현 방식에 따라 달라질 수 있다. 그림 2.2는 이러한 IPTV 기능적 구조 프레임워크를 나타내고 있다.

2.4.1 사용자 기능

End-user 기능은 IPTV 이용자와 IPTV 인프라 구조 간에 중재 기능을 수행한다.

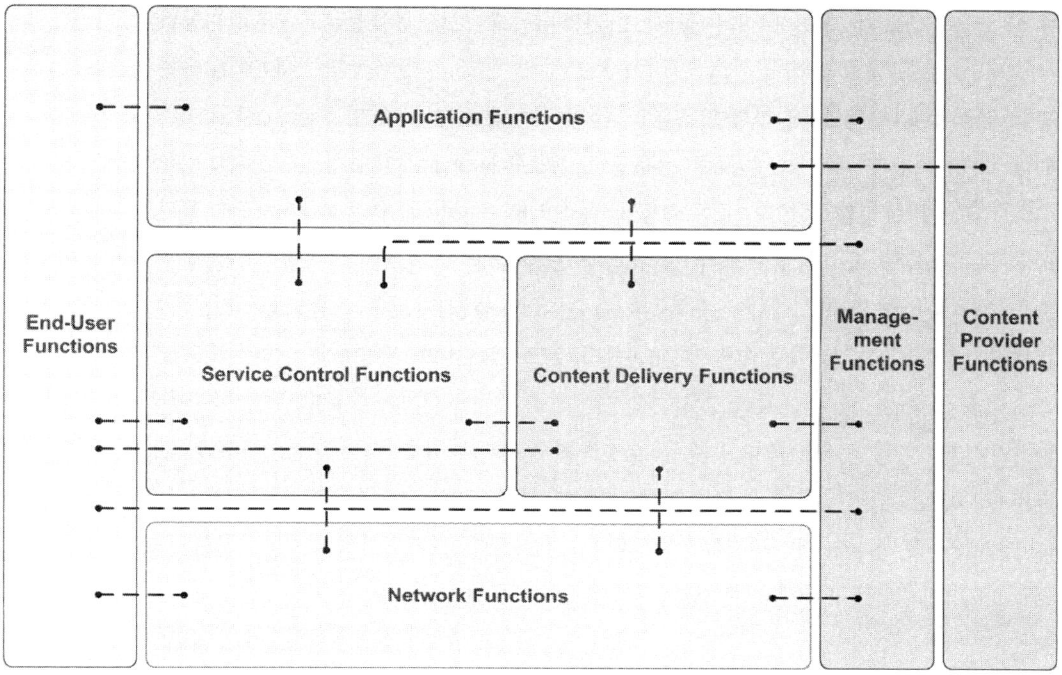

그림 2.2 IPTV 기능적 구조 프레임워크

2.4.2 어플리케이션 기능

어플리케이션 기능들은 IPTV 서비스를 위해 컨텐츠를 선택하거나 필요에 따라 구매할 수 있도록 관련 기능을 제공한다.

2.4.3 컨텐츠 전달 기능

컨텐츠 전달 기능은 망 전달과 제어 기능을 이용하여 어플리케이션에서 사용자 IPTV 단말 장치로의 컨텐츠 전달을 용이하게 한다.

컨텐츠는 서비스 제공 전이나 혹은 진행 중에 어플리케이션에서 컨텐츠 전달 기능으로 보내진다. 컨텐츠 전달 기능은 또한 재생 제어와 같은 사용자 기능과 선택된 컨텐츠 간의 상호 작용을 용이하게 하는 기능을 제공한다.

2.4.4 서비스 제어 기능

서비스 제어 기능은 IPTV 서비스 제공을 위해 네트워크 자원을 요청하거나 해제하는 기능들을 수행한다. 예를 들어, 서비스 제어 기능은 컨텐츠 전달 기능에 미디어 서버 공간 할당을 요청하고 미디어 스트림을 위해 전달 망 기능에 망 대역폭을 예약해 둘 것을 요청할 수 있다.

2.4.5 관리 기능

관리 기능은 IPTV 서비스를 위한 전반적인 시스템 관리, 상태 점검과 설정을 수행한다. 이러한 기능은 중앙 관리 방식이나 분산 처리 방식으로 수행된다.

2.4.6 컨텐츠 제공자 기능

컨텐츠를 소유하거나 컨텐츠 또는 컨텐츠 자산을 팔 수 있는 허가를 받은 주체가 제공하는 기능이다(즉, 컨텐츠, 메타데이터와 사용약관의 소유주).

2.4.7 망 전달과 제어 기능

망 전달과 제어 기능은 망 전달과 망 제어 기능의 조합이다. 망 제어 기능은 성공적인 IPTV 서비스 요건 중의 하나인 정해진 품질(QoS)을 제공하기 위해 망 전달 계층을 제어한다. 망 전달과 제어 기능은 IPTV 서비스 컴포넌트와 사용자 기능 사이에 IP 계층 연결성을 제공한다. 이러한 구성 요소들은 보통 IP에 의해 사용자에게 전달되는 모든 서비스에 걸쳐 공유된다.

2.5 IPTV 구조적 개요

본 장에 소개될 그림은 IPTV 구조의 기능 분류를 보여준다. 또한 다음 장에서 소개될 상위수준 기능들을 본 그림에서 상세히 설명하고 있다. 이들 그림에서 중요한 점은 서비스를 위한 필수적인 기능 요소들과 기능 요소들 사이의 관계이다. 그림에서 표기는 다음을 기본규칙으로 한다.

- 사각형 묶음 블록 : IPTV 구조에서 기능 요소
- 둥근 사각형 : 기능의 묶음
- 실선 : 기능 요소들 사이의 IP 연결
- 점선 : 기능 요소들 사이의 단 대 단 연결

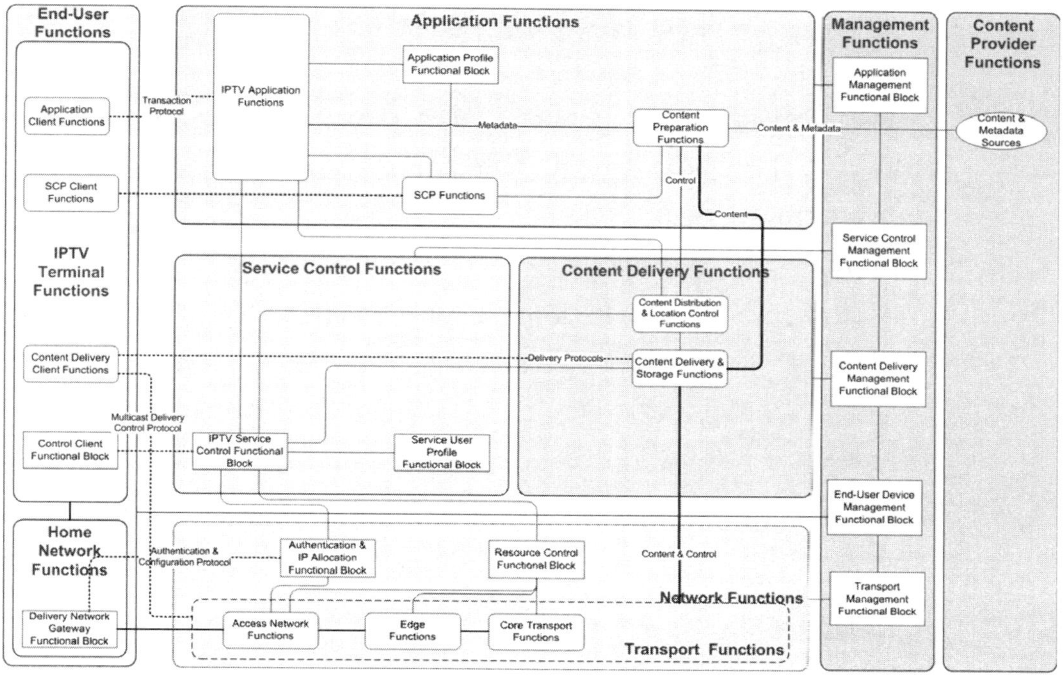

그림 2.3 상위수준 IPTV 구조

2.5.1 사용자 기능

사용자 기능은 IPTV 단말 기능과 홈 네트워크 기능을 수행한다. 먼저 IPTV 단말 기능은 사용자로부터 제어 명령을 받아 수집하고, 서비스 정보(예: EPG), 컨텐츠 라이센스, 해독용 키를 얻기 위해 상위 어플리케이션 기능과 상호 작용하는 역할을 한다. 또한 이들은 IPTV 서비스의 스트리밍 부분을 받기 위해 컨텐츠 전달 기능과 상호 작용한다.

다음으로 홈 네트워크 기능은 외부 네트워크와 각 IPTV 단말 장치 간의 연결성을 제공한다. 이러한 기능들은 IP 연결성과 IP 주소 할당과 망 전달과 제어 기능에서부터 각 IPTV 단말 장치로의 구성 설정을 포함한다. 모든 미디어, 컨텐츠와 제어 트래픽은 사용자의 IPTV 단말 장치로 들어가거나 나오기 위해 홈 네트워크 기능을 통과해야 한다. 홈 네트워크 기능은 어플리케이션 기능에 의해 제공되는 상호작용 서비스를 수행함으로써 IPTV 단말 기능과 망 전달/망 제어 기능 사이에서 게이트웨이 역할을 담당한다.

(1) IPTV 단말 기능

- 어플리케이션 클라이언트 : 어플리케이션 클라이언트는 IPTV 단말 기능의 일부로서

IPTV와 상호작용 어플리케이션을 지원하기 위해 상위 어플리케이션 기능과 정보를 주고받는다.

- 미디어 클라이언트 : 미디어 클라이언트 기능은 IPTV 단말 기능의 일부로서 컨텐츠 원천으로부터 미디어를 전달받고 제어한다. 미디어 클라이언트는 컨텐츠 전달 기능으로부터 미디어를 획득한다(컨텐츠 획득 후, 해독하고, 디코딩하고, 재생 제어를 지원한다).
- 세션 클라이언트 : 세션 클라이언트 기능은 SIP기반 세션을 설정하고, Core-IMS와 통신하기 위해 필요한 기능들을 제공한다. 예를 들어, 주문형 서비스를 수행하는 SIP 서버로의 세션을 설정하기 위해서는 서버의 SIP 주소와 IPTV 서비스로부터 수신한 컨텐츠 인스턴스를 사용할 수 있다.
- 컨트롤 클라이언트 기능 : 컨트롤 클라이언트 기능은 컨텐츠 전달 기능의 연결을 제공하기 위해 IPTV 서비스 제어 기능과 통신하기 위한 기능들을 제공한다.

(2) 홈 네트워크 기능

- 전달 망 게이트웨이 기능 : 전달 망 게이트웨이 기능은 홈 네트워크 기능의 일부로서 외부 망과 IPTV 단말 장치 사이의 연결성을 제공한다. 일반적으로, IP 연결, IP 주소 획득, 홈과 IPTV 단말 장치를 위한 설정을 관리한다. 이 기능은 전달 망 게이트웨이(DNG)와 함께 구현될 수 있다.

2.5.2 어플리케이션 기능

어플리케이션 기능은 IPTV의 기능적인 구성요소를 포함하고, 컨텐츠 준비, 보호와 응용 프로파일 기능을 위한 지원 구성요소를 제공한다.

(1) IPTV 어플리케이션 기능

IPTV 어플리케이션 기능은 IPTV의 서버 측 기능들을 제공한다. IPTV 단말은 컨텐츠를 선택하고, 필요 시 컨텐츠의 아이템을 살 수 있는 기능을 제공한다.

(2) 어플리케이션 프로파일 기능

어플리케이션 프로파일 기능은 IPTV 어플리케이션을 효율적으로 제공하기 위한 관련 프로파일을 저장한다.

(3) 컨텐츠 준비 기능

컨텐츠 준비 기능은 VoD 프로그램, TV 채널 스트림, 메타데이터, 전자프로그램가이드를 제공하며, DRM 데이터를 포함하는 IPTV 컨텐츠는 컨텐츠 제공자로부터 수신되어 컨텐츠 준비 기능들이 제공한다. 먼저, 컨텐츠가 획득되고 나면 컨텐츠 준비 기능으로 전달되기 전에 암호화 및 일부 간단한 컨텐츠 편집 작업이 수행되고, 그 후 컨텐츠 준비 기능으로 전달되며, 허용된다면 컨텐츠 준비 기능 내에서 행해질 수도 있다(예 : 추가삽입, 설명자막, 로고 이중인화 등).

(4) 서비스 및 컨텐츠 보호 기능

서비스 및 컨텐츠 보호 기능은 다양한 암호화 방법을 통해 컨텐츠 및 서비스를 보호하는 역할을 한다. 본 기능에는 인증 및 권한 관리를 포함하고 있다.

2.5.3 서비스 제어 기능

(1) IPTV 서비스 제어 기능

주로 서비스 시작과 종료를 수행하며, 서비스 접속 제어 및 IPTV 단말 기능을 지원하기 위해 필요한 망과 시스템 자원을 관리하기 위한 기능을 제공한다.

서비스 제어 기능은 다음과 같은 기능을 제공한다.

- 엔드 유저 기능을 위한 등록, 인증과 권한 부여 기능을 제공
- IPTV 어플리케이션으로부터 요청을 처리하고, 엔드 유저 기능으로 컨텐츠 전달을 위하여 가장 적절한 컨텐츠 전달과 저장 기능을 선택하고 컨텐츠 전달 기능으로 정보를 전송
- 과금 정보를 얻기 위해 어플리케이션 기능이나 컨텐츠 전달 기능으로 정보 요청

(2) 서비스 프로파일 기능

서비스 프로파일 기능은 IPTV 서비스 제어 기능을 유지, 구성을 지원하는데 사용될 수 있는 프로파일과 데이터베이스로 구성되어 있다. 프로파일 관리 구성요소는 IPTV 서비스 제어 기능을 관리하고 운영하는데 도움이 되는 정보를 유지한다. 서비스 프로파일 기능은 다음과 같은 기능을 제공한다.

- 사용자의 서비스 프로파일(예 : IPTV 가입자 정보)을 저장한다.

- 사용자의 위치 정보를 저장한다.
- 사용자의 상태정보(예 : on-line/off-line)를 저장한다.
- 다양한 요청에 대한 응답을 한다(예 : 인증, 권한, 가입자 정보요청, 가입자 이동 정보, 위치, 상태 등).

2.5.4 컨텐츠 전달 기능

컨텐츠 전달 기능은 컨텐츠 준비 기능으로부터 받은 컨텐츠들을 전달하고, 네트워크 기능을 이용하는 엔드 유저 기능으로 DRM 서버 기능 IPTV 어플리케이션들을 위한 컨텐츠의 분배와 전달을 위한 기능들을 제공한다. 예를 들어, 주문형 서비스를 위해서는 디지털 비디오 파일과 같은 컨텐츠 아이템을 받을 수 있고, 이것을 비디오 서버 셋으로 분배할 수 있다. 분배는 사용량 기반으로 규칙이 정해질 수 있고, 서버는 지리적으로 분산될 수 있다. 또한, 실제 비디오 서버로 IPTV 어플리케이션에 의해 제공되는 컨텐츠 식별자간의 매핑과 미디어 클라이언트에 할당되는 컨텐츠 인스턴스를 제공할 수 있다. 예를 들어, 실시간 TV의 경우, 하나 혹은 그 이상의 디지털 비디오 스트림(IP 혹은 non-IP)을 받을 수 있고, 이것들을 IP 멀티캐스트 스트림으로 출력할 수 있다. 수신과 스트리밍은 지역적으로 분산될 수 있으며, IPTV 단말이 채널을 받을 수 있는 논리 채널 번호와 멀티캐스트 주소간의 매핑을 제공할 수 있다. 컨텐츠 전달 기능은 아래의 두 가지 기능으로 세분화 될 수 있다.

- 컨텐츠 분배 및 위치 제어 기능
- 컨텐츠 분배 및 저장 기능

(1) 컨텐츠 분배 및 위치 제어 기능

먼저 컨텐츠 분배 제어 기능은 전달과 저장 자원을 조정하고, 컨텐츠 전달과 저장 기능 사이로 컨텐츠를 분배하기 위해 최적의 분배 정책을 세운다. 또한 어떻게 컨텐츠 전달과 저장 기능 사이에 컨텐츠가 분배되어 있는지에 대한 분배 정보를 이용하고 보유하며, 위치 기능으로부터 획득한 요청 정보를 사용하거나, 분배 정책을 최적화하기 위해 분배 정보를 사용한다.

다음으로 위치 제어 기능은 미디어 클라이언트에게 컨텐츠를 전달하기 위해 최적의 컨텐츠 전달과 저장 기능을 식별하는데 사용된다. 선택 기준에는 분배 정보와 컨텐츠 전달과 저장 기능의 부하 상태, 단말 정보 즉, 단말 위치와 기능 등의 정보들이 포함된다. 위치 기능은 논리적인 컨텐츠 식별자와 같은 어플리케이션 정보, 요청된 컨텐츠를 제공하는 서버의 주소와 같은 물리적 컨텐츠 제공 정보, 멀티캐스트가 사용된 경우에는 사용된 프로토콜과 같은 정보를 분석하고, 논리적 채널 식별자와 그것들에 대응하는 멀티캐스트 망 구성요소 간의 매핑을 결합시키고 유지하며 요청이 올 때 IPTV 어플리케이션이나 IPTV 서비스 제어 기능에 매핑관계를 제공한다. 컨텐츠 분배 및 위치 제어 기능은 다음의 기능들을 포함하고 있다.

- 컨텐츠 준비 기능으로부터 컨텐츠 전달과 저장 기능까지 컨텐츠 분배를 제어
- 컨텐츠 전달과 저장 기능에 관한 정보 수집
- 기준에 따른 적절한 컨텐츠 전달과 저장 기능을 수행

(2) 컨텐츠 전달 및 저장기능

컨텐츠 전달 및 저장 기능은 컨텐츠 준비 기능으로부터 컨텐츠를 저장하고 서로 컨텐츠 데이터를 전송한다. 컨텐츠 전달 및 저장 기능은 컨텐츠 스트림을 네트워크 기능을 통해서 컨텐츠 전달 클라이언트 기능으로 보내고 전달하는 역할을 한다.

2.5.5 네트워크 기능

네트워크 기능은 IP에 의해 엔드 유저 기능으로 전달되는 모든 서비스들에 의해 공유되며, IPTV 서비스를 지원하기 위해 IP 계층 연결을 제공한다.

(1) 인증 및 IP 할당 기능 블록

인증 및 IP 할당 기능 블록은 IPTV 터미널 기능에 인증 및 IP 할당을 제공하는 기능을 한다.

(2) 자원 제어 기능 블록

자원 제어 기능 블록은 액세스 네트워크와 코어 네트워크 전송 기능을 통해 IPTV 서비스의 전달을 위해 필요한 자원 제어를 제공한다.

(3) 액세스 네트워크 기능

액세스 네트워크 기능은 엔드 유저 기능에 의해 받은 IPTV 트래픽을 수집하고 전송하고 엔드 유저 기능으로 코어 네트워크의 종단에서부터 IPTV 트래픽을 전달하는 책임을 진다.

(4) 종단 기능

종단 기능은 코어 네트워크로 향하는 액세스 네트워크 기능에 의해 수집되는 IPTV 트래픽을 전송하고 코어 네트워크로부터 엔드 유저 기능으로 IPTV 트래픽을 전달하는 역할을 한다.

(5) 코어 전송 기능

코어 전송 기능은 코어 네트워크 내에서 IPTV 트래픽을 전송하는 전반적인 기능을 제공한다.

2.5.6 관리 기능

관리 기능은 IPTV서비스와 관련된 전반적인 시스템의 상태 감시, 설정을 관리한다. 본 기능은 집중화나 분산된 방법으로 설계될 수 있으며 다음과 같은 기능 블록으로 나누어 질 수 있다.

- 어플리케이션 관리 기능 블록
- 컨텐츠 전달 관리 기능 블록
- 서비스 제어 관리 기능 블록
- 엔드 유저 장치 관리 기능 블록
- 전송 관리 기능 블록

2.5.7 컨텐츠 제공자 기능

컨텐츠 제공자 기능은 컨텐츠와 관련 메타 데이터와 같은 컨텐츠 관련 내용들을 컨텐츠 준비 기능에게 제공하는 역할을 한다.

2.5.8 컨텐츠와 메타 데이터 자원

컨텐츠와 메타 데이터 자원은 컨텐츠 보호 권리 자원, 컨텐츠 소스와 IPTV 서비스를 위한 메타 데이터 자원을 제공한다.

2.6 IPTV 기능적 구조

지금까지 IPTV의 개략적인 구조 및 기능에 대해서 살펴보았다. 본 장에서는 앞에서 설명한 3가지의 상위레벨 구조를 기반으로 좀 더 자세한 IPTV 기능적 구조에 대해서 살펴보겠다.

2.6.1 non-NGN IPTV 기능적 구조

그림 2.4는 non-NGN 기반의 IPTV 상세 기능구조를 나타내고 있다.

(1) 제어 클라이언트 기능 블록

제어 클라이언트 기능 블록은 컨텐츠 전달 및 저장 기능 제공을 위해 IPTV 터미널 기능이 IPTV 서비스 제어 기능 블록에 서비스 요청을 개시할 수 있도록 기능을 제공한다.

(2) IPTV 서비스 제어 기능 블록

IPTV 서비스 제어 기능 블록은 서비스 개시나 종료 요청을 처리 하고 서비스 접속 제어를 수행 하며, IPTV 터미널 기능에 의해 요청된 IPTV 서비스들을 지원하기 위해 요구되는 네트워크와 시스템 자원을 설치 및 유지하는 기능을 제공한다.

(3) 서비스 유저 프로파일 기능 블록

서비스 유저 프로파일 기능 블록은 효율적인 IPTV 서비스를 제공하기 위하여, 위치 데이터와 현재 상태 데이터와 같은 서비스 프로파일과 가입자와 관련된 데이터를 저장하기 위해 사용된다. 서비스 유저 프로파일 기능 블록은 또한 기본적인 데이터 관리와 유지 기능을 수행한다.

(4) 인증과 IP 할당 기능 블록

인증과 IP 할당 기능 블록은 네트워크 기능뿐만 아니라 IP 주소 할당에 필요한 전달 네트워크 게이트웨이 기능 블록을 관리하는 기능을 제공한다.

(5) 자원 제어 기능 블록

자원 제어 기능 블록은 사용자로부터 요청된 IPTV 컨텐츠 전달에 필요한 적절한 자원을 허가하는 액세스 네트워크, 종단, 코어 전송 기능의 제어를 제공한다.

2.6.2 NGN non-IMS IPTV 기능적 구조

그림 2.5는 NGN 기반의 non-IMS IPTV 상세 기능구조를 나타내고 있다.

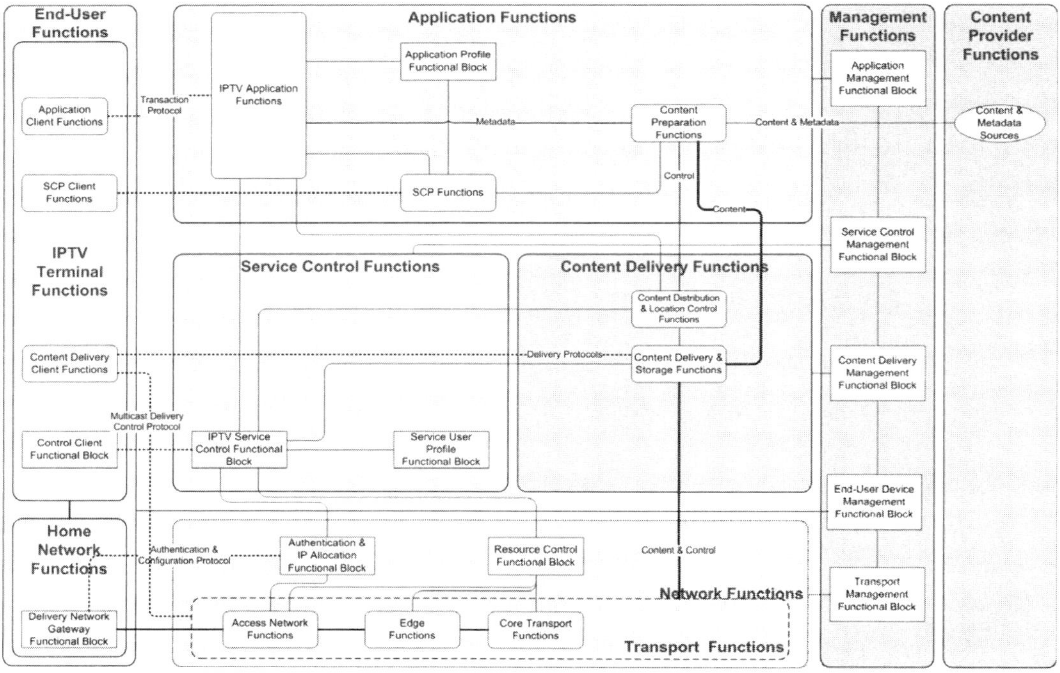

그림 2.4 Non-NGN IPTV 구조

(1) 제어 클라이언트 기능 블록

제어 클라이언트 기능 블록은 컨텐츠 전달 및 저장 기능 제공을 위해 IPTV 터미널 기능이 IPTV 서비스 제어 기능 블록에 서비스 요청을 개시할 수 있도록 기능을 제공한다.

(2) IPTV 서비스 제어 기능 블록

IPTV 서비스 제어 기능 블록은 서비스 개시나 종료 요청을 처리하고 서비스 접속 제어를 수행하며, IPTV 터미널 기능에 의해 요청된 IPTV 서비스들을 지원하기 위해 요구되는 네트워크와 시스템 자원을 설치 및 유지하는 기능을 제공한다.

(3) 서비스 유저 프로파일 기능 블록

서비스 유저 프로파일 기능 블록은 NGN 서비스 층에 위치하며, IPTV 서비스를 효율적으로 제공해 주기 위하여 위치 데이터와 현재 상태 데이터와 같은 유저 프로파일과 가입자 관련 데이터를 저장하기 위해 사용된다. 서비스 유저 프로파일 기능 블록은 또한 기본적인 데이터 관리와 유지 기능뿐만 아니라 유저 프로파일을 위한 질의에 응답을 해주는 역할을 수행한다.

2.6.3 NGN IMS IPTV 기능적 구조

그림 2.6는 NGN 기반의 IMS IPTV 상세 기능 구조를 나타내고 있다.

(1) 세션 클라이언트 기능 블록

세션 클라이언트 기능 블록은 주로 세션 개시, 수정 및 종료와 같이 서비스 요청을 처리하는 기능을 제공한다. 이 기능 블록은 컨텐츠 전달 기능과 코어 IMS 기능을 통해 IPTV 어플리케이션과 통신한다. VoD 서비스인 경우, 세션 클라이언트 기능 블록은 요청된 컨텐츠를 제공할 수 있는 적절한 컨텐츠 전달 및 저장 기능을 선택하기 위해 IPTV 어플리케이션 기능에 정보를 요청할 수 있으며, 실시간 TV의 경우, 세션 클라이언트 기능 블록은 요청된 실시간 TV 컨텐츠의 전달을 할 수 있는 관련 네트워크 파라미터를 IPTV 어플리케이션 기능에 요청한다.

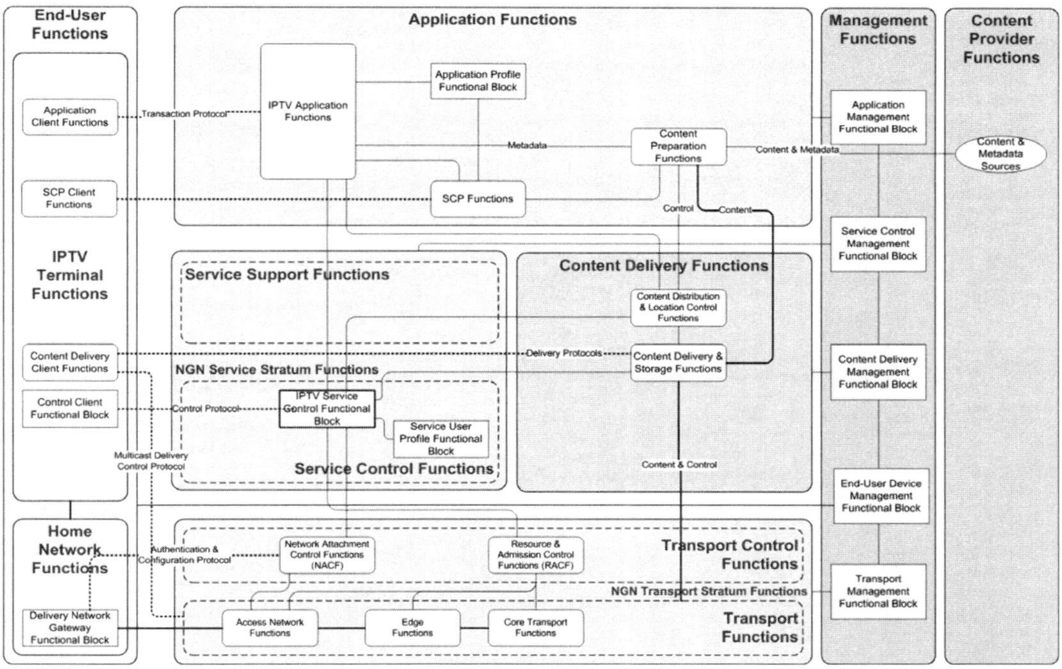

그림 2.5 NGN non-IMS IPTV 구조

(2) 코어 IMS 기능

NGN-IMS IPTV 구조에서 IPTV 서비스 제어 기능 블록은 컨텐츠를 전달하기 위해 필요한 자원할당 제어 기능과 함께 상호 작용하는 기능뿐만 아니라, 유저 프로파일 기반의 IPTV 터미널 기능의 인증과 권한 부여에 대한 기능을 제공하고 있으며, 이는 세션 제어 메커니즘을 제공하는 코어 IMS 기능에 의해 지원된다. 코어 IMS 기능은 IPTV 터미널 기능, IPTV 어플리케이션 기능과 컨텐츠 전달 기능 사이의 상호 작용을 제공하며, 과금 및 로밍과 같은 기능 또한 IMS 메커니즘에 의해 지원될 수 있다.

(3) 서비스 유저 프로파일 기능 블록

서비스 유저 프로파일 기능 블록은 서비스 계층에서 위치 데이터와 현재 상태 데이터 같이 유저 프로파일, 가입자 관련 데이터를 제공하기 위해 사용된다. 서비스 유저 프로파일 기능 블록은 또한 유저 프로파일의 질의에 대한 응답을 하고 기본적인 데이터 관리와 유지 기능을 수행한다.

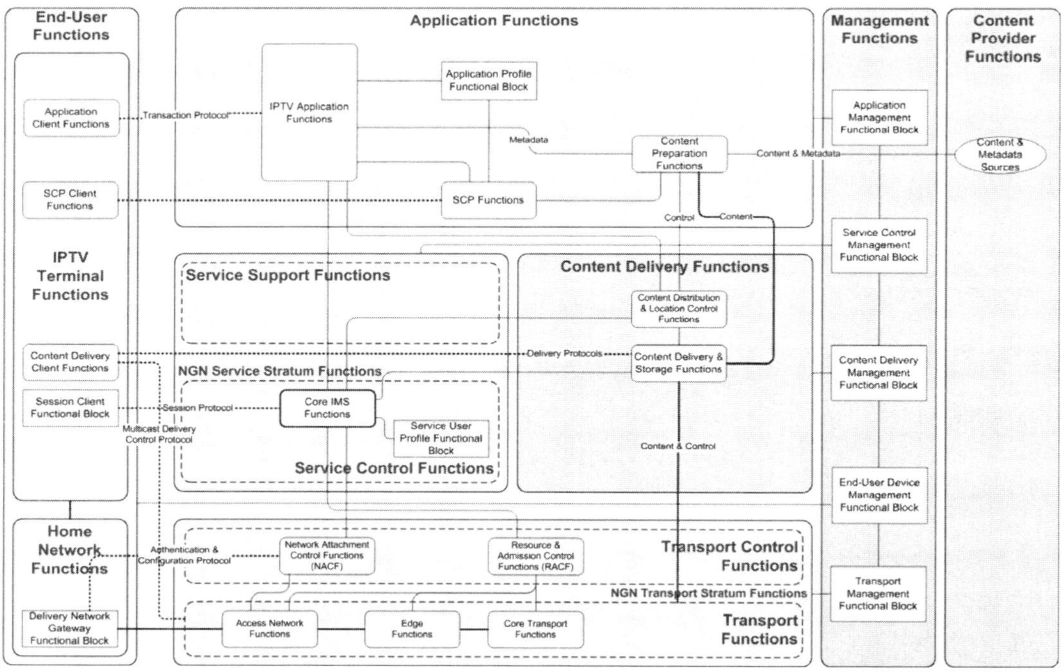

그림 2.6 NGN IMS IPTV 구조

2.6.4 3가지 IPTV 구조적 접근에 대한 공통 기능 설명

본 절에서는 앞에서 설명한 3가지 구조의 공통된 기능에 대해 설명할 것이다. 그림 2.7은 공통된 기능을 나타낸 상세 구조도이다.

(1) 어플리케이션 기능

그림 2.7은 앞에서 설명한 3개의 IPTV 구조적 접근에 적용되며, 어플리케이션 기능과 어플리케이션 클라이언트 기능, 그리고 컨텐츠 제공자 기능의 관계를 연관시키는 상세한 기능과 기능 블록을 포함하는 IPTV 기능적 구조를 확장한다.

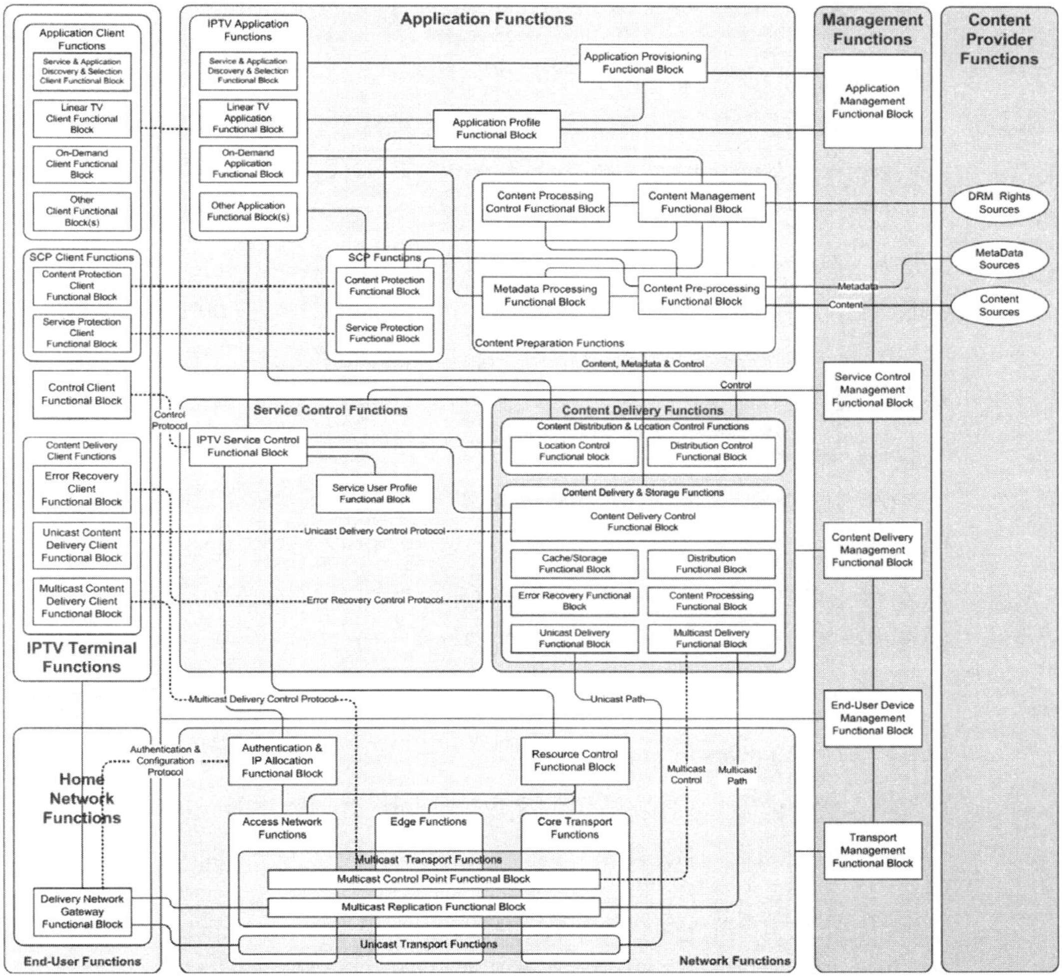

그림 2.7 IPTV 상세 구조

① IPTV 어플리케이션 기능

IPTV 서비스는 IPTV 서비스 제공자로부터 엔드 유저에게 제공된다. 실시간 TV, 온 디멘드 형식의 컨텐츠, 양방향 통신과 같은 IPTV 서비스는 엔드 유저에게 서로 다른 특징을 제공하는 하나 이상의 어플리케이션을 포함하고 있다. 어플리케이션은 컨텐츠 전달 기능, 서비스 제어 기능과 같은 공통적인 편이를 제공하는 기초적인 지원 기능을 제공한다.

엔드 유저는 서로 다른 IPTV 서비스 제공자로부터 서비스 접속을 가질 수 있으며, 원하는 IPTV 서비스를 선택할 필요가 있다. 엔드 유저가 IPTV 서비스를 선택하면 사용자는 희망하는 어플리케이션을 선택할 수 있어야 하며, 그 후 동일하거나 다른 서비스 제공자로부터 다른 어플리케이션을 선택할 수 있어야 한다.

• 서비스와 어플리케이션 검색 및 선택 기능 블록

서비스와 어플리케이션 검색 및 선택 기능 블록(이하 SADS; Service and Application Discovery and Selection)은 IPTV 서비스와 어플리케이션 검색 및 선택을 제공한다. 이는 다중 서비스 제공자로부터 검색과 서비스의 선택을 포함한다. 서비스 선택이나 제공자 선택의 구체적인 순서는 정의하지 않으며, 이는 어플리케이션 선택에 의해 따른다. SADS 기능 블록은 SADS 클라이언트 기능 블록에게 서비스 검색 정보를 제공한다. 서비스 검색 기능은 서비스 선택 어플리케이션에 하나 이상의 엔트리 지점으로 구성된다. 엔트리 지점은 URL의 형태로 제공되며, 서비스 검색은 서비스 제어 기능을 사용하여 수행된다.

SADS 기능 블록은 예를 들면, 실시간 TV와 컨텐츠 및 온 디멘드 같이 이용할 수 있는 어플리케이션에 대한 설명 정보를 SADS 클라이언트 기능 블록에게 제공한다. SADS 클라이언트 기능 블록은 탐색과 선택에 대해 엔드유저에게 제시한다. SADS 기능 블록은 메타 데이터 처리 기능 블록으로부터 서비스와 어플리케이션에 대한 메타 데이터 정보를 받는다.

• 온 디멘드 어플리케이션 기능 블록

온 디멘드 어플리케이션 기능 블록은 세션 관리, 서비스 권한 부여, 컨텐츠 메타 데이터의 표현과 온 디멘드 어플리케이션의 서비스 로직 실행을 수행한다.

• 실시간 TV 어플리케이션 기능 블록

실시간 TV 어플리케이션 기능 블록은 세션 관리, 서비스 권한 부여, 컨텐츠 메타 데이터의 표현과 실시간 TV 어플리케이션의 서비스 로직 실행을 수행한다.

- **기타 어플리케이션 기능 블록**

기타 어플리케이션 기능 블록은 추가적인 IPTV 서비스 및 게임과 원거리 교육 같은 부가적인 컨텐츠의 전달과 표현을 위해 제공한다.

② IPTV 서비스와 컨텐츠 보호 기능

서비스와 컨텐츠 보호 기능은 서비스와 컨텐츠 보호를 위한 기능을 제공하며, 컨텐츠 보호와 서비스 보호 기능 블록으로 나뉜다.

- **컨텐츠 보호 기능 블록**

컨텐츠 보호 기능 블록은 컨텐츠 보호를 제어하고 컨텐츠 권리와 컨텐츠의 암호화와 해독화를 위해 사용되는 키의 관리를 맡고 있다. 컨텐츠 준비 기능으로부터 컨텐츠 권리를 획득하고, 안전한 정보를 서비스와 컨텐츠 보호 클라이언트 기능으로 분배 및 컨텐츠 암호화 키를 제공한다. 예를 들면, IPTV 터미널 기능으로부터 안전하다고 판단되는 정보에 대한 요청을 받았을 때 유저와 관련된 안전 구독 정보에 대한 어플리케이션 프로파일 기능 블록은 상호 작용하며, 빨리 감기나 빨리 되감기가 허락되는지 권리 객체를 생성하고 IPTV 터미널 기능으로 전달한다. 또한 키와 관련된 기능으로 전달할 때 서비스와 컨텐츠 보호에 대한 키를 IPTV 어플리케이션 기능으로 제공한다.

- **서비스 보호 기능 블록**

서비스 보호 기능 블록은 서비스의 보호를 위해 제공되며, 서비스 보호는 암호화와 같은 방법을 사용하여 서비스와 서비스 보호의 인증과 권한 부여를 포함하고 있다.

- **어플리케이션 프로파일 기능 블록**

어플리케이션 프로파일 기능 블록은 IPTV 어플리케이션에 대한 프로파일을 저장한다. 어플리케이션은 서비스 유저 프로파일 기능 블록이나 실행에 따른 IPTV 어플리케이션 기능 안에 위치한다.

- **컨텐츠 준비 기능**

컨텐츠 준비 기능은 컨텐츠 수집, 컨텐츠 관리, 메타데이터 처리, 컨텐츠 관리와 컨텐츠 암호 기능 블록을 포함한다. 이와 같은 기능 블록은 컨텐츠 소유자에 의해 전달됨으로써 요청된 전달 포맷으로 컨텐츠를 준비하고 결합하기 위해 사용한다. 컨텐츠 준비 기능은 컨텐츠 주인에게 상업적 동의를 받을 수 있다.

컨텐츠는 처음으로 컨텐츠 수집 기능 블록에 의해 획득된다. 메타데이터와 권리 정보는 메타 데이터 처리 기능 블록으로 전달된다. 컨텐츠는 컨텐츠 전달 기능으로 전달되기 전에 컨텐츠 처리와 컨텐츠 암호화 기능 블록에서 암호화된다. 프로그램 관련 메타 데이터는 IPTV 어플리케이션으로 전달된다. 컨텐츠 소유자로부터 원본 컨텐츠가 어떤 식으로든 수정되거나 기록된다면, 프로그램 관련 메타 데이터의 편집이 필요하다.

- 컨텐츠 관리 기능 블록 : 컨텐츠 관리 기능 블록은 컨텐츠 소유자와 상업적 동의에 따라 컨텐츠의 제공 기한을 관리한다. 이 관리 기능은 IPTV 어플리케이션 기능으로부터 요청에 의해 처리된다.
- 메타 데이터 처리 기능 블록 : 이 기능 블록은 컨텐츠 수집 기능 블록을 통해 메타 데이터 자원으로부터 프로그램에 관련된 메타 데이터를 획득, 유지 및 처리하며 IPTV 어플리케이션 기능으로 제공한다. 메타 데이터는 서비스 공급자로부터 가격, 시간 일정뿐만 아니라 제목과 짧은 소개, 그리고 컨텐츠 제공자로부터 컨텐츠 추적 정보를 포함하고 있다.
- 컨텐츠 수집 기능 블록 : 컨텐츠 수집 기능 블록은 컨텐츠 제공자에 의해 전달되는 컨텐츠나 메타 데이터를 수집 관리한다.
- 컨텐츠 처리 기능 블록 : 컨텐츠 처리 기능 블록은 컨텐츠 처리와 관련된 패키징, 광고 삽입, 포맷 변환, 해상도 전환 및 편집 등의 기능을 처리하며, 아래와 같은 것들을 예로 들 수 있다.
  - 기록 : 대역 효율성을 이루기 위해서 하나의 압축 포맷에 암호화된 컨텐츠는 더 많은 효율적인 포맷으로 암호화 될 수 있음
  - 컨텐츠 패키징 : 컨텐츠의 단독 상품들과의 결합
  - 컨텐츠 일정 : 컨텐츠 일정은 광고 삽입이나 컨텐츠 전달의 스케쥴링을 위한 시간 정보
  - 기타기능 : 광고 삽입, 포맷 변경, 해상도 변경, 편집 등의 기능

(2) 어플리케이션 클라이언트 기능

서비스와 어플리케이션 검색 및 선택 기능 블록

SADS 클라이언트 기능 블록은 IPTV 서비스와 어플리케이션의 선택과 엔드 유저의 검색을 위해 제공한다.

• 온 디멘드 클라이언트 기능 블록

온 디멘드 클라이언트 기능 블록은 세션 관리, 서비스 인증, 컨텐츠 메타 데이터 표현과 온 디멘드 어플리케이션을 위한 서비스 로직의 실행을 수행하기 위해 온 디멘드 어플리케이션 기능 블록과 함께 상호 작용한다.

- **실시간 TV 클라이언트 기능 블록**

이 기능 블록은 세션 관리, 서비스 인증, 컨텐츠 메타 데이터 표현과 실시간 TV 어플리케이션을 위한 서비스 로직의 실행을 수행하기 위해 실시간 TV 어플리케이션 기능 블록과 함께 상호 작용한다.

- **기타 클라이언트 기능 블록**

이 기능 블록은 전달과 추가 IPTV 서비스의 표현과 컨텐츠를 위해 기타 어플리케이션 기능 블록과 함께 상호 작용한다.

- **서비스와 컨텐츠 보호 기능**

- 컨텐츠 보호 클라이언트 기능 블록: 이 클라이언트 보호 기능 블록은 통합 검사, 사용 권리 확인과 컨텐츠 해독을 수행한다.
- 서비스 보호 클라이언트 기능 블록: 서비스 보호 클라이언트 기능 블록은 암호화와 같은 방법을 사용하여 서비스와 서비스 보호로 접속의 인증과 권한 부여를 수행한다.

(3) 컨텐츠 전달 기능

본 절은 IPTV 구조의 컨텐츠 전달 기능에 대한 설명을 제공한다. 앞에서 설명한 IPTV 상세기능구조는 IPTV 3개의 구조 접근에 적용되고 네트워크 기능과 컨텐츠 전달 기능을 연관시키는 상세한 기능 블록을 포함하기 위해 IPTV 기능 구조내의 유니캐스트 전달과 멀티캐스트 전달의 구체적인 방법이 고려된다.

다음 절은 컨텐츠 전달 기능을 구성하는 기능 블록에 대한 상세한 설명이다. 컨텐츠 전달 클라이언트 기능과 네트워크 기능을 구성하는 기능 블록은 다음절에서 설명될 것이며, 어플리케이션 서비스 제어와 컨텐츠 전달 기능은 이전에 설명되었다.

- **컨텐츠 분배 및 위치 제어 기능**

컨텐츠 분배 및 위치 제어 기능은 컨텐츠 분배, 선택을 최적화하고, IPTV 터미널로 컨텐츠를 전달하는 컨텐츠 전달 및 저장 기능을 제어한다.

- 분배 제어 기능 블록 : 분배 제어 기능 블록은 전달 및 제어 자원을 조정하고 파일 컨텐츠와 라이브 스트림 컨텐츠를 컨텐츠 준비 기능으로부터 컨텐츠 전달 및 저장 기능으로 분배하는 최적의 분배 정책을 설치한다. 컨텐츠 전달 및 저장 기능 사이의 파일 컨텐츠 분배의 역할을 담당한다. 파일이나 스트림으로써 분배되는 컨텐츠에

대한 분배 정책은 다를 수 있다. 분배 제어 기능 블록은 컨텐츠가 컨텐츠 전달 및 저장 기능 사이에서 어떻게 분배되는지 분배 정보를 이용하고 유지한다. 분배 제어 기능 블록은 또한 분배 정책을 최적화하기 위해 위치 제어 기능 블록으로부터 얻은 정보를 이용한다. 분배 제어 기능 블록은 또한 분배 정책을 최적화하기 위해 컨텐츠 전달 및 저장 기능의 적재 상태와 같은 정보를 이용한다.

- 위치 제어 기능 블록 : 위치 제어 기능 블록은 요청되는 컨텐츠를 제공할 수 있는 적절한 컨텐츠 전달 및 저장 기능을 선택하기 위해 IPTV 서비스 제어 기능 블록이나 IPTV 어플리케이션 기능으로부터 요청을 처리하기 위해 이용한다. 선택된 컨텐츠 전달 및 저장 기능은 컨텐츠를 컨텐츠 전달 클라이언트 기능으로 전달할 수 있다. 선택 기준은 분배 정보와 컨텐츠 전달 및 저장 기능의 적재 상태, 터미널 정보를 포함한다. IPTV 서비스 제어 기능 블록이나 IPTV 어플리케이션 기능은 확인된 컨텐츠 전달 및 저장 기능이 컨텐츠 전달을 위해 자원을 할당하도록 요청한다. 위치 제어 기능 블록은 논리적 컨텐츠 식별자를 컨텐츠 위치 정보로, 요청된 컨텐츠를 제공할 수 있는 컨텐츠 전달 및 저장 기능의 주소와 같이 어플리케이션 정보를 해결한다. 멀티캐스트가 사용된 경우, 위치 제어 기능 블록은 다음을 제공한다.
- 멀티캐스트 네트워크 파라미터를 관리하고 할당함
- 논리적 채널 식별자와 파라미터 사이의 매핑을 관련시키고 유지함
- 요청할 때 IPTV 어플리케이션 기능이나 IPTV 서비스 제어 기능 블록의 매핑을 제공함

• 컨텐츠 전달 및 저장 기능

컨텐츠 전달 및 저장 기능은 아래와 같은 세부 기능으로 나누어 질 수 있다.

- 컨텐츠 전달 제어 기능 블록 : 컨텐츠 전달 제어 기능 블록은 미디어 자원의 제어와 VCR 명령어 처리 같은 컨텐츠 전달과 저장 기능 위에 제어 기능을 처리한다.
- 유니캐스트 전달 기능 블록 : 유니캐스트 전달 기능 블록은 유니 캐스트 프로토콜과 메커니즘의 사용 기반의 네트워크 기능을 통해 컨텐츠 스트림을 컨텐츠 전달 클라이언트 기능으로 스트리밍과 전달하는 역할을 한다. 또한, 파일 컨텐츠 전달 클라이언트 기능으로부터 다운로딩과 업로딩과 같은 다른 기능을 제공 할 수도 있다.
- 멀티캐스트 전달 기능 블록 : 멀티캐스트 전달 기능 블록은 멀티 캐스트 프로토콜과 메커니즘의 사용 기반의 네트워크 기능을 통해 컨텐츠 스트림을 컨텐츠 전달 클라이언트 기능으로 전달하는 역할을 한다.
- 캐쉬 및 저장 기능 블록 : 캐쉬 및 저장 기능 블록은 시간 이동 실시간 TV를 지원하기

위해 컨텐츠를 임시 저장하는 역할을 하며, VoD나 다른 파일 기반의 IPTV 서비스를 지원하기 위해 파일 컨텐츠를 저장하는 책임이 있다.

- 분배 기능 블록 : 분배 기능 블록은 컨텐츠 준비 기능으로부터 컨텐츠를 받는다. 컨텐츠 전달 및 저장 기능의 분리된 인스턴스 사이에 거주하는 라이브 스트림이나 파일을 포함하는 컨텐츠를 분배한다.
- 컨텐츠 프로세싱 기능 블록 : 컨텐츠 프로세싱 기능 블록은 제어권이 있는 컨텐츠에 대한 트랜스코딩, 워터마킹, 광고삽입, 포맷변환, 해상도변환, 편집, 암호화 등과 같은 프로세싱을 담당한다.
- 에러 회복 기능 블록 : 컨텐츠 기능 블록은 에러 회복 기능을 포함할 수 있다. 이 기능 블록은 IPTV 네트워크 기능이 요청된 QoS를 제공할 수 없는 경우 신뢰성을 향상시키기 위해 제공한다. 에러 회복 기능 블록은 컨텐츠 전달 클라이언트 기능 안에 에러 회복 클라이언트 기능 블록이 컨텐츠를 회복할 수 있게 하기 위한 요청 시나 사전에 컨텐츠 스트림을 위해 추가적 정보를 발생한다. 에러 회복 기능 블록은 예를 들어 FEC(Forward Error Correction) 이나 재전송에 의해 행해 질 수 있다.

• 컨텐츠 전달 클라이언트 기능

컨텐츠 전달 클라이언트 기능은 IPTV 터미널 기능에 컨텐츠 전달에 대한 기능을 수행한다.

- 멀티캐스트 컨텐츠 전달 클라이언트 기능 블록 : 멀티캐스트 클라이언트 기능 블록은 컨텐츠 전달 및 저장 기능 내에 멀티캐스트 전달 기능 블록으로부터 컨텐츠를 받는다. 이 기능 블록은 멀티캐스트 스트림의 선택에 대해 멀티캐스트 제어 포인트 기능 블록과 통신한다.
- 유니캐스트 컨텐츠 전달 클라이언트 기능 블록 : 유니캐스트 컨텐츠 전달 기능 블록은 컨텐츠 전달 및 저장 기능 내에 유니캐스트 전달 기능 블록으로부터 컨텐츠를 받는다.
- 에러 회복 전달 클라이언트 기능 블록 : 컨텐츠 전달 클라이언트 기능은 에러 회복 클라이언트 기능 블록을 선택적으로 포함한다. 이 기능 블록은 컨텐츠 전달 기능 내에 에러 회복 기능 블록과 함께 컨텐츠 스트림 위에 에러 회복을 수행한다.

(4) 네트워크 기능

이 기능을 포함하는 상세한 기능 블록은 다음절에서 설명하겠다. 멀티캐스트 제어 포인트 기능 블록과 멀티캐스트 복제 기능 블록은 액세스 네트워크 기능이나 종단 기능

그리고 코어 전송 기능에서 존재한다.

• 멀티캐스트 전송 기능

컨텐츠 전달 클라이언트 기능은 IPTV 터미널 기능에 컨텐츠 받음에 대한 책임이 있다.

- 멀티캐스트 제어 포인트 클라이언트 기능 블록 : 이 기능 블록은 액세스 네트워크 상에서 IPTV 엔드 유저 기능으로 전달된 개인의 멀티캐스트 스트림의 선택을 책임진다. 멀티캐스트 스트림에 대한 요청은 수락되기 전에 권한을 부여 받을 필요가 있다.
- 멀티캐스트 복제 기능 블록 : 이 기능 블록은 멀티캐스트 전달 기능 블록에서 멀티캐스트 제어 포인트 기능 블록의 모든 인스턴스에게 멀티캐스트 스트림을 복제하는 기능을 한다.

• 유니캐스트 전송 기능

유니캐스트 전송 기능은 유니캐스트 전달 기능 블록에서 엔드 유저 기능으로 유니캐스트 컨텐츠 스트림의 전송을 담당한다.

(5) 컨텐츠 제공자 기능

컨텐츠 제공자 기능은 많은 다른 타입의 자원을 컨텐츠 준비 기능으로 제공한다. 물리적 인터페이스와 컨텐츠 포맷은 자원 유형에 의존하여 다를 수 있다. 컨텐츠 비율을 기반으로 액세스 제어를 위한 기능을 포함한다.

• 컨텐츠 보호 메타 데이터 자원

컨텐츠 보호 메타 데이터는 보호되는 IPTV 컨텐츠에 대한 사용 지침과 권리를 정의한다.

• 메타 데이터 자원

메타 데이터 자원은 컨텐츠 제공자 메타 데이터를 IPTV 컨텐츠로 제공하는 개체이다.

• 컨텐츠 자원

컨텐츠 자원은 IPTV 컨텐츠를 제공하는 개체이다.

2.6.5 인터워킹

(1) IPTV 구조간의 인터워킹

이 절은 NGN과 Non-NGN 네트워크뿐만 아니라 2개의 NGN 네트워크 사이의 상호 작용을 포함한 IPTV 구조의 확장을 설명한다.

(2) IPTV 3rd party 제공자와의 인터워킹

그림 2.9는 IPTV 3rd party 응용 기능과의 상호 연결을 나타내고 있다. 이 그림에서, 코어 IMS 함수나 IPTV 서비스 제어 기능 블록 중 하나는 홈 네트워크와 3rd party 제공자에서 사용되는 구조 변경에 따라 사용된다. IPTV 3rd party 제공자의 어플리케이션 기능과 컨텐츠 전달 기능은 IPTV 서비스를 제공하는데 사용되며, 제공자의 서비스 제어 기능은 각자의 자원제어기능으로부터 네트워크 자원을 요청한다.

- **IPTV 3rd party 어플리케이션 기능**

IPTV 3rd party 어플리케이션 기능은 3rd 제공자의 IPTV 기능을 위한 인터페이스를 제공한다.

- **IPTV 3rd party 어플리케이션 게이트웨이 블록**

IPTV 3rd party 어플리케이션 게이트웨이 블록은 3rd party IPTV 관련 응용 기능 및 자원에 대한 제어 인터페이스를 제공한다. 구체적인 기능으로는 다음과 같다.

- IPTV 서비스 정책 제어
- 사용자 프로파일 접근 제어
- IPTV 상태 정보(예 : 상태 정보에 대한 요청, 채널 상태, 컨텐츠 상태 등) 접근 제어
- 컨텐츠 재생 제어
- 컨텐츠 스트림에 대한 상태 및 위치 접근

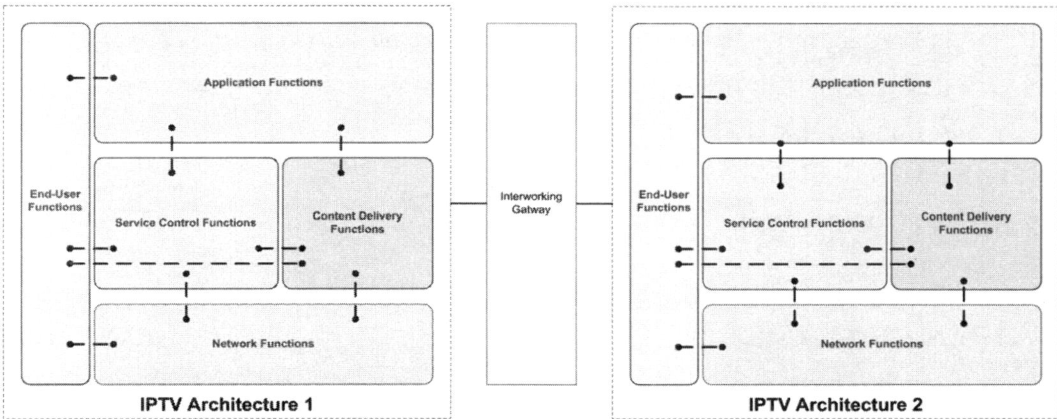

그림 2.8 IPTV구조간의 인터워킹

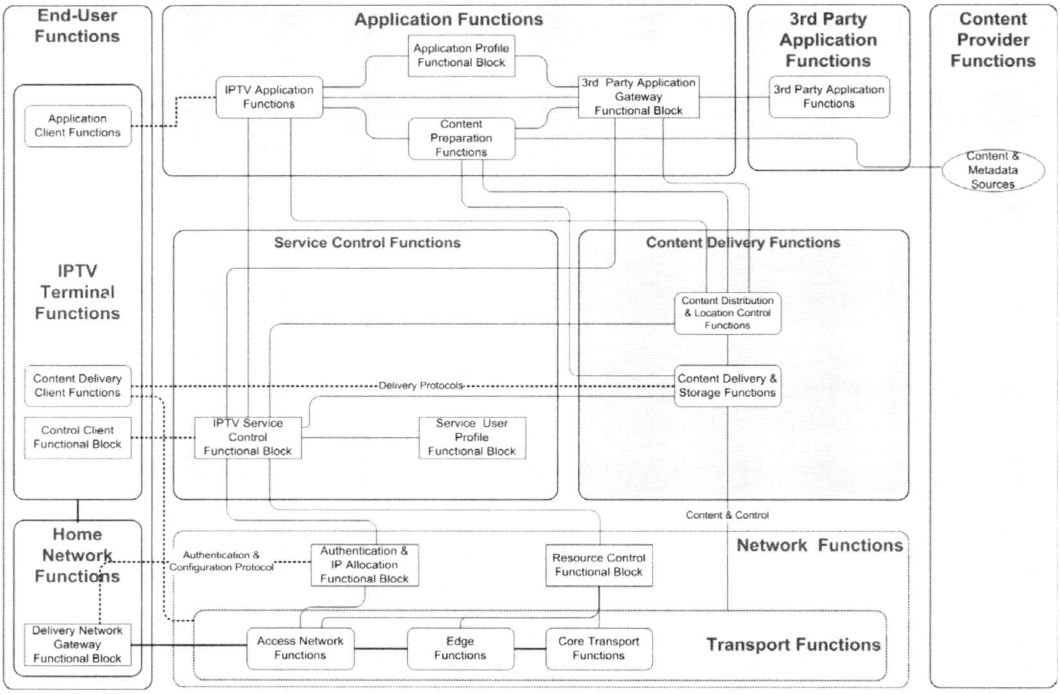

그림 2.9 3rd party 제공자와 상호 연결

- IPTV 서비스 제어 기능 블록과 3rd party 응용간의 프로토콜 변환

2.6.6 Reference Point

본 장에서는 앞에서 설명한 각각의 구조에서 기능블록간의 통신을 위한 reference point를 소개한다. 그림 2.10, 2.11, 2.12는 각각 Non-NGN, NGN Non-IMS와 NGN IMS 구조에 대한 IPTV 참조점을 나타내고 있다, 구체적인 설명은 ITU-T 권고안 Y.1910을 참조하길 바란다.

2.6.7 IPTV 서비스 절차

본 절에서는 앞서 설명한 IPTV 구조에서 기능블록간의 메시지 교환에 따른 IPTV 서비스 절차에 대해 살펴본다.

(1) on-demand 형식의 IPTV 서비스 절차

그림 2.13은 on-demend 형식의 IPTV 서비스 절차에 대해 나타내고 있다.

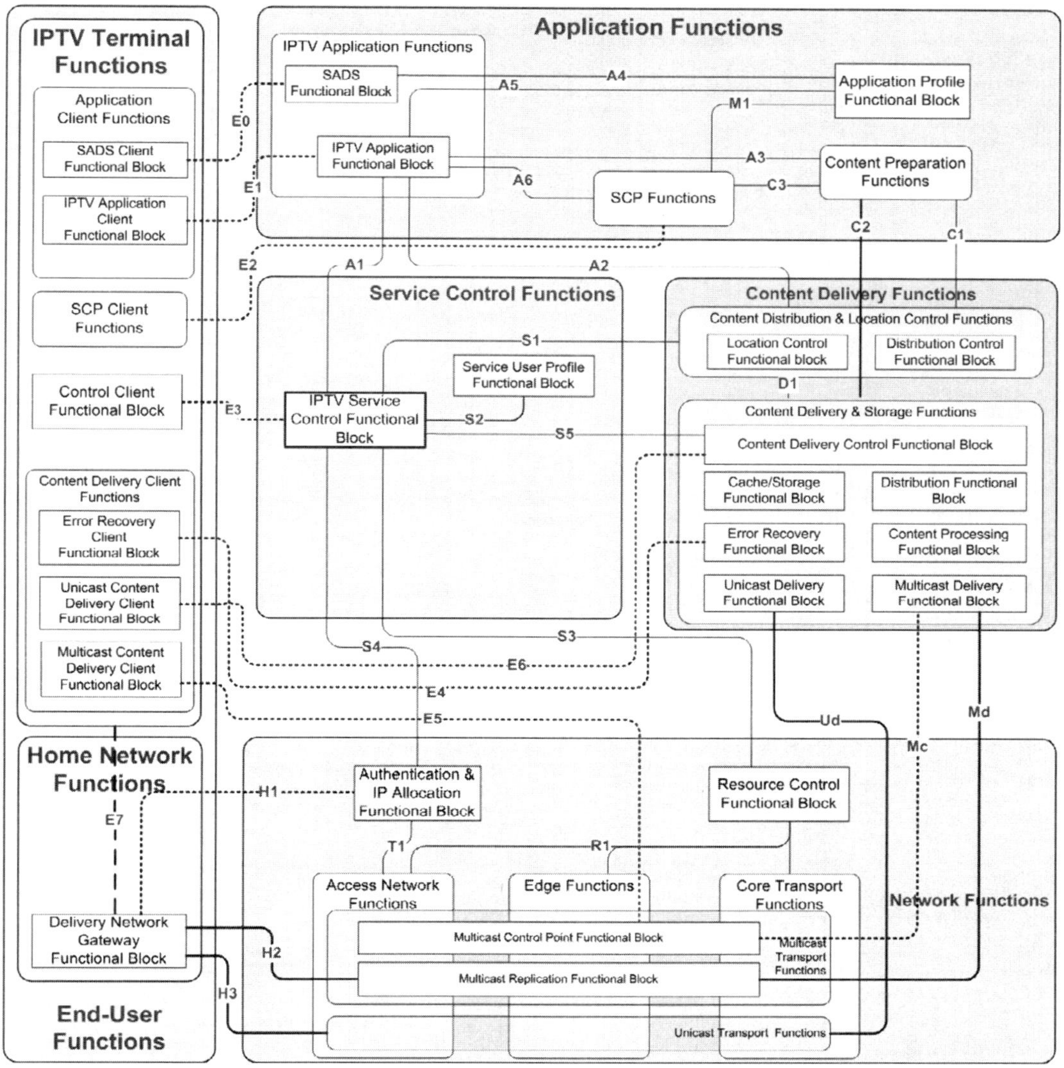

그림 2.10 Non-NGN IPTV 구조의 reference point

1. IPTV 단말은 어플리케이션 기능을 이용하여 컨텐츠를 검색 및 선택한다.
2. 어플리케이션 기능은 컨텐츠 전달 및 서비스 제어 기능과 통신하여 권한을 부여 받는다.
3. 어플리케이션은 컨텐츠 전달 및 서비스 제어 기능의 URL을 전달한다.
4. IPTV 단말은 전달된 URL을 이용하여 컨텐츠 전달 및 서비스 제어 기능에 컨텐츠 전달을 요청한다.

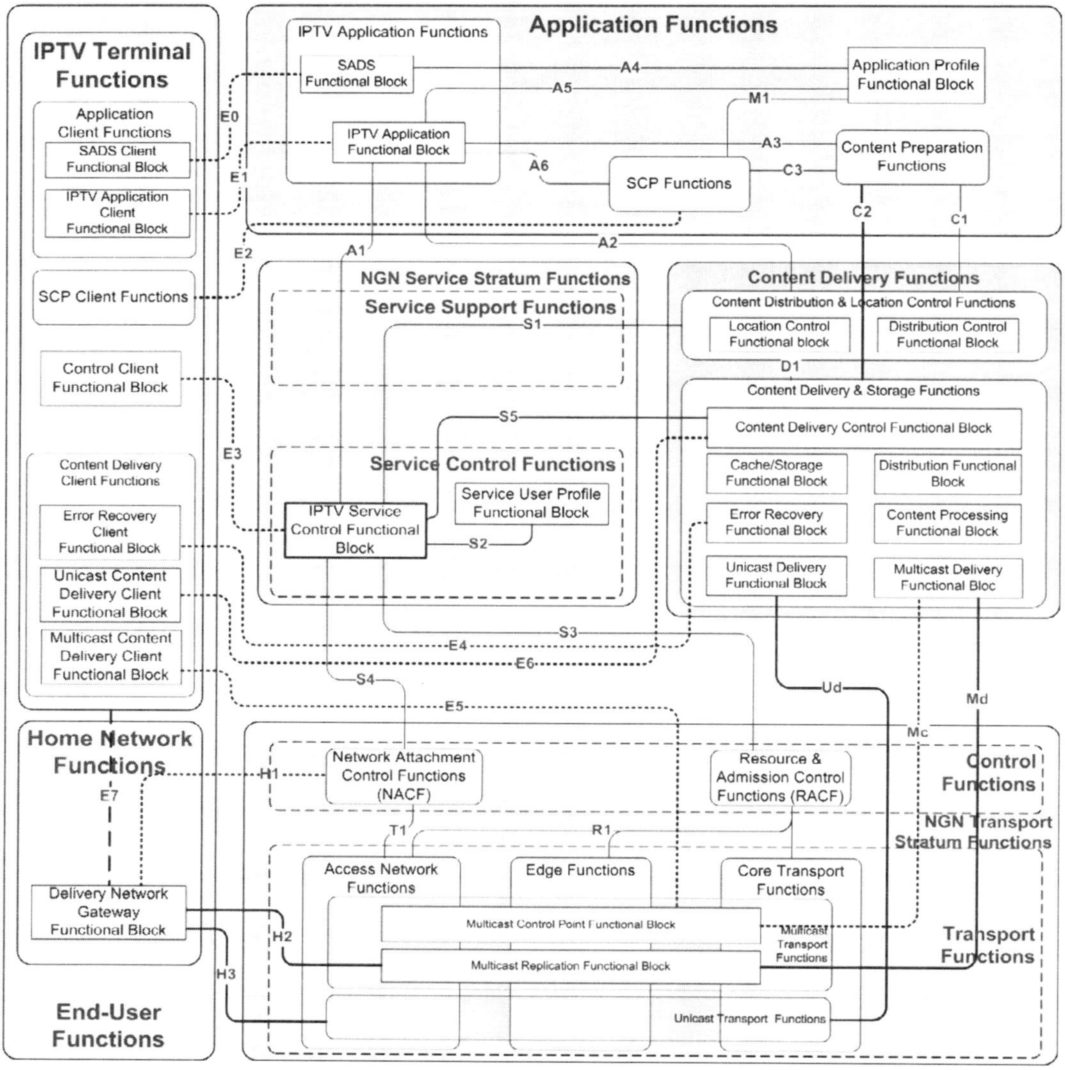

그림 2.11 NGN Non-IMS IPTV 구조의 reference point

5. 컨텐츠 전달 및 서비스 제어 기능은 단말의 위치 정보를 획득한다.
6. 컨텐츠 전달 및 서비스 제어 기능은 컨텐츠 전달에 필요한 네트워크 자원을 요청하고, 네트워크에서는 이를 할당해 준다.
7. IPTV 단말은 네트워크를 통해 전달된 컨텐츠를 재생한다.
8. 컨텐츠 전달 및 서비스 제어 기능은 컨텐츠가 전달되는 동안 IPTV 단말에 다양한 응용 기능을 제공한다.

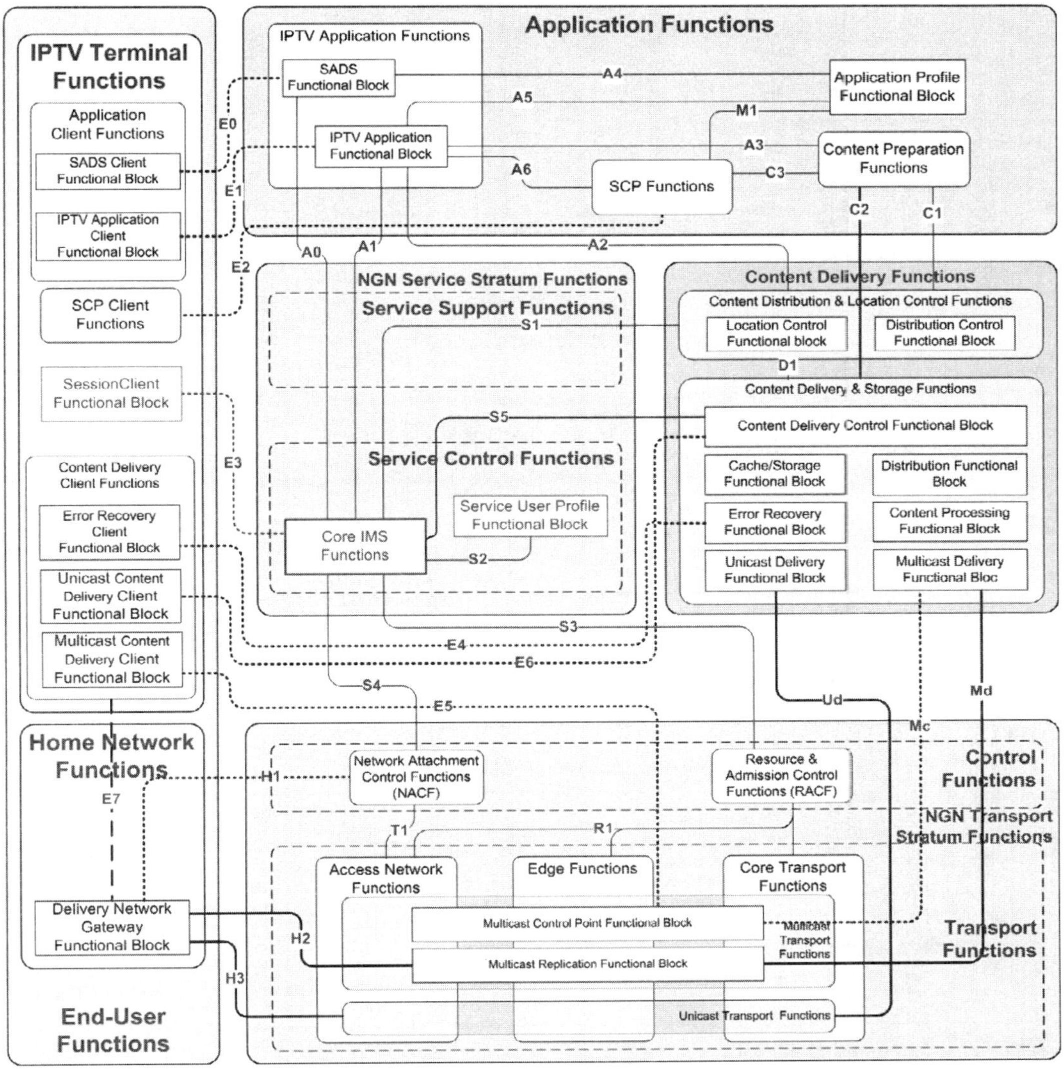

그림 2.12 NGN IMS IPTV 구조의 reference point

9. 재생이 종료되면 할당된 네트워크 자원을 반환하고, IPTV 서비스를 종료한다.

(2) 실시간 전송 형식의 IPTV 서비스 절차

그림 2.14는 실시간 전송 형식의 IPTV 서비스 절차에 대해 나타내고 있다.

1. IPTV 단말은 어플리케이션 기능을 이용하여 실시간 전송되고 있는 컨텐츠 리스트를 검색 및 선택한다.

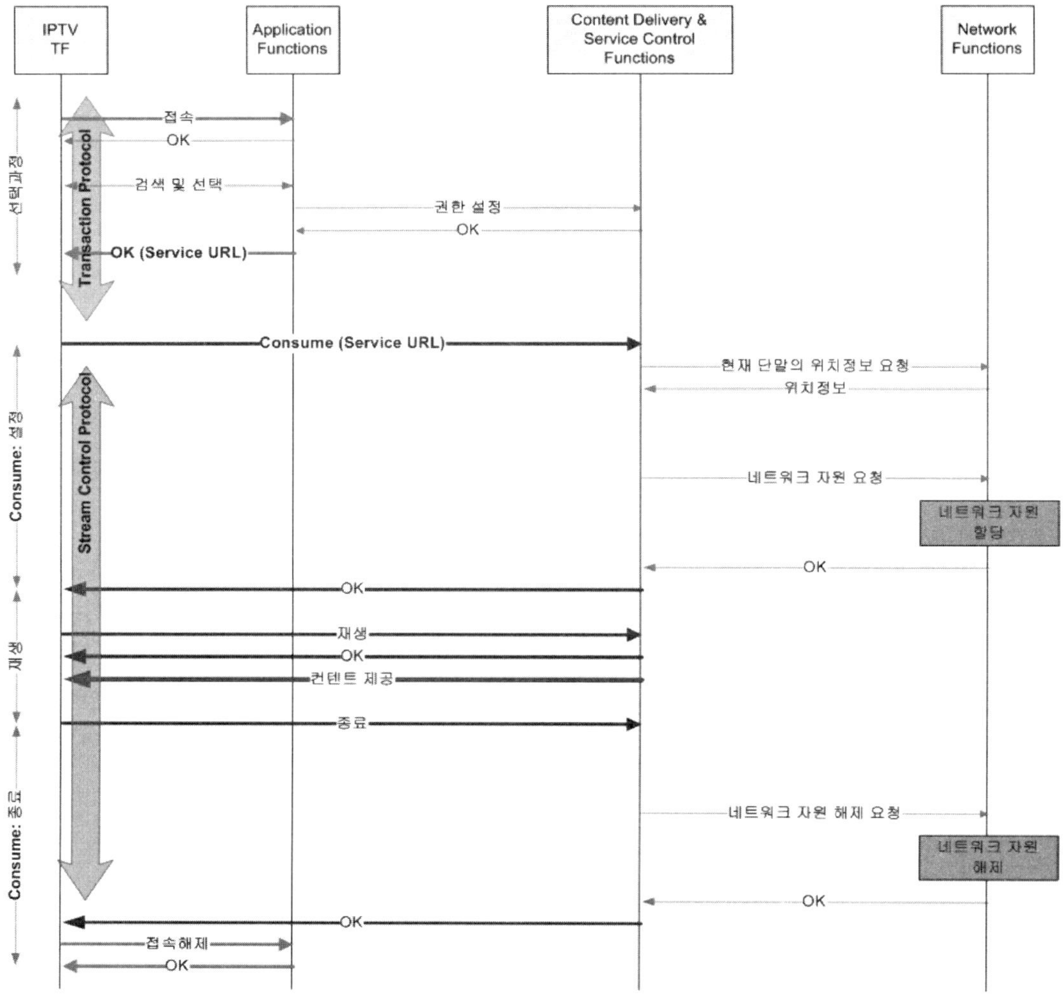

그림 2.13 on-demend 형식의 IPTV 서비스 절차

2. 어플리케이션 기능은 컨텐츠 전달 및 서비스 제어 기능과 통신하여 권한을 부여 받는다.
3. 어플리케이션은 컨텐츠 전달 및 서비스 제어 기능의 URL 및 멀티캐스트 어드레스 리스트를 전달한다.
4. IPTV 단말은 전달된 URL을 이용하여 컨텐츠 전달 및 서비스 제어 기능에 컨텐츠 전달을 요청한다.
5. 컨텐츠 전달 및 서비스 제어 기능은 단말의 위치 정보를 획득한다.

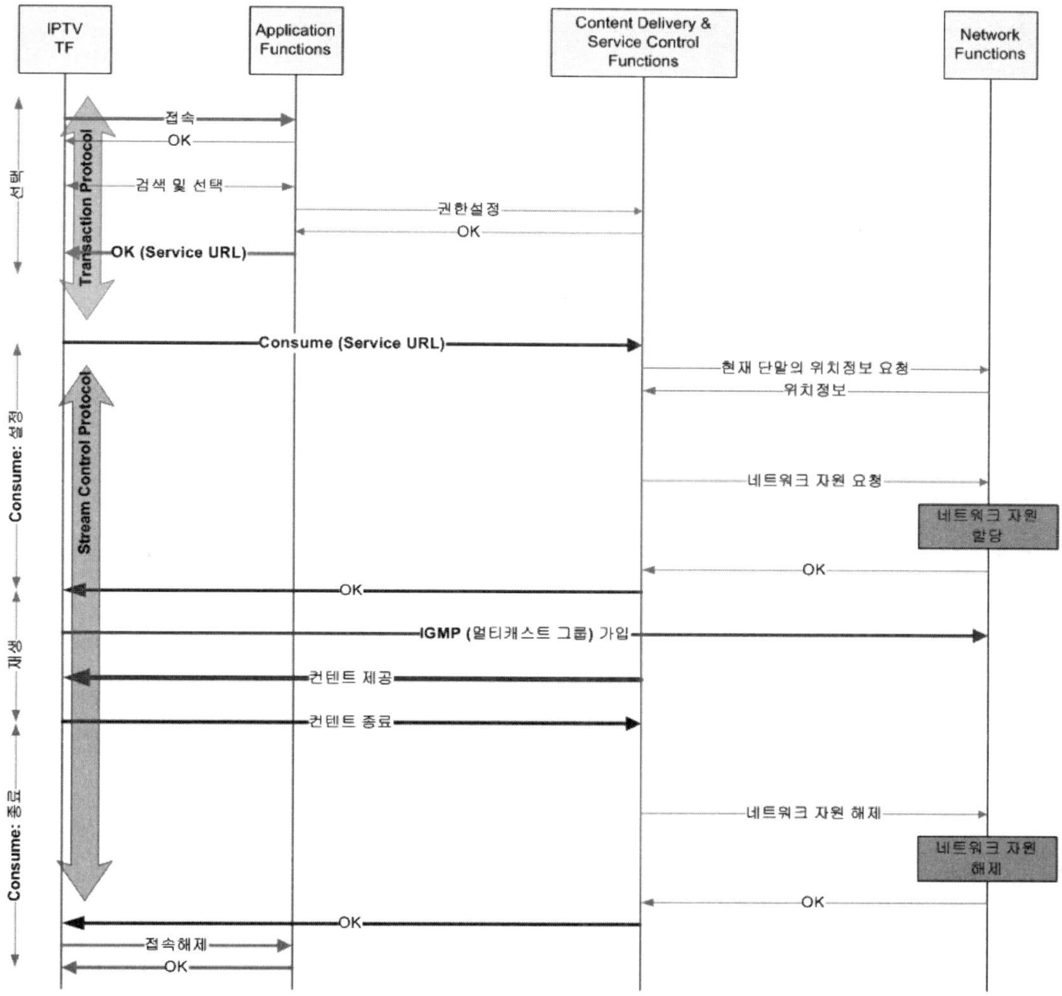

그림 2.14 실시간 전송 형식의 IPTV 서비스 절차

6. 컨텐츠 전달 및 서비스 제어 기능은 컨텐츠 전달에 필요한 네트워크 자원을 요청하고, 네트워크에서는 이를 할당해 준다.
7. IPTV 단말은 멀티캐스트 그룹에 가입하고, 전달된 컨텐츠를 재생한다.
8. 재생이 종료되면 할당된 네트워크 자원을 반환하고, IPTV 서비스를 종료한다.

제 3 장

실시간 부호화 및 전송

IPTV는 서비스 제공자가 전송될 모든 내용을 디지털화하여 그것을 사용자에게 데이터망을 통하여 보내게 되고 사용자는 디지털 수신기를 이용해 이를 다시 해독하여 사용하는 방식을 취한다. 그로 인해 IPTV에서 전송되는 VoD를 비롯한 수많은 영상들은 디지털 방식으로 전송되게 된다. 디지털 영상은 아날로그에 비해 보관이 유리하며 열화현상이 없는 등의 이점을 가지고 있다. 또한 아날로그 영상의 경우는 테이프의 선형구조상 전체 내용을 순차적으로 재생할 수밖에 없으나 디지털의 경우에는 순서에 관계없이 원하는 곳을 검색하여 재생하는 것이 가능하다. 디지털 영상의 장점을 하나 더 덧붙이자면 웹, 플래시 같은 디지털 방식을 사용하는 다른 컨텐츠와의 융합이 용이하다는 것이다.

TV, 전화 및 인터넷의 결합이 진행되면서 여러 가지 압축기술은 새로운 제품과 서비스의 개발에 있어서 중추적인 역할을 하게 되었다. 이 장에서는 IPTV 시스템에서 사용되는 세 가지 압축기술, 즉 MPEG-2, H.264/AVC, VC-1에 대해 알아보고, IPTV 통신모델(IPTVCM)이라 불리는 네트워킹프레임워크에 대해서도 알아보기로 한다. IPTVCM은 특유의 네트워크 기능을 규정하는 일곱개의 층(layer)으로 구성되어 있는 개념적인 네트워크 모델이다. 이 장에서는 이 모델에서 규정된 각각의 층과 각 층에 할당된 임무를 수행하기 위해 필요한 프로토콜을 설명한다.

3.1 실시간 부호화의 개요

부호화에 대해 설명하기 전에, 부호화 전 단계에서 일어나는 두 가지 처리과정에 대해 간단히 설명하기로 한다. 첫 번째 과정은 카메라를 이용하여 비디오를 취득하는 과정이다. 카메라를 이용한 비디오의 취득과정은 일반적으로 아날로그 신호의 형태가 되므로 이를 디지털 신호로 이진화시키는 변환 작업이 필요하다. IPTV는 공급자와 수요자의 양방향성을 지향하기에 디지털 형식으로 변환, 전송하는 것이 타당한 이유라 할 수 있겠으나 그 이외에도 디지털 영상은 아날로그에 비해 많은 이점을 가지고 있다. 영상을 디지털화함으로써 보관이 유리해지고 언제나 좋은 화질의 영상을 사용자에게 공급할 수 있다. 아날로그의 경우에는 일반적으로 자기테이프 방식을 사용하므로 사용하면 사용할수록 테이프가 늘어나는 등의 물리적 손상이 일어나 열화현상을 겪게 된다. 이는 화질의 저하를 의미하며, 점점 수요자가 늘어날수록 차후 수요자는 저품질의 영상을 즐겨야 했다. 또한 원본을 1회 복사할 때마다 약 30% 가량의 화질 저하가 일어나므로 컨텐츠 공급자의 입장에서는 저작권의 보호가 그다지 큰 이슈로 부각되지 않았다. 하지만 디지털 영상은 말 그대로 디지털로 변환된 데이터이기에 수 많은 재생에도 화면의 열화가 발생하지 않는다. 따라서 디지털 컨텐츠의 저장 및 전송에 있어서는 저작권 보호가 매우 중요한 이슈로 자리하게 된다. 일반적으로 디지털화 과정은 표본화와 양자화의 단계로 이루어진다. 표본화(sampling)는 연속 아날로그 신호에서 일정한 주기마다 샘플을 취하는 작업이며 양자화(quantization)는 취득된 각 샘플의 값에 비트들을 할당해 주는 작업을 말한다. 이러한 형태의 비트열은 아직 압축부호화 되지 않은 uncompressed video 비트스트림이라 부른다.

이제 두 번째 과정인 압축부호화를 위해서는 인코더라고 부르는 소프트웨어 또는 하드웨어가 필요하다. 이러한 압축부호화를 하는 이유는 첫째, 비디오 저장을 위해 요구되는 디스크 사용공간이 작아지고, 네크워크를 통해 전송시 작은 파일 크기로 인해 전송시간 역시 단축된다. 최근 압축부호화 방법의 향상으로 인해 부호화 효율은 HD급 비디오의 경우 과거 20-25Mbps에서 최근 8Mbps 정도로 높아지고 있다. 물론 압축부호화의 사용으로 인한 몇 가지 단점도 존재한다. 압축 부호화와 복호화의 부가적인 단계가 더해지므로 이로 인한 지연이 문제가 될 수 있다. 또한 비디오의 경우는 압축효율을 높이기 위해 손실부호화 방법을 사용하므로 원본대비 화질의 열화가 발생할 수도 있다. 심지어 다양한 압축 방법으로 인해 한 가지 방법으로 압축된 비트스트림을 다른 형태의 비트스트림으로 변환해 주어야 하는 과정이 요구될 수도 있으며, 이를 transcoding이라 부른다. IPTV 서비스를 위해 사용되는 압축부호화 방법은 앞에서 말한 대로 MPEG-2, H.264/AVC 및 VC-1 등이 있다. 이러한 압축방법을 이용하여 압축된 비디오 데이터는 이제 전송을 위한 준비에 들어간다. 전송을 위해서 압축부호화된 비트스트림은 캡슐화되어 데이터 패킷의 형태로 나뉘어지게 된다.

3.2 과거의 압축방법들

IPTV는 과거의 지상파 방송이나 케이블 방송에서와 같이 공급자가 다수의 수요자에게 똑같은 방송을 전송하는 Broadcast 방식이 아닌 각각의 수요자가 원하는 시간에 원하는 영상을 각각 제공받는 Unicast 방식을 기본으로 한다. 즉, 그림 3.1에서 보듯이 Unicast 방식은 수요자 개개인이 공급자와 1:1로 연결되어 있는 방식이다.

Unicast 방식을 이용하는 IPTV는 한정된 데이터 망을 통해 각각의 사용자에게 다른 영상을 제공해야 하는데, 이러한 데이터 망의 물리적 한계를 극복하고 많은 데이터 전송을 위하여 데이터 망의 증설이 필요하며 이를 위해서는 수많은 자금이 투입되어야

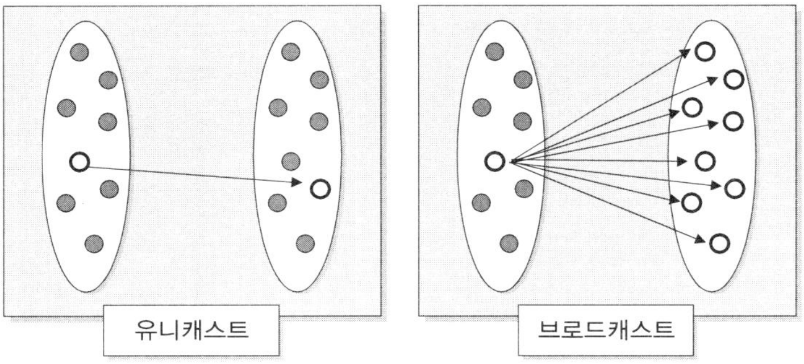

그림 3.1 유니캐스트 방식과 브로드캐스트 방식

한다. IPTV의 사업적 측면에서 투자비용을 줄이기 위해서는 데이터 양을 화질의 열화를 최소화하며 효율적으로 줄이는 방법이 요구되며 이를 위해 지난 수십년간 많은 영상 압축기술이 연구 개발되어 왔다.

일반적으로 사용되는 영상압축 방식은 사람의 시각적 특성을 이용한다. 예를 들어, 사람의 눈은 거리가 멀어질수록 섬세한 영상패턴을 구분하기 힘들게 된다. 빠르게 날아가는 축구공의 경우도, 일일이 검정색과 흰색의 무늬를 부호화할 필요가 없을 것이다. 어차피 사람의 눈이 그만큼 정확히 인식해 내지 못하기 때문이다. 그 외에도 색상보다는 밝기 변화에 더 민감한 눈의 특성, 세로방향보다는 가로방향으로의 변화에 더욱 민감한 눈의 특성 등을 이용하여 원본 비디오를 압축하게 된다. 압축되는 정도를 우리는 압축비(compression ratio)라고 표현하며, 압축비가 높다는 말은 원본 데이터 양에 비해서 압축된 비디오 데이터의 양이 매우 작다는 것을 의미한다. 비디오 압축에 있어서 근본적인 문제는 압축률이 높아질수록 복호화된 영상의 화질이 떨어진다는 데에 있다. 따라서 화질을 어느 정도 유지하면서 압축효율을 높이는 것이 일반적인 영상압축 부호화의 목표가 된다.

압축 부호화는 크게 손실부호화와 무손실부호화로 나눌 수 있다. 무손실 부호화는 말 그대로 복호화된 데이터가 원본데이터와 정확히 일치함을 뜻한다. 아무래도 무손실부호화는 압축효율이 높을 수가 없고, 앞서 이야기한 사람 눈의 특성으로 인해 영상신호의 압축에는 거의 사용되지 않고, 드물게 정지영상의 경우나, 은행 거래 내역과 같은 매우 중요한 데이터의 압축에 사용된다. 따라서 IPTV 서비스에 있어서의 대부분의 경우, 영상정보는 손실부호화 방법을 이용하여 압축된다. 부호화 단계에서 원본 데이터의 손상이 일어나므로 수신단에서 복호화된 영상은 원본영상에 비해 열화가 일어나게 된다. 현재 IPTV 서비스 공급자에 의해 사용되고 있는 대표적인 손실 부호화 방법은 MPEG 과 VC-1 기술이다.

3.2.1 영상 압축 표준

비디오 압축 표준안(standard)을 개발하는 데 있어서 ISO Moving Picture Experts Group(MPEG)과 ITU Video Coding Experts Group(VCEG)은 매우 중요한 역할을 해오고 있다. ISO를 위해 표준안을 개발하는 연구 그룹(study group)인 MPEG은 예를 들어, ISO/IEC 13818('MPEG-2')와 14496('MPEG-4') 등의 표준안을 만들고, 보존하고, 갱신하는 역할을 한다. 새롭게 발표된 H.264 Recommendation(MPEG-4 Part 10 또는 'Advanced Video Coding' 이라고도 불린다)은 ITU의 연구 그룹인 VCEG과 MPEG 사이의 협력에 의해 만들어졌다.

MPEG은 디지털 비디오의 통신 및 저장분야에서 현재 널리 사용되고 있는 비디오와 오디오 압축 표준안인 MPEG-1과 MPEG-2와 같은 매우 성공적인 표준안을 개발했으며, 비디오를 효율적으로 관리, 검색, 배포하고 저작권을 보호하기 위해 MPEG-7 표준안과 MPEG-21 표준화 작업을 진행하였다. VCEG는 널리 사용되었던 최초의 화상전화 표준안인 H.261과 그 차기 표준안인 H.263을 개발하였고, H.264의 초기 버전인 H.26L 프로젝트의 개발을 시작하였다. 두 그룹은 H.26L 계획을 마무리 짓고 국제 표준안(H.264/MPEG-4 Part10)으로 전환하여 ISO/IEC와 ITU-T 공동으로 발표하기 위해 공동의 Joint Video Team(JVT)을 만들어 H.264/AVC 표준안을 만들어 내었다(그림 3.2 참조).

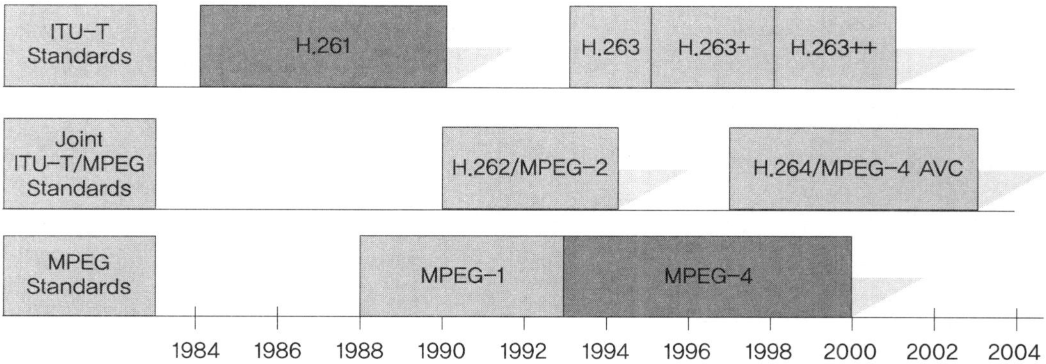

그림 3.2 비디오 압축 표준의 발전 과정

3.2.2 ISO MPEG

The Moving Picture Experts Group은 ISO와 IEC의 Working Group이다. 공식적으로는 Joint Technical Committee 1의 Subcommittee 29의 Working Group 11이므로, 공식명칭은 ISO/IEC JTC1/SC29/WG11이다.

MPEG의 역할은 동영상과 오디오를 압축, 처리 그리고 표현하기 위한 표준안을 개발하는 것이다. MPEG은 MPEG-1(CD 재생을 위한 비디오 및 오디오 압축 표준안)과 매우 성공적인 MPEG-2('TV 수준' 의 비디오 및 오디오의저장 및 방송을 위한 표준안)라는 중요한 표준안 시리즈를 개발했다. MPEG-4는 가장 최근의 표준안으로 특히 오디오-영상(audio-visual) 압축을 다룬다. 다른 두 개의 표준화 작업(MPEG-7[3]과 MPEG-21[4])은 각각 멀티미디어 자료의 표현과 일반적인 '멀티미디어 구조(multimedia framework)' 와 관련이 있다. MPEG은 오디오와 비디오 압축에 대한 공헌으로 인해 가장 널리 알려졌다. 특히, MPEG-2는 현재 디지털 TV방송과 DVD-비디오에 사용되고 있고, MPEG-1 Layer3 오디오 코딩('MP3')은 음악을 저장하고 공유하는데 있어서 이미 빠른 속도로 CD-audio를 대체한 상태이다.

MPEG은 하위 전문가 그룹으로 나누어지며, 각 전문가 그룹은 표준화 과정과 관련된 특정한 문제들을 다룬다. MPEG 내의 '전문가(Experts)' 는 전 세계의 광범위한 회사, 연구기관 그리고 교육기관으로부터 선정된다. MPEG의 회원 및 MPEG 미팅의 참여자격은 국제 표준 위원회(National Standards Bodies)의 대표자로 제한된다. MPEG에 참여하고자 하는 회사나 교육기관은 먼저 자국의 국제 표준 위원회에 지원하여 자격을 취득하여야 한다. 표준 위원회, 국제 미팅, 국제 MPEG 미팅 등에 참여하는 것은 많은 비용과 시간을 소모하는 일이다. 그러나 MPEG의 내부 문서에 접근할 수 있고(공식적인 발표 이전의 권고안 형태의 문서에 접근하는 것도 포함되며 경쟁자보다 먼저 시장을 선점할 수 있는 잠재력을 가질 수 있다), 표준안 개발에 참여할 수 있는 기회를 가질수 있는 장점이 있다.

MPEG은 2-3개월 마다 개최되는 미팅에서 작업을 수행해 나간다. 1988년 이후로 2009년 6월 현재 89번의 미팅(첫 번째 미팅은 Canada의 Ottawa에서 개최되었고, 89차 회의는 런던에서 개최되었음)이 개최되었다. 미팅은 일반적으로 5일 동안 계속되는데, 특별 작업 그룹(ad hoc working)의 미팅 후에 주 미팅이 개최된다. 미팅에서는 각 하위 그룹에 의해 제안 및 개발에 대한 협의가 진행되는데 좋은 결과를 나타내는 제안들에 대해서는 승인을 하고, 필요하다면 표준화 과정에 포함이 된다. 각 미팅의 작업 내용은 입력문서와 출력문서에 기록된다. 입력문서에는 특별 작업 그룹의 보고서, 표준안 개발에 추가 및 변경을 위한 제안서, 그리고 다른 기관으로부터의 의견이 포함되며, 출력문서에는 미팅 보고서와 표준안의 초안이 포함된다.

3.2.3 MPEG-1과 MPEG-2

MPEG-1(엠펙 원)은 ISO/IEC JTC 1의 MPEG 그룹이 만든 표준 동영상 규격 가운데 하나이며 ISO/IEC-11172로 등재되어 있다. 오디오/비디오 규격으로 세계적으로 가장 널리 쓰이는 형식 중 하나이며, 비디오 CD와 같은 디지털 저장 매체에 비디오 저장을 위해 이용되고 있다. 이는 CD-ROM과 같은 디지털 저장 매체에 VHS 테이프 수준의 동영상을 압축 저장할 수 있다는 의미이다. 오디오의 압축 규격에는 레이어 1, 레이어 2, 레이어 3이 있고, 각각 MP1, MP2, MP3로 불리고 있다. 레이어 2와 호환되는 기기는 레이어 1도 재생할 수 있다. 이 중 가장 알려진 것은 MP3 오디오 형식이다. 즉, 우리가 흔히 즐겨 듣는 MP3 오디오란 MPEG-3(MPEG-2에 흡수되어 더 이상 존재하지 않음)가 아니라 MPEG-1 오디오의 레이어 3을 뜻하는 것이다. 비디오 CD의 경우, Layer 2를 사용한다. MPEG-1 표준은 ISO/IEC-11172로 등재되어 있다.

MPEG-2(엠펙 투)는 MPEG(Moving Picture Expert Group)이 정한 오디오와 비디오 인코딩(부호화)에 관한 일련의 표준을 말하며, ISO 표준 13818(13818-1은 시스템, 13818-2는 비디오 부호화, 13818-3은 오디오)로 공표되었다. MPEG-2는 일반적으로 디지털 위성방송, 디지털 유선방송 등의 디지털 방송을 위한 오디오와 비디오 정보 전송을 위해 쓰이고 있다.

MPEG-2는 MPEG-1과 비슷하지만, 텔레비전 방송에서 사용하는 비월주사(interlaced scan) 방식의 영상의 지원을 포함한다. MPEG-2 비디오는 저속 비트율(1Mbit/s) 환경을 위해 개발된 MPEG-1 비디오와는 달리, 초당 3 메가비트 이상을 요구하는 고화질 응용을 위해 MPEG-1보다 향상된 압축률을 나타내며 사용되고 있다. MPEG-2의 MPEG-1과 구별되는 특징으로는 CD와 같은 저장매체에 적합한 프로그램스트림과 함께 데이터 유실이 많은 전송 환경에도 적합한 트랜스포트 스트림이 정의되어 있다는 점을 들 수 있으며, 이는 현재 디지털 방송에 사용되고 있다. MPEG-2는 원래 MPEG-3로 개발하려던 HDTV(고선명 텔레비전) 전송의 표준 또한 포함한다. 또한 MPEG-1과의 호환성도 보장되어 이 표준을 따르는 MPEG-2 디코더는 MPEG-1 스트림도 재생할 수 있다.

MPEG-2 13818-3 오디오 표준은 MPEG-1 오디오 표준에서 발전되어 MC(다중 채널)과 낮은 표본화 주파수를 제공하는 LSF(낮은 샘플링 주파수 : Low Sampling Frequency)(24kHz, 22.05kHz, 16kHz)로 구성되어 있다. 또한 두 가지 모두 MPEG-1

오디오를 복호화할 수 있는 하위 호환성의 특성을 가지고 있다. 알고리즘 측면에서는 추가된 내용이 없기 때문에 이론적으로 MPEG-1과 동일한 압축률을 가진다고 봐도 무방하다.

하지만 MPEG-2에서는 압축률을 높이는 대신, 하위 호환성을 지원하지 않는 AAC(advanced audio coding)를 13818-3이 표준화 된 후 13818-7로 표준화하고 있다. AAC에는 기존 MPEG 오디오에서 사용되지 않던 LTP, TNS, 예측 도구가 추가되었으며 레이어로 구분하던 MPEG-1,2와는 달리 도구의 집합인 프로파일로 구분하여 정의하고 있다.

- **간략한 MPEG-2 비디오 인코딩 절차**

MPEG-2는 크게 비디오와 오디오 신호의 압축에 관한 기술을 규정하고 있다. 부호화된 비디오 스트림은 인트라(Intra), 전방 예측(Predictive), 양방향 예측(Bidirectional)의 세 가지 타입의 프레임들이 GOP(Group of Pictures)라는 특별한 구조를 이룬다. 일반적으로 부호화할 원본은 소리가 포함된 일정한 해상도의 영상이 초당 25(CCIR 규정) 프레임 또는 초당 29.97(FCC 규정) 프레임의 속도로 바뀌는 동영상이다.

MPEG-2는 비월주사(interlaced scan)와 순차주사(progressive scan) 두 가지 방식의 비디오 스트림을 모두 지원한다. 순차주사 방식에서는 부호화의 기본 유닛이 프레임(한 장의 영상)이 되고, 비월주사 방식에서는 필드(한 장의 영상의 홀수줄, 혹은 짝수줄만으로 이루어짐)이다. 아래 설명에서 "픽처" 혹은 "정지 영상"이라고 말한 것은 각각의 기본 유닛(즉, 필드나 프레임)을 가리킨다. 영상압축의 첫 번째 단계는 표본화(subsampling)라고 하는 과정을 거쳐 디지털화된 영상을 준비하는 일이다. 일반적으로 사람의 눈은 색상보다는 명암의 변화에 더 민감하게 반응하므로 카메라에서 취득한 R,G,B의 세 영상을 그대로 쓰는 대신 RGB를 YCbCr 색상공간으로 변환하여 명암을 나타내는 Y(grayscale luminance) 영상은 원 영상과 같은 크기로 유지하되, 색상을 나타내는 Cb(blue chrominance) 및 Cr(red chrominance) 영상은 원영상 크기에 비해 가로, 세로 방향으로 반 씩 줄인 1/4 크기의 영상을 사용하며 이를 4:2:0 표본화라고 한다. 즉, 일반적으로 쓰이는 4:2:0 표본화 포맷에서는 한 색상이 매크로 블록 하나(16×16)당 한 개의 색차 블록(8×8)만을 갖게 되어, 하나의 매크로 블록은 4개의 Y 블록, 1개의 Cb블록, 1개의 Cr블록으로 총 6개의 블록을 갖게 된다. 그림 3.3은 비디오 압축에서 주로 쓰이는 세 가지 표본화 방법을 나타낸다.

앞서 설명한대로, 비디오를 구성하는 각 영상 프레임은 명암(luminance) 채널 Y와 두 개의 색차(chrominance) Cb, Cr 채널로 나뉘어진다. Y 영상은 "매크로 블록

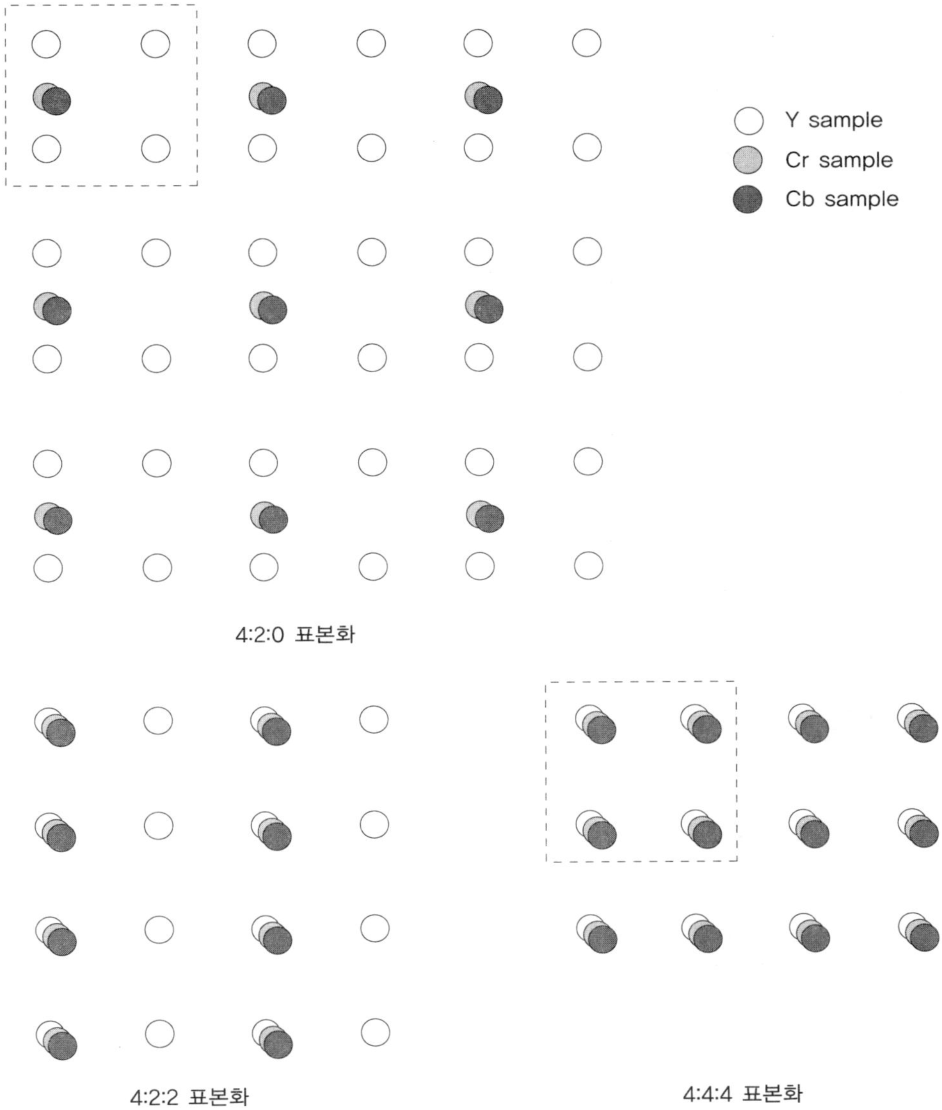

그림 3.3 4:2:0, 4:2:2, 4:4:4 표본화 패턴

(macroblock)"이라 불리는 16×16 크기의 격자로 나뉘며, 이 매크로 블록이 부호화의 기본적인 조각이 된다. 매크로 블록은 8×8 크기의 Y "블록" 4개가 합쳐진 것이다. 또한 선택된 표본화 방법에 따라 한 매크로 블록이 몇 개의 8×8 크기의 색차 블록을 가질지 결정된다. 예를 들어, 일반적으로 쓰이는 4:2:0 표본화의 경우 하나의 16×16 Y 블록에 각 색차별로 8×8의 블록이 할당되어 하나의 매크로블록은 모두 6개의 8×8블

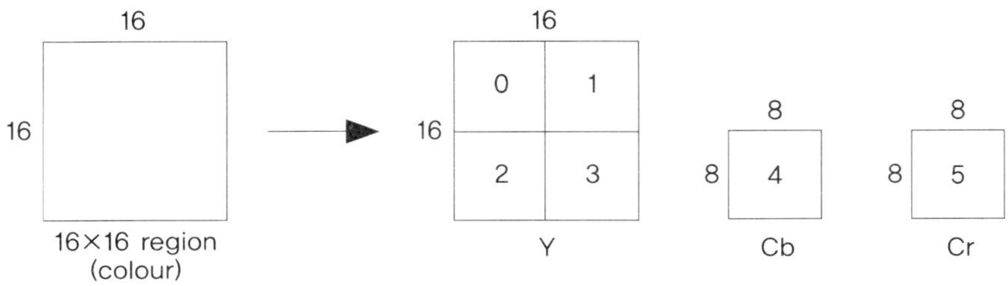

그림 3.4 매크로블록(4:2:0)

록으로 구성됨을 알 수 있다(그림 3.4 참조).

MPEG-2 스트림은 단일 영상을 부호화한 데이터 프레임의 연속이다. 각 정지영상을 부호화하는 방법에는 인트라(I), 전방 예측(P), 양방향 예측(B) 세 가지가 있다. I 픽쳐의 경우 이미지 데이터는 이전 프레임 등을 참조하지 않고 마치 정지영상 압축기법인 JPEG과 유사한 방법으로 압축을 한다. P(혹은 B) 픽쳐의 경우엔 우선 "움직임 보상"(motion compensation)이라 불리는 과정을 거쳐 이전 영상(B의 경우엔 이전과 이후의 영상)에서 현재 부호화하고자 하는 매크로블록과 가장 유사한 16×16 영역을 찾아 그 둘 간의 차이를 부호화하게 된다. 움직임 보상을 위해 P(혹은 B) 픽쳐로 만들어질 영상의 각 매크로 블록이 이전(B의 경우엔 이후도 포함) 영상의 어느 부분과 가장 관련성이 높은가를 알아내는 방법을 모션 추정(motion estimation)이라고 하며 그 추정 결과로 나오는 공간상의 변위인 "움직임 벡터"(motion vector)와 두 영상간의 차이(residue)가 각각 알맞은 방법으로 부호화된다.

각 블록은 8×8 이산 코사인 변환(discrete cosine transformation)의 과정을 거치게 된다. 변환으로 얻어진 각 계수들은 미리 정해진 값들로 나누어 양자화(quantization)되고, 지그재그로 재배열 된 후 0에 대한 run length coding(RLC)을 하게 된다. 마지막으로 가변 길이 부호화 방법인 허프만코딩으로 부호화를 마친다.

영상 프레임 내의 공간적 중복성을 이용하는 I 프레임 부호화에 비해 P와 B 프레임은 연속하는 프레임간의 시간적인 중복성을 이용한다. 시간적으로 연속하는 프레임간의 유사성은 매우 크므로 I 프레임에 비해 P와 B 프레임은 압축후의 비트수가 매우 작다. 예를 들어, I 프레임이 300Kbits/frame로 압축된 경우 P 프레임은 100Kbits(빠른 모션 화면의 경우)/64Kbits(느린 모션 화면의 경우), B 프레임은 18Kbits(빠른 모션 화면의 경우)/7Kbits(느린모션 화면의 경우) 정도로 압축된다.

이 세 가지 프레임으로 이루어지는 일련의 프레임들은 GOP(Group of Pictures)라 불리는 구조를 이룬다. 그림 3.5에서 보듯이 다양한 구조의 GOP가 가능하지만 많이 쓰이는 것은 IBBPBBPBBPBBPBB,,, 의 순서로 I(또는 P) 프레임 사이에 두 개의 B 프레임이 들어가는 것이다. 물론 GOP 구조의 I, P, B 프레임의 구성 비율은 비디오 스트림의 성격, 출력 스트림이 가져야 하는 대역폭(bandwidth) 등에 따라 정해져야 한다. B 프레임의 부호화에는 많은 시간이 들기 때문에 부호화에 걸리는 시간도 GOP의 구성을 결정하는 한 요소가 된다. 또한 B 프레임의 부호화를 위해서는 미래의 I(또는 P) 픽쳐를 참조해야 하므로 실시간으로 전송해야 하는 생방송의 경우에 B 프레임의 사용이 적절치 못하게 된다.

MPEG-2 인코더의 출력 비트율은 응용에 따라 일정하게 하거나, 정해진 최대 비트율을 갖고 변하게 할 수 있다. 가변 비트율의 예로 10.4 Mbps를 최대 비트율로 갖는 DVD 영화를 들 수 있다. 일정한 비트율을 얻기 위해서는 프레임마다 서로 다른 양자화 파라미터를 사용하여 목적하는 프레임당 비트율을 맞추도록 한다. 그러나 양자화가 심하게 될 경우에는 전송된 스트림이 디코딩 된 화면에 격자모양이 나타나는 블록킹 현상이 일어날 수 있다. 이 현상은 비트율이 내려갈수록 더욱 심각해진다.

3.2.4 MPEG-4 VISUAL/PART 2

MPEG-4 Visual(ISO/IEC 14496의 Part 2, 'Coding of Audio-Visual Objects')은 영상 정보를 코딩하고 표현하는 것과 관련된 매우 광범위한 기능을 다루고 있는 방대한 문서이다. MPEG-4 Visual 표준안은 직사각형 모양의 영상프레임만 다루던 이전 압축방법들과는 달리 직사각형 프레임은 물론 다음과 같은 종류의 대상을 압축 부호화하는 것을 목표로 한다.

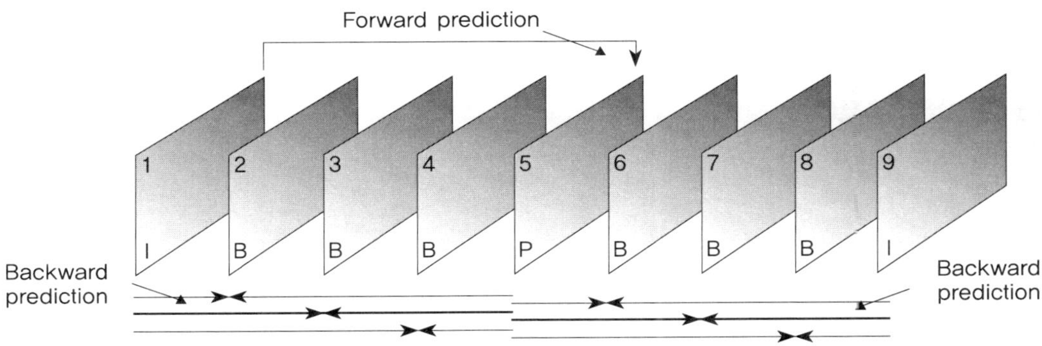

그림 3.5 GOP 구조

- 직사각형 프레임으로 이루어진 동영상
- 비디오 객체(동영상에서 움직이는 사람과 같은 임의 형상 영역의 시퀀스)
- 2D와 3D mesh object(변형 가능한 객체를 표현)
- 사람의 얼굴 및 몸통의 애니메이션
- 정지 영상

MPEG-4 Visual 표준안은 이러한 종류의 데이터를 압축하기 위해 개발된 코딩 도구들에 대해 설명하며 이러한 다양한 도구 및 지원 가능한 데이터 종류들로 인해 다음과 같이 많은 응용분야를 지원할 수 있다.

- 디지털 TV 방송, 화상회의 그리고 비디오 저장과 같은 일반적인 비디오 응용분야
- 비디오의 한 장면이 여러 개의 비디오 객체로 구성되어 각 객체가 독립적으로 압축되는 '객체 기반' 비디오 응용분야
- 2D와 3D의 변형 가능한 Mesh의 도형 또는 사람의 얼굴 및 몸통 애니메이션을 이용하는 컴퓨터 그래픽
- 실제(자연) 비디오, 정지 이미지 그리고 컴퓨터 그래픽을 결합하는 하이브리드(hybrid) 비디오 응용분야
- 인터넷이나 무선 채널을 통한 스트리밍 비디오
- 스튜디오 작업 환경에서의 고화질 비디오 편집과 배포

표준안에는 광범위한 코딩 도구들이 정의되어 있지만, MPEG-4 Visual의 근본은 움직임 보상, DCT, 양자화 그리고 엔트로피 코딩을 사용하는 블록 기반 비디오 코덱이다. 별도로 개발된 Mesh, 정지 이미지 그리고 얼굴/몸통 애니메이션 파라미터의 코딩을 제외하면, 표준안에서 지원되는 다른 기능과 도구들 중 대부분은 H.263의 핵심기술에 특징을 추가한 것이다.

3.3 H.264/AVC

MPEG-4 Visual이 기존의 직사각형 프레임의 부호화에서 벗어나 여러 가지 형태의 부호화 기법을 표준화하여 제시하였음에도 불구하고, 그러한 다양한 코딩도구의 사용을 위해 요구되는 부호화를 위한 특수한 입력 신호의 제공과 같은 일이 예상과 달리 쉽게 진행되지 않는 등, MPEG-4 Visual의 사용은 갖가지 난관에 부딪히고 말았다. 한 예로, 비디오 객체기반 부호화를 위해서는 정확하게 추출된 비디오 객체가 입력으로서 필요

한데 그러한 비디오 객체를 자동으로 추출하는 기술이 10년이 넘게 연구되어 왔음에도 불구하고 아직도 MPEG-4 Visual에서 원하는 응용에서 사용되기에는 많이 미흡한 실정이다.

H.264는 MPEG-4 Visual에서 지향했던 다양한 범위의 여러가지 응용을 목표로 하던 것에 비해 좁은 범위를 다루고 있으며, 기본적으로 직사각형 비디오 프레임의 효과적이고 강력한 압축 및 전송을 지원하기 위해 설계되었다. 원래의 목적은 H.263+와 MPEG-4 Visual(Simple 프로파일)과 같은 이전의 표준안과 유사한 기능을 제공하면서도, 월등히 뛰어난 압축 성능과 신뢰성 있는 전송을 지원하게 하는 것이었다. 목표로 하는 응용분야에는 양방향 비디오 통신(화상회의 또는 화상전화), 방송 또는 고화질 비디오를 위한 압축 그리고 패킷 네트워크(packet network)를 통한 비디오 스트리밍이 포함된다. 표준안에는 네트워크를 통한 강력한 전송을 지원하는 기능이 내장되었고, 가능한 한 넓은 범위의 프로세서 플랫폼에 구현 할 수 있도록 설계되었다.

이 표준안은 ITU-T Video Coding Experts Group과 ISO/IEC Moving Picture Experts Group이 함께 개발한 것으로 공식적으로 국제표준 14496-10(MPEG-4 Part 10) Advanced Video Coding(AVC)으로 명명되었다. 또한 ITU-T의 관점에서는 H.263의 다음 버전으로서 H.264라고 부르기도 한다. H.264/AVC를 사용하는데 있어서 장점으로 꼽을 수 있는 것으로는 다음과 같다.

- 낮은 대역폭 요구 : MPEG-2와 비교하여 같은 화질의 복호 영상에 대해 2배 가량의 압축 효율을 얻을 수 있으므로 IPTV 등에 효과적으로 이용이 가능하다.
- 기존 비디오 전송 인프라와의 호환성 : H.264/AVC는 기존의 MPEG-2 트랜스포트 스트림이나 ATM, RTP, UDP, TCP 등과 같은 네트워크 인프라의 이용을 허용한다.
- HDTV 지원 : 향상된 압축효율로 인해 CIF 크기의 저해상도 영상은 물론 HD급의 고해상도 영상의 부호화가 가능하다.
- 다양한 기관에 의한 선택 : H.264/AVC는 개방된 국제 표준이므로 산업계의 드넓은 지지를 받고 있다. 몇 가지 예는 DVD forum, Blue-ray Disk Association, DVB, ATSC, DMB 등을 들 수 있다.

그렇다면 이와 같은 성능의 향상은 무엇 때문인지 살펴보기로 하자.

(1) 작은 크기의 블록을 사용할 수 있는 가변 블록 크기 움직임 보상

움직임 추정을 위한 단위가 과거에는 16×16 매크로블록이었던 것이 반해 그림 3.6에서 보듯이 H.264/AVC에서는 일곱가지의 블록크기를 허용한다. 각각의 블록크기에 대

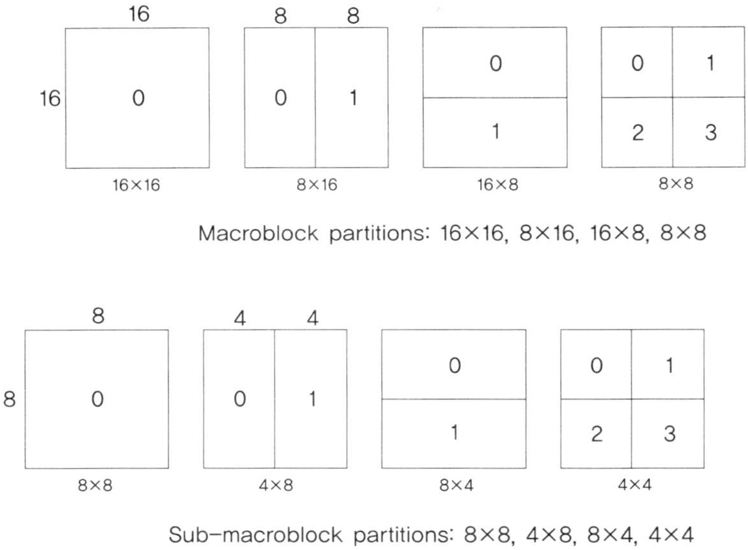

그림 3.6 7가지의 블록 모드

해 움직임 추정을 시행하여 가장 정합이 되는 블록의 크기를 정한다. 하나의 매크로블록 내에 서로 다른 움직임이 존재하는 경우, 움직임 추정 블록으로 16×16 크기만을 이용하는 경우, 현재 블록과 매칭되는 참조 블록간의 차이가 크게 되어 부호화 양이 증가하게 되나, 하나의 매크로블록 안에 여러 개의 작은 블록을 움직임 추정에 사용하는 경우에는 현재블록과 참조블록간의 차이가 줄어들게 되어 부호화된 비트율을 감소시킬 수 있다.

(2) 1/4 픽셀 단위 움직임 보상

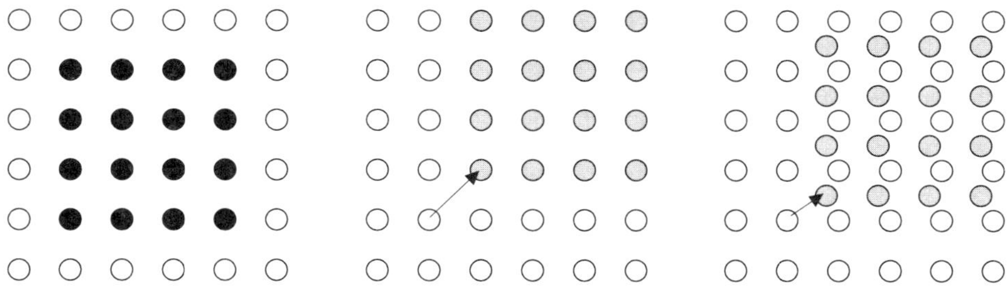

(a) 현재 프레임 내의 4×4블록 (b) 모션 추정에 의해 참조프레임에서 찾은 참조블록 : 모션벡터(1, −1) (c) 1/4 픽셀 단위 모션 추정으로 찾은 참조블록 : 모션벡터(0.75, −0.5)

그림 3.7 1/4 픽셀 단위 움직임 보상 예

움직임 추정 및 보상의 단위를 과거의 반 화소 단위에서 1/4 화소 단위로 줄임으로써 움직임 보상능력을 더욱 향상시킬 수 있게 되었다.

(3) 영상의 경계를 넘어서 모션벡터를 지정하기

H.263에서 선택적으로 사용되는 방법으로, 모션벡터가 참조프레임의 경계를 넘어 화소값들을 외삽(extrapolation)하여 생성된 블록을 참조할 수 있게 한다.

(4) 움직임 추정 시 복수개의 참조 픽쳐 이용

과거의 인코더는 오로지 바로 이전 프레임만을 참조할 수 있었음에 반하여 H.264/AVC에서는 여러 개의 프레임을 참조하여 가장 매칭이 되는 참조블록을 찾아낼 수 있게 함으로써 부호화 효율을 향상시킨다.

(5) 디스플레이 순서와 프레임을 참조하는 순서간의 절연

과거의 인코더에서는 참조해야 하는 프레임이 정해져 있었다. 예를 들어, P 프레임의 경우 가장 가까운 과거의 I 또는 P 프레임을, B 프레임의 경우는 가장 가까운 과거의 I 또는 P 프레임과 가장 가까운 미래의 I 또는 P 프레임을 참조하여야 했던 것에 반해, H.264/AVC에서는 참조 프레임에 대한 제한이 없어지고 이는 부호화 효율의 향상으로 나타나게 된다.

(6) 픽쳐 타입과 참조 능력간의 제한 삭제

이전의 비디오 압축 표준에서는 B 픽쳐는 다른 타입의 픽쳐를 참조만 할 수 있었던 것에 반해 H.264/AVC에서는 B 픽쳐도 다른 픽쳐에 의해 참조될 수 있게 함으로써 부호화 작업이 더욱 유연화 되었으며 가장 유사한 블록을 참조하여 부호화할 수 있게 되었다.

(7) 예측가중치

움직임 보상된 예측신호가 가중치에 의해 조절되게 함으로써 fade-in/fade-out 등의 장면에 효과적으로 사용될 수 있다.

(8) 향상된 SKIP과 DIRECT 모드

과거의 인코더에서는 P 슬라이스에서 사용되는 SKIP 모드의 경우 모션 정보가 이용되지 않았던 것에 비해 H.264/AVC에서는 모션 정보가 이용된다. 즉, 현재 부호화하고자 하는 매크로블록과 정확히 매칭되는 다른 위치에 참조블록이 존재한다 하더라도 모션 정보와 함께 SKIP 모드로 선정할 수가 있게 된다. B 슬라이스에서 사용되는 DIRECT 모드는 모션 벡터를 전송하지 않고 이전에 부호화된 모션벡터들을 사용하여 부호화 효율을 높인다. DIRECT 모드는 시간적 DIRECT 모드 및 공간적 DIRECT 모드로 나누어지며 슬라이스 헤더에서 어떤 DIRECT 모드가 쓰이고 있는지 알려주기 위해 flag를 사용한다.

(9) 화면내 예측

화면내 예측을 이용하여 H.264/AVC에서는 공간적인 중복성(spatial redundancies)을 제거하고자 한다. 현재 블록의 화소값들은 주변 블록들의 화소값들과 유사하다는 가정 하에, 주변 블록들의 경계 화소값들을 부호화 하고자 하는 현재 블록내부로 확장시켜 현재 블록의 화소값들과 비교한다. 이를 화면내 예측이라고 하며 화면내 예측은 그림 3.8에서 보듯이 9가지 방향(모드)으로 이루어지고 현재 블록내 화소값들과의 차이가 가장 작은 모드를 화면 내 예측 모드로 선정한다.

그림 3.9는 MPEG-4 Visual에서 규정된 화면내 예측과 H.264/AVC에서의 그것과의 차이를 나타낸다. 그림 3.9에서 보듯이 두 개의 규정간의 가장 큰 차이는 MPEG-4 Visual의 경우 화면내 예측이 주파수 영역에서 이루어지는 반면에 H.264/AVC의 경우는 공간영역에서 이루어진다는 사실이다. 또한 예측의 방향은 주변 블록의 DC 값들을 이용하여 결정하는 MPEG-4 Visual과 달리 H.264/AVC에서는 앞서 설명한 아홉 방향 중 하나를 선택하게 된다.

위에서는 예측방법에 있어서의 성능향상을 설명하였으며 그 외에도 성능향상을 위

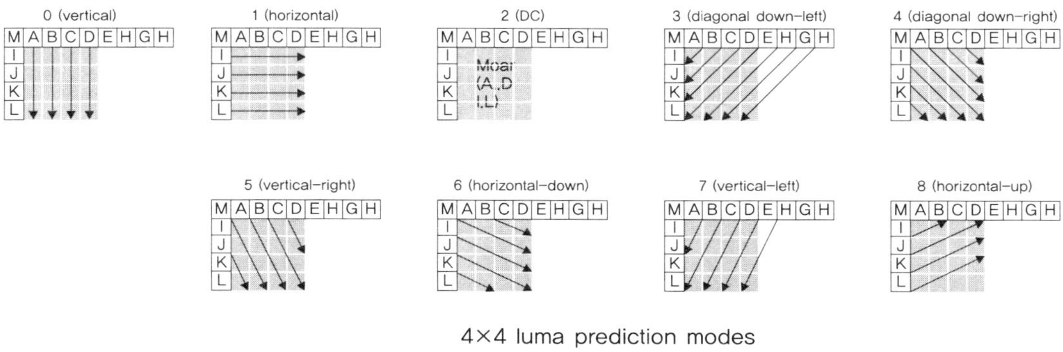

그림 3.8 9가지 모드를 이용한 화면내 예측

	MPEG-4 Visual	H.264/AVC
Data predicted	DC and AC's in low frequency(transform domain)	Every pixel(spatial domain)
Reference blocks	Three(A,B,D)	Four(A,B,C,D)
Prediction directions	None(use DC values)	None directions
Prediction size	8x8 block	4x4 or 16x16

그림 3.9 MPEG-4 Visual과 H.264/AVC에서의 화면내 예측 비교

해 H.264/AVC에서 도입된 방법들은 다음과 같다.

- 디코더 내부의 디블록킹 필터 : 디코더 외부에 선택적으로 사용되었던 기존 압축 기술들과 달리 H.264/AVC에서는 사용하여 각각의 디코딩된 매크로 블록에 블록 왜곡 현상을 감소시키기 위한 디블록킹 필터를 기본적으로 사용하도록 정의하고 있다.
- 작은 크기의 블록 변환 : 과거 인코더에서 사용되었던 8×8 크기의 DCT에 비해 4×4 변환을 채택함으로써 국소(local) 영역을 더욱 자세하게 표현하게 해 준다. 이는 고주파 영역의 변환 계수가 양자화에 의해 제거되는 것을 줄여 줌으로써 '모기 노이즈(mosquito noise)' 라고도 불리는 ringing 현상을 줄여 화질을 향상시키는 데 도움을 준다고도 말할 수 있다.
- 계층적 블록 변환 : 하나의 매크로 블록 안에서 4×4 변환 후 각 4×4 블록의 DC 계수들만을 모아 다시 한번 변환을 한다. 이것은 명암블록의 경우, 화면내 16×16 모드일 경우에만 행해지는데 그 이유는 화면내 16×16으로 선택되는 매크로블록은 픽셀들간의 변화가 상대적으로 작으므로 생성되는 16개의 DC 계수들이 대부분 유사할 확률이 높기 때문이다. 이 경우, 16개의 4×4 DC 계수들에 간단한 Hadamard 변환을 적용함으로써 16개의 DC 계수 대신에 Hadamard 변환되어 나온 하나의 DC와 매우 작은 AC 계수들을 부호화하여 부호화 확률을 높이게 된다.
- 정수 이용 변환 : H.264/AVC에서는 과거의 복잡한 DCT 변환 대신 근사화된 정수형 변환을 이용하므로 32비트 연산대신에 16비트 연산이 가능하다.

- 산술 부호화 : 하나의 심볼에 최소 1비트는 할당해야만 하는 허프만 코딩 대신에 하나의 심볼에 1비트 미만의 비트 수를 할당할 수 있는 산술부호화(arithmetic coding)를 이용할 수 있게 되었다. 예를 들어, 산술부호화를 이용하면 10개의 심볼에 7비트를 할당하면 심볼당 0.7비트를 할당하는 일이 가능해진다.
- 문맥 기반 엔트로피 부호화 : 문맥, 즉 이전 블록들의 정보 또는 바로 전에 부호화된 정보 등을 이용하여 부호화 효율을 향상시킨다.

• 프로파일 및 레벨

프로파일(profile)이란 비디오의 부호화를 위해 규정 안에서 이용할 수 있는 알고리즘과 도구(tool)의 집합이라 말할 수 있다. 주로 응용분야에 따라 적절한 프로파일을 정의하여 사용하게 된다. H.264/AVC의 초기버전에서는 기본적으로 세 개의 프로파일을 정의하고 있다(그림 3.10 참조).

(1) 베이스라인 프로파일(baseline profile)

이 프로파일은 다양한 종류의 네크워크 환경에서 오류에 강건한 전송을 지원하기 위해 정의되었다. 이 프로파일을 이용하는 주요 응용분야로는 영상 전화, 영상회의 시스템 및 이동형 TV(mobile TV) 등을 들 수 있다.

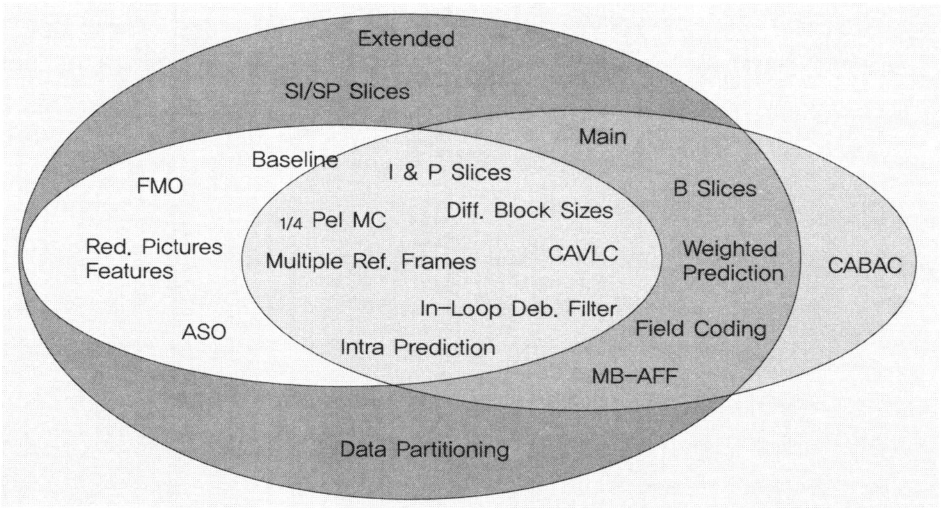

그림 3.10 H.264/AVC의 프로파일 및 부호화 도구들

(2) 메인 프로파일(main profile)

이 프로파일은 IPTV와 같은 방송 TV 응용분야에 알맞게 설계되었다. 이와 같이 고화질 방송을 고려하는 경우 부호화 시간이나 복잡도가 늘어나더라도 부호화 효율을 극대화 할 수 있는 방안을 고려하고 있다. 왜냐하면 수신기 측에서는 하드웨어로 제작된 전용 디코더가 사용되기 때문에 복호화 시간이나 복잡도가 크게 문제가 되지 않기 때문이다. 부호화시 역시, 고가의 전용 인코더가 사용되며, 실시간 부호화가 필요치 않은 경우도 적지 않으므로 고화질 부호화가 가장 큰 관건이 된다.

(3) 확장 프로파일(extended profile)

이 프로파일은 기본적으로 비디오 스트리밍을 목표로 정의되었다. 이 역시 실시간 부호화 기술은 요구되지 않으나 높은 부호화 효율을 필요로 한다. 또한 다양한 네크워크 환경에 강인한 부호화가 필요하므로 기본적으로 베이스라인 프로파일과 메인프로파일에서의 우수한 특성들을 함께 모으고 대역폭 상황에 따라 서로 다른 비트율로 압축된 비트스트림들 간에 스위칭이 가능한 SI/SP 슬라이스 도구, 데이터 분할 도구 등을 첨가하였다.

한편 레벨(level)이란 부호화/복호화가 가능한 최대 영상 크기나 처리 속도와 같은 부호화 파라미터 값들을 정의하는 것으로서, 응용에 따라 레벨을 정의함으로써 인코더와 디코더에 과도한 성능을 장착하는 것을 막게 된다. 즉, 화물을 운반하고자하는가, 다수의 승객 또는 소수 인원을 운반하고자 하는가 하는 응용분야에 따라 화물차, 버스, 승용차 등과 같이 구분하여 정의하는 것을 프로파일에 해당시킨다면, 승용차 중에서는 세부 상황에 따라 최대 성능을 제한 해주는 것은 레벨을 정의함에 의해 이루어진다. 예를 들어, 주로 동네에서 쇼핑용으로 차를 타고 다닐 목적이라면 시속 100km를 훨씬 넘기는 값비싼 엔진을 장착 할 필요는 없을 것이다. 이 경우, 쇼핑 용도에 맞게 최대 성능 파라미터(예를 들어, 최대 시속 100km/h)를 제한하는 것이 레벨을 정의하는 이유가 된다. 표 3.1은 H.264/AVC에서 규정된 레벨들을 나타낸다.

표 3.1 H.264/AVC에서 규정된 레벨들

Level Number	Typical Picture Size	Typical frame rare	Maximum Compressed bit rate (for VCL) in Non-FRExt profiles	Maximum number of referuce frames for typical picture size
1	QCIF	15	64 kbps	4
1b	QCIF	15	128 kbps	4
1.1	CIF or QCIF	7.5(CIF)/30(QCIF)	192 kbps	2(CIF)/9(QCIF)
1.2	CIF	15	384 kbps	6
1.3	CIF	30	768 kbps	6
2	CIF	30	2 Mbps	6
2.1	HHR(480i or 576i)	30/25	4 Mbps	6
2.2	SD	15	4 Mbps	5
3	SD	30/25	10 Mbps	5
3.1	1280x720p	30	14 Mbps	5
3.2	1280x720p	60	20 Mbps	4
4	HD Formats (720p or 1080i)	60p/30i	20 Mbps	4
4.1	HD Formats (720p or 1080i)	60p/30i	50 Mbps	4
4.2	1920x1080p	60p	50 Mbps	4
5	2kx1k	72	135 Mbps	5
5.1	2kx1k or 4kx2k	120/30	240 Mbps	5

3.4 H.264/AVC 이외의 주요 비디오 부호화 방법들

3.4.1 VC-1

Video Codec 1을 뜻하는 VC-1은 동영상 및 TV 기술자 협회인 SMPTE(Society of Motion Picture and Television Engineers)에서 규정한 차세대 비디오 압축 기술이다. 이것은 2006년에 SMPTE 421 M으로 발표되었다. 이 규정에 더해, VC-1 압축 스트림의 전송과 conformance 가이드라인을 담은 SMPTE RP227과 SMPTE RP228도 역시 발표되었다.VC-1은 마이크로소프트의 Windows Media Video(WMV) 9 멀티미디어 플랫폼에 구현되었으며 고화질 DVD 포맷의 HD-DVD와 Blu-ray에도 역시 채택되었다. 향후, 위성 TV, IPTV 및 HD-DVD 등에서 H.264/AVC와 경쟁하며 폭넓게 쓰일 것으로 예상

표 3.2 VC-1의 세 프로파일과 레벨들

Profile	Level	Maximum Bit Rate	Resolutions by Framerate
Simple	Low	96 kbit/s	176 × 144 / 15(QCIF)
	Medium	384 kbit/s	240 × 176 / 30 352 × 288 / 15 (CIF)
Main	Low	2 Mbit/s	320 ×240 / 24(QVGA)
	Medium	10 Mbit/s	720 × 480 / 30(480p) 720 × 576 / 25(576p)
	High	20 Mbit/s	1920 × 1080 / 30(1080p)
Advanced	L0	2 Mbit/s	352 × 288 / 30(CIF)
	L1	10 Mbit/s	720 ×480 / 30(NTSC-SD) 720 × 576 / 25(PAL-SD)
	L2	20 Mbit/s	720 × 480 / 60(480p) 1280 × 720 / 30(720p)
	L3	45 Mbit/s	1920 × 1080 / 24(1080p) 1920 × 1080 / 30(1080p) 1280 × 720 / 60(720p)
	L4	135 Mbit/s	1920 × 1080 / 60(1080p) 2048 × 1536 / 24

되는 VC-1 규격의 몇 가지 특성을 알아보기로 한다.

- 다양한 플랫폼에서의 이용 : VC-1은 차세대 DVD 플레이어와 셋톱박스에서 이동형 디바이스와 휴대폰에 이르기까지 폭넓게 사용될 수 있다.
- 다양한 네트워크 상에서의 이용 : VC-1은 IPTV 컨텐츠 전송에 있어서 어떠한 특정한 전송 메커니즘에 국한되지 않는다.
- 세 개의 프로파일 : VC-1은 응용분야에 따라 simple, main, 그리고 advanced 프로파일 중의 하나로 나뉜다. 예를 들어 simple 프로파일은 저 비트율 인터넷 스트리밍 형태의 응용에 많이 쓰이는 반면 advanced 프로파일은 HDTV 용 고화질 부호화에 맞게 설계되었으며 IPTV 환경(DSL 기반의 네트워크)에 가장 적합한 프로파일은 main 프로파일이다.

VC-1의 각 프로파일 역시 표 3.2에서 보듯이 레벨의 정의를 통해 필요에 따라 인코더 및 디코더의 최대 성능을 제한 할 수 있게 한다.

- ASF 지원 : IPTV 스트림을 구성하기 위해 Advanced systems format(ASF)이 쓰일 수

있다.

- 간단화된 움직임 보상 : 16×16, 16×8, 8×16, 8×8, 8×4, 4×8, 4×4의 7가지 움직임 보상 블록 크기를 지원하며 참조 프레임 수도 최대 16까지 가능한 H.264/AVC에 비해 VC-1에서는 인코더의 복잡도를 줄이고자 16×16과 8×8의 두 가지 움직임 보상의 크기만을 지원하며 참조 프레임의 개수도 최대 2개로 한정을 한다. 따라서 하나의 매크로블록에 대해 하나의 16×16 움직임 보상을 하거나 네 개의 8×8 움직임 보상을 할 수 있으며 각각 1-MV, 4-MV라고 한다. 혼합 매크로블록(mixed MB) 모드도 사용할 수 있는데 예를 들어, 매크로블록 안에 하나의 4-MV와 최대 3개까지의 인트라모드 블록 사용이 가능하다. VC-1에서는 움직임 보상의 효율을 높이기 위해 움직임 보상 전에 참조 영상의 명암보상(intensity compensation)을 실시할 수 있다.
- 여러 변환 블록 크기 : 8×8, 8×4, 4×8 및 4×4의 정수 변환 블록 크기를 지원한다. 이러한 여러 크기의 변환은 시퀀스 레벨에서 사용 여부를 정한다. 이 경우, 픽처 레벨, 매크로블록 레벨, 블록 레벨에서 변환 형태를 선언할 수 있다. 만일 픽처 레벨에서 선언된 경우는 그 픽처 안의 모든 매크로블록이 같은 변환 크기로 변환된다. 마찬가지로 매크로블록 레벨에서 선언된 경우는 그 매크로블록 안의 모든 블록들이 선언된 크기로 변환된다. 인트라 매크로블록은 오로지 8×8 크기로 정수 변환되며 인트라 프레임은 I 매크로블록만을 가지고 있으므로 인트라 프레임은 8×8 변환만을 사용함을 알 수 있다.
- 새로운 픽처 타입 : 기본적인 I, P, B 픽처 타입 외에, VC-1에서는 BI(intra coded B) 픽처 타입을 정의한다. BI 픽처는 오로지 I 매크로블록만으로 이루어진 B 픽처를 뜻하며 샷 전환(shot change)이 이루어질 때 유용하게 이용될 수 있다. 예를 들어, I 매크로블록을 많이 사용하는 B 픽처의 경우, B 픽처 신택스의 기술(syntax description)을 위해 많은 비트가 요구되는데 반해, 신택스 기술을 위한 비트수가 적게 드는 BI 픽처를 사용함으로써 비트율을 줄일 수 있다. 또한 현재의 픽처가 참조픽처와 매우 유사한 경우에는 SKIPPED 픽처로 선언하여 복호화 시, 이 SKIPPED 픽처를 참조 픽처로 대치한다.
- 디블록킹을 위한 오버랩 스무딩 : 변환 계수가 양자화되고 나면 블록 내부의 고주파 성분이 손상을 입게되고 이웃하는 블록간에도 원본 영상에는 존재하지 않는 경계선이 생기기도 하는데 이를 블록 효과(blocky effect)라고 한다. 이를 감소시키기 위해 디코더의 출력단에 비선형 적응 필터들이 사용되어 왔고, H.264/AVC에서는 부호화 효율 개선을 위해 디코더 내부에 디블록킹 필터 모듈을 장착하기도 하였으며

표 3.3 MPEG-4 Visual과 H.264/AVC 간의 특징 비교

특징	VC-1	H.264/AVC
움직임 보상 블록 크기	16×16, 8×8	16×16, 16×8, 8×16, 8x8, 8×4, 4×8, 4×4
정수 변환	8×8, 4×8, 8×4, 4×4 (Intra MB는 항상 8×8 변환)	4×4, 8×8(8×8은 High Profile에서만)
디블록킹	overlapped transform smoothing /in-loop filtering	in-loop filtering
슬라이스	하나의 슬라이스는 반드시 붙어있어야 함(advanced 프로파일에만 슬라이스 존재)	하나의 슬라이스가 여럿으로 나뉘어 존재가능
B 프레임 참조	참조될 수 없음	참조될 수 있음
픽쳐타입	I, P, B, BI, SKIP	I, P, B, SI, SP
참조 프레임 수	최대 2개	최대 16개(각 방향으로)
참고 소프트웨어	유료	참조 인코더/디코더 무료

이를 루프내 필터링(in-loop filtering)이라 한다. 문제는 양자화에 의해 생긴 에지와 원본 영상에 실재하는 에지와의 구분이 쉽지 않다는 것이다. 따라서 디블록킹을 강화하면 강화할수록 원래 에지가 손상될 확률이 커지고, 원래 에지의 보호에 주의를 기울이다 보면 블록 경계가 눈에 띄게 되는 문제가 있었다. 이를 개선하기 위해 VC-1에서는 루프내 필터링 외에 오버랩 스무딩 기법을 사용할 수 있게 한다. 이는 블록의 상하좌우로 몇 화소씩 확장된 영역에 대해 lapped transform을 적용하여 블록간의 경계면에 원치 않는 급격한 변화가 생기는 것을 막는다.

표 3.3은 VC-1과 H.264/AVC간의 특징들을 비교한 것이다.

3.4.2 AVS

AVS(Audio Video Coding Standard)란, 영상압축 전송기술의 하나로 세계 표준인 H.264처럼 디지털 방송에 사용할 목적으로 중국 정부 주도로 개발된 코덱이다. 중국의 통신사업자들은 IPTV 서비스에 중국이 자체 개발한 이 영상압축 전송기술을 채택하려는 움직임을 보여 귀추가 주목된다. 전 세계적으로 H.264가 모바일TV · IPTV 등 디지털 방송에서 표준 기술로 자리매김하고 있지만 중국 정부는 몇 년 전부터 AVS를

전면에 내세워왔다. 중국은 모바일TV 분야에서도 H.264 대신 AVS 도입을 적극 유도하고 있으며 AVS를 국제표준으로 상정하려 했으나 아쉽게 고배를 마시기도 했다. 중국내 표준은 2006년 1월에 제정되었으며 중국의 디지털 TV, IPTV, HDTV 및 이동형 TV 등에서 채택되어 사용되고 있다.

중국이 AVS를 적극 지원하는 것은 H.264의 로열티 문제 때문이다. AVS의 로열티는 하드웨어 한 대당 1위안뿐이지만 H.264는 사용료도 더 비싸고 하드웨어뿐 아니라 컨텐츠와 서비스 업체들도 로열티를 내야 한다.

중국 당국에 따르면 H.264를 도입할 경우 연간 로열티로 지불해야 하는 금액이 200억~500억 위안으로 추산되고 있다. 이는 우리나라 돈으로 2조4000억~6조원에 달하는 천문학적인 액수다. 중국이 AVS를 세계 표준으로 만드는데 실패해도 자국 내 산업 및 시장 표준으로 만들면 외국 업체들은 로열티를 내고 AVS를 도입할 수밖에 없는 상황이다.

AVS는 응용에 따라 AVS-M과 AVS1.0으로 나뉜다. AVS-M은 모바일(이동형) 비디오 응용에 적합하며 AVS1.0은 방송과 DVD 응용 등에 적합하다. 최대 참조 프레임수가 2로 제한되며 프레임/필드 코딩이 프레임 단위로만 선택 가능하며 매크로 블록 단위로는 되지 않으며, VC-1과 같이 움직임 보상을 위한 블록 크기가 8×8 또는 16×16의 두 가지로 제한되는 등의 몇 가지를 제외하면 H.264/AVC와 유사한 기능을 제공한다.

3.4.3 H.264/AVC 이후 MPEG의 비디오 표준화 현황

비디오 표준화는 ISO/IEC의 MPEG과 ITU-T의 VCEG 2개 기관에서 주도를 하고 있으며 두 표준화 기구가 공동으로 표준화 작업을 하는 경우도 있는데 이때 설립 운영되는 기구가 JVT이며 여기서 제정된 대표적인 규격이 H.264/AVC이다. 2003년에 H.264/AVC의 1차버전이 완료된 이후 JVT에서는 고화질 비디오 비트스트림을 여러개의 계층으로 나누어 전송 및 복호화 할 수 있게 하는 SVC(scalable video coding)와 3D 비디오 코딩을 위한 MVC(multi-view video coding) 규격화를 진행하였다.

VCEG에서는 H.264의 메인프로파일의 확장버전인 H.264 FRExt 이후의 새로운 표준을 위해 핵심기술분야(Key Technology Area, KTA)를 설정하여 운영하고 있다. 이는 H.265의 선행작업으로 이루어지고 있으며 H.265 비디오 표준의 잠정 요구사항은 표 3.4와 같다.

또한 2007년 10월 현재 KTA 1.5에는 다음과 같이 다섯 개의 주요기술이 채택되어 있다.

표 3.4 H.265 잠정 요구사항

항목	요구사항
접근	간단하면서 기본에 충실할 것
부호화 효율	H.264의 두배 이상일 것
계산 효율	디코더는 물론 인코더의 복잡성 역시 고려할 것
에러 내성	손실 및 에러에 강건할 것
전송	네트워크 친화적일 것

(1) Adaptive Interpolation Filter(AIF)

움직임 보상을 위한 움직임 예측 시, 픽셀과 픽셀 사이에 가상의 픽셀을 생성하여 예측을 실행하면 부호화 효율이 더욱 좋아지게 된다. H.264/AVC에서는 영상에 관계없이 고정된 1차원 6-tap FIR 필터를 이용하여 중간샘플(1/2 픽셀 샘플)이 생성되고 선형보간에 의해 1/4 화소 위치의 샘플이 구해진다. KTA에서는 프레임마다 영상의 특성에 맞게 적응적으로 예측오차를 최소로 하는 필터의 계수를 구하여 부호화 성능을 높이고 구한 필터계수는 추가적으로 전송시키는 방법을 채택하였다.

(2) Motion compensated prediction with 1/8-pel displacement vector resolution

해상도가 낮은 영상일수록 움직임벡터의 분해능이 좋을수록 움직임 보상효과가 좋아진다. 하지만 움직임벡터의 분해능을 높일수록 연산량이 증가하므로 H.264/AVC에서는 1/4-화소 단위의 움직임 보상까지 허용하였다. KTA에서는 1/8-화소 단위의 움직임 보상을 할 수 있도록 하였으며 위에서 설명한 AIF(적응형 보간 필터)와 함께 사용하기로 하였다.

(3) Motion vector competition

H.264/AVC에서 각 매크로블록 또는 그 안의 서브블록에 대한 움직임 벡터를 부호화하는 데는 많은 비트가 사용되며 특히 낮은 비트율일 경우에는 전체 비트스트림의 약 40%를 움직임 관련 정보가 차지한다. H.264/AVC에서는 움직임 벡터 부호화를 위해 현재 블록의 움직임 벡터와 공간적으로 인접하고 있는 움직임 벡터사이의 높은 상관관계를 이용하여 움직임 벡터를 예측하고 현재 움직임 벡터와 예측한 움직임 벡터 사이의 차이를 부호화 하였다.

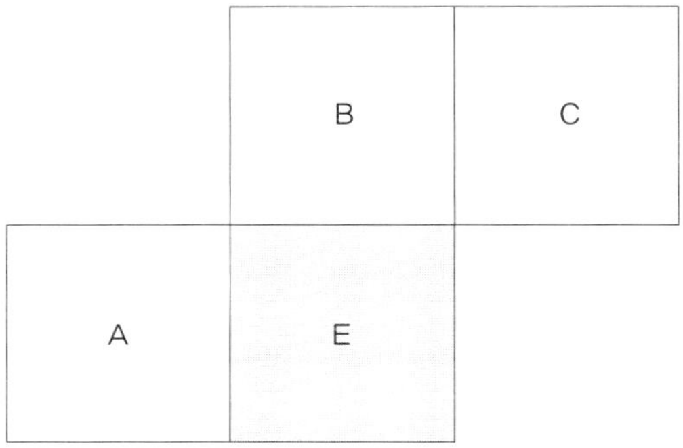

그림 3.11 현재(E) 및 이전 코딩된 블록(A,B,C)

그림 3.11에서 현재의 블록을 E라 하고 해당 움직임 벡터를 MVE라 하면 예측된 움직임 벡터는 이전 부호화된 움직임 벡터들의 중간값인 median(MVA, MVB, MVC)으로 구해진다. KTA에서는 기존의 공간적 예측 방법을 확장하여 시간축상의 이전프레임의 같은 지점에 해당하는 블록의 움직임벡터도 예측값으로 활용할 수 있게 하여 움직임 벡터 예측 성능을 높이고자 한다.

(4) Adaptive prediction error coding in spatial and frequency domain

그림 3.12에서 검정색으로만 표시된 기존의 인코더 구조에서 보듯이 현재 프레임과 움직임 보상된 이전 프레임간의 예측에러 정보는 먼저 정수변환을 거쳐 주파수 계수들을 양자화하는 순서로 진행되었다. KTA에서는 주파수 계수의 양자화와 공간영역에서의 예측에러의 양자화 중 더 낮은 비트율-왜곡 비용(rate-distortion cost)을 가지는 경우를 선택하여 부호화할 수 있게 함으로써 코딩 효율을 높일 수 있게 한다.

(5) Adaptive quantization matrix selection

기존의 H.264/AVC에서는 인코더 파라미터 파일에서 주어진 양자화 파라미터를 이용하여 정수 변환된 주파수 계수들을 균일하게 양자화하는 방법을 사용하였다. KTA에서는 매크로블록 단위로 양자화 매트릭스를 적응적으로 적용할 수 있게 하였으며 이를 통해 부호화 효율을 높이고자 한다. 그러나 매크로블록별로 양자화 방법이 달라지므로 이에 대한 정보가 매크로블록별로 2~4비트 정도씩 필요하며 이로 인해 낮은 비트율 부호화의 경우에는 부호화 효율이 오히려 감소되는 결과를 낳기도 한다. 이 방법을 통해 평균 5.2%, 최대 7% 정도의 부호화 효율을 얻을 수 있었다.

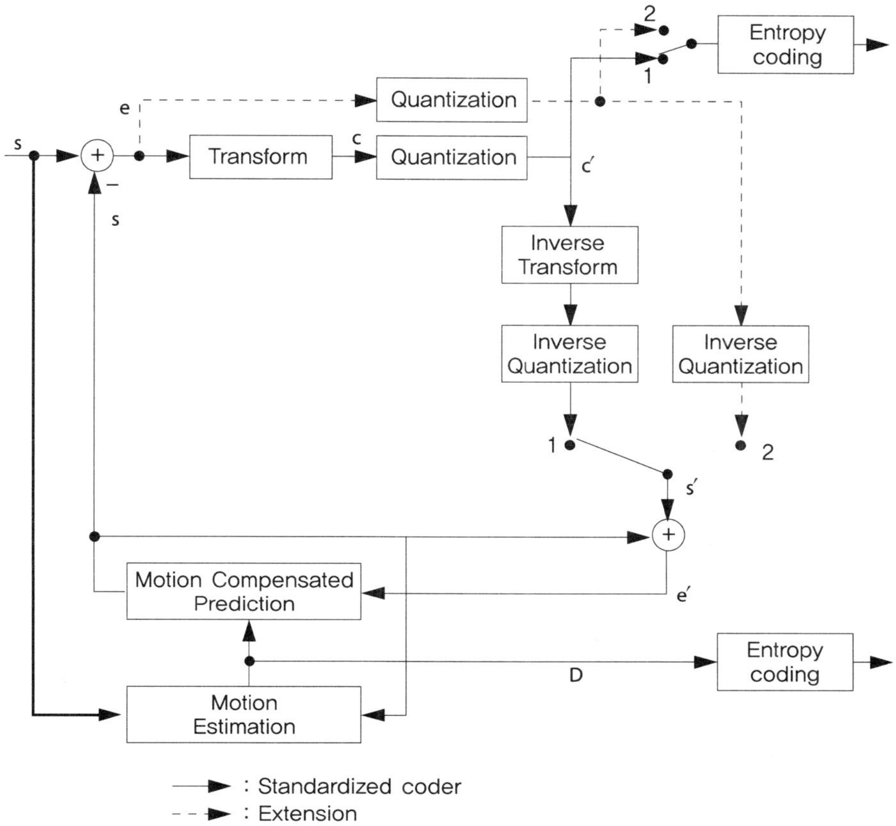

그림 3.12 적응적 예측에러 부호화를 위한 인코더 구조

3.4.4 결론

3.4절에서는 H.264/AVC와 비슷한 성능을 갖는 경쟁관계에 있는 부호화 기법들을 살펴보았고 기존의 H.264/AVC에 비해 더욱 향상된 부호화 효율을 얻기 위한 몇 가지 방법들에 대해 소개 하였으며 이들 부호화 기법들은 IPTV 서비스를 위해 최적화된 구현을 통해 서로 경쟁하면서 서비스의 질을 높이는데 크게 기여하게 될 것이다.

3.5 실시간 전송

비디오 컨텐츠의 패킷화(packetization)와 캡슐화(encapsulation)를 위해서는 비디오 데이터를 개별 패킷에 끼워 넣어야 한다. 여기서 캡슐화란 비디오 컨텐츠를 데이터그램 형태로 포맷팅하는 것을 말한다.

SMPTE RP227은 VC-1 ES가 DVD 포럼에 의해 사용되는 경우 MPEG-2 Program Stream 안에서, 네트워크를 통해 전송되는 경우 MPEG-2 Transport Stream 안에서 운반되기 위한 최소한의 규약을 정의하고 있다. 또한 ITU-T Recommandation H.222.0의 Amendment 3은 H.264/AVC ES가 DVD 포럼에 의해 사용되는 경우 MPEG-2 Program Stream 안에서, 네트워크를 통해 전송되는 경우 MPEG-2 Transport Stream 안에서 운반되기 위한 최소한의 규약을 정의하고 있다. 다시 말해, VC-1과 H.264/AVC 표준 모두 MPEG-2 System을 기본적인 캡슐화 및 전송 메커니즘으로 채택하고 있는 것이다.

이 절에서는 IPTV 통신모델(IPTV communication model, IPTVCM)이라고 하는 네트워킹 프레임워크에 대해 설명하고 MPEG over IP와 VC-1 over IP와 같은 실제 통신모델에 대해 소개한다.

3.5.1 IPTVCM

IPTVCM 은 그림 3.13에서 보듯이 일곱 개(또는 1개의 선택적 계층이 부가된 여덟 개)의 개념적인 계층으로 이루어진 네트워킹 프레임워크이다. 전송 측에서 비디오 데이

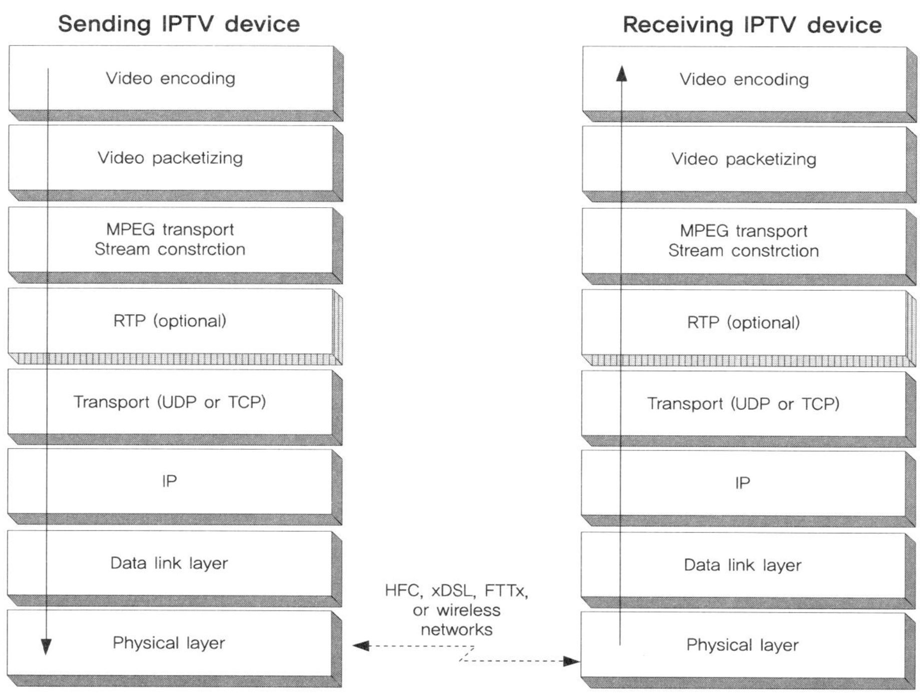

그림 3.13 IPTVCM 참조 모델

터는 각 계층을 따라 내려가게 되며 광대역 전송망을 통해 물리 계층(physical layer) 프로토콜에 의해 전송된다. 수신단 측에 도착한 데이터는 맨 아래 계층에서부터 각 계층의 위로 올라가게 된다. 이러한 통신모델에서의 각 계층은 고유의 역할을 가지고 있으며 그 역할이 수행되면 다음 계층으로 비디오 데이터를 넘겨주게 된다. 송신측에서 데이터는 각 계층을 통해 내려오면서 부가적인 제어 정보에 의해 더해지게 된다. 이러한 부가 정보는 헤더 또는 트레일러로서 포맷팅되고 수신측에서는 반대로 각 계층을 통해 올라가면서 이러한 부가정보들이 제거되게 된다.

3.5.2 IPTVCM과 MPEG 컨텐츠 전송

그림 3.14는 실제로 MPEG 부호화된 멀티미디어 데이터가 IPTVCM의 각 계층을 통해 전송될 때의 캡슐화 과정을 보여준다.

(1) 비디오 부호화 계층

전송 과정이 시작되는 첫 번째 계층은 원래의 신호가 압축 부호화되고 그 결과 MPEG

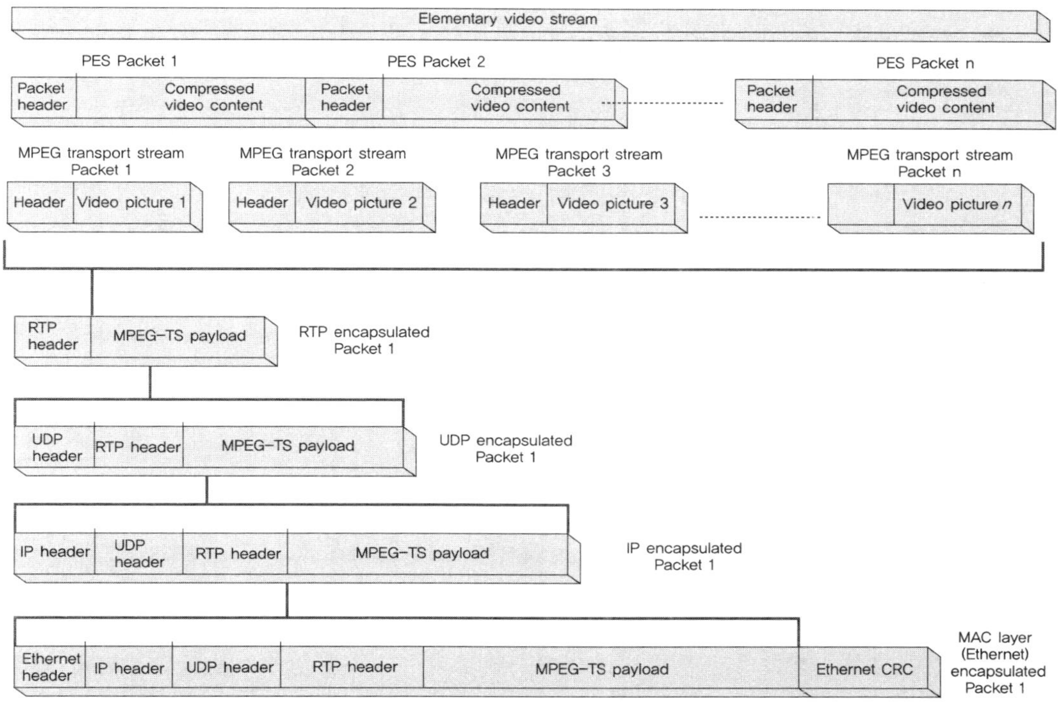

그림 3.14 IPTVCM 캡슐화 계층

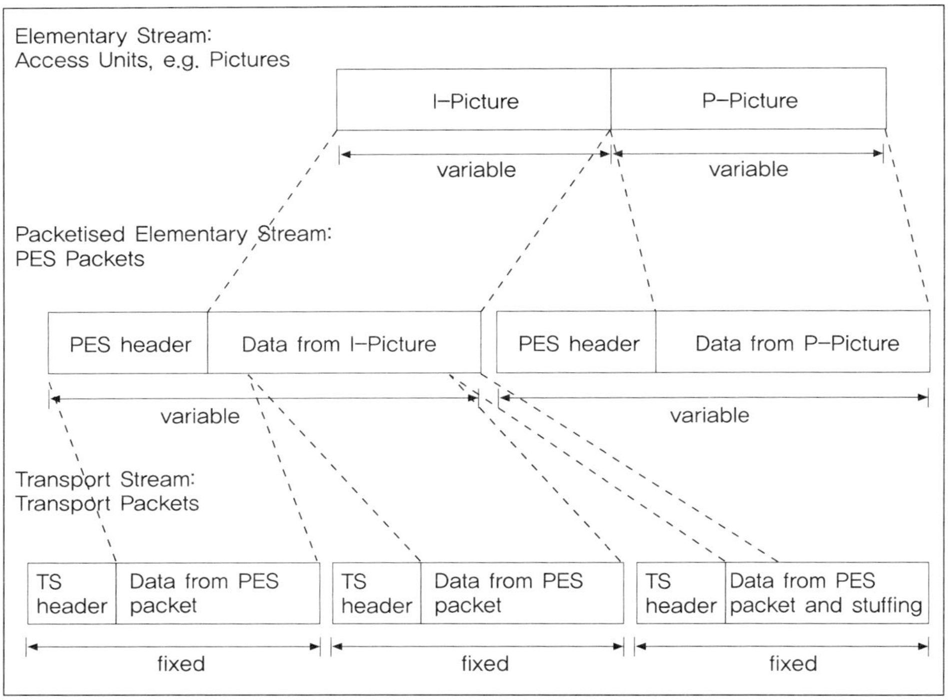

그림 3.15 ES, PES와 TS 패킷들 간의 관계

elementary stream(ES)이 인코더로부터 출력되는 비디오 부호화 계층이다. ES는 오디오, 비디오, 데이터, 보조데이터 등의 소스로부터 압축된 데이터로 이루어져 있다. 보조데이터란 동기화(synchronization), 구별(identification), 소스 정보의 특성 등을 나타내기 위해 이용된다. 그러나 ES 자체에는 DTS/PTS 등의 정보가 없으므로 그대로 사용하기에는 위험성이 따른다. DTS/PTS 없이는 디코더에서 랜덤 액세스 등의 작업 중에 시스템이 깨지는 일이 생길 수도 있기 때문이다. 따라서 인코더의 출력인 이들 ES들은 그림 3.15와 같이 패킷화 과정을 거쳐 Packetized Elementary Streams(PES)의 형태로 바뀌게 된다.

(2) 비디오 패킷화 계층(Video Packetizing Layer)

그림 3.16은 PES 패킷의 구조를 나타낸다. 하나의 PES 패킷은 한 가지 형태의 데이터만을 포함하며 고정된 길이 또는 가변 길이를 가질 수 있고 6바이트의 프로토콜 헤더를 포함해서 65536 바이트까지 가질 수 있다.

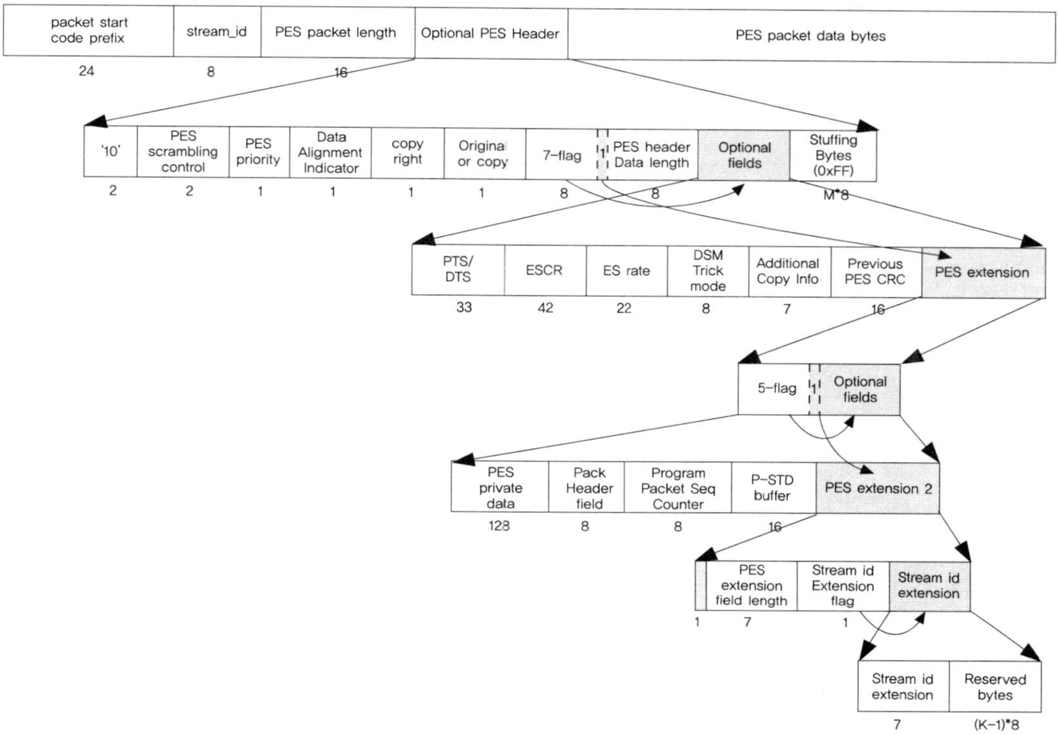

그림 3.16 PES 패킷의 구조

- packet_start_code_prefix : 24비트의 코드이다. 이것을 바로 뒤따라서 오는 Stream_id와 함께 패킷의 시작을 지시하는 패킷시작코드를 구성한다. packet-start_code_prefix는 0000 0000 0000 0000 0000 0001(0×0000001)의 값을 가진다.
- stream_id : PS들에서 이것은 ES의 타입과 개수를 규정한다.TS들에서 ES의 타입은 PSI(Program Specific Information)에 규정되어 있다. 표 3.5에 stream_id 할당 예가 나타나 있다.
- PES_packet_length : 16비트의 필드로서 이것의 마지막 바이트를 뒤따라오는 PES패킷에 있는 바이트 수를 나타낸다.
- PES_scrambling_control : PES패킷 페이로드의 스크램블링 모드를 지시한다.
- PES_priority : PES패킷에 있는 페이로드의 우선순위를 나타낸다.
- data_alignment_indicator : 1로 설정되었을 때는 이후에 설명될 data_alignment_indicator가 존재할 경우 이것에 의해 지시되는 비디오 시작코드 혹은 오디오 싱크코드가 PES패킷 헤더에 뒤따라옴을 나타낸다.

표 3.5 stream_id 할당 예

Stream_id	Stream coding
1011 1100	Program_stream_map
110x xxxx	ISO/IEC 13818-3 or ISO/IEC 11172-3 audio stream number x xxxx
1110 xxxx	ISO/IEC ITU-T Rec. H.262ㅣ ISO/IEC 13818-2 or ISO/IEC 11172-2 video stream number xxxx
1111 1111	Program_stream_directory
....	....

- copyright : 1로 설정되었을 때는 해당 PES패킷 페이로드의 내용이 저작권에 의해 보호받고 있다는 것을 나타낸다.
- original_or_copy : 해당 PES패킷 페이로드의 내용이 원본(original)인지 복사본(copy)인지를 나타낸다.
- PTS_DTS_flags : PES 패킷 헤더에 PTS(Presentation Time Stamp)나 DTS(Decoding Time Stamp)의 존재 유무를 나타낸다.
- ESCR_flag : 1로 설정되었을 때는 ESCR base와 extension 필드들이 PES 패킷 헤더에 존재함을 나타낸다.
- ES_rate_flag : 1로 설정되었을 때는 ES_rate 필드가 PES패킷 헤더에 존재함을 나타낸다.
- DSM_trick_mode_flag : 1로 설정되었을 때는 8비트의 트릭모드(trick mode필드가 존재함을 나타낸다.
- additional_copy_info_flag : 1로 설정되었을 때는 additional_copy_info_flag 필드가 존재함을 나타낸다.
- PES_CRC_flag : 1로 설정되었을 때는 CRC 필드가 PES 패킷에 존재함을 나타낸다.
- PES_extension_flag : 1로 설정되었을 때는 확장(extention) 필드가 이 PES 패킷 헤더에 존재함을 나타낸다.
- PES_header_data_length : 이 PES패킷 헤더에 포함된 선택(optional) 필드들과 덧붙임 바이트들이 차지하는 바이트의 수를 나타낸다.
- marker_bit : 1값을 가진다.
- PTS(Presentation Time Stamp) : 재현시간은 다음과 같이 복호화시간과 관련되어 있어야 한다. PTS의 값은 시스템클록 주파수를 300으로 나눈값(90kHz를 얻기 위해)

의 단위로 규정된다. 이 재현시간은 아래 식에 따라서 PTS로부터 유도된다.

PTS(k) =((system_clock_frequency × tpn(k)) DIV 300)%2^{33}

여기서 tpn(k)는 재현단위 Pn(k)의 재현 시간이다. 오디오의 경우에 PTS가 PES패킷 헤더에 존재하면 그것은 PES 패킷에서 시작하는 첫 번째 접근단위를 참조해야 한다. 만약 오디오 접근단위의 첫 바이트가 PES 패킷에 존재하면 오디오 접근단위는 PES 패킷에서 시작한다.
비디오의 경우에 PTS가 PES 패킷 헤더에 존재하면 그것은 이 PES 패킷에서 시작하는 첫 번째 화면 시작코드를 포함하는 접근단위를 참조해야 한다. 만약 화면시작코드의 첫 번째 바이트가 PES 패킷에 존재하면 화면 시작코드는 PES 패킷에서 시작한다.

- DTS(Decode Time Stamp) : 이것은 액세스유닛이 수신기 버퍼로부터 즉시 제거되고 디코드되어야 하는 시간을 나타낸다. DTS는 33비트의 수로서, 세 개의 분리된 필드로 부호화 된다. ES n의 접근단위 j의 시스템클록 주파수를 300으로 나눈값(90kHz를 얻기 위하여)의 단위로 규정된다. 복호화시간은 아래 식에 따르는 DTS로부터 유도된다.

  DTS(j) =((system_clock_frequency × tdn(j)) DIV 300)%2^{33}

  비디오의 경우에 DTS가 PES 패킷 헤더에 존재하면 이것은 이 PES 패킷에서 시작하는 첫 번째 화면시작코드를 포함하는 접근단위를 참조해야 한다. 만약 화면시작코드의 첫 번째 바이트가 PES 패킷에 존재하면 화면시작코드는 PES 패킷에서 시작한다.
  PTS는 33비트의 시간 값을 나타내며 PES header field에 설정된다. 각 패킷에 PTS를 적용하는 목적은 언제 어떤 순서로 비디오가 시청자에게 보여져야 하는지를 정의하는 것이다. DTS를 각 패킷에 적용하는 이유는 디코더가 각 패킷을 언제 처리해야하는지를 나타내기 위한 것이다. DTS와 DTS는 B픽쳐가 사용될 때만 서로 다르게 나타난다.

- ESCR_base : ESCR_extenxion: ES클록 참조는 42비트 필드로서, 두 부분으로 부호화된다. 첫 번째 부분은 ESCR_base로서 33비트로 구성되며 그 값 ESCR_base(i)는 아래의 식과 같이 주어진다. 두 번째 부분은 ESCR_ext로서 9비트로 구성되며 그 값 ESCR_ext(i)는 아래의 두 번째 식과 같이 주어진다. ESCR필드는 PES비트열에 대한 PES-STD의 입력에서 ESCR_base의 마지막 비트를 포함하는 바이트의 도착시간을

나타낸다. 규정하자면

ESCR(i) = ESCR_base(i)×300+ESCR_ext(i)

ESCR_base(i) =((system_clock_frequency×t(i)) DIV 300)%2^{33}

ESCR_ext(i) =((system_clock_frequency×t(i)) DIV 1)%300

ESCR과 ES-rate필드(바로 다음에 따라오는 의미 정의를 참조)는 PES비트열의 시퀀스와 관련된 타이밍정보를 가지고 있다.

- ES_rate(Elementary Stream rate) : 22비트의 부호없는 정수로서, PES비트열의 경우에 시스템목표 디코더가 PES 패킷의 바이트들을 수신하는 율을 규정한다. ES_rate는 새로운 ES_rate가 나타날 때까지 이것이 포함된 PES 패킷과 동일한 PES비트열의 PES 패킷들에서 유효하다. ES_rate의 값은 50바이트/초 단위로 측정된다. 0값은 금지되어 있다. ES_rate의 값은 PES비트열에 대한 P-STD의 입력에서의 바이트들의 도착시간을 정의하기 위해 사용된다. ES_rate필드에 부호화된 값은 PES_packet에서 다른 PES_packet으로 이동할 때 변할 수 있다.
- trick_mode_control : 어떤 trick모드가 해당 비디오 비트열에 적용되는지를 나타낸다. trick_mode_control의 필드값이다.

000 : fast forward 고속 전방향 탐색 비디오 비트열임을 나타낸다.

001 : slow motion 느린 움직임 비디오 비트열임을 나타낸다.

010 : freeze frame 정지 움직임 비디오 비트열임을 나타낸다.

011 : fast reverse 고속 역방향 탐색 비디오 비트열임을 나타낸다.

011 : slow reverse 저속 역방향 탐색 비디오 비트열임을 나타낸다.

- field_id : 완벽한 frame인지, 상위(top) field인지, 하위(bottom) field인지, 디스플레이 되어야 하는지를 나타낸다.
- intra_slice_refresh : 1로 설정되었을 때 이 PES 패킷에 있는 비디오 데이터의 부호화된 슬라이스사이에 빠진 매크로블록이 있을 수 있음을 나타낸다. 디코더에서 빠진 매크로블록을 이전에 복호화된 화면의 같은 위치의 것을 대치시킬 수 있다.
- frequency_truncation : 이것은 2비트의 필드로서, 계수들의 제한된 집합이 이 PES 패킷에서 비디오 데이터 부호화에 사용될 수 있음을 나타낸다. 이 값들은 다음과 같다.

00 : DC 계수들만 0이 아님

01 : 처음 세 개의 계수만 0이 아님

10 : 처음 여섯 개의 계수만 0이 아님

11 : 모든 계수들이 0이 아닐 수 있음

- rep_cntrl : 디스플레이된 격행주사 화면에 있는 각 필드시간의 수를 나타내거나, 디스플레이될 순차주사 화면시간의 수를 나타낸다. 이것은 격행주사 화면인 경우에 상위필드와 하위필드 중 어느 것이 먼저 디스플레이되어야 하는지를 나타내는 비디오 시퀀스 헤더에 있는 trick_mode_control 필드와 top_field_first비트의 함수이다. 0값은 금지되어 있다.
- additional_copy_info : 이 7비트 필드는 저작권 정보에 관련된 사적 데이터(private data)를 포함한다.
- previous_PES_packet_CRC : 이것은 16비트의 필드로서 디코더에서 16개 레지스터의 출력이 0이 되도록 하는 CRC값을 가진다. 다음과 같은 다항식을 가지며 X16+X12+X5+1, PES 패킷 헤더는 제외하고 이전 PES 패킷의 데이터 바이트들을 처리한다.
- PES extension : 선택적인 영역으로 여러 개의 파라미터들로 나누어져 있는데 그 목적은 MPEG-1을 지원하기 위해 존재한다.

(3) 트랜스포트 스트림 구성 계층

IPTVCM의 다음 계층은 트랜스포트 스트림(TS)을 구축하는 것을 담당한다. 이 스트림은 TS 패킷이라고 하는 패킷들의 열로 이루어져 있는데 PES 패킷을 188바이트로 고정된 길이의 TS 패킷들로 나눈 것이다. TS는 주로 에러나 지터의 발생 확률이 높은 전송 네트워크에 대해 정의되므로 에러 보호 능력이나 다수 프로그램의 결합 등은 TS의 중요한 부분이 된다.

각 TS 패킷은 비디오, 오디오, 또는 데이터 등 세 가지 미디어 포맷 중 하나를 포함하며 서로 다른 미디어 포맷을 함께 포함하지는 않는다. 각 TS 패킷은 4바이트의 헤더부와 184바이트의 페이로드(payload)로 이루어진다. 헤더의 상세한 구성은 그림 3.17에 잘 나타나 있으며 각 필드의 설명은 다음과 같다.

- sync_byte : 0100 0111(0×47)의 값을 가지는 8비트의 필드이며 패킷의 시작을 검출하기 위해 사용된다.
- transport_error_indicator : 패킷의 오류 여부 판정에 사용되는 1비트의 플래그(flag)이다.
- payload_unit_start_indicator : TS 패킷의 페이로드에 PES 헤더나 PSI 테이블의 시작

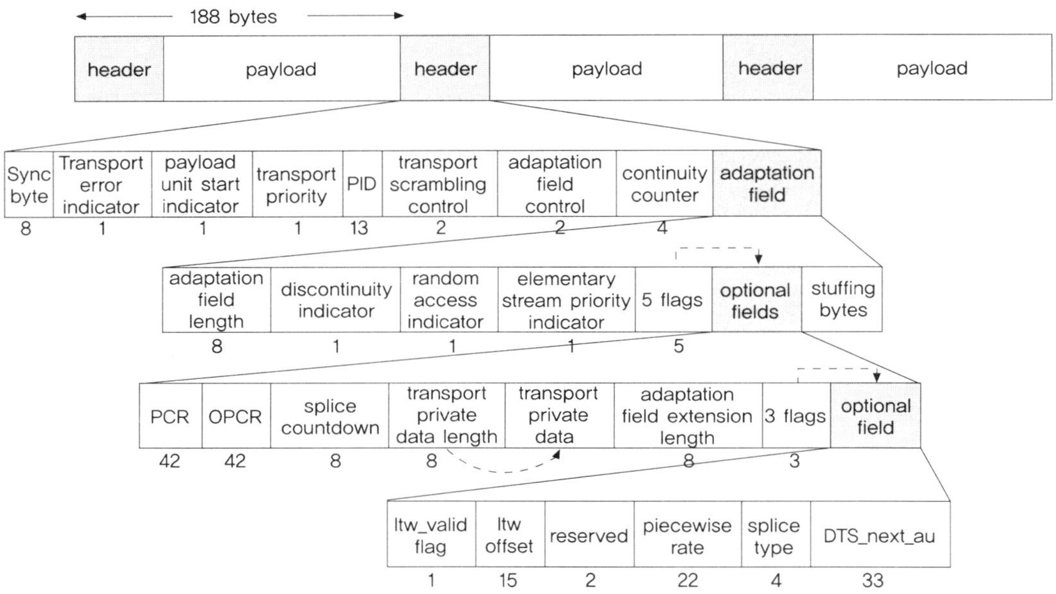

그림 3.17 TS 패킷의 구조

데이터가 존재함을 나타낸다. 즉, 새로운 PES 또는 PSI 정보가 해당 패킷에서 시작됨을 알려준다.

- transport_priority : 1비트의 플래그로서 이것이 1로 설정되면 그렇지 않은 동일한 PID를 가지는 다른 패킷보다 우선순위가 높다는 것을 의미한다.
- PID(Program Identifier) : 헤더부에서 가장 중요한 13비트의 필드로서 패킷 페이로드에 저장된 데이터의 타입을 나타낸다. 즉, 미디어(오디오 EH는 비디오), 시스템 데이터(PAT, CAT 등), 그리고 null 데이터와 같이 세 가지 타입의 페이로드 컨텐츠가 존재하며 PID는 그 중 하나의 타입을 나타낸다.
- transport_scrambling_control : 2비트 필드로서 TS 패킷 페이로드의 스크램블링 모드를 나타낸다. 적응필드(adaptation field)가 있을 때는 TS 패킷 헤더는 스크램블링되어서는 안된다. 널 패킷의 경우 이 필드는 00으로 설정되어야 한다. adaptation_field_control: adaptation field와 페이로드의 존재를 나타내기 위해 사용된다. 각 필드값의 의미는 다음 표 3.6와 같다.
- continuity_counter : 동일한 PID를 가진 각 TS 패킷에서 증가하는 값을 가진다. 즉, 기초 스트림을 형성할 TS 패킷의 순서를 나타낸다. 최대값(15)까지 간 후에는 0으로 돌아간다. 패킷의 adaptation_field_control이 00이나 01일 때는 continuity_counter는

표 3.6 적응 필드 제어값

Value	Description
00	Reserved for future use by ISO/IEC
01	No adaptation_field, payload only
10	Adaptation_field only, no payload
11	Adaptation_field followed by payload

증가해서는 안 된다. 널 패킷의 경우 continuity_counter의 값은 정의되지 않는다.

- adaptation_field : 이 필드는 헤더부에 존재할 수도, 하지 않을 수도 있다. 이 필드는 Program Clock Reference(PCR)을 포함한 타이밍과 제어를 위해 사용되는 다양한 데이터를 포함한다. PCR이란 IPTVCD clock을 인코더 클록에 동기화하기 위해 사용된다. 42비트 길이인 PCR값은 27MHz의 표준 clock rate에 다라 증가한다. 일단 동기화가 되면 IPTV MPEG-2 스트림의 디코딩이 시작된다.

(4) RTP(Realtime Transport Protocol) 계층(선택적 사용 가능)

최근 다양한 인터넷 단말 장치들이 비디오와 오디오 신호를 포함하는 멀티미디어 데이터를 주고받는 일이 급격히 증가하고, 그러한 데이터를 전송할 수 있는 통신 기술 역시 향상됨에 따라 실시간 전송 규약을 선택적으로 이용해야 하는 응용이 보편화되고 있다. 이 선택적 계층은 다양한 IPTV 응용에서도 역시 사용된다. 비디오나 오디오 데이터의 전송은 기존의 데이터 전송과는 약간 다른 측면을 가진다. 즉, 비디오나 오디오와 같은 멀티미디어 신호의 전송 품질은 사람의 감각기관에 의해 판단된다. 잔디밭을 가로질러 날아가는 축구공을 상상해 보라. 축구공의 희고 검은 패턴 형상이 카메라에 의해 취득될 때 원래 모양과 달리 약간 뿌옇게 열화되었다 하더라도 1초에 30장씩 화면에 뿌려지는 동영상을 보는 시청자의 눈에는 거의 인지되기가 힘들다. 이와 같이 멀티미디어 신호의 전송에 있어서는 사사로운 오류까지도 복구하는 일보다는 지연시간의 최소화가 더 중요하게 요구된다.

멀티미디어 신호를 전송함에 있어서 중요하게 요구되는 또 다른 사항은 동기화 문제이다. 동시에 발생한 비디오와 오디오 신호의 부호화된 비트스트림을 전송하는 경우, TCP/IP의 특성상 각 패킷의 지연시간 역시 가변적이다. 따라서 수신 측에서 비디오와 오디오 데이터의 재생 전에 원래의 시간 간격을 복원하기 위해서는 이에 필요한 시간 정보가 포함되어 전달되어야 한다. 하나의 연속적인 미디어 스트림 내에서 패킷간의 시간 간격 및 순서를 복원하는 작업을 미디어 내 동기화(Intra-media Synchronization)라 하고 두 개 이상의 미디어 스트림 간의 시간 간격 및 순서를 복원하는 작업을 미디어 간 동기화(Inter-media Synchronization)라 한다.

RTP와 RTCP(Realtime Transport Control Protocol)는 멀티미디어 응용이 요구하는 통신 요구 사항을 지원하기 위한 트랜스포트 프로토콜로 개발 되었으며, RTP는 미디어 스트림의 전송을 담당하고 RTCP는 미디어 스트림을 제어하는데 필요한 제어 정보 전송을 담당한다.

그림 3.18은 RTP의 패킷 포맷을 나타낸다. 각 패킷은 헤더와 페이로드 IPTV 데이터를 포함한다. 대역폭 효율을 향상시키기 위해 페이로드는 하나 이상의 MPEG-TS 패킷을 포함한다. 일반적으로 RTP 패킷은 UDP 데이터그램에 캡슐화되어 목적지 포트번호에 의해 지정되는 목적지 RTP에 전달된다. 그림 3.18에서 중요한 몇 개의 필드를 살펴보면 다음과 같다.

- V(Version) : 2비트. RTP의 버전을 나타낸다.
- P(Padding) : 1비트. 패킷 마지막에 하나 이상의 패딩 바이트가 있는지를 나타낸다. 패딩 비트란, 의미가 없는 비트를 말한다. 패킷을 만들기 위해 의도적으로 추가된

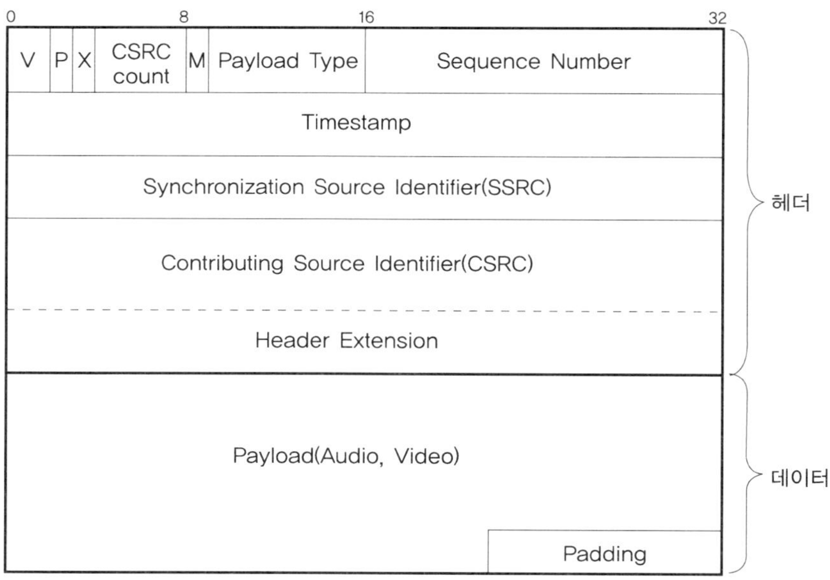

그림 3.18 RTP 패킷 포맷

비트이다.

- X(Extension) : 1비트. 고정헤더 이후에 하나의 확장헤더가 추가적으로 있음을 의미한다.
- CSRC(Contributing Source) count : 4비트. 12바이트의 고정헤더 이후에 표시되는 CSRC identifier의 수를 나타낸다.
- M(Marker) : 1비트. 패킷 스트림에서 프레임 경계와 같은 이벤트를 나타낸다. 예를 들어, 비디오 프레임의 시작 패킷을 표시할 때 사용된다.
- Payload Type : 7비트. RTP를 통해 전송되는 미디어 스트림의 유형을 나타낸다. 즉, RTP가 전송하고 있는 내용이 G.711로 되어 있는지 H.264로 되어 있는지에 대한 정보를 나타낸다.
- Sequence Number : 16비트. 보안상의 이유로 랜덤한 번호에서 시작하지만 패킷이 증가할 때마다 1씩 증가한다. 이를 통해 수신측에서는 패킷손실을 인지하고 복구 메커니즘을 동작하도록 한다.
- Timestamp : 32비트. RTP 패킷의 첫번째 바이트의 샘플링 순간을 나타낸다. 초기값은 sequence number와 마찬가지로 랜덤하게 결정된다. 예를 들어 8kHz로 샘플링한 오디오 스트림을 20ms 단위로 나누어 패킷을 만들 경우, 하나의 패킷에 1바이트 길이의 샘플이 160개 포함되므로 타임스탬프는 RTP 패킷마다 160씩 증가한다.
- SSRC(Synchronization Source) Identifier : 32비트. 동기화 소스를 나타내며 랜덤하게 결정된다. 다른 소스로부터의 스트림은 같은 RTP 세션내에 서로 다른 값을 가져야 한다.
- CSRC(Contributing Source) Identifier : 32비트. 다수의 음원이 Audio Mixer를 통해 하나로 통합될 경우를 나타낸다. 따라서, 이 필드를 통해 원 음원에 대한 정보를 나타낸다. 이 목록에서는 모든 음원의 SSRC identifier가 포함된다.

끝으로 두 가지 형태의 RTP 페이로드 포맷을 알아보기로 하자. 먼저 MPEG-2 TS를 IP 상에 운반하는 경우, 복수개의 MPEG-2 TS 패킷이 하나의 RTP 페이로드에 할당된다.

두 번째 방법은, 그림 3.19에서 보듯이 H.264의 NAL 유닛을 RTP 페이로드에 매핑시키는 방법이 있으며 여기서 네 가지 맵핑 유형에 대해 소개하고자 한다. 첫 번째는 하나의 NAL 유닛이 하나의 RTP 패킷에 할당되는 Single NAL unit packet, 두 번째는 여러 개의 NAL 유닛이 하나의 RTP 패킷에 할당되는 aggregation NAL unit packet인데 이때 여러 개의 NAL 유닛이 하나의 픽쳐에 해당하는가 아닌가에 따라 single-time aggregation packet과 multi-time aggregation packet으로 나뉜다. 마지막으로 하나의

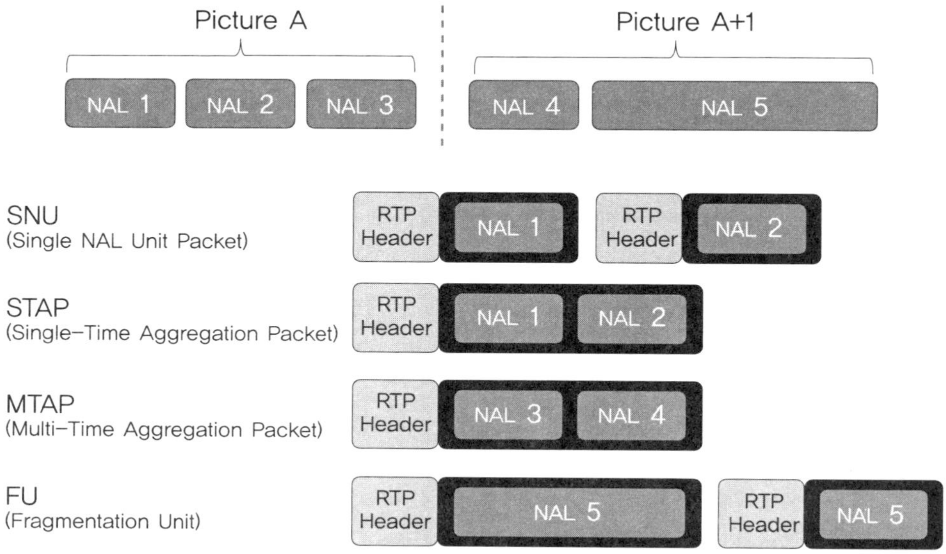

그림 3.19 H.264/AVC NAL 유닛의 캡슐화를 위한 RTP 패킷 유형

NAL 유닛이 여러 개의 RTP 패킷에 나뉘어 할당되는 것을 fragmentation NAL unit packet이라고 한다.

NAL 유닛이 MPEG-2 TS 형태의 AVC bitstream으로 생성되는가, RTP의 페이로드가 되는 AVC packet 형태로 생성되는가는 AVC 인코더에서 선택할 수 있다.

(5) 트랜스포트 계층

일반적으로 RTP 패킷은 IPTVCM에서 트랜스포트 계층의 입력이 된다. RTP 계층은 선택 사항이므로 MPEG-2 TS 스트림이 곧바로 트랜스포트 계층의 입력이 되는 것도 가능하다. 트랜스포트 계층은 상위계층으로부터 IP 계층의 복잡함을 숨기기 위해 설계된 것이다. 이 계층에 대한 표준은 단말 간 통신시의 신뢰성과 완결성을 제공하기 위해 작성된 것이다. 만일 비디오 데이터가 정확하게 전달되지 않으면 트랜스포트 계층은 재전송을 시도한다. TCP(Transmission Control Protocol)와 UDP(User Patagram Protocol)가 이 계층에서 사용되는 가장 중요한 두 개의 프로토콜이다.

- **TCP 연결**

TCP는 클라이언트 프로세스가 서버 프로세스와 연결을 설정함으로써 구별 가능한 데이터 스트림 전송을 시작할 수 있게 하고 설정된 연결을 해제함으로써 데이터 스트림 전송을 종료시킬 수 있게 한다. TCP는 설정된 연결을 통해 전송하는 데이터 스트림에 대해 모든 종류의 오류를 탐지하고 복구함으로써 오류가 전혀 없는 신뢰성 있는 데이터 전송 서비스를 제공한다. TCP는 전송 중의 오류를 다루는 능력을 통해 IP의 부족한 부분을 보완해 준다. 손실, 순서 불일치, 중복 패킷 등은 IPTV 환경에서 주로 만나는 세 가지 유형의 오류들이다. 이러한 오류들을 해결하기 위해 TCP는 Checksum과 Sequence numbering을 통해 오류를 탐지하고 재전송(retransmission)을 통해 오류를 복구한다. 또한 수신자의 버퍼 오버플로우로 인한 데이터 손실을 방지하기 위한 흐름제어(flow control)와 전송 경로상의 라우터들의 버퍼 오버플로우로 인한 데이터 손실을 방지하기 위한 혼잡제어(congestion control) 서비스를 제공한다. 이러한 신뢰성 있는 데이터 전송을 위한 모든 기능은 클라이언트 TCP와 서버 TCP의 내부에서 이루어지고 응용프로세스는 단지 설정된 연결을 통해 데이터를 읽고 쓰기만 하면 된다.

- **UDP 연결**

UDP는 사용자들이 받아들일 수 있는 수준의 방송화질의 비디오를 IPTVCD에 보내주기 위해 광대역 네트워크를 통해 스트리밍 서비스를 가능케하는 프로토콜이다. 이것은 TCP와 비슷하나 전송 서비스 품질을 최대한 제한한 것이다. UDP는 "연결 없는" 프로토콜이라고도 하는데 이는 비디오 서버와 IPTVCD간의 연결이, 전송이 이루어지기 전에 설정될 필요가 없음을 의미한다. 다시 말해, UDP는 응용프로세스가 전송을 의뢰한 데이터를 하나의 독립적인 전달 단위인 데이터그램으로 만들어 단순히 목적지 프로세스에게 전달하는 데이터그램 전송 서비스만 제공하며, 데이터 스트림의 시작과 끝을 구분하는 연결설정과 연결해제 서비스 없이 데이터 전송 서비스만 제공한다는 뜻이다. UDP는 데이터그램의 훼손을 탐지할 수 있는 Checksum 기능 외에 신뢰적인 데이터그램 전송을 위한 어떤 기능도 수행하지 않는다. 따라서 TCP에 비해 오류 대처 능력이 약하나 연결설정을 위한 지연시간을 피할 수 있고, 오류제어와 흐름제어로 인한 지연시간을 피할 수 있기 때문에 빠른 데이터 전송이 가능하다. 따라서 오류의 발생에 크게 민감하지 않은 비디오 신호의 전송에 적합한 프로토콜이라고 할 수 있다. 여기서 UDP의 장점을 정리하여 보면 다음과 같다.

- IPTV 컨텐츠의 전송에 있어서 끊김이 없고
- 20바이트인 TCP의 헤더 크기에 비해 8바이트인 헤더 크기를 갖고 있으며
- IPTV 데이터 센터와 IPTVCD간의 연결 설정이 빠르고
- 리턴패스를 요구하지 않고 단방향 전송이 가능하며
- 구현하기가 쉽다는 것이다.

결론적으로, IPTV의 특성상 시간지연보다는 패킷의 손실이나 훼손의 문제가 덜 중요하다 할 수 있고, 재전송의 경우 역시 신뢰성을 향상은 시키나 IPTV 서비스의 측면에서는 덜 바람직한 요소가 된다. 이러한 이유로 IPTV 환경에서는 TCP는 거의 사용되지 않는다.

(6) IP 계층

앞서 설명서 트랜스포트 계층 아래에 위치하는 계층을 IP(Internet Protocol) 계층이라 한다. 이 계층의 주된 목적은 복수개의 상호 연결된 인터네트워크 상에서 특정 네트워크 위치로 데이터를 이동시키는 것이다. 즉, IP는 인터넷을 구성하는 호스트와 라우터 간의 기본 통신 프로토콜로서, 출발지 호스트에서 목적지 호스트까지 인터넷 데이터의 전달을 책임진다. IP는 데이터그램 전송을 위해 사전에 경로 설정과 오류제어나 흐름제어를 위한 초기화 작업을 수행하는 연결설정을 하지 않는 비연결형 프로토콜이다.

(7) 데이터링크 계층

이 링크 계층은 IP 계층으로부터 데이터를 받아 물리계층을 통해 데이터를 전송하기에 적합한 포맷으로 패킷을 구성하는 역할을 한다. 이더넷(Ethernet) 기술이 IPTV 시스템에 의해 사용되는 데이터 링크 프로토콜 중에서 가장 많이 쓰이는 기술이다. 이러한 데이터 링크 계층이 상위 계층인 IP 계층과 다른 점은 우체국의 예를 들어 설명할 수 있다. 즉, 대전에서 부산까지 소포를 보내고자 할 때, 우체국에서는 출발점에서 도착점까지 아무 문제없이 소포가 도착할 수 있도록 최선을 다한다. 만일 소포를 트럭을 이용해 보내기로 결정했다면 실제로 어떤 도로를 따라 트럭이 움직일 것인지는 트럭 운전수의 몫이다. 여기서 우체국을 IP 계층에 비유한다면 트럭 운전수의 역할이 바로 데이터 링크 계층이 하는 일이 된다.

하나의 이더넷 프레임은 8바이트의 프리앰블과 각 6바이트씩의 목적지 및 출발지 주소, 그리고 IP 이외의 상위 프로토콜도 사용할 수 있게 지정해 줄 수 있는 2바이트의 유형(type) 필드에 이어 46~1500바이트를 가지는 페이로드로 이루어지고 오류검출을 위한 4바이트의 CRC로 끝이 난다.

(8) 물리 계층

물리 계층은 컴퓨터 네트워킹에 있어서 최하위 계층으로서 전기적 신호의 전달과 수신을 위한 물리적인(또는 하드웨어적인) 동작을 담당한다.

3.6 참고문헌

1. T. Wiegand et al., "Overview of the H.264/AVC Video Coding Standard," IEEE Tr. CSVT, vol. 13, no. 7, July 2003, pp.560-576.
2. H. Kalva and J. Lee, "The VC-1 Video Coding Standard," IEEE Multimedia, no.4, vol.14, 2007, pp.88-91.
3. S. Srinivas et al., "Windows Media Video 9: overview and applications," Signal Processing: Image Communication, 19(2004) pp.851-875.
4. T.D.Tran et al., "Lapped transform via time-domain pre- and post-filtering," IEEE Tr. Signal Processing, 51(6), June 2003, pp.1557-1571.
5. 정세윤 외, "H.264 이후의 차세대 비디오 부호화 표준화 동향 및 전망," 전자통신동향분석 제 23권 제1호 2008년 2월.
6. 박승철, 인터넷 중심의 멀티미디어 통신, 학술정보, 2006.
7. G. O' Driscoll, Next Generation IPTV Serrices and Techuologies, Wiley, 2008.

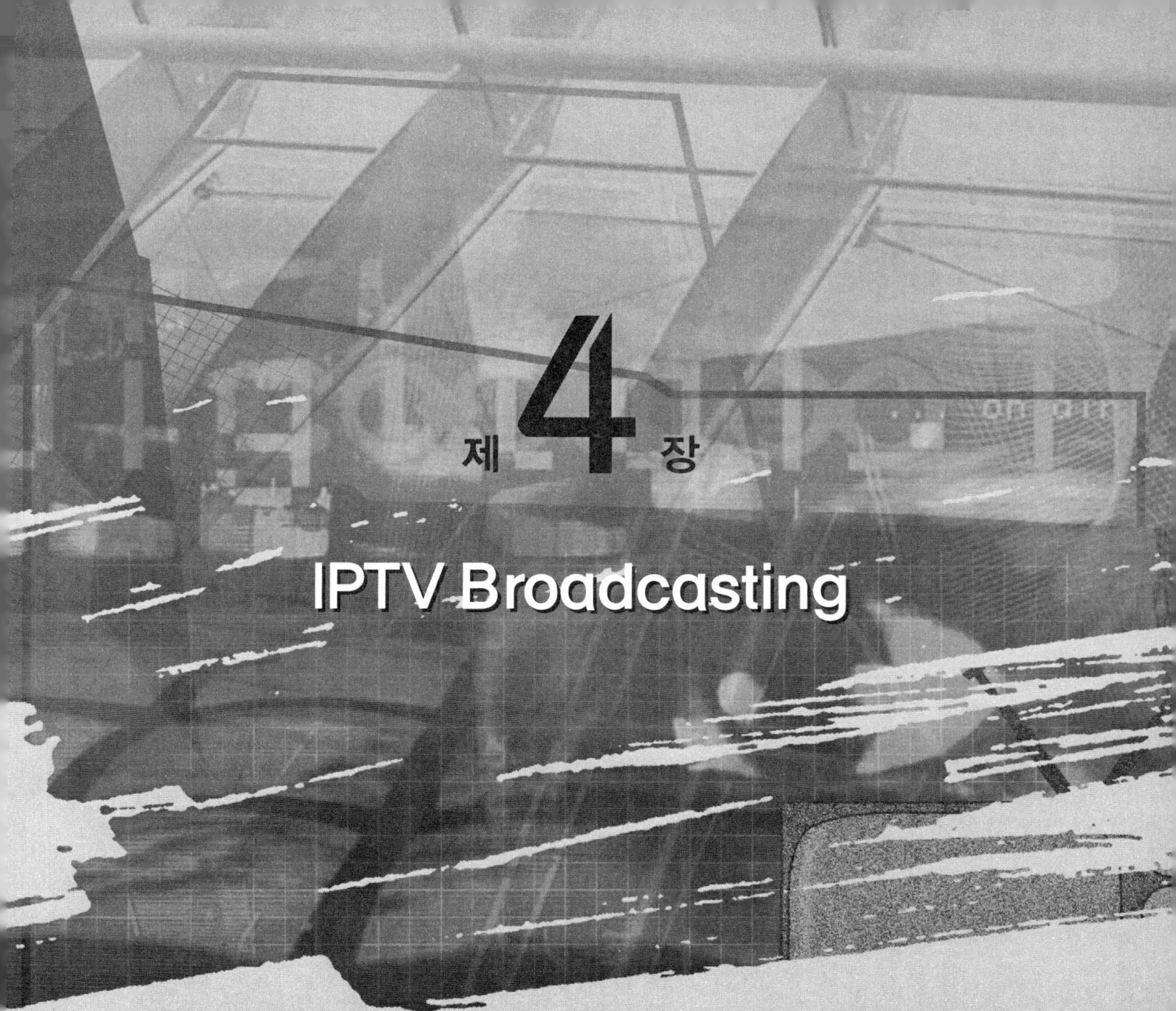

제 4 장

IPTV Broadcasting

4.1 IPTV 시스템 기반 요소

IPTV 컨텐츠를 전송하는 방법으로는 크게 실시간 TV 컨텐츠를 멀티캐스트로 제공하는 방법과 VoD의 형태로 제공하는 방법이 있다. 이 두 가지 방법을 종단간(end-to-end)에서 온전히 제공하기 위해서는 많은 하드웨어와 소프트웨어를 비롯하여 관련된 인터페이스들이 필요하며 그림 4.1과 같이 정리할 수 있다. 본 장에서는 이러한 장치들의 역할을 간략하게 정리하고자 한다.

4.1.1 통합 수신 장비(Integrated Receiver Devices: IRDs)

위성 연결에서부터 전용 비디오 망 그리고 마이크로파 연결에 이르기까지의 수많은 서로 다른 네트워크로부터 비디오 정보를 수신하기 위해 사용되는 디지털 장비이다.

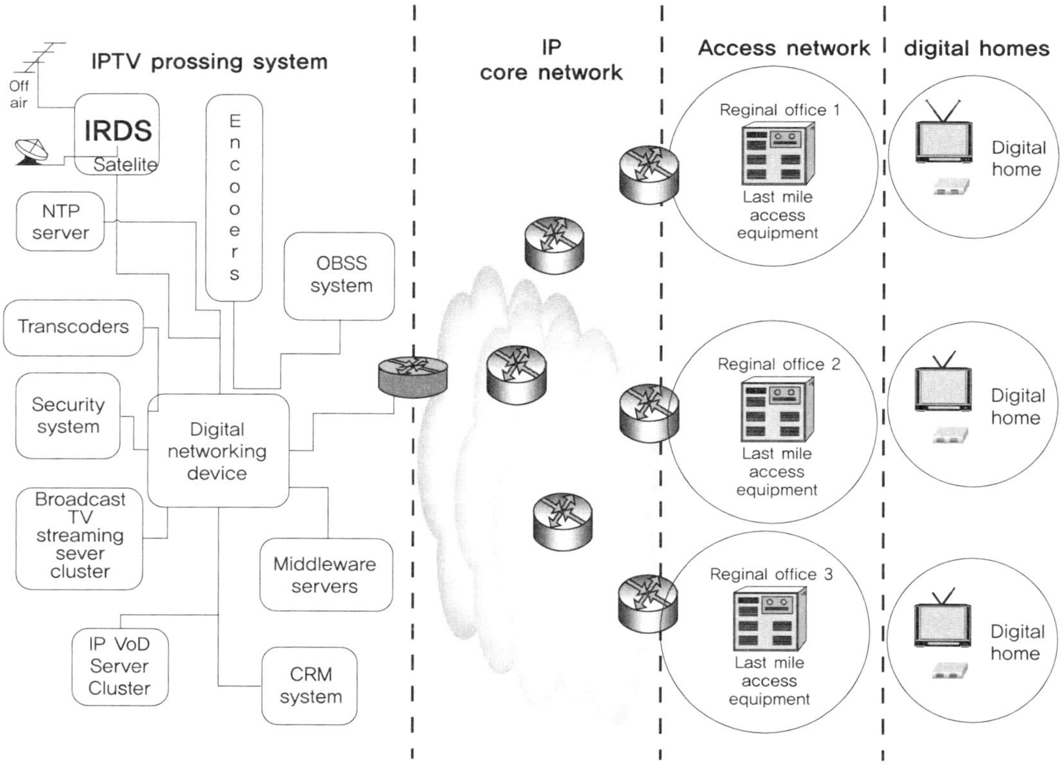

그림 4.1 VoD와 멀티캐스트 IPTV 서비스 플랫폼

4.1.2 실시간 인코더(Real-time Encoders)

적은 양의 대역폭을 사용하여 단말 사용자에게 높은 품질의 비디오와 오디오를 전송하는 압축 시스템은 IP 영상 방송 네트워크에서 중요하다. 이러한 압축 시스템의 주된 목적은 비디오와 오디오 스트림의 품질을 유지하면서 정보의 저장 용량을 줄이는 데 있다. 이것은 가능한 한 많은 IP 디지털 채널을 한 광대역 스트림에 넣기를 원하는 서비스 제공자에게 매우 유용하다. 압축 시스템은 오디오, 비디오, 그리고 데이터 채널을 압축하고 디지털화하는 데 사용되는 많은 실시간 인코더로 구성된다. 압축되지 않은 아날로그와 디지털 비디오 정보는 인코딩 장비로 입력되고 캡슐화된 비디오 패킷 형태로 압축되어서 출력된다. 디지털 인코더는 하나의 아날로그 비디오 정보밖에 방송할 수 없었던 대역폭으로 다수의 고품질 비디오 정보를 방송할 수 있게 해준다. 이렇게 신호가 인코딩되면 압축된 영상 스트림은 IPTV 분배 라우터를 통해 전송된다. 가장 최근의 인코더가 압축된 정보를 출력하기 위해서 이더넷 인터페이스 장비의 기능을 한다는 점은 주목할 만하다.

4.1.3 방송 TV 스트리밍 서버(Broadcast TV Streaming Server)

이 서버들은 사업연속성을 목적으로 클러스터의 형태로 형성되며, 설정된 프로토콜을 이용하여 단말 사용자에게 실시간 서비스를 제공한다.

4.1.4 IP 트랜스코딩 시스템(IP Transcoding System)

트랜스코딩 시스템은 비디오 컨텐츠의 포맷과 IP 분배 네트워크 상에서 전개되는 압축 표준의 두 가지 요소에 따라 결정된다. 트랜스코딩 시스템의 추가적인 기능을 위해서는 이러한 기능성을 만족하는 특정 하드웨어가 필요하다. 이 장비들은 MPEG-2, SDI(Serial Digital Interface)의 스트림이나, 아날로그 정보를 H.264/AVC나 VC-1의 압축 형식으로 전환하는 데 사용된다. 트랜스코딩은 비디오 신호를 복구하지는 않지만, 입력 비디오 신호의 비트율이나 해상도의 변화를 준다. 이 밖에도 포맷 변환이나 프레임율을 조정하며, 고급 트랜스코더의 경우 인코딩과 디코딩의 기능을 지원하기도 한다. 또한 다양한 MPEG-2 컨텐츠 트랜스코딩 방식이 있는데, 한 예로, 입력 비디오 스트림을 디코드해서 낮은 비트율의 압축 표준으로 인코딩할 수 있다.

4.1.5 운영 및 사업 지원 시스템(An Operational and Business Support System: OBSS)

가입자 관리 시스템(Subscriber Management System: SMS)으로도 알려진 OBSS는 다른 IPTV 네트워크 요소 시스템과 함께 IPTV 서비스를 활성화하고 고객 요건을 충족시키기 위한 실시간 서비스를 제공하는 데 이용된다. 새로운 서비스가 제공되는 동안 OBSS에 의해 처리되는 정보의 유형은 아래와 같다.

- 가입자 이름과 주소
- 과금과 지불에 대한 정보
- IPTV 멀티캐스트 프로그램 정보
- IP-VoD 정보
- 새로운 서비스를 제공하기 위해 필요한 네트워크 대역폭
- 새로운 서비스를 위한 IP 주소 할당
- 새로운 서비스의 제공 및 설치에 필요한 가입자 대기시간

이 밖에도 다음의 기능 중의 일부 항목에 대해서 만족한다.

- IPTV 엔지니어링과 설치 그룹에 설비 제공 요청을 전달
- IPTV 서비스의 특정 분류와 연관된 사용 정보를 수집
- 설비 제공 요청과 그에 따른 업데이트의 상태를 모니터링
- 서비스 사업자에 의해 소유하거나 대여된 하드웨어와 소프트웨어 자원의 데이터베이스 저장
- 광대역 네트워크에서 헤드엔드 사이를 연결해주는 Residential Gateway(RG) 모니터링 및 관리
- 컨텐츠 사업자 관리 및 지원
- 가입자의 계좌, 프로필, 인보이스 관리
- 웹 사이트를 통해 가입자가 새로운 상품을 주문할 수 있는 셀프서비스 시스템 제공
- 통상적인 기술 문제를 해결할 수 있도록 도와주는 정보에 IPTV 단말 이용자가 접근할 수 있는 인터넷 기반의 웹 포털 제공

Customer Relationship Management(CRM) 시스템을 포함하여 헤드엔드의 외부 서브시스템과 통신하기 위해 OBSS는 표준 인터페이스를 사용한다.

표 4.1 IPTV CRM System의 기능적 범주

CRM 모듈	기능 설명
가입자와의 조율	이 모듈은 현재와 과거의 자세한 정보를 가입자와의 조율 시에 효율적으로 사용가능하도록 보장한다. 연락 관리와 소비자 보호가 이 모듈에 중요한 특징이다.
IPTV 제품 및 서비스 마케팅	이 모듈은 다양한 마케팅과 광고 캠페인을 담당한다. 주로 제품과 서비스의 판매를 위한 정보 수집과 결과에 대한 관리를 담당한다.
IPTV 제품 및 서비스 판매	이 모듈은 IPTV 서비스 제공자가 판매할 때 도움을 준다. 적합한 판매망을 찾고 결과를 모니터링하기 위해서 판매 모듈은 마케팅 모듈과 함께 작용한다. 판매 예측과 실행도 이 모듈에서 담당한다. 상향판매(Up-selling)는 또 다른 판매 모듈의 집합체로, 서비스 제공자가 IPTV 가입자에게 추가적인 IP 서비스를 판매하도록 도와준다.

4.1.6 IPTV CRM 시스템(IPTV CRM System)

CRM 시스템의 사용은 통신 사업자에게 특정 서비스 패키지의 판매에 대해 가시성을 제공한다. 일반적인 CRM은 다수의 기능을 가지는데 크게 세 종류의 모듈로 분류된다. 표 4.1은 이러한 IPTV 네트워크 환경 내에서의 다양한 CRM 모듈에 대해서 설명한다.

4.1.7 IPTV 보안 시스템(An IPTV Security System)

인코딩 시스템으로부터의 출력 값은 정보 보호를 위해 보안 시스템으로 전송된다. IPTV 보안 시스템은 가입자로의 접근을 제한하고 IPTV 정보를 불법적인 이용으로부터 보호하기 위해 사용된다. 보안 시스템에는 조건부 접근(Conditional Access: CA)과 디지털 권리 관리(Digital Rights Management: DRM)의 두 가지 방식이 있다.

4.1.8 IP VoD 응용 서버(IP Video on Demand(VoD) Application Servers)

이름에서 알 수 있듯이 비디오 서버는 VoD 파일을 저장하고 캐싱한다. 비디오 서버는 일반적으로 클러스터의 형태로 서로 연결되어 있는데, 이는 한 서버에 오류가 발생했을 때를 대비하여 여분의 공간을 제공하기 위함이다. VoD 서버는 전형적으로 VoD와 다른 형태의 멀티미디어 정보의 관리를 제공하는데 필요한 소프트웨어 어플리케이션에서 작동한다.

4.1.9 IPTV 헤드엔드 미들웨어 및 응용 서버(IPTV Headend Middleware and Application Servers)

IPTV 미들웨어는 클라이언트와 서버 소프트웨어의 두 종류의 카테고리로 나뉜다. 미들웨어 서버 소프트웨어는 IPTV 데이터 센터에서 운영되는 일련의 어플리케이션 서버에 의해 작동된다. IPTV 헤드엔드 미들웨어와 어플리케이션 서버는 아래와 같은 기능을 한다.

- 백엔드 OBSS와 CA 시스템간의 상호작용 지원
- 새로운 가입자, 과금 방식, 그리고 전반적인 비디오 자산의 관리를 제공하는 것을 관리하는데 도움을 줌
- IP 액세스 장치 안에 임베디드 된 미들웨어 클라이언트 사이에 인터페이스 제공
- IPTV 멀티캐스트, 주문형 서비스를 위한 사용자 인터페이스 지원

클라이언트 미들웨어는 가입자의 댁내 장비 안에 위치하여 광대역 망에서 특정 IPTV 어플리케이션 프로그램을 선별할 수 있도록 사용된다.

4.1.10 네트워크 타임 서버(A Network Time Server)

많은 네트워크 장비와 서버들은 시간을 재도록 독자적인 내부 클록 시스템을 가지고 있다. 다른 클록 타입 사이에서 오는 차이 때문에 일정 시간 동안 장비 사이에서는 시간 차가 발생하게 된다. 따라서 IPTV 데이터 센터에서는 네트워크 장비들 간의 동기화를 위해 네트워크 타임 서버를 사용한다. 이러한 네트워크 타임 서버는 Network Time Protocol(NTP)을 통해 쉽게 상호 간에 전달할 수 있다.

4.1.11 IP 스위칭 기반구조(IP Switching Infrastructure)

IPTV 데이터 센터에서는 일반적으로 비디오와 오디오 신호를 바꿀 수 있는 장비를 보유하고 있다. 전통적으로, 큰 베이스밴드 스위치는 다양한 컨텐츠 장치 사이에서 비디오 신호를 라우팅하기 위해 사용되지만, 이 스위치는 물리적인 크기가 크고 복잡하다는 단점을 가진다. 이 때문에 새로운 종류의 디지털 스위치가 IPTV 데이터 센터에 설비되고 있다. 디지털 스위치의 크기와 장비의 복잡도는 비디오와 오디오가 IPTV 데이터 센터 사이로 전송되는 방식에 따라 결정된다. 최근 수많은 서비스 공급자들은 이더넷 라우터나 스위치 같은 새로운 표준 IP 네트워크 장비를 사용하기 시작했다. 표준 네트워크 장비를 사용하면서 IPTV 공급자는 비디오, 오디오, 그 외 여러 데이터를 하

나의 단일 네트워크로 통합시킬 수 있으며, 이러한 시도는 유지비 절감, 네트워크 관리의 단순화, 그리고 스위칭 기반구조의 유연성을 늘려준다.

4.1.12 분배 라우터(A Distribution Router)

IPTV 시스템 구조는 고속의 분배 라우터를 포함하는데 일반적으로 해당 라우터는 서비스 사업자의 헤드엔드에 위치하며 양방향 IPTV 컨텐츠를 분배 망에 전달하게 된다. 이 라우터는 IPTV 코어 네트워크와 직접 연결되어 있는데 SONET 기반의 망일 경우 IP 라우터 대신에 ATM 스위치가 쓰이는 경우도 있다.

4.1.13 IP 분배 네트워크(IP Distribution Network)

IP 분배 네트워크는 코어 부분과 접근 부분의 두 가지 형태로 나뉠 수 있다.

1. IP core는 triple-play 환경 속에서 다양한 트래픽 형태를 결집하는 역할을 한다.
2. 접속 부분은 IPTV 단말 사용자로 필요한 서비스를 운반하는 DSL와 WiMAX 같은 기술들을 혼합하여 사용한다.

4.1.14 IPTVCD

IPTVCD는 IPTV 소비자 장비(IPTV Consumer Device)의 약자로써 일반적으로 IPTV 접속을 종료시키는 하드웨어 장비로 정의한다. 예를 들면, 미디어 센터 PC, 게임 콘솔, 상주 게이트웨이, 그리고 IP 디지털 셋톱박스 등이 있다.

표 4.2는 VoD와 방송 기반의 IPTV 서비스를 처리하는데 사용되는 장비들의 기능을 정리한 것이다. 일반적인 실시간 IPTV 망에는 이러한 모든 장비들이 집적되어 있다.

4.2 IPTV 스트리밍 기법

실시간 IP 기반 TV의 네트워크 트래픽 패턴은 VoIP나 초고속 인터넷 접속과 같은 IP 서비스에서 생성된 트래픽 패턴과는 다른 양상을 보인다. 예를 들면, 비디오 트래픽은 고수준의 throughput을 유지하지만, 인터넷 트래픽은 지속적으로 변동한다. 이러한 비디오 트래픽의 특이한 패턴을 수용하기 위해 서로 다른 세 가지 기술이 사용된다.

표 4.2 IPTV와 VoD 헤드엔드 장비

장비 명칭	설명	종류
IRD	IRD는 컨텐츠 제공자가 여러 곳에서 비디오 컨텐츠를 받을 수 있도록 조율한다.	VoD 및 방송 중심
인코더	이 장비는 아날로그 또는 디지털 비디오 정보를 받아서 압축한 후 압축된 디지털 비디오 스트림으로 출력한다.	방송 중심
IP 트랜스 코딩 시스템	이 장비는 비디오 스트림의 포맷을 실시간으로 바꾸는데 사용된다.	방송 중심
브로드캐스팅 TV 스트리밍 서버	이 서버는 인코더와 함께 작동하며 여러 종류의 IPTVCD로 TV 프로그램을 스트리밍한다.	방송 중심
IP VoD 서버	이 서버는 IPTV 시청자에게 VoD 파일을 호스팅하거나 스트리밍한다.	VoD 중심
헤드엔드 미들웨어 및 응용 서버	이 서버는 다양한 IPTVCD 상에서 운영되는 미들웨어 플랫폼의 프론트엔드 기능성을 지원하기 위해서 필요한 백엔드 미들웨어 어플리케이션을 저장한다.	VoD 및 방송 중심
OBSS	OBSS는 관리자에게 필요한 정보를 가지고 있으며 IPTV 사업을 관리한다. 지불에 대한 사항도 OBSS가 관리한다.	VoD 및 방송 중심
CRM	CRM 시스템은 서비스 제공자와 가입자 사이의 상호 작용을 효율적으로 관리하기 위해 사용된다.	VoD 및 방송 중심
IP switching structure	표준 네트워크 스위칭은 IP 비디오 데이터를 IPTV 데이터 센터에 있는 다양한 장비로 라우팅하기 위해서 사용된다.	VoD 및 방송 중심
CA 시스템	CA 시스템은 IPTV 방송과 주문형 컨텐츠에 대한 접근을 암호화하고 관리한다.	VoD 및 방송 중심
IP 분배 라운터	이 장비는 VoD 및 방송 스트리밍 서버에서 IP 분배 네트워크로 IP 스트림을 전달한다.	VoD 및 브로드캐스팅 중심
IP 분배 네트워크	IP 분배 네트워크IP 네트워크는 코어 네트워크와 접근 네트워크 두 가지 분류로 나뉜다.	VoD 및 방송 중심
IPTVCD	IPTV 컨텐츠에 접속가능한 장비들은 상당히 많다. 하지만 서비스 제공자가 IPTV 서비스를 제공하는데 가장 유명한 것은 IP 셋톱박스이다. IP 셋톱박스의 목적은 입력 IP 스트림을 받아서 표준 TV에서 시청하기에 알맞은 포맷으로 변환하는 것이다.	VoD 및 방송 중심

4.2.1 유니캐스트

유니캐스트에서는 단일 IPTVCD로 모든 IPTV 비디오 스트림이 전송된다. 그러므로 만

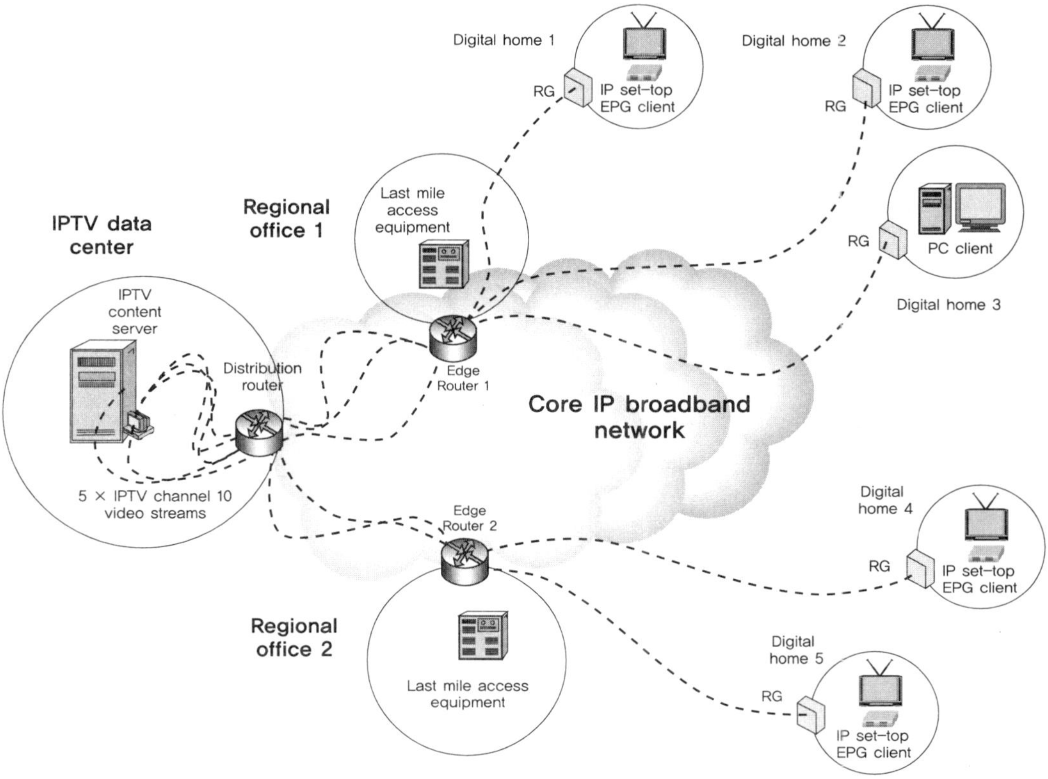

그림 4.2 유니캐스트

약 하나 이상의 IPTV 단말 사용자가 같은 비디오 채널을 보기를 원한다면, 각각의 IPTVCD는 서로 다른 유니캐스트 스트림이 필요하다. 이 데이터 스트림은 목적지를 향해 고속 IP 네트워크를 통해 흘러가게 된다. IP 네트워크를 이용한 유니캐스트의 원리는 각 단말 사용자마다 개별 스트림을 보내주는 것이다. 따라서 기술적인 면에서 적용하기 쉽지만 네트워크의 대역폭을 효율적으로 사용하지는 못한다. 그림 4.2에서는 다섯 명의 IPTV 가입자가 IPTV 양방향 고속 네트워크를 통해 방송 채널에 접속하는 것을 도식화하였다.

그림과 같이, 다수의 IPTV 단말 사용자가 같은 시간에 같은 IPTV 채널에 접속하려고 할 때, 각 사용자마다 고유의 IP 연결이 만들어진다. 이 예제에서 서버는 특정 채널에 연결하기를 요청한 모든 IPTV 가입자에게 활성화된 IP 연결을 제공해야만 한다. 다섯 개의 서로 다른 스트림은 컨텐츠 서버에서 출발하여서 각 목적지의 라우터로 연결된다. 이 다섯 개의 연결이 그들의 목적지를 찾아서 라우팅된다. 연결은 2개의 지역 오피스로 펼쳐지며, 1지역 오피스로 3개의 IP 전용망이, 2지역 오피스로 2개의 IP 전용망이 연결된다.

그 다음에 지역 오피스에 있는 라우터에서 가입자의 주택 내부에 위치한 RG로 연결이 된다. 이처럼 유니캐스트 환경에서는 다수의 IP 연결을 하기 위해 상당히 큰 용량의 네트워크 링크가 필요하기 때문에 네트워크 기반의 디지털 비디오 녹화(NDVR)와 VoD와 같이 주문형 서비스 어플리케이션에 적합하다.

4.2.2 브로드캐스트

IP 네트워크는 유니캐스트와 함께 브로드캐스트의 기능도 제공한다. 브로드캐스트 방법은 연결된 브로드캐스트 망 내에 있는 모든 IPTV 접속 장치에게 동일한 IPTV 채널을 스트림하는 방법이다. 다시 말하면, 서버가 브로드캐스트로 설정이 되면 IPTV 채널은 비디오 스트림을 요청했는지 확인하지 않은 채 네트워크에 연결된 모든 IPTVCD에

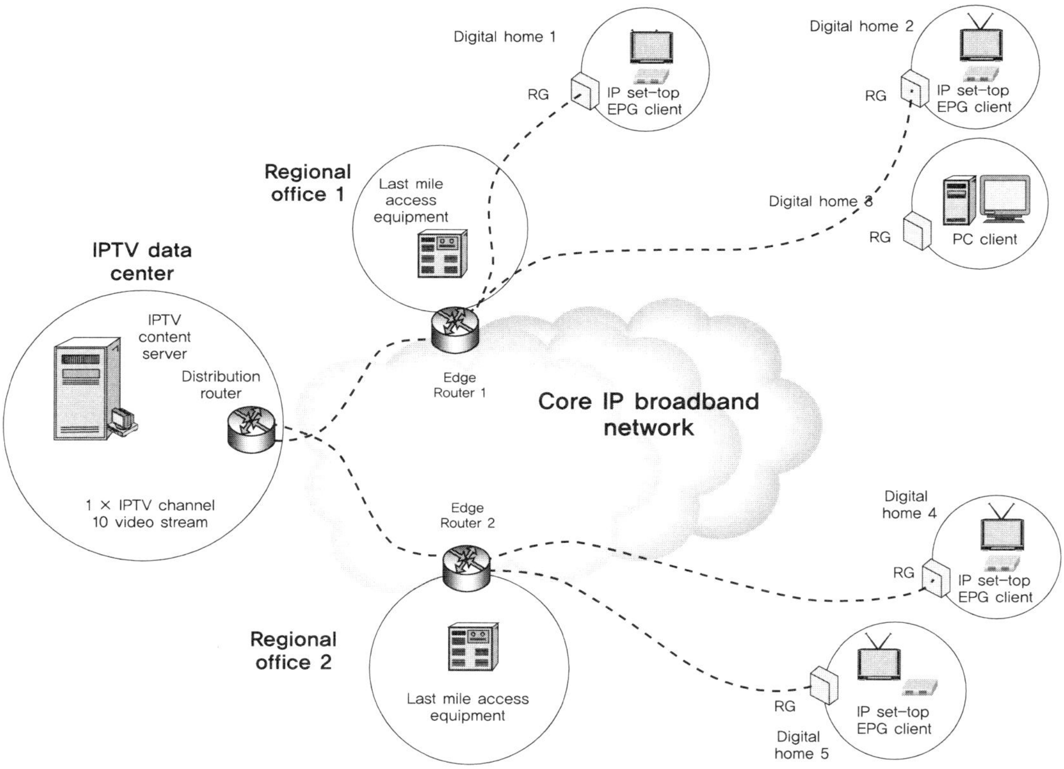

그림 4.3 멀티캐스트

게 전송된다. 원하지 않은 비디오 패킷을 처리하기 위해 IPTVCD의 자원이 모두 사용이 되기 때문에, 브로드캐스트 방법을 사용하는데 큰 문제가 따른다. 또한 이 통신 기술은 라우팅을 지원하지 않기 때문에, 브로드캐스트 방법은 IPTV 어플리케이션에 어울리지 않는다고 볼 수 있다. 대부분의 IPTV 네트워크가 라우터의 기능을 확장하여 사용 하고 있기 때문에 IPTV에서는 브로드캐스팅의 사용이 힘들다. 이것은 모든 사용자에게 모든 채널을 수신하였을 경우에 IPTV 네트워크와 IPTVCD에 문제를 야기할 수 있다.

4.2.3 멀티캐스트

멀티캐스트 방식은 그룹 형태를 기반으로 구성된다. 먼저, 각 멀티캐스트 그룹에 TV 채널을 브로드캐스트 한다. 그 다음에, 그 그룹에 속한 가입자 중 한 가입자가 그 채널을 보기를 원하면, IPTVCD 중에서 선택된 그 채널이 가입자에게 전송 된다. 다시 말하면, 각 IPTV 채널은 그 채널을 보기를 원하는 셋톱박스에만 스트리밍된다. 이러한 방식은 유니캐스트와 같이 일대일로 연결이 되는 통신 시스템보다 상대적으로 적은 양의 대역폭을 사용하며, 또한 서버에서도 부담을 적게 준다. 그림 4.3은 특정 채널에 다섯 명의 가입자가 순간적으로 동시에 접속을 하려고 할 때 멀티캐스트 기술을 사용하여 채널을 보내주는 것을 도식화 하였다.

그림과 같이 하나의 복사본이 컨텐츠 서버에서 분배 라우터로 전송이 되며 이 라우터는 두 개의 복사본을 만들어 전용 IP망을 통하여 각 지역 오피스에 전송한다. 이렇게 전달된 정보는 지역 오피스에 연결된 가입자 중에 그 정보를 보기를 원하는 가입자 수에 맞춰 다시 복사본으로 만들어져서 각 가입자에게 전달된다. 따라서 IP 접속 수와 비디오 스트림 수를 현저하게 낮춰준다는 점에서 주목할 만하며 서비스 제공자가 실시간 IPTV 프로그램을 방송할 때 주로 사용되어 IP 기반 자원을 효율적으로 사용하게 해준다. 하지만, 멀티캐스트 방식은 IPTVCD와 방송 서버 간에 upstream의 경로가 없다. 또한 IPTV 컨텐츠를 멀티캐스트 하는데 있어서 기존의 유니캐스트와 브로드캐스트 방식에 비해 복잡하며, 복사본을 만드는 장비가 멀티캐스트를 지원해야 한다는 단점이 있다. 다음 절에서는 멀티캐스트 방식이 어떻게 IPTV 정보를 전달하는지에 대해서 좀 더 자세하게 설명하겠다.

4.3 IPTV 네트워크의 멀티캐스팅과 IPTV 네트워크

멀티캐스팅이란 여러 사용자에게 하나의 비디오 신호를 동시에 전송하는 기술을 일컫는다. 전통적인 브로드캐스팅과 같이, 모든 시청자는 동시에 같은 시그널을 수신하지만 각 수신자에게 개별적인 시그널 스트림을 전송하는 것이 아니라 하나의 시그널을 복사하여 전송한다. 이러한 전송방법은 높은 대역폭의 일대다 응용프로그램을 지원하기 위한 효율적인 방법이다. 표 4.3과 같이 많은 응용프로그램이 IP 멀티캐스팅의 장점을 이용하고 있다.

위의 응용프로그램 외에도, IP 멀티캐스트는 TV 서비스를 IP 네트워크를 이용하여 제공하는 곳에 폭넓게 활용된다. 이렇게 활용하는 이유는 다음과 같다. 첫째로, IP 멀티캐스트는 높은 수준의 IPTV 컨텐츠를 네트워크를 통해 전송하는데 필요로 하는 대역폭의 양을 획기적으로 줄일 수 있다. 모든 비디오 스트림을 한 번만 라우터에 전송하면, 라우터가 서비스를 요청하는 사용자에게 비디오 스트림을 복사하여 전송하기 때문이다. 멀티캐스트는 필요한 대역폭을 줄여줄 뿐만 아니라, 컨텐츠 서버의 처리 능력도 상대적으로 적게 요구한다. 반면에, 유니캐스트를 기반으로 한 네트워킹 환경은 여러 비디오 스트림을 여러 사용자에게 전송할 수 있는 능력을 요구하고, 이러한 능력은 처리능력이 뛰어난 서버만 지원할 수 있다. 그럼에도 불구하고, 멀티캐스팅은 다음과 같은 결점을 가지고 있다.

- VCR을 조종하는 것과 같은 능력을 제공하지 않는다. 즉, 비디오 컨텐츠를 필요에 따라 되감기나, 정지, 빨리감기 등을 할 수 없다.
- 유연성에 제한이 있다. 즉, 현재 제공되는 TV 서비스와 같이 IPTV 사용자가 TV를

표 4.3 IP 멀티캐스트 응용프로그램의 종류

멀티캐스팅 응용프로그램	구분
화상 회의(Video Conferencing)	실시간
e-Learning	실시간, 비 실시간
주식 변동 업데이트	실시간
온라인 기상 정보	실시간
데이터베이스 응답	비 실시간
도로 교통 정보	실시간

켰을 때, 방송되고 있는 채널만 선택해서 볼 수 있다.

- 라우터는 멀티캐스트를 지원해야 한다. 서비스 제공자가 실시간 IP 브로드캐스트 TV 서비스를 제공하기 위해서는 데이터 센터와 사용자 사이에 모든 라우터들이 멀티캐스트를 지원해야 한다. 멀티캐스트를 지원하지 못하는 라우터는 지원 가능한 것으로 교체되어야 한다.
- 라우터가 처리해야 할 작업이 증가한다. IPTV 컨텐츠를 네트워크를 통해 전송할 때, 라우터의 역할이 매우 중요하다. 트래픽을 적절한 포트로 포워딩하는 능력과 더불어, 비디오 스트림을 복제하고 비디오 패킷의 여러 복사본들을 추적하는 능력을 필요로 한다. 따라서, IP 멀티캐스팅을 위해 필요한 다양한 작업들은 IP 라우터에 과부하를 준다.
- 소스에서 목적지까지 일관된 지원이 필요하다. IPTV 컨텐츠 소스에서 IPTVCD사이의 모든 요소들은 IP 멀티캐스팅 기술을 지원해야 한다. 이러한 요구사항은 인터넷 TV 제공자가 인터넷의 각 장치에 대한 통제력이 없는 현 상황에서 문제의 여지가 될 수 있다.
- IP 멀티캐스트 트래픽 전송이 차단될 수 있다. 방화벽과 같은 보안 장치들은 보통 네트워크 관리자에 의해 IP 멀티캐스트 응용프로그램을 차단한다. 네트워킹 기반 시설을 가지고 있는 서비스 제공자에게는 큰 문제가 아니지만 IPTV 서비스를 일반 인터넷을 통해 제공할 때 고려해야 한다.

4.3.1 IPTV 멀티캐스팅 네트워크 구조

멀티캐스트 시스템은 분산 네트워킹 구조를 기반으로 구성된다. IP 멀티캐스트 서비스를 전송하기 위해 필요한 논리적이거나 물리적인 구성요소들은 다음과 같이 분류된다.

- IGMP 장치
- 멀티캐스팅 그룹과 어드레싱
- IPTV 멀티캐스팅 프로토콜
- 멀티캐스트 전송 구조 기술

위의 구성요소들은 다음 절에서 상세히 설명한다.

(1) IGMP 장치

멀티캐스트를 사용가능한 호스트는 멀티캐스트 데이터를 주고받을 수 있도록 시스템이 구성된다. 단대단 IGMP 통신에 사용되는 두 종류의 장치는 다음과 같다.

- IGMP 호스트 : IGMP 호스트는 IPTV 네트워크에 연결된 클라이언트나 서버이다. 셋톱박스, 휴대폰, 또는 일반 PC가 IGMP 호스트의 예이다.
- 멀티캐스트 라우터 : 멀티캐스트 라우터는 IGMP 라우터라고도 불리는데, IPTV 네트워킹 기반시설에서 핵심 구성요소이다. IPTV 네트워크에서 라우터는 크게 분산 라우터와 집합 라우터로 구분할 수 있다. 분산 라우터는 일반적으로 IPTV 데이터 센터나 중계국에 위치하고 소스 컨텐츠 서버와 직접적으로 연결되어 있다. 모든 IPTV 채널들은 분산 라우터에서 이용가능하다. 집합 라우터는 네트워크에서 사용자에 가까운 쪽에 위치한다. 어떤 순간에 집합 라우터에 연결된 IPTVCD가 볼 수 있는 채널들만 이용가능하다. 멀티캐스트 IP 라우터는 IPTV 브로드캐스트 채널들을 제공하기 위한 통합적이고 필수적인 구성요소이다. 라우터는 IPTV 전송 네트워크에 연결되어 있고, 다음과 같은 기능을 제공한다.
- 멀티캐스팅 IPTV 컨텐츠 수신 : IPTV 네트워크에서 많은 라우터 인터페이스들은 멀티캐스트 방식으로 동작한다. 즉, 라우터는 들어오는 패킷들을 추가로 처리해야 할지 말아야 할 지 분석하여 판단한다. 어떤 멀티캐스트 라우터가 패킷 헤더의 특정 비트가 1인 패킷을 받으면 추가적인 작업을 위해서 그 패킷을 IP 통신 프로토콜로 보낸다. 또한, 멀티캐스트 라우터는 IPTV 멀티캐스트 트래픽을 전달하기 위해 복잡한 알고리즘을 사용한다.
- IGMP 메시지 관리 및 처리 : 멀티캐스트 라우터는 다양한 종류의 IGMP 메시지를 수신하고, 처리하고, 관리할 수 있는 기능을 갖추어야 한다.
- 최신 라우팅 테이블 유지 : 멀티캐스트 라우터는 일반적인 유니캐스팅 프로토콜이 사용하는 것과 같은 라우팅 테이블을 사용한다. 이러한 테이블은 라우터의 운영체제에 의해 최신의 것으로 유지된다.
- IPTV 스트림의 응답 : 응답은 수신한 IPTV 비디오 스트림을 이용해 하나 혹은 여러 개의 라우터 포트로 IPTV 사용자에게 복제하여 제공하는 라우터의 기능을 말한다.

위에서 설명한 기능들은 모두 멀티캐스트 라우터가 가져야 할 기능이다. 따라서 멀티캐스팅 기술을 이용하는데 있어서 라우터의 성능에 큰 영향을 받게 되고, IPTV 컨텐츠를 효과적으로 제공하기 위해서 업그레이드가 요구된다.

(2) 멀티캐스트 그룹과 어드레싱

IPTV 네트워크에서 멀티캐스팅은, 특정 IPTV 채널 수신을 요청한 IPTVCD 그룹에게 비디오 패킷들을 보내는 방식으로 동작한다. 그룹은 유일한 클래스 D IP 주소로 정의

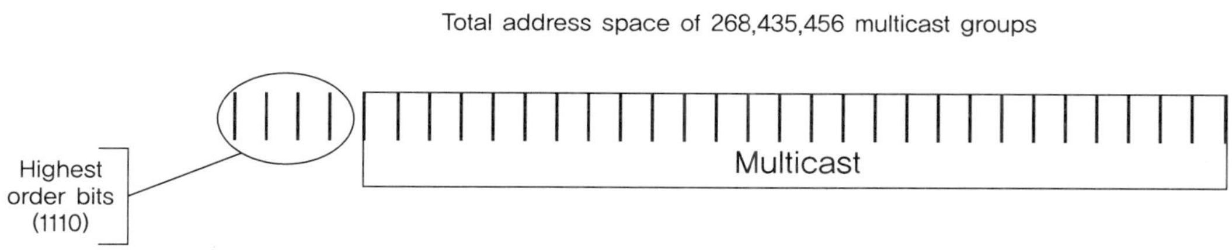

그림 4.4 클래스 D 멀티캐스트 주소의 구조

된다. 그림 4.4와 같이, 클래스 D IP 멀티캐스트 주소는 1110으로 시작되고, 주소의 범위는 224.0.0.0에서 239.255.255.255이다. 이것은 총 268,435,456개의 멀티캐스트 그룹 주소를 나타낼 수 있다.

멀티캐스트 주소 값은 다른 종류의 응용프로그램을 지원하기 위해 표 4.4와 같이 추가로 구분된다.

표 4.4에서처럼 세 개의 IP 주소들은 IPTV 멀티캐스트 서비스에 사용될 때, 하드웨어 MAC 주소로 변환되어야 한다. 이 변환 과정은 IP 주소의 원래 32비트 중 23비트만 멀티캐스트 MAC 주소를 형성하는데 사용하기 때문에 어려운 점이 있다.

(3) IPTV 멀티캐스트 프로토콜

IPTV 멀티캐스팅은 IPTV 컨텐츠를 배포하거나 복사할 때 사용되는 특별한 프로토콜을 이용한다.

Internet Group Management Protocol(IGMP)는 IPTVCD가 특정 멀티캐스트 그룹 주소에 들어오거나 나갈 때 사용하는 IP 통신 모델의 통합 프로토콜이다. IGMP에는

표 4.4 IP 멀티캐스트 주소 범위와 응용프로그램

주소 블록 범위	주소 종류	설명
224.0.0.0 ~ 224.0.0.255	영구적	IANA에 의해 single hop 멀티캐스트 응용프로그램에 할당된 주소.
224.0.1.0 ~ 238.255.255.255	전역적	일반 인터넷 상에서 멀티캐스트 IP 비디오 컨텐츠를 위해 할당된 주소. 이 그룹은 사용하는 참여자가 있을 때 존재한다.
239.0.0.0 ~ 239.255.255.255	관리자에 의해 부여	지역 그룹 내 혹은 조직 내의 IP 멀티캐스트를 위한 주소.

IGMPv1, IGMPv2, IGMPv3 등 세 가지 버전이 있다.

① IGMPv1

IGMPv1의 명세서는 1989년에 발행되었고, RFC 1112에서 볼 수 있다. IGMPv1은 IGMP의 가장 초기 버전이고, 유닉스나 마이크로소프트의 운영체제에 광범위하게 적용되었다. IGMPv1의 특징은 다음과 같다.

- 메시지 종류 : Host Membership Query와 Host Membership Report라는 두 가지 종류의 메시지를 지원한다. Query 메시지는 멀티캐스트 라우터가 그룹 멤버의 상세 정보를 조사하기 위한 메시지이다. Membership Report 메시지는 IP 셋톱박스나 PC가 특정 IGMP 그룹에 들어가기 위해 지역 라우터에 알리는데 사용된다.
- 멀티캐스트 트래픽 송신 : 명세서는 멀티캐스트 IP 데이터그램을 보내는 항목을 포함시킴으로써 IP 프로토콜을 확장시킨다.
- 이더넷 캡슐화 : 멀티캐스트 주소를 이더넷 패킷의 주소 필드에 바로 매핑 시킴으로

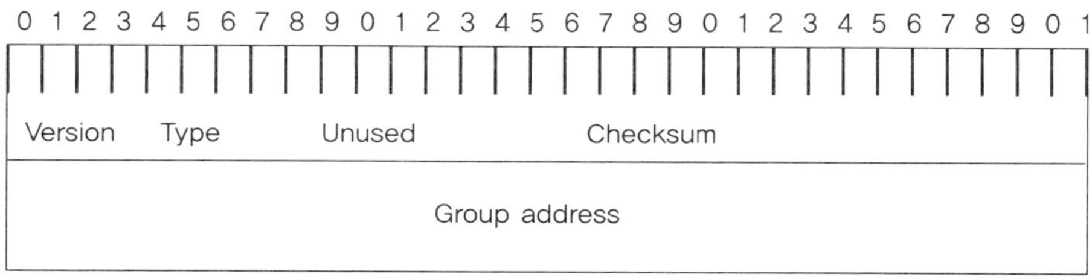

그림 4.5 IGMPv1 메시지 포맷

표 4.5 IGMPv1 메시지 구조

필드 이름	기능 설명
Version	IGMP 버전을 나타낸다.
Type	메시지 종류를 나타낸다. 버전 1의 경우, Query나 Host Membership Report 메시지를 나타낸다.
Unused	일반적으로 0으로 표시된다.
Checksum	데이터의 무결성을 위해 사용된다.
Group Address	메시지 종류에 따라 이 필드의 중요성은 달라진다. Query 메시지의 경우, 이 필드는 0으로 표시되고, Report 메시지의 경우, IP 그룹 주소를 표시된다.

써 멀티캐스트 트래픽이 이더넷 네트워크를 통과할 수 있도록 한다.

- 메시지 포맷 : IGMPv1 메시지의 주요 요소는 그림 4.5와 표 4.5에 설명되어 있다.

버전 1은 현재 거의 사용되지 않는다. 실제 대부분의 IPTV 장치들은 버전 2나 최신 버전인 버전 3을 사용한다.

② IGMPv2

버전 1은 특정 호스팅 그룹을 떠날 때 제대로 지원하지 못했고, 여러 기술적 요소가 결합되어 있었기 때문에, IETF는 새로운 버전인 IGMPv2를 1997년에 만들었다. 버전 2는 버전 1을 개선하였고, RFC 2236에서 볼 수 있다. 현재, IGMPv2는 IPTV 브로드캐스트 채널수신을 위한 프로토콜 중 기본 사양으로 설정되어 있다. IGMPv2의 주요 특징은 다음과 같다.

- 개선된 종료 지연시간 : IGMPv2는 멀티캐스트 라우터가 특정 채널을 시청하거나 접속하는 사용자가 없음을 알아채는데 걸리는 시간을 단축시킨다. 이러한 특징은, 잠재적으로 네트워크 충돌을 일으키거나 대역폭을 차지할 수 있는 불필요한 스트림을 없앨 수 있다.
- 광범위한 지원성 : 마이크로소프트 운영체제의 모든 최신 버전에서 지원된다. 최근

표 4.6 IGMPv2 메시지 종류

메시지 종류	메시지 설명	Type 필드에서 Hex 표기
Membership Query	이 메시지는 멀티캐스트 라우터에 의해 주기적으로 네트워크에 뿌려진다. 하나의 라우터만 이 메시지를 보낼 수 있다. Query 메시지에는 두 가지 종류가 있다. General Query 메시지는 어떤 IPTVCD가 어떤 멀티캐스트 스트림을 시청하는지 확인할 때 이용된다. Group Specific Query 메시지는 어떤 특정 채널을 시청하는 시청자를 찾을 때 이용된다.	0×11
버전 1 Membership Report	이 메시지는 IGMPv1 사용자가 특정 IPTV 채널에 참여하거나 연결할 때 사용된다.	0×12
버전 2 Membership Report	이 메시지는 버전 1과 같은 역할을 한다. 다만 IGMPv2 사용자에 의해 사용되는 점이 다르다.	0×16
Leave Group	이 메시지는 IGMPv1에서는 사용할 수 없다. 이 메시지는 그룹 내에 참여자가 없을 때 IPTV 스트림을 전달하는 것을 멈출 때 그 대기시간을 줄이기 위해 사용된다.	0×17

에 발표된 리눅스나 유닉스도 IGMPv2를 지원한다.

- **IGMPv1과의 호환성** : 확장된 기능뿐만 아니라 이전 버전인 IGMPv1과도 호환될 수 있다.
- **메시지 종류** : IGMPv2는 IGMPv1에 없었던 새로운 메시지 종류를 추가하였다. 표 4.6은 IGMPv2의 다양한 메시지 종류에 대해 소개하고 있다.
- IPTV 지원: IGMPv2는 IPTV 트래픽의 멀티캐스팅을 지원한다. 이러한 기능은 IGMPv2가 원하는 때 특정 채널에서 나올 수 있는 명령을 내릴 수 있기 때문이다.
- **메시지 포맷** : 모든 IGMPv2 메시지들은 IP 데이터그램에 캡슐화된다. IP 데이터그램 헤더에 있는 필드에 버전을 표시하여 데이터그램이 IGMPv2 메시지를 가지고 있음을 나타낼 수 있다. IGMPv2 메시지 패킷구성 요소의 상세한 설명은 그림 4.6과 표 4.7에 있다. 표 4.7에서 설명하는 바와 같이 8 옥텟보다 큰 IGMPv2 메시지를 만들 수 있다.
- **Querier 선택 과정** : IGMP 프로토콜에서는 단 하나의 라우터만 Query 메시지를 네트워크 각 요소에 보낼 수 있다. IGMPv2는 이러한 Query 메시지를 생성할 수 있는

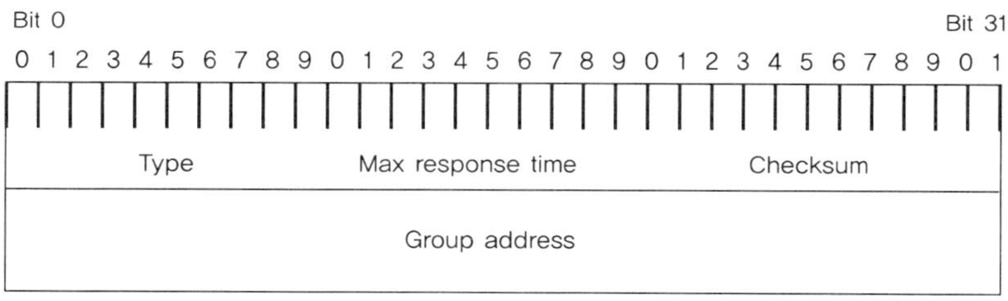

그림 4.6 IGMPv2 메시지 포맷

표 4.7 IGMPv2 메시지 구조

필드 이름	기능 설명
Type	메시지 종류를 나타낸다. 버전 2의 경우 모두 네가지 옵션이 있다. Membership Query, v2 Membership Report, Leave Group, v1 Membership Report 등이다.
Max Response Time	이 필드는 Membership Query 메시지만 관련된 필드이다. 응답 Report의 최대 허용 시간을 나타낸다.
Checksum	데이터의 무결성과 에러를 체크하기 위해 사용된다.
Group Address	메시지 경우 0으로 셋팅되고 Report나 Leave Group 메시지의 경우 IP 그룹 주소를 표시한다.

라우터를 선택 할 수 있는 과정을 지원한다. IP 주소가 작은 라우터가 Querier가 되는 규칙으로 Querier를 결정한다. 사용자가 채널을 변경하면, IPTVCD는 중앙장치에 다음과 같은 두 가지 명령어를 보낸다.

- 현재 비디오 멀티캐스트의 종료
- 새로운 비디오 멀티캐스트의 요청

위의 과정을 좀 더 상세히 알아보자.

- **IGMPv2 종료 과정**

DSL 기반의 액세스 네트워크의 대역폭 용량의 한계 때문에 많은 IPTVCD는 임의의 순간에 한 채널만 수신할 수 있다. 따라서 IPTV 클라이언트가 IP 멀티캐스트 그룹을 떠나기 위한 효율적인 방법이 필요하다. 이 방법은 IGMPv2가 지원하고, 버전 1과 버전 2의 가장 큰 차이점이기도 하다. IGMPv2에서는 Leave Group 메시지를 이용함으로써 종료 과정이 용이하게 한다. 그림 4.7은 IGMPv2의 종료 과정의 한 예를 보여주고 있다. 종료 과정의 단계는 다음과 같다.

- IPTV 스트림에 대한 접근 종료 : IP 셋톱박스는 시청자가 채널 10을 다른 채널로 돌리라는 명령을 받는다. 기술적으로 말하면, 채널 10의 IP 멀티캐스트 스트림에 대한

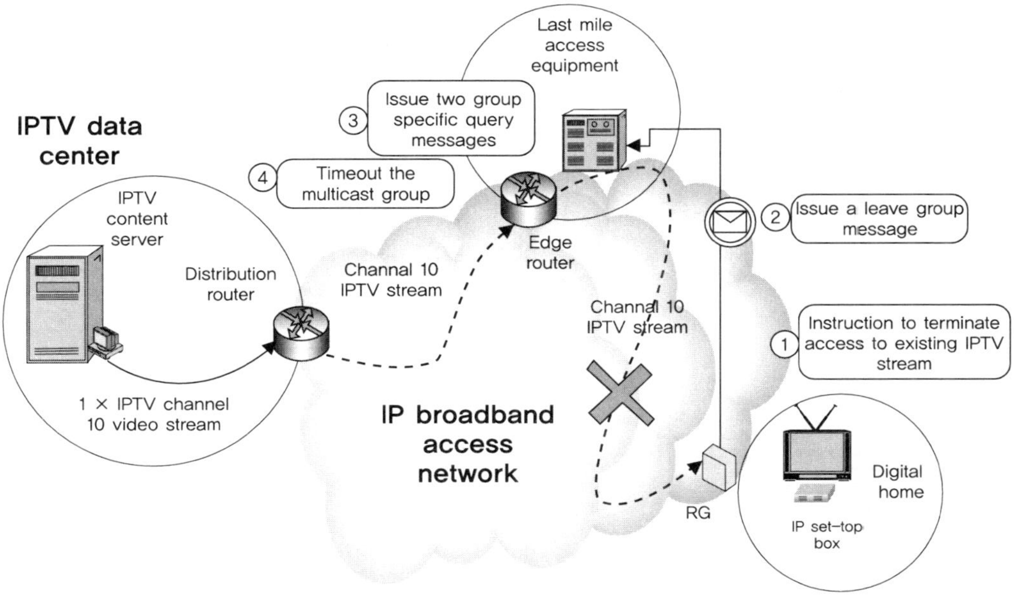

그림 4.7 IGMPv2 종료 과정

접속을 종료하고 다른 스트림에 참여하는 것과 같다.

- Leave Group 메시지 발행 : 접속 종료하고자 하는 TV 채널의 IP 주소를 포함한 leave group 메시지를 224.0.0.2에 해당하는 멀티캐스트 라우터에 전송한다. 이 경우, 메시지는 지역 중계소의 종단 라우터에 도착한다.
- Group Specific Query 메시지 발행 : 종단 라우터는 해당 TV 채널 스트림을 수신하는 IPTVCD가 있는지 확인하기 위해 두 개의 Group Specific Query 메시지를 보낸다.
- 추가 라우터 프로세싱 : Group Specific Query 메시지에 대한 응답이 없으면, 라우터는 멀티캐스트 그룹에 대한 Time-out 과정을 진행하고, IGMP 인터페이스 그룹의 목록을 지운 뒤, 해당 인터페이스로 전송하던 트래픽을 멈춘다.

위와 같이 빠르고 효과적으로 멀티캐스트 라우터가 특정 TV 채널 스트림의 전송을 멈추게 하는 방법은 불필요한 전송 대역폭 사용을 막을 수 있다.

- **IGMPv2 참여 과정**

IP 셋톱박스가 IPTV 컨텐츠 서버로부터 멀티캐스트 패킷을 수신하기 위해서는 IGMPv2 참여 과정을 거쳐야 한다. 참여(Joining)라는 용어는 특정 IGMP 클라이언트

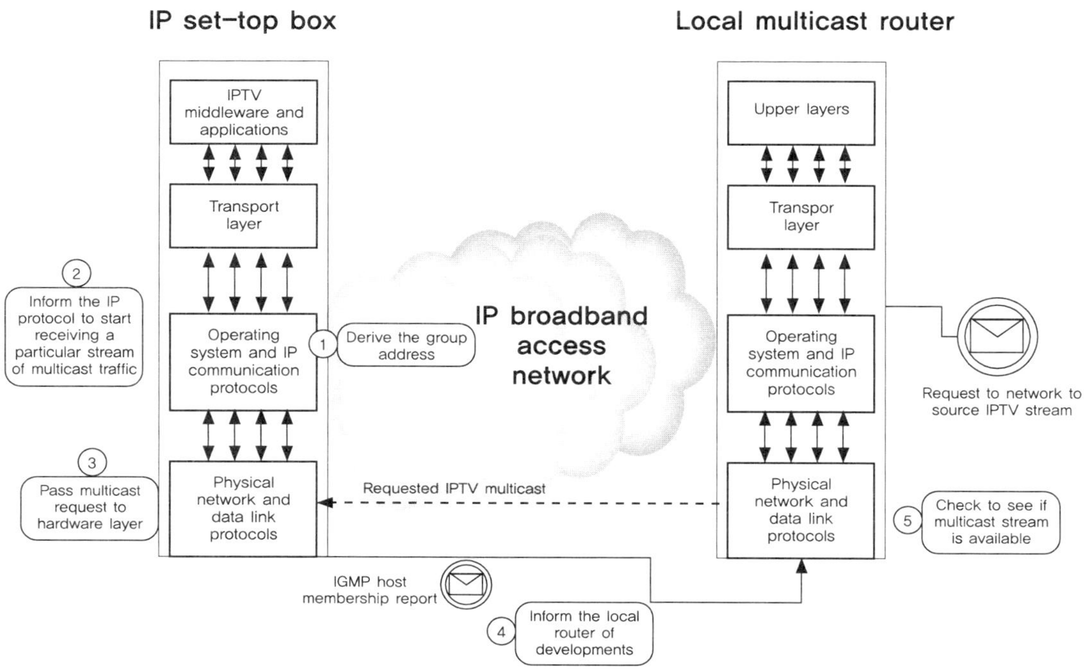

그림 4.8 IGMPv2 참여 과정

가 특정 IPTV 브로드캐스트 채널을 수신하기를 원한다는 것을 의미한다. 그림 4.8은 IGMPv2 참여 과정이 Electronic Programme Guide(EPG)에서 특정 채널이 선택되어 요청되기까지 어떻게 실행되는지 과정을 보여준다. 참여 과정의 단계는 다음과 같다.

- 그룹 주소 찾기 : IPTV 셋톱박스의 운영체제나 미들웨어는 요청된 브로드캐스트 채널의 그룹 주소를 Hard-coded 된 멀티캐스트 주소나 URL로부터 얻는다.
- 특정 멀티캐스트 트래픽 스트림을 수신하도록 IP 프로토콜을 셋팅 : 그룹 주소를 알아낸 뒤, IP 프로토콜은 IPv4나 IPv6를 이용해 IPTV 멀티캐스트 트래픽을 받기 시작한다.
- 멀티캐스트 요청을 하드웨어 계층에 알림 : 네트워크 어댑터(ex. Ehternet)는 패킷이 들어오는 여부를 듣고, 요청한 브로드캐스트 채널에 대해 응답한다.
- 참여 메시지를 지역 라우터에 전달 : IP 셋톱박스는 불필요한 IGMP Host Membership Report나 참여 메시지를 지역 라우터에 보낸다. 이 메시지는 지역 라우터에게 특정 IP 주소에서 오는 멀티캐스트 트래픽을 듣고 있다는 것을 알리기 위한 것이다. 또한, 멀티캐스트 라우터가 보낸 query 메시지에 응답함으로써 IPTV 채널에 대한 접근 허용을 얻게 된다.
- 해당 멀티캐스트 스트림이 전달가능한지 확인 : 지역 라우터는 수신자가 요청한 IPTV 멀티캐스트 스트림을 전달 받았는지 확인할 필요가 있다. 수신자가 패킷을 수신했다면 스트림을 셋톱박스에 적절한 인터페이스로 전송하면 된다. 만약 스트림이 전달되지 않았다면, 라우터는 네트워크에 스트림을 전달하도록 요청한다. 네트워크는 지역 라우터에 의해 복제된 스트림을 IP 셋톱박스 쪽으로 보낸다.

위의 예에서 설명했듯이, IP 멀티캐스트 참여과정은 상대적으로 복잡하고 시간이 필요한 과정이다. 특히 지역 라우터가 해당 스트림을 전송할 수 없을 경우, 더 많은 시간이 소모된다.

다음 절에서는 참여, 종료 과정에서 사용한 Query 메시지에 대해 알아본다.

• IGMPv2 Query 과정

멀티캐스트 라우터는 IGMP Query 메시지를 주기적으로 IPTV 네트워크에 전송한다. 이 메시지의 목적은 어떤 IPTVCD가 어떤 멀티캐스트 그룹에 속해 있는지 파악하기 위한 것이다. IPTV 환경 관점에서 이것은 가입자가 보고 있는 IP 비디오 채널과 같다. 또한 Query 메시지는 참여, 종료 과정에서 어떤 에러가 발생하는지 파악하는 역할을 한다. 이전에 언급한 바와 같이, 버전 2에서는 단 하나의 라우터만 Query 메시지를 보낼 수 있다. IGMPv2는 이러한 기능을 하는 라우터를 선택하기 위한 방법을 사용하고 있다. 어떻게 IGMP Query 메시지를 보내는 라우터를 선택하는지 그림 4.9에서 설명하고 있다. 그 과정에 대한 설명은 다음과 같다.

- 한 IP 멀티캐스트 라우터가 처음 광대역 네트워크에 연결되면, 기본적으로 IGMP Query 메시지를 관리하고 브로드캐스트하는 역할(Querier)을 한다.
- Querier로 결정된 라우터는 IGMP Query 메시지를 보낸다. 메시지 간의 간격은 대부분의 라우터에서는 기본적으로 125초로 셋팅되어 있고, 메시지는 할당되어 있는 224.0.0.1로 보낸다.
- 네트워크에 연결되어 있는 동안, 다른 라우터로부터 IGMP 메시지를 받는다.
- 이 메시지를 확인하고, 메시지에 포함된 IP 주소가 자기 자신의 주소보다 값이 작

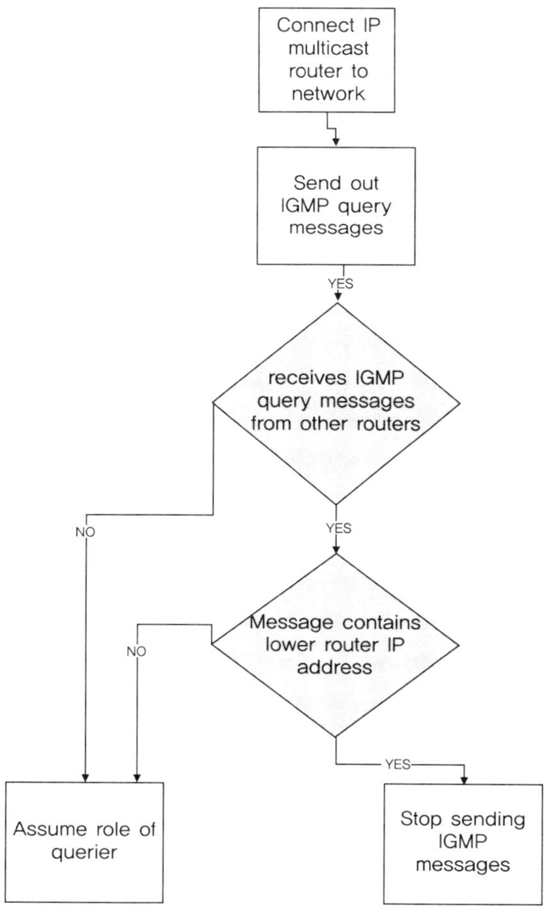

그림 4.9 IGMP Query 메시지를 관리하기 위한 라우터 식별 메커니즘

으면, Query 메시지 보내기를 멈춘다. 어떤 라우터가 일정 시간 동안 Query 메시지를 받지 못하면(보통 255초), 자기 자신이 Querier가 되고 IGMP Query 메시지를 관리하고 처리한다.IPTV 네트워크의 Querier 멀티캐스트 라우터의 숫자가 줄어들면 네트워크에 떠 있는 Query 및 Report 메시지의 숫자도 줄어든다. 따라서 그런 메시지들이 네트워크 대역폭을 차지하는 양도 줄어든다.

③ IGMPv3

IGMPv3 프로토콜은 RFC 3376에 명시되어있다. 이 프로토콜은 2002년에 만들어졌고, 만들어 진 당시 주요 부분에서 개정되었다. 이전 버전을 기반으로 다음과 같은 핵심 기능이 추가되었다.

- SSM 지원 : 이전 IGMP 버전에서는 IPTVCD가 특정 그룹에 참여하고 싶다는 메시지를 보낸다. 메시지에는 그룹의 목적지 IP 주소나 요청하는 브로드캐스트 채널을 포함하고 있고, 해당 채널 스트림은 요청한 사용자에게 전송된다. 멀티캐스트 그룹의 IP 주소는 보통 EPG에서 얻는다. 브로드캐스트 채널을 수신하는 동안 IPTVCD는 멀티캐스트 그룹의 모든 트래픽을 수신하도록 설정될 수 있다. 이러한 방법은 Any Source Multicast(ASM)이라 불리고, IGMPv3에서 다듬어졌다. IGMPv3는 Source Specific Multicast(SSM)이라는 새로운 방법을 제공하는데, 이 방법은 IPTVCD가 어떤 브로드캐스트 채널을 원하고, IPTV 채널을 송신하는 소스의 IP 주소를 명확하게 명시할 수 있게 한다. 이 두 가지 정보는(S, G)로 표현되고, S는 비디오 컨텐츠 서버의 유니캐스트 IP 주소를 뜻하며, G는 브로드캐스트 TV 채널의 그룹 주소를 뜻한다. SSM 응용프로그램과 프로토콜을 사용하기 위해 IANA는 232.0.0.0에서 232.255.255.255의 주소 범위를 할당하였다. 소스 IP 주소는 IPTV를 위한 장치가 원하는 곳에서 오는 패킷만 수신할 수 있게 한다는 점에서 IPTV 네트워킹 환경의 중요한 특징이다. IGMPv3 또한 IPTV를 위한 장치가 원하지 않는 곳에서 오는 컨텐츠를 차단시켜 줄 수 있게 한다. 이러한 기능은 Include와 Exclude라는 두 개의 필터에 의해 동작한다.
- Include 모드 : IPTVCD 인터페이스가 Include 모드로 설정되어 있으면, 장치는 명시된 컨텐츠 소스의 브로드캐스트 스트림만 수신한다.
- Exclude 모드 : IPTVCD 인터페이스가 Exclude 모드로 설정되어 있으면, 네트워크는 특정 스트림을 필터링해서 장치에 접근하지 못하게 한다.

이렇게 IP 멀티캐스트 그룹을 주소화 하는 새로운 SSM 모델은 IPTV 브로드캐스트 서비스를 이용할 때 유용하게 사용된다. 기존의 ASM 모델은 IPTV 비디오 스트림 수신에 참여한 모든 IPTVCD가 모든 채널/그룹 멤버에게 컨텐츠를 보낼 수 있었다. 이러한 경우의 단점은, 보안성이 취약하고 네트워크 트래픽의 부하가 커진다는 점이다. 하지만 SSM 방식은 같은 스트림에 여러 시청자가 접속할 수 있지만 컨텐츠를 제공하는 곳은 단 한 곳만 허용한다. SSM을 사용할 경우의 한 가지 단점은(S, G) 채널 등록을 지원하지 않는 기존의 IP 응용프로그램과 호환되지 못한다는 것이다.

- 개선된 Membership Report 메시지의 구성 : IGMPv3는 대게 버전 2와 비슷한 특징을 가지고 있지만 메시지 종류는 약간 다르다. 버전 2와 가장 큰 차이점은 새롭게 선보인 버전 3 Membership Report 메시지이다. 이 메시지는 IP 멀티캐스트 브로드캐스팅 TV 그룹에 참여하는 과정과 종료하는 과정(Leave)에 우선적으로 사용된다. 또한, Query에 대한 응답 메시지로도 보내지고, 장치들의 멀티캐스트 수신 상태에 대한 정보를 제공할 때에도 사용된다. IGMPv3 Mebership Report 패킷의 주요 구성 요소는 그림 4.10에 있다. 그림 4.10과 같이 패킷은 하나 혹은 그 이상의 그룹 기록을 가지고 있다. 이러한 경우는 IPTVCD가 채널을 변경하기 위해 Report를 보낼 때다. 메시지는 두 개의 기록을 가지고 있는데, 하나는 현재 채널을 종료하기 위한 것이고, 다른 하나는 어떤 채널에 새롭게 참여하기 위한 것이다. 기록에 대한 좀 더

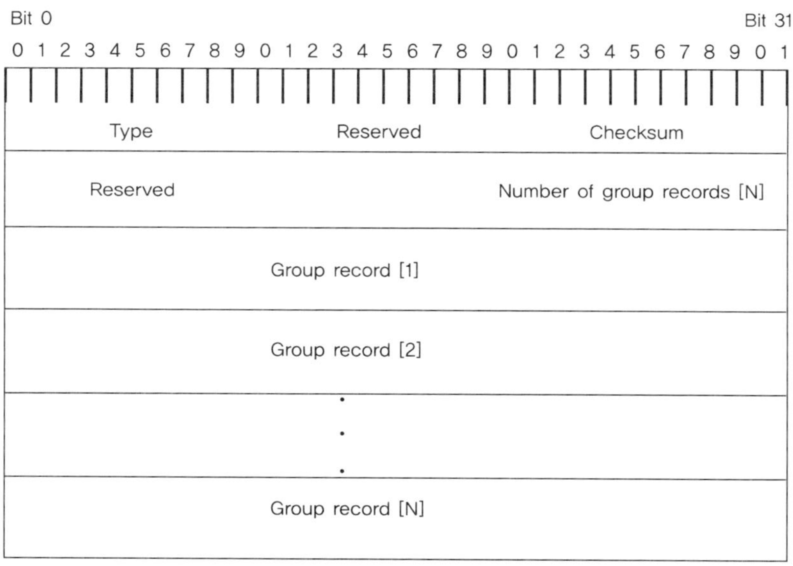

그림 4.10 IGMPv3 멤버쉽 리포트 메시지 포맷

표 4.8 IGMPv3 그룹 레코드의 내부 포맷

필드 이름	기능 설명
Record Type	Current-State Record(CSR) Filter-Mode-Change Record(FMCR) Source-List-Change Record(SLCR)
Aux Data Length	이 필드는 기록(record)에서 사용가능한 예비 데이터의 양을 나타낸다.
Number of Sources(N)	현재 기록에 있는 IPTV 소스 컨텐츠 주소의 수를 나타낸다.
Multicast Address	특정 브로드캐스트 TV 채널의 멀티캐스트 주소를 나타낸다.
Source Address [N]	다양한 IPTV 브로드캐스트 채널의 위치를 나타내는 유니캐스트 주소를 나타낸다.
Auxiliary Data	필요에 따라 이 필드는 그룹 기록에 관련된 추가적인 정보를 저장한다.

자세한 설명은 표 4.8에 소개되어 있다. Query 메시지는 IGMPv2의 것과 비슷하다. 한 가지 개선된 점은 Group-and-Source-Specific Query라고 불리는 새로운 메시지 타입이 추가 된 것이다. 이전 버전과 같이, IGMPv3 메시지들은 IPv4 데이터그램 내에 캡슐화 된다.

- Leave Group 메시지의 삭제 : IGMPv3에서는 더 이상 Leave Group 메시지를 사용하지 않는다. 이 기능은 소스 주소 필터링 시스템에서 제공된다.
- 이전 버전과의 호환성 : IGMPv3는 IGMPv1과 IGMVv2와 호환되도록 디자인 되었다.
- 향상된 대역폭 이용과 보안성 : IGMPv3가 비디오 컨텐츠 서버의 IP 주소를 명시하는 것은, 하나의 IGMP 멀티캐스트 그룹에 접속해 있는 다른 장치로부터 들어오는 트래픽을 막을 수 있다는 점에서 매우 중요한 개선 사항이라 할 수 있다. 이러한 특징은 네트워크의 사용가능한 대역폭을 감소시키는 불필요한 패킷 스트림이 생성되는 것을 막는다. 사용가능한 대역폭을 감소시키는 것은 IPTVCD가 받을 수 있는 IPTV 채널의 질을 급격히 하락시킨다. 또한, SSM은 Denial of Service(DoS)와 같은 공격을 예방할 수 있다. 이러한 보안성은 이전 IGMP 버전이 특정 채널을 시청하고 있는 IPTV 장치가 안팎의 가능한 공격에 취약하다는 점에서 매우 중요한 특징이다.
- 새로운 라우팅 프로토콜의 지원 : 새로운 멀티캐스팅 프로토콜이 Source Specific IP 멀티캐스팅 기술의 적용을 지원하기 위해 IGMPv3에 적용되었다.
- 케이블 산업에 의해 채택 : CableLabs는 DOCSIS 3.0 통신 표준의 최신 버전에 IGMPv3의 지원을 포함시켰다.

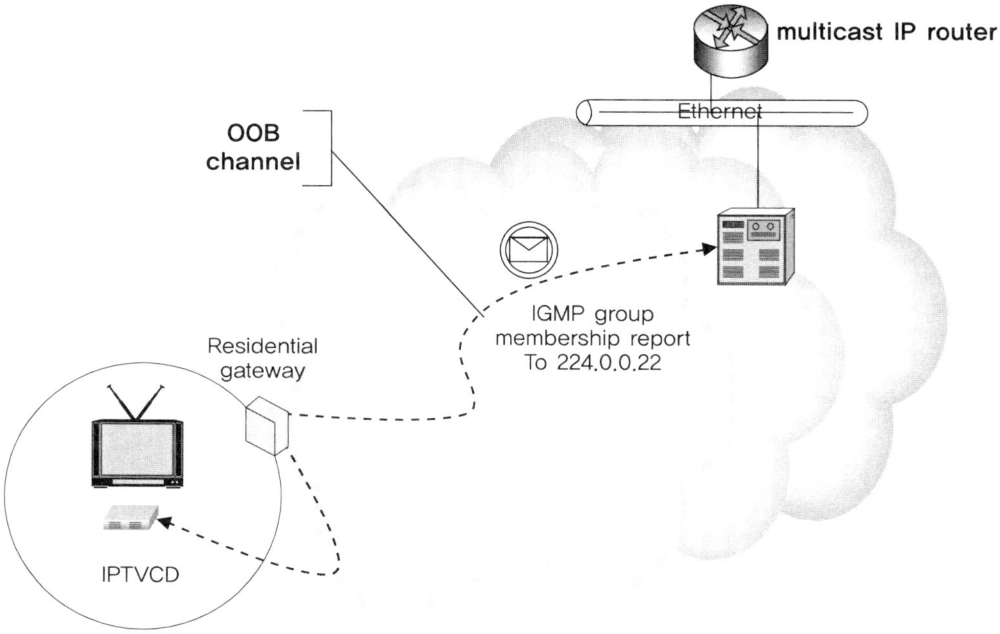

그림 4.11 IGMPv3 참여 과정

- **IGMPv3 참여 과정**

그림 4.11의 예제와 같이, 이전 버전과 비교해서 IGMPv3의 IP 멀티캐스트 참여 과정은 차이가 있다. 처음 TV 채널을 변경하기 위한 요청은 하나의 요청으로 실행될 수 있다. 이전 버전은 IPTVCD가 참여와 종료 등 두 가지 명령을 했다. 이렇게 TV 채널을 바꾸기 위한 명령의 수를 절반으로 줄이면 가입자가 여러 채널 중 채널을 선택해 바꾸는 속도를 빠르게 한다. 또한, 모든 IGMP 메시지는 그룹 IP 주소 224.0.0.22에 의해 Out of Band(OOB) 컨트롤 채널에 보내진다. 이 점은 특정 브로드캐스트 TV 그룹의 멤버였던 각 IPTVCD에 패킷이 도달하는 이전 버전과 다른 점이다. 앞서 언급한 바와 같이 IGMPv3는 IPTVCD가 멀티캐스트 라우터에 그룹 IP 주소와 결합된 컨텐츠 소스의 상세 정보와 같은 추가적인 정보를 보낼 수 있게 해준다.

- **IGMPv3 query 과정**

IGMPv3 프로토콜의 복잡성은 Query 기능 또한 복잡하게 만들었다. 예를 들면, 이전 버전과 비교해서 IGMPv3의 Querier는 개개의 멀티캐스트 그룹이나 IPTV 채널의 상세한 정보를 포함하고 다양한 Record 타입에 대한 처리가 요구되는 등 더 많은 일들을 관리해야 한다. 또 다른 점은 멀티캐스트 그룹 내의 단 하나의 호스트만 Query에 대한 응답을 해야한다는 것이다. Query에 하나의 호스트만 응답하는 방식은 트래픽을 줄이는데 효과적이다. 그러나 Querier나 멀티캐스트 라우터가 Query에 응답한 IPTVCD에 대한 정보를 얻을 수 없다는 단점이 있다. 버전 3은 이 문제점을 모든 장치들이 상세한 정보를 제공하도록 함으로써 해결하였다. IGMPv3 장치에서 Query를 처리하는 예를 그림 4.12에서 보여준다. 그림 4.12에서와 같이 Membership Report는 멀티캐스트 라우터에 의해서 모든 시스템 멀티캐스트 주소(224.0.0.1)에 보내진다. 이 주소는 IGMPv2를 사용하는 멀티캐스트 라우터에 의해서도 사용되는 주소이다. 세 클라이언트 IP 셋톱박스는 각각 224.0.0.22의 IP 주소 목적지에 IGMP Membership Report를 보냄으로서 Query에 응답한다. 멀티캐스트 라우터는 특히 IGMPv3 응답 메시지를 위해서 이 주소를 듣는다.

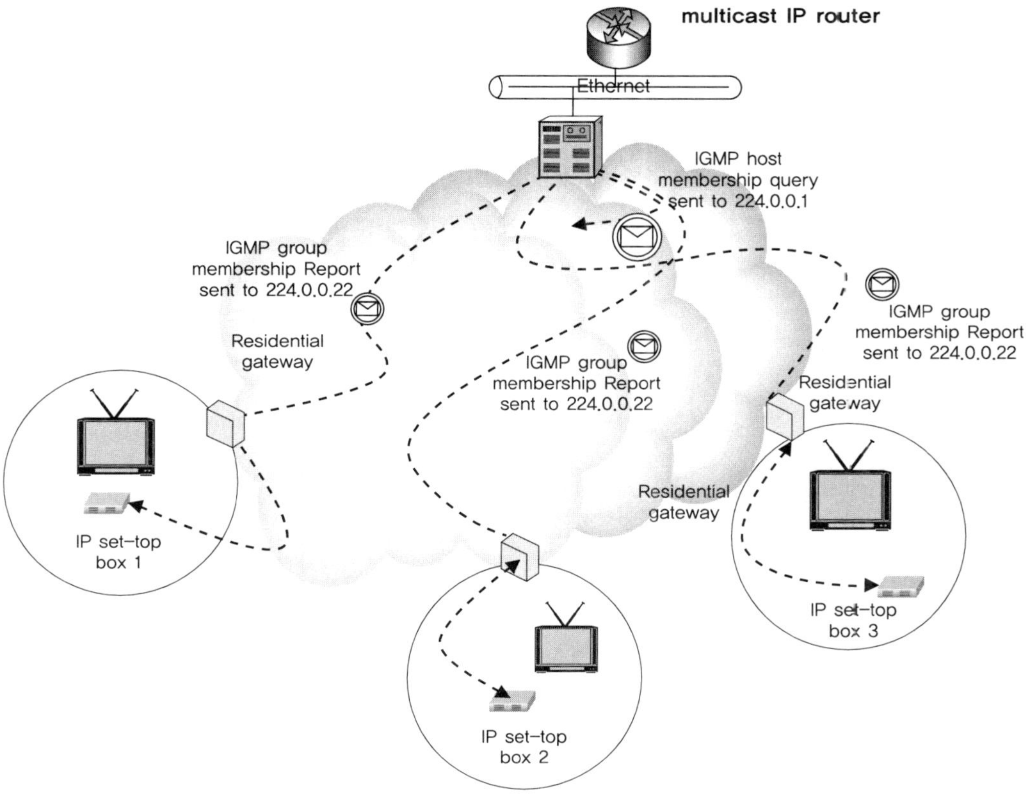

그림 4.12 IGMPv3 쿼리 과정

- **IGMPv3 종료 과정**

채널 변경 시간을 최소화 하는 것은 어떤 IPTV 환경에서든지 중요한 부분이다. IGMPv2에서 채널 변경은 채널 변경을 하기 전 네 가지로 구분되는 단계를 거쳐야 했다.

1. IP 셋톱박스가 Leave Group 메시지를 보낸다.
2. 지역 중계소나 중앙 IPTV 데이터 센터의 멀티캐스트 라우는 Query 메시지를 보냄으로써 응답한다.
3. IP 셋톱박스는 Membership Report 메시지를 보냄으로써 Query 메시지에 응답한다.
4. IP 셋톱박스는 Membership Report를 분석해서 Report에 포함된 지시사항을 따르기 위해 자신의 인터페이스를 재설정한다.

IGMPv3에서는 똑같은 작업을 위한 단계가 둘로 줄어들었다. 하나는 상태 기록의 변화를 담고 있는 Membership Report를 보내고, 이에 대한 멀티캐스트 라우터의 적절한 대응이 그것이다. 네트워크 혼잡 등에 의해 메시지가 전달되지 못할 경우, IGMPv3의 이러한 방법은 IPTV 가입자가 채널을 좀 더 빠르게 변경할 수 있도록 해준다. 종료 과정의 또 다른 개선점은 IGMPv3 클라이언트가 특정 그룹 내의 IPTV 서버로부터 컨텐츠를 더 이상 수신하지 않겠다는 것을 명시할 수 있다는 점이다. 이전 버전은 Leave Group 메시지를 보냄으로써 라우터가 비디오 스트림을 전송하지 않도록 하게 하였다. 하지만 IGMPv3에서는 IPTVCD가 224.0.0.22에 보내질 Membership Report를 보낸다. 그림 4.13에서와 같이, IP 셋톱박스 2에 의해 보내진 Membership Report 메시지는, 라우터가, 238.1.1.4 멀티캐스트 그룹에 연결된 10.17.1.1 서버에서 보내는 컨텐츠 수신을 차단하거나 멈추도록 하는 상태 변화 기록을 포함하고 있다. 멀티캐스트 라우터가 이 메시지를 받으면, Query 메시지가 10.17.1.1 서버가 보내는 컨텐츠를 시청하는 다른 IP 셋톱박스가 있는지를 확인하기 위해 그룹에 전달된다. 일정 시간동안 응답이 없으면, 라우터는 IPTV 브로드캐스트 스트림의 전달을 멈추게 된다.

IGMPv3가 여러 가지 면에서 장점이 많지만, 몇 가지 단점도 가지고 있다. IGMPv3를 지원하는 장치는 Membership Report 메시지의 한 부분인 그룹 기록을 확인해야 한다. 그러기 위해서는 패킷을 상세하게 보아야 하는데 이 과정에서 추가적으로 하드웨어의 자원을 필요로 하게 된다. 어떤 네트워크에서는 하드웨어 자원의 한계 때문에, IPTV 서비스를 제공할 때 IGMPv3를 사용하기 힘들 수도 있다. 또 다른 한 가지 주의해야 할 점은, IGMPv3의 향상된 기능을 사용하기 위해서는 EPG 또한 새롭게 설정되어야 한다는 점이다.

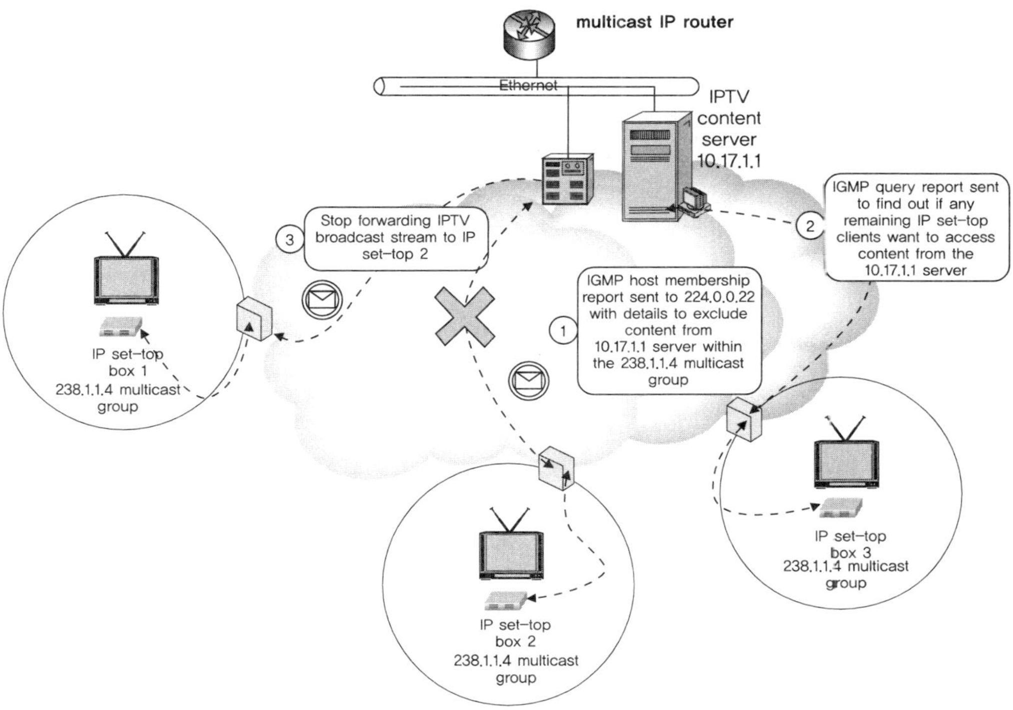

그림 4.13 IGMPv3 종료 과정 예

(4) 멀티캐스팅 전송 구조

IP 네트워킹 기반시설을 이용해 비디오 스트림을 전송할 때는 수많은 고급 라우팅 프로토콜과 기술을 사용한다. 이번 절에서는 IPTV 네트워크에서 사용하는 여러 라우팅 기술에 대해 알아본다.

- 멀티캐스트 분산 트리(Multicast Distribution Tree)
- 멀티캐스트 분산 프로토콜(Multicast Distribution Protocol)
- 멀티캐스트 전달 기술(Multicast Forwarding Technique)

• 멀티캐스트 분산 트리

멀티캐스트 분산 트리는 IPTV 데이터 센터나 지역 중계소에서 IPTVCD에 TV 서비스를 효율적으로 전송하기 위한 기술이다.

IP 멀티캐스트 라우터는 IGMP 프로토콜을 이용해서 얻은 정보와 IPTV 컨텐츠를 각 IPTVCD에 전달하기 위한 전달 경로를 포함한 지도와 같은 사용자의 리스트를 이용한다. 이러한 사용자 리스트나 경로 지도를 멀티캐스트 분산 트리라 부르고, Source 트리와 Shared 트리로 구분된다.

- Source 트리 : Source 트리는 상대적으로 직접적인 구현방법으로, 송신자에서 수신자에 이르는 최단 경로를 이용한다. Source 트리가 최단 경로를 이용하기 때문에 SPT(Shortest Path Tree)라고도 불린다. 새로운 Source 트리는 새로운 서버가 IPTV 네트워크에 추가될 때 새롭게 구성된다. 그림 4.14의 Source 기반의 IPTV 멀티캐스트 분산 트리의 한 예를 보여준다. 그림 4.14의 Source 분산 트리는 IPTV 서버, 루트 역할을 하는 R1, 그 밖의 라우터 2, 3, 4, 5로 구성되어 있다. IP 셋톱박스에 이르기 까지 비디오 스트림이 거쳐가게 되는 라우터는 트리의 한 부분이 되고, 그렇지 않은 라우터는 트리에 포함되지 않는다. 라우팅 경로를 확인할 수 있을 뿐만 아니라, 트리는 서로 다른 지역으로 전달되는 IPTV 스트림을 멀티캐스트 라우터가 효율적으로 복제, 분산하는데 이용된다. 예제의 R2는 IPTV 스트림을 복제해 R3와 R5

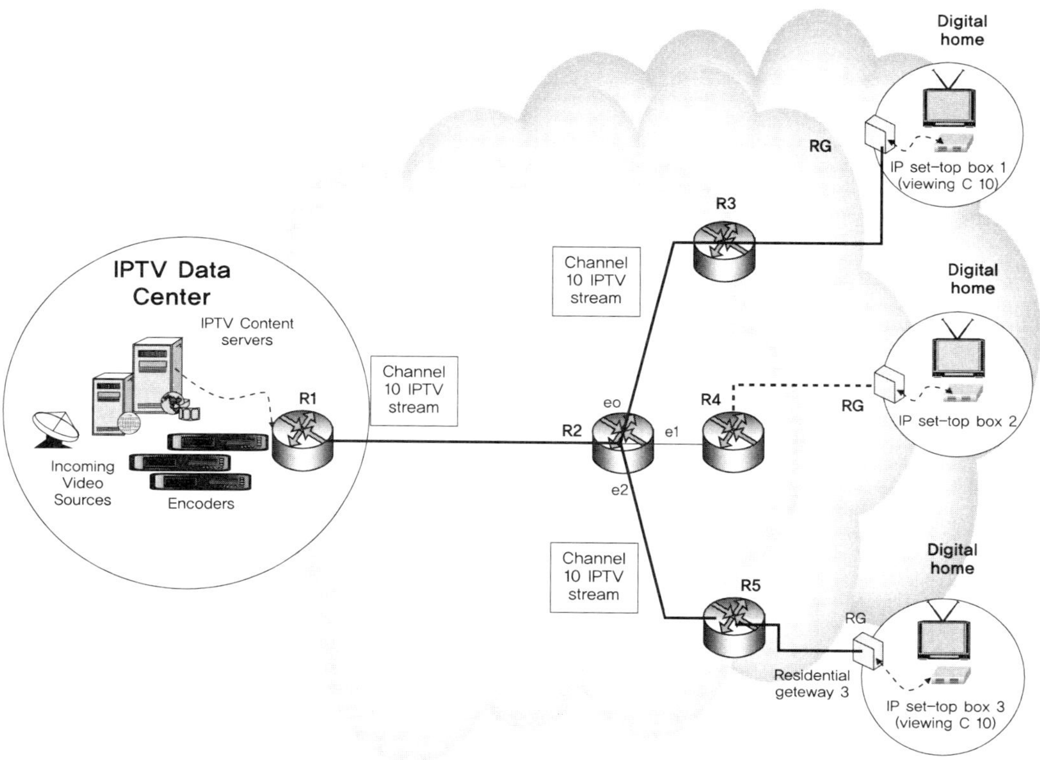

그림 4.14 IPTV 멀티캐스트 분배 트리의 간단한 예

등 두 경로로 보낸다. 한편, R4와 연결된 경로에는 사용자가 없기 때문에 IPTV 스트림을 보내지 않는다. 따라서 채널 10에 대한 멀티캐스트 분산 트리에는 R4는 포함되지 않는다. R4에 연결된 가입자가 채널 10의 시청을 요청하면, 라우터는 동적으로 트리를 수정해서 해당되는 트래픽을 IP 셋톱박스에 보내게 된다. 이와 같이 트리 구조는 IPTVCD의 참여, 종료 여부에 따라 계속해서 바뀐다. 만약 모든 IPTVCD가 어떤 멀티캐스트 그룹을 떠나면, 해당 지역 멀티캐스트 라우터는 해당 멀티캐스트 그룹으로 전송되던 멀티캐스트 트래픽의 전송을 멈춘다. IPTV 네트워크의 라우터는 이와 같은 작업을 반복적으로 확인하고 업데이트해야 한다. 멀티캐스트 트리를 확장하거나 줄이는 작업은 새로운 액세스 네트워크가 새롭게 코어 네트워크에 접속하거나 떠날 때에도 이루어진다.

- Shared 트리 : Shared 트리가 트리를 구성할 때, RP(Rendezvous Point)라 불리는 한 라우터를 루트로 정하고 트리를 구성한다. RP는 IPTV Source와 IPTVCD의 중간 장

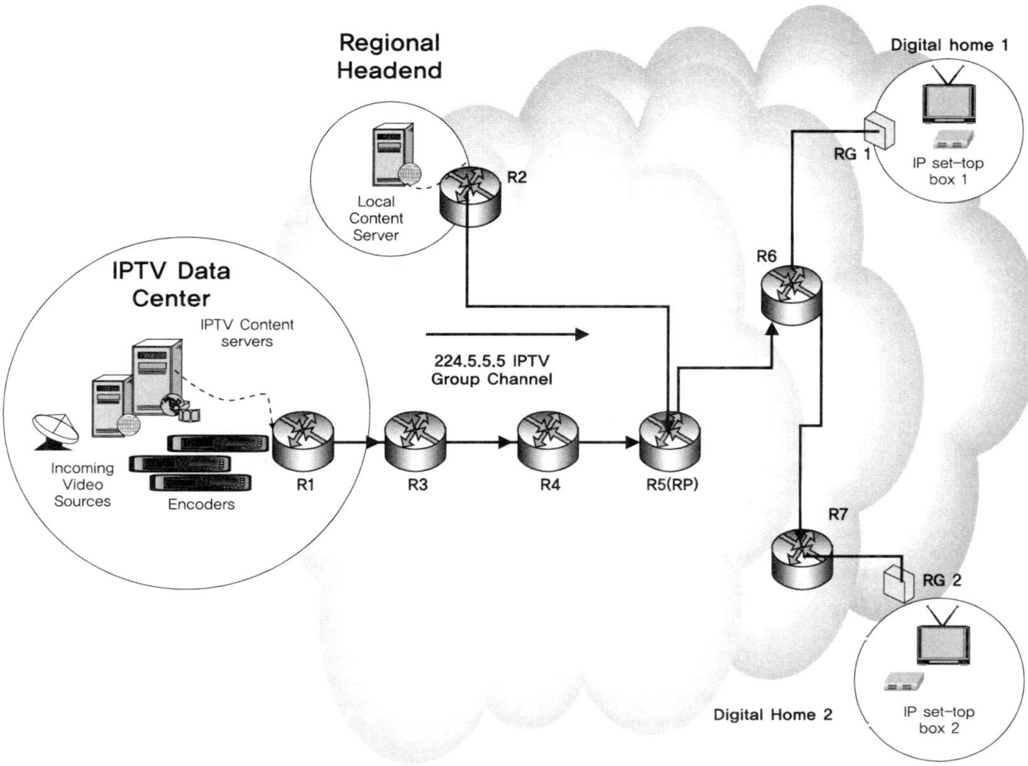

그림 4.15 IPTV 멀티캐스트 분배 트리의 간단한 예

치 역할을 한다. Source 트리의 루트는 IPTV 컨텐츠를 제공하는 서버에 위치한다는 점에서 Shared 트리와 구분된다. 수백 수천의 채널을 한 네트워크를 통해 제공하기 위해서 여러 개의 RP가 필요할 수 있다. 그림 4.15는 채널 10을 서비스하기 위한 Shared 멀티캐스트 트리의 예를 보여준다. 그림 4.15와 같이, RP는 라우터 5에 위치하고, 각 Source에 대한 정보를 갖고 있다. 지역 중계국의 Source 서버와 중앙 IPTV 데이터 센터로부터 전송되는 비디오 스트림은 Shared 트리의 루트인 라우터 5에 전달된다. 라우터 5에서 전송되기 시작한 컨텐츠는 Shared 트리를 따라 각 IPTVCD에 전송된다. 각 멀티캐스트 트리는 IPTV 서비스를 할 때 장단점을 가지고 있다. Source 트리는 최소 지연시간을 만족하는 네트워크 경로를 만든다는 점에서 IPTV 서비스의 이상적인 방법이다. 하지만 처리해야 할 데이터나 메모리 자원을 요구한다는 단점이 있다. 반면에, Shared 트리는 하드웨어 자원을 적게 필요로 하지만 모든 트래픽이 RP에 전달되기 때문에, 어떤 라우팅 경로에서는 대기시간이 길어질 수 있다. 이 대기시간은 네트워크에 따라 받아들일 수 있는 정도가 다양하다.

- **멀티캐스트 분산 프로토콜**

큰 규모의 IPTV 네트워크의 경우, 여러 개의 멀티캐스트 라우터가 흩어져 있는 수많은 IPTVCD에 여러 TV 브로드캐스트 채널을 제공하기 위해 필요하다. PIM(Protocol Independent Multicast)과 같은 프로토콜은 높은 속도의 광대역 네트워크를 통해 IPTV 비디오 컨텐츠를 제공하기 위한 멀티캐스트 분산 트리를 만들 때 사용된다. PIM은 서로 다른 종류의 서비스를 전달하는데 최적화되어 있는 여러 멀티캐스트 라우팅 프로토콜로 이루어져 있다. 다음은 PIM의 네 가지 변형이다.

1. PIM Dense Mode(PIM-DM) : PIM-DM은 네트워크의 모든 라우터에 멀티캐스트 패킷을 전달하는 방식으로 동작한다. 멀티캐스트 IP 그룹 멤버를 가지고 있지 않은 라우터는 종료 혹은 제거 메시지를 전달받은 패킷의 Source에 보낸다. Source가 종료/제거 메시지를 받으면, 해당 네트워크 부분으로 멀티캐스트 패킷을 더 이상 보내지 않는다. 이렇게 불필요한 멀티캐스트 패킷을 전송하는 것은 네트워크의 대역폭을 낭비하는 것이다. 따라서 PIM-DM은 IPTV 네트워크에서는 잘 사용하지 않고, 사설 기업망이나 LAN에서 IP 응용프로그램을 지원하기 위해 사용된다.
2. PIM Sparse Mode(PIM-SM) : 최신 PIM-SM 버전은 1998년에 발표되었고, RFC 2362에서 볼 수 있다. PIM-SM은 WAN에서 동작하는 경로에서 IP 멀티캐스트 트래픽을 전송하기 위해 디자인되었다. 특히, PIM-SM은 서로 다른 멀티캐스트 분산 트리에서 라우터 간에 경로를 만들고 유지하는 방법에 대해 명시하고 있다. 이름에서 알

수 있듯이, PIM-SM은 특정 채널 시청자들이 흩어져 넓게 분포되어 있다고 가정하고 있다. PIM-SM 프로토콜을 이용해 TV 채널을 제공하는 방법은 컨텐츠를 요구하는 사용자의 요청에 의해 해당 컨텐츠가 제공되는 방식을 따르고 있다. 이러한 방식은 대역폭 측면에서는 효율적인 방식이다. 하지만 브로드캐스트 스트림을 제공

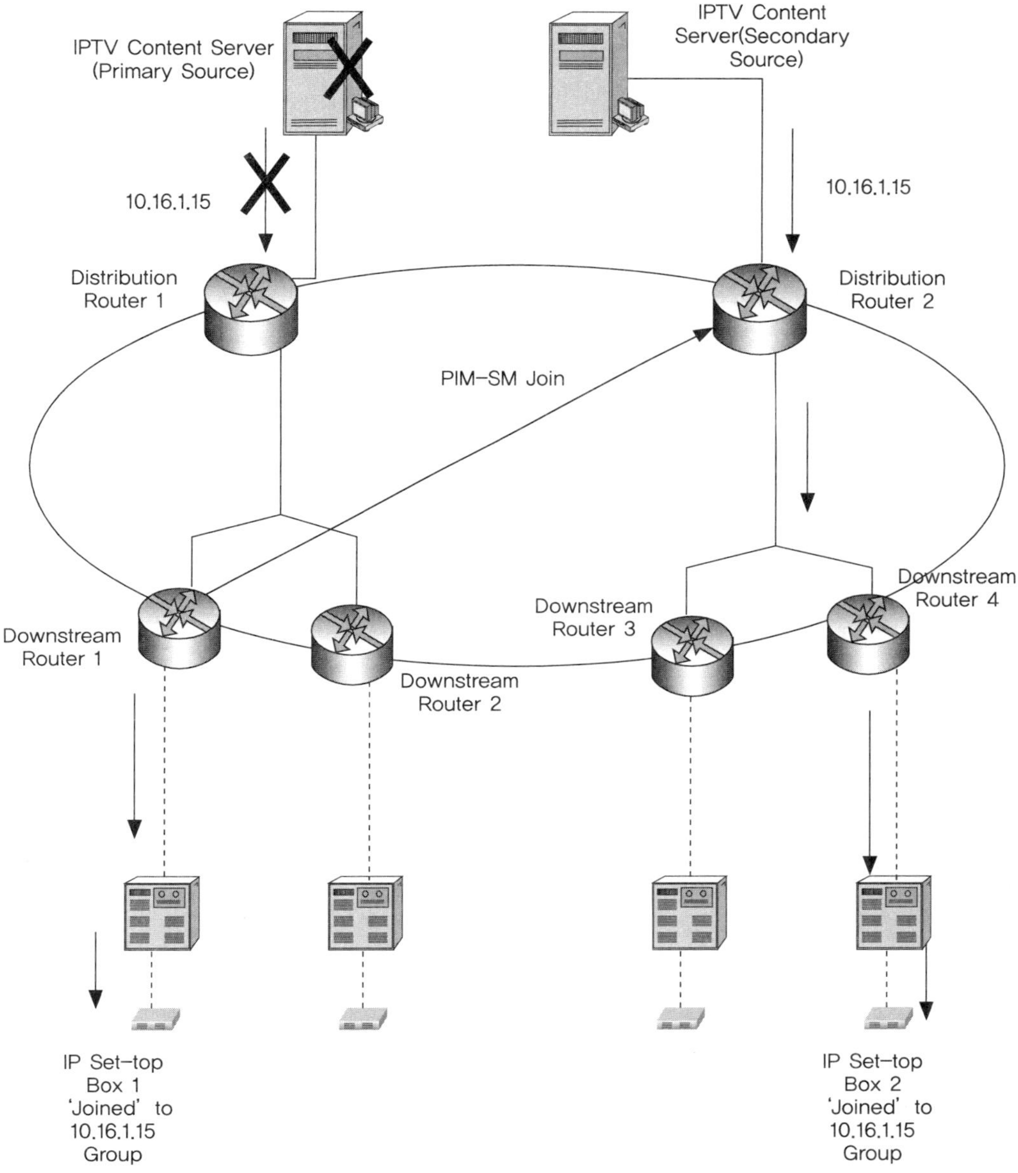

그림 4.16 여분의 네트워크를 지원하기 위한 PPM-SSM 사용

받기 위해 네트워크에 참여하는데 약간의 지연이 발생한다. PIM-SM은 큰 규모의 네트워크 인프라에서 사용되기 좋고, 생중계 IPTV 네트워크에 적용될 경우에 다양한 라우터 인터페이스에서 사용가능하다. 이러한 점은 비디오 멀티캐스트 전용 네트워크 인프라를 구성할 수 있다. IGMP와 함께 사용될 경우, 인코더나 스트리밍 서버와 같은 비디오 네트워크 인프라의 구성요소를 탐지하고 복구하는데 지원할 수 있다. 그림 4.16는 PIM-SM이 어떻게 에러에 대처하는지 보여준다. 예제의 각 서버는 두 개의 멀티캐스트 트리를 이용해 같은 멀티캐스트 주소에 데이터를 보내고 있다. 따라서 IPTV 컨텐츠 서버 1에 에러가 발생 할 경우, PIM-SM 라우팅 프로토콜은 에러를 탐지하고 라우팅 경로를 재설정한다. 그 결과, PIM-SM은 새로운 참여 요청을 컨텐츠 서버 2에 보내고, 에러에 영향을 받은 IP 셋톱박스에 스트림이 제공될 수 있도록 한다.

3. PIM Source Specific Multicast(PIM-SSM) : PIM-SSM은 PIM-SM에서 변형되었고, IPTVCM의 계층 3에서 동작하는 라우팅 프로토콜이다. 이름에서 알 수 있듯이 SSM을 배치시키고, IGMPv3가 지원하는 전송 모델을 지원한다. 프로토콜의 동작은 SSM 어드레싱 기법을 이용해 PIM 참여/제거 명령 실행을 지원한다.
4. Bidirectional PIM(BIDIR-PIM) : BIDIR-PIM은 캡슐화에 대한 지원과 Source 트리에 대한 지원이 부족하다는 점에서 PIM 기반 라우팅 프로토콜과 약간 다르다. BIDIR-PIM은 확장이 요구되는 경우에 유용하다. 하지만 큰 규모의 IP 네트워크에 적용될 경우, 지연이 발생하는 경우가 있다.

PIM 변형 프로토콜 중 PIM-SM이 IPTV 서비스를 제공하는데 가장 널리 사용되는 멀티캐스트 분산 프로토콜이다.

• 멀티캐스트 전달 기술

멀티캐스트 네트워크에서 IP 라우터는 네트워크 간 비디오 패킷을 전달하는 역할을 한다. 라우터가 IP 패킷을 전달하는데 사용하는 두 가지 방법은 다음과 같다.

1. 유니캐스트(Unicast) : 유니캐스트 라우팅은 비디오 패킷을 전달할 목적지의 IP 주소를 조사하고 라우팅 테이블에서 찾는다. 라우팅 테이블은 자신의 포트에 연결된 여러 IP 장치들의 정보와 다른 네트워크의 정보를 가지고 있다. IPTV 환경에서 라우팅 테이블은 여러 라우팅 프로토콜을 이용해 최신의 정보를 유지한다. 라우팅 테이블에서 정보를 얻은 후, 비디오 패킷들은 목적지를 향한 다음 라우터에 전달된다. 이 과정은 패킷이 목적지에 도달할 때까지 반복된다. 따라서 유니캐스팅은 비디오

패킷의 최종 목적지를 기반으로 하는 방법이다.

2. 멀티캐스트(Multicast) : 유니캐스트와 대조적으로, 멀티캐스팅 하는 과정은 최종 목적지보다 IPTV 패킷을 생성하거나 전송하는 곳을 고려한다. IPTV 데이터 센터에서 떨어져 있는 IPTVCD에 비디오 컨텐츠를 멀티캐스트 방식을 이용해 전송할 때, 비디오 패킷은 먼저 지역 분산 라우터에 전송된다. 이 과정까지는 유니캐스트와 비슷하지만, 이 후, 멀티캐스트 패킷은 여러 인터페이스로 그룹 주소에 따라 전송된다. 따라서 멀티캐스트 라우터는 RPF(Reverse Path Forwarding)와 같은 특별한 분산 프로토콜을 사용한다. RPF는 PIM-SSM 멀티캐스트 라우팅 프로토콜을 통합한 방법이다. RPF 라우팅은 자신보다 IPTV 컨텐츠 센터에 더 가까운 인터페이스로부터 온 멀티캐스트 패킷만 앞으로 전달한다. 즉, 업스트림(Upstream) 인터페이스로부터 온 패킷이 아니면 버린다. RPF가 작동하는 예제가 그림 4.17에 있다. 예제에서 보듯이, 두 멀티캐스트 패킷들이 라우터에 도착한다. 멀티캐스트 비디오 패킷 1이 포트 S1에 도착하면, 라우팅 테이블을 보고 패킷은 복사되어 적절한 인터페이스, 즉 다운

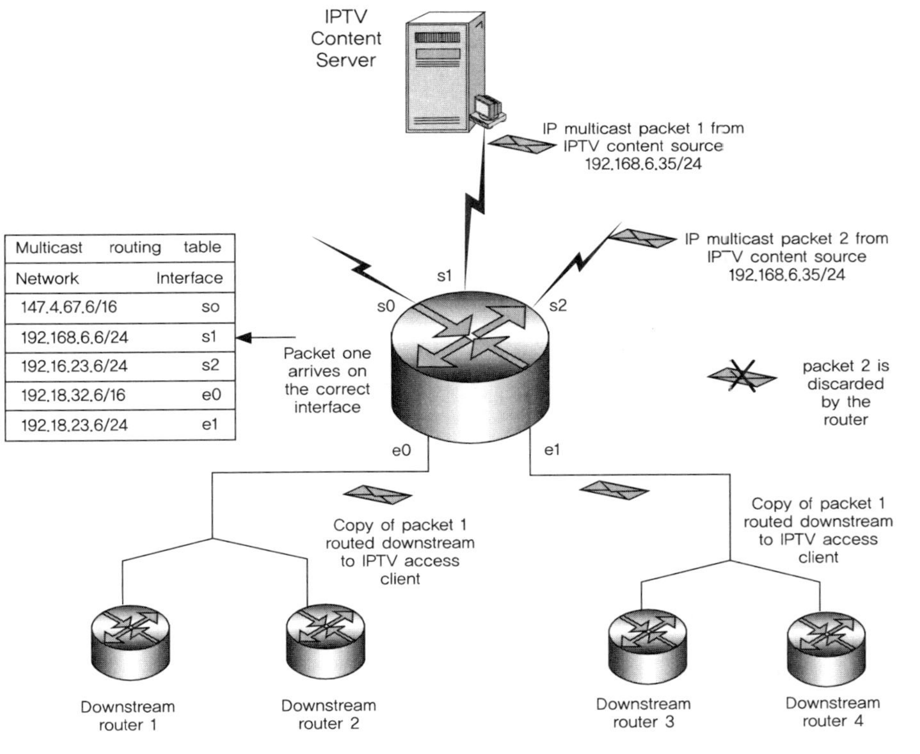

그림 4.17 RPF 인증 테스트의 예

스트림 경로로 전달된다. 이 예에서는, 적절한 인터페이스는 이더넷 인터페이스 e0와 e1이다. S1에 도착했던 패킷은 IPTV 컨텐츠 센터로부터 온 것이기 때문에 바르게 처리된다. 반면에 192.168.6.35/24로부터 온 패킷은 S2에 도착하지만, 올바른 경로에서 온 패킷이 아니기 때문에 버려지게 된다. 이러한 방식은 패킷이 업스트림으로 전달되더라도 버려지기 때문에 발생할 수 있는 라우팅 루프(Loop)를 방지할 수 있다.

4.4 IPv6 네트워크의 IPTV 멀티캐스팅

VoIP나 IPTV와 같은 다음 세대의 서비스들이 기하급수적으로 성장하면서, 증가하고 있는 텔레커뮤니케이션 회사들은 자신들의 광대역 네트워크에 IPv6를 적용하는 것을 고려하고 있다. IPv6를 적용할 때, 서비스 제공자는 IPTV 사용자에게 브로드캐스트 TV 채널을 제공하기 위해서 Multicast Listener Discovery(MLD)라 불리는 멀티캐스트 시그널링 프로토콜을 사용해야 한다. IPTV 네트워킹 환경이 MLD의 장점을 극대화하기 위해서는 라우터와 IPTVCD 모두 IPv6 프로토콜을 반드시 지원해야 한다.

현재 MLD는 MLDv1와 MLDv2 등 두 가지 버전이 나와 있다.

- MLDv1의 명세서는 IGMPv2에서 나왔고, RFC 2710에서 볼 수 있다.
- MLDv2의 명세서는 IGMPv3에서 나왔고, RFC 3810에서 볼 수 있다.

이번 절에서는 IPTV 인프라 시설을 사용할 때 MLD 프로토콜의 버전 1과 2에 대해 설명하겠다.

4.4.1 MLDv1

MLDv1은 1999년에 발표되었다. 이 표준의 주요 목적은 IPv6용 라우터에게 IPTV 멀티캐스트 트래픽을 수신하거나 수신하고자 하는 네트워크 장치들을 찾을 수 있도록 하는 프로토콜을 제공하기 위한 것이다. 이 정보는 적절한 IPTVCD에 알맞은 IPTV 스트림을 전송하는데 사용된다.

IGMP의 경우와 같이 MLD의 핵심 기능은 메시지를 통해서 사용된다. MLDv1 메시지의 주요 요소들은 그림 4.18과 표 4.9에 설명되어 있다.

MLDv1은 네트워크 환경에서 사용될 때, Query, Report, Done 등 세 종류의 ICMPv6 메시지를 사용한다.

MLDv1 Query 메시지는 일반적인 형태의 메시지와 멀티캐스트 주소를 위한 메시지(Multicast-Address-Specific)로 나뉜다.

1. 일반적인 형태의 메시지는 해당 서브넷에 연결된 IPTVCD를 가지고 있는 멀티캐스트 주소를 식별하기 위해서 사용된다. 이 때 멀티캐스트 주소 필드는 0으로 셋팅한다. 이렇게 모아진 정보는 내부 라우터 테이블을 업데이트하는데 이용된다.
2. 멀티캐스트 주소를 위한 메시지는 특정주소에 쿼리(Query)를 직접적으로 보내서 해당 서브넷에 연결된 IPTVCD에 대한 정보를 얻는다.

위의 두 가지 종류의 메시지는 8비트 형식의 필드에 있는 십진수 130으로 표시된다.

MLDv1 Report 메시지는 일반적으로 Query 메시지에 응답하기 위한 것으로 8비트 타입 필드에 십진수 131로 표시된다.

MLDv1 Done 메시지는 IGMP 종료 메시지와 같은 역할을 하고, 8비트 타입 필드에

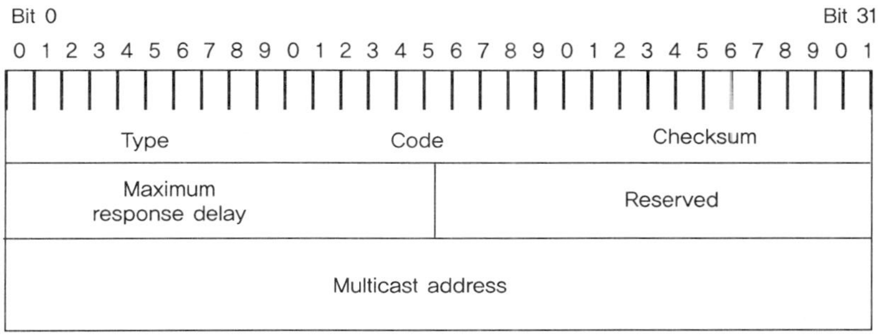

그림 4.18 일반적 MLDv1 메시지 포맷

표 4.9 일반적 MLDv1 메시지 포맷의 구조

필드 이름	기능 설명
Type	메시지 종류를 나타내는 필드이다. Query 메시지인 경우 값은 130이다.
Code	보통 0으로 셋팅되고, IPTVCD는 무시한다.
Checksum	IGMP와 같이, 전체 MLD 메시지의 에러를 수정하기 위한 필드이다.
Maximum Response Delay	응답 report 메시지가 전송되기까지 허용된 최대 시간(milliseconds)이다. 이 필드는 MLD Query 메시지에서만 사용된다.
Reserved	보통 0으로 셋팅되어있고, 추후 사용될 가능성을 위해 남겨둔 필드이다.
Multicast Address	그룹 멀티캐스트 주소를 나타낸 필드이다.

132로 표시된다. 따라서 어떤 IPTVCD가 특정 채널의 스트림을 끊고 싶을 때 IPTVCD는 Done 메시지를 해당 지역의 라우터에 보낸다.

MLDv1의 동작은 비교적 직관적으로 이루어진다. IPv6 라우터는 브로드캐스트 TV 채널을 수신하기 위해 어떤 멀티캐스트 주소가 IPTVCD에 의해 사용되고 있고, 이와 관련된 타이밍(Timing) 정보가 무엇인지를 기록한 리스트를 가지고 있다. 또한, IGMP와 유사하게, MLDv1은 Query, Report, Done 메시지를 이용해 참여, 종료 기능을 IPTVCD에 제공할 수 있다.

4.4.2 MLDv2

MLDv2는 IGMPv3 프로토콜을 기반으로 개발되었고, MLDv1과 완벽하게 호환된다. MLDv2에서 개선된 것은 SSM을 지원하는 점이다. SSM을 이용함으로써, IPTVCD는 누가 원하는 채널을 브로드캐스트하고, 해당 IPTV 채널을 송신하는 곳의 IP 주소를 명확하게 명시할 수 있게 되었다. 따라서 IPTVCD가 특정 소스 주소로부터 오는 멀티캐스트 컨텐츠를 차단할 수 있게 되었다. IGMPv3와 유사하게 Include와 Exclude 필터 모드를 이용해 차단 기능을 구현하였다. MLDv2는 MLDv1에 없었던 두 개의 메시지 종류를 추가하였다. 하나는 MLDv2 멀티캐스트 주소와 특정 송신자에게 Query 할 수 있는 Query 메시지이고 다른 하나는 업데이트된 Report 메시지이다.

4.5 채널 변경

IP 네트워크를 통해 실시간 방송 콘텐츠를 전달하는 관점에서 볼 때, 종단 사용자들이 TV를 시청하는 도중 채널을 변경할 때의 반응 속도는 중요한 이슈이다. 이는 시청 중인 TV 채널을 중지하고 다른 채널로 즉시 옮겨지는 동작을 따른다. 기존 방송 네트워크와 달리 IPTV 네트워크에서의 채널 변경 과정은 셋톱박스가 아닌 서버에서 이루어진다. 종단 사용자들은 그들의 TV 세트에서 채널이 빨리 변경되기를 기대하지만, IPTV 셋톱박스에서 채널이 변경되는 동안 네트워크와 상호 작용하기 때문에 시청하는 동안 지연(delay)이 일어날 수 있다. 디지털 홈 장치로부터의 지연 외에도 네트워크와 IPTV 데이터 센터는 채널 변경 과정에서 발생할 수 있는 지연의 잠재적 원인이 될 수 있다. 다양한 시스템에서 발생되는 이러한 지연은 [그림 4.19]에 나타나 있으며 각각에 대해서는 4.5.1에서 4.5.3까지의 하위 절에서 설명한다.

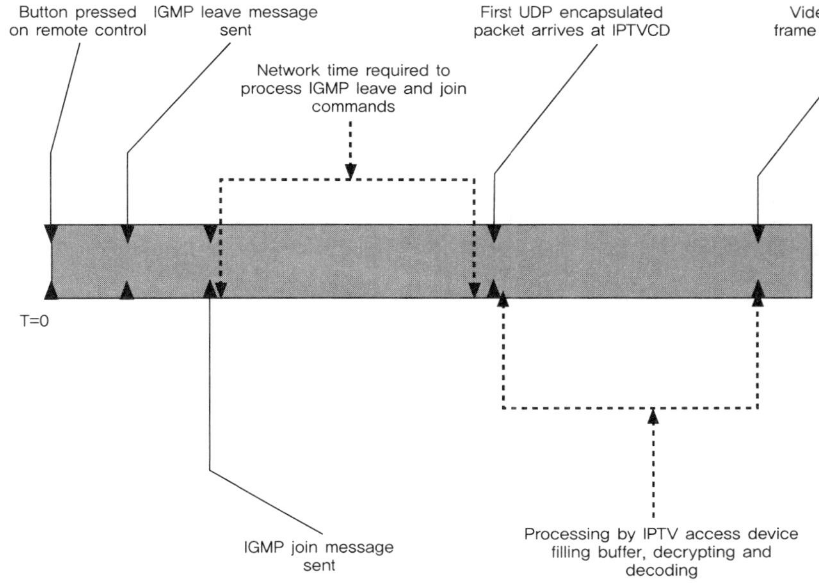

그림 4.19 채널 변경 과정에 영향을 미치는 동작

IPTV 멀티캐스트 스트림과 가입자 간의 대응에는 다음과 같이 두 가지 경우가 있다.

1. 방송 채널을 선택하기 위한 원격 제어 사용
2. 하나의 방송 채널에서 다른 채널로의 변경

이와 관련해서 4.5.4부터 4.5.6까지의 하위 절에서 설명한다.

IPTV가 상업적으로 성공하기 위해서는 IPTVCD에서의 채널 변경 시간이 적어도 케이블 TV 네트워크에서 걸리는 시간 정도(약 50ms)로 빨라져야 한다. 서비스 사업자가 채널 변경 시간을 개선하기 위한 접근 방법은 다음과 같다.

- DSLAM에서 IGMP 프록시 기능 실행
- IPTV 데이터 센터의 인코더로부터 생성되는 I 프레임 수 증가
- 암호화된 채널을 위한 CA 테이블의 빈도 수 증가
- IP 셋톱박스 버퍼 크기 감소
- 예측 조정(Predictive Tuning)과 정적 가입(Static Joins)

4.5.7부터 4.5.11까지의 하위 절에서 IPTV 네트워킹 환경에서 사용되는 각 접근법에 대해 간략한 개요를 설명하기로 한다.

4.5.1 IPTV 데이터 센터의 경우

데이터 센터에서 시스템 수는 방송 TV 채널의 변경 시간에 영향을 준다.

1. 인코딩 시스템 : 공급 컨텐츠의 시작과 진행 과정의 인코딩은 요청된 방송 TV 채널에 대한 지연 시간을 늘린다.
2. CA와 DRM 시스템 : 네트워크를 통해 저작권, 키 생성, 암호화 키 전송 등을 보호하기 위한 프리미엄 방송 채널 암호화와 같은 기능은 채널 변경에 지연을 더할 수 있다. DRM 시스템의 사용은 보안 기능을 더욱 복잡하게 하여 지연을 발생시킨다.

대개의 경우, IPTV 데이터 센터에서 작동하는 미들웨어, 응용 서버와 같은 시스템은 채널 변경 시간에 영향을 주지 않는다.

4.5.2 네트워크에서의 경우

채널이 전송될 준비가 되면, IPTV 분배 망으로 트래픽을 라우팅하는 분배 라우터로 보내진다. 분배 망이 동작하면, 다양한 라우터, 물리적 링크, 지역 오피스 장비(예를 들면 DSLAM)는 채널 변경 요청에 필요한 시간을 지연시킬 수 있다. DSLAM과 라우터가 IGMP 종료/참여 메시지에 반응하는 속도는 지연 시간을 느리게 하는 주요 원인이다. RTSP(Real Time Streaming Protocol)는 주로 유니캐스트 연결 설정에 사용되지만, 때로는 멀티캐스트 채널 접근에 사용될 수 있다. 다양한 요청/응답 메시지를 통해서 해당 연결이 성립되는데 이 또한 프로세스에 지연을 일으킨다. 네트워크 장치끼리 서로 연결시키는데 필요한 모든 링크는 다양한 IPTV 채널의 대역폭 용량을 지원할 수 있어야 한다. 네트워크 요소와 관련된 이슈는 채널 변경 시간에 직접적으로 영향을 주는 지터를 발생시키는 결과를 초래한다. 네트워크에 의해 선택되는 멀티캐스트 분배 프로토콜과 네트워크로부터 지원되는 IGMP 버전 등의 다른 요인들 또한 채널 변경 응답 시간과 관계가 있다.

4.5.3 디지털 홈에서의 경우

아래는 디지털 홈 안에서 채널 변경 소요 시간에 영향을 주는 다섯 가지 주요 요소에 대한 설명이다.

1. RG에서의 패킷 처리 : 대체로 RG는 IPTVCD와 NGN 분배 망 사이에 위치한다. DSL 환경에서의 RG는 홈 네트워크에 대한 모뎀과 인터페이스를 포함한다. 채널 변경이 RG에 의해 진행된다는 사실은 종료/참여 지연 시간이 늘어나는 것을 의미한다.

2. 디코딩(Decoding) : IPTVCD에서 들어오는 압축 신호의 디코딩 또한 채널 변경 과정에서 일어나는 지연에 영향을 준다. 예를 들어, MPEG 압축 알고리즘을 사용하는 경우, IPTVCD는 디코딩을 시작하기 전에 들어오는 스트림의 I 프레임을 기다려야 한다. I 프레임은 GOP(Group Of Pictures)를 정의하고 인코딩된 영상을 재구성하기 위해 필요한 모든 정보를 포함한다. I 프레임은 손실된 프레임의 영향을 줄이는 이전 프레임에 의존하지 않으며, I 프레임을 기다리는 시간은 인코더에 의해 방송되는 초 당 I 프레임 수에 의존한다. 따라서 I 프레임의 높은 빈도수는 IPTVCD가 즉시 디코딩을 시작할 수 있게 해주지만, I 프레임이 모든 프레임 유형의 데이터를 대부분 포함하기 때문에, 네트워크에서 I 프레임의 높은 해상도를 지원하기 위해서는 많은 양의 네트워크 대역폭이 요구된다. 어떤 경우에는, I 프레임이 가용 대역폭의 50%를 차지하고 나머지는 P와 B 프레임이 차지하기 때문에 I 프레임은 가능하면 드물게 전송된다. 네트워크마다 상당한 차이가 있지만, IPTV 환경에서는 대체적으로 15프레임마다 한 번씩 보내진다. IPTV 채널을 보여주는데 쓰이는 실제 디스플레이 패널은 IPTV 채널 처리 소요 시간에 영향을 미치지 않는다.
3. 암호 해독(Decryping) : 멀티캐스트 채널이 암호화되면, 패킷을 해독하는데 필요한 키는 들어오는 스트림으로부터 얻어진다. 이 보안 정보는 IPTV 전송 스트림에 있는 테이블 내로 옮겨진다. 스트림 안에서 이용할 수 있는 이 테이블에서의 빈도수는 IPTVCD가 들어오는 스트림에 대해 암호 해독을 얼마나 빨리 시작할 수 있는지를 결정한다. 몇몇 고급 CA 시스템의 키는 주기적으로 업데이트되기 때문에, IPTVCD는 스트림으로부터 회수되는 키가 항상 최신인지를 확실히 할 필요가 있다. 암호 해독에서 발생하는 지연은 0(암호화 되지 않은 채널의 지연)부터 1500ms까지 매우 다양하다. IPTVCD가 스트림에서 최신 암호 해독 키의 집합을 기다려야 하기 때문에, 어떤 네트워크에서는 1500ms보다 더 긴 지연이 발생할 수 있다. 따라서 서비스 사업자는 이들 테이블의 빈도수와 IPTV 분배 망의 대역폭 가용성 사이에서의 trade-off를 고려해야 한다.
4. 버퍼링(Buffering) : 비디오의 다양한 비트율 때문에 보통 JIT(Just-In-Time) 값에 비례하는 IPTV 패킷의 도착 시간 사이에는 편차가 있다. 이 시간 차이는 지터(jitter)라고 불리고, 서버에서 발생하거나 네트워크 내에서 시작된다. 그러므로 de-jitter 버퍼는 일반적으로 처리와 화면 출력을 위해 항상 데이터 공급이 있는 지를 확실히 하는 데에 이용된다. 다르게 말하자면, 검은 화면을 출력하는 결과를 초래하는 언더런(under-run)이 없다. 지터에 대처하는 것과 더불어, 버퍼는 필요한 때에 패킷의 재

전송을 다루는 데에 사용된다. 그래서 IPTV 스트림을 원활하게 하는 버퍼링의 사용이 중요하다. 그러나 지연을 발생시키는 디코딩 시작에 앞서 버퍼를 채우는 것이 필요한데, 메모리 버퍼의 사이즈 또한 채널 변경 시간에 영향을 준다. 예를 들면, 일반적으로 표준화된 MPEG-2 트래픽과 비교되는 IPTV 스트림의 산만한 성질로 인해 IP 셋톱박스에서 찾을 수 있는 큰 사이즈의 버퍼는 버퍼를 채우는 데 필요한 시간을 증가시킨다. 긴 버퍼 충전 시간은 채널 변경 요구에 응하는 속도를 느리게 한다.

5. 파워 처리와 소프트웨어 구조 : CPU, 디코더, 메모리 성능 등으로 불리는 하드웨어 구조는 채널 변경을 완료하는 속도에 영향을 끼치는 모든 요소를 포함한다. 여기에는 일반적으로 성능 레벨과 IPTV 소비자 장치를 구입하는 비용 사이의 trade-off가 존재한다. IPTV 접근 장치에 설치된 소프트웨어 구조 또한 채널 변경 시간에 긍정적/부정적 영향을 줄 수 있다.

4.5.4 방송 채널 선택

기존의 케이블이나 위성 TV 네트워크에서 모든 채널은 다른 주파수에서 사용될 수 있고 셋톱박스는 선택된 채널을 맞출 수 있기 때문에, 채널 선택이 상대적으로 단순하다. IPTV 네트워크에서는 모든 채널이 동시에 사용될 수 없으므로 채널 선택은 좀 더 복잡해진다. 채널 선택에 관련된 과정은 네트워킹 하부 구조 배치에 의존한다. 방송 채널 선택 과정은 일정 시간이 걸리며, 이를 완료하는데 필요한 시간은 요구된 비디오 채널의 위치와 큰 연관이 있다. 예를 들어, 가까운 네트워크 스위치나 라우터에서 채널이 지원된다면, 지연은 무시할 수 있을 정도로 작을 것이다. 하지만, 만약 스트림이 IPTV 데이터 센터의 중심에 있는 서버로부터 제공된다면, 스트림을 IPTVCD로 전달하는 데에 더 많은 시간이 필요하다. IP 셋톱박스로부터의 요청과 IPTV 데이터 센터에 위치한 분배 라우터에서 채널이 사용되는 것을 살펴보자. [그림 4.20]은 IPTV 네트워크 기반의 DSL에서 일어날 수 있는 과정이다.

1. 가입자가 채널 변경을 원하면 리모컨에 있는 채널 번호를 누르거나 EPG 응용 프로그램으로부터 채널을 선택한다. 이 명령어는 적외선에 의해 인식 된다.
2. IP 셋톱박스는 채널 변경 명령을 받아들이고 IGMP 참여 요청의 형식으로 RG에 이 명령을 전송한다. RG는 요청을 인식하고 DSLAM으로 전송하거나 요청된 채널이 이미 포트에 존재하는지 검사를 진행한다. 만약 해당 채널이 이미 포트에 있는 경우라면 RG는 간단히 스트림을 복사하여 요청한 장치로 전송한다. 이는 가구 내에서 같은 채널이 시청되고 있는 경우에 일어난다. 따라서 RG는 IGMP 스누핑

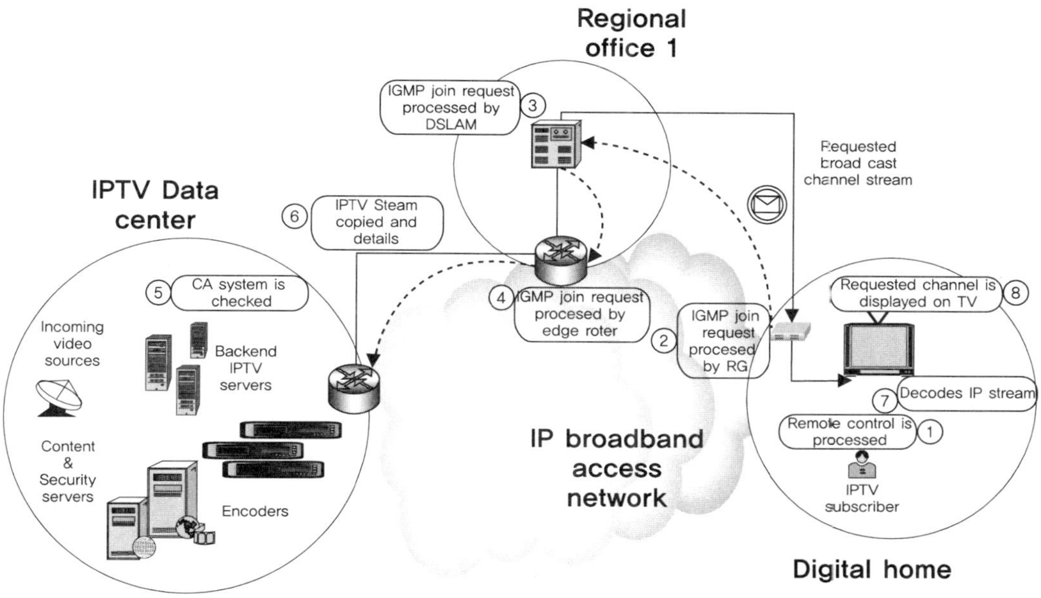

그림 4.20 IPTV 브로드캐스트 채널 선택과 관련된 실행 가능한 과정

(snooping)의 지원을 필요로 하지 않는다.

3. RG에서 채널이 이용 불가능하거나 IGMP 스누핑이 지원되지 않을 때에는 DSLAM으로 요청이 전송된다. 케이블 광대역 네트워크에서 CMTS(Cable Modem Termination System)의 이용은 의미가 없다. 다음 단계는 DSLAM이나 CMTS에 의해 지원되는 복잡도에 따른다. 스트림이 복사되거나 IPTVCD로 다운스트림(downstream)을 보내는 경우, IGMP 프록시와 스누핑은 요청한 채널의 포트 존재 여부를 장치에 통보한다. 이 기능이 지원되지 않거나 스트림을 이용할 수 없는 경우에는 업스트림(upstream) 라우터로 요청이 보내진다.
4. 지역 오피스에 위치한 라우터가 다운스트림 네트워크에서 서비스되지 않는 요청을 받았을 때, 다음과 같은 두 가지 옵션이 있다. 정확한 인터페이스로 스트림을 복사하거나 다운스트림 인터페이스에서 채널이 이용 불가능한 경우에 분배 라우터로 요청된 업스트림을 전송한다.
5. 채널에 대한 요청은 모든 방송 채널이 제공되는 IPTV 데이터 센터에서 끝난다. 일반적으로 채널이 IP 주소를 통해 식별되는 것이 중요한데, 이는 기존의 RF 네트워크에서의 주파수와 채널에 해당한다. CA 시스템은 종단 사용자가 특정 채널을 시청할 수 있도록 권한을 부여받았는지 확인한다.

6. 권한 부여가 끝나면, 가입자의 IP 셋톱박스 IP 주소와 관련 세부 사항들은 멀티캐스트 리스트에 추가되어서 요청된 채널이 IP 셋톱박스로 보내지도록 한다.
7. 셋톱박스는 새로운 IP 스트림과 CA 테이블, 암호화 키와 같은 추가 보안 정보를 받는다. 그 후, 메모리에 저장하고 디코딩이 시작되기 전에 I 프레임이 도착하는 것을 기다린다. I 프레임은 본래의 영상 프레임을 재구성하기 위해 요청된 모든 필요 정보를 포함한다. I 프레임을 받으면, 1~2초 동안 IP 셋톱박스는 채널을 출력하기 시작한다.
8. 새로운 채널의 첫 영상 프레임이 TV 화면에 출력된다.

ITU-T FG IPTV 그룹은 방송 채널을 얻기 위한 시간이 2.5초를 넘지 않을 것을 권장하고 있다.

4.5.5 하나의 브로드캐스트 채널에서 다른 채널로의 변경

그림 4.21에 나타나 있듯이, TV 시청 중에 다른 채널로 변경하는 과정은 초기 채널을 선택하는 것과 상당히 유사하지만, 몇 가지 다른 과정이 있다.

1. 시청자가 다른 IPTV 채널로 바꾸기를 원할 때 리모컨 버튼을 누르고, 이는 IP 셋톱박스에 의해 명령으로 받아들여진다.

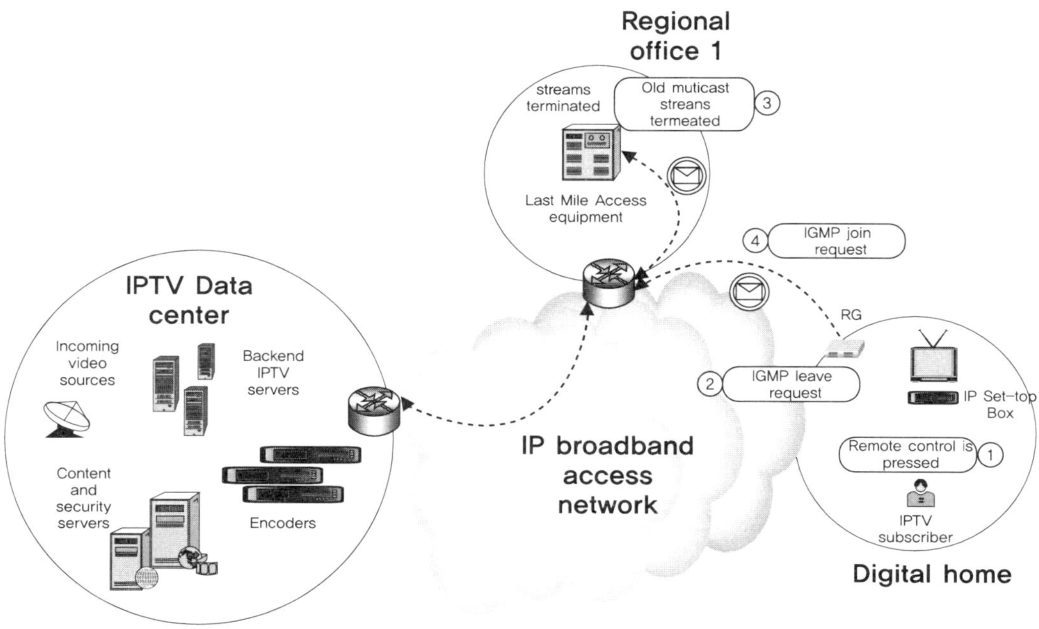

그림 4.21 IPTV 브로드캐스트 채널 변경

2. 셋톱박스는 기존 스트림과 관련된 스트림을 끝낼 때 IGMP 종료 메시지를 보낸다.
3. 스트림의 종료는 지역 회사에 있는 종단 라우터나 전파 중계소에 위치한 RG, DSLAM, CMTS 등 세 곳 중 한 곳에서 일어난다. 이는 어떠한 IGMP 레벨이 각 장치에서 지원되는지에 달려 있다. 예를 들어, 만약 RG가 IGMP 프록시 기능을 가지고 있다면 이를 통해 채널 스트림의 종료를 수행할 수 있다. 이는 디지털 홈 내에서 다른 IPTVCD가 채널을 시청하지 않는다고 가정한다. IGMP 기능이 지원되지 않을 경우, 멀티캐스트 스트림의 종료를 다루는 DSLAM이나 종단 라우터 중 한 곳에 업스트림으로 요청이 보내진다. 이 경우, DSLAM은 IGMP 스누핑을 지원하고 기존 채널 스트림을 종료시킨다. 이 때, 기존 채널의 종료 과정이 매우 빠른 속도로 진행되는 것은 중요하다. 그렇지 않으면, 이전 스트림이 끝나기 전에 요청된 스트림이 IPTV 셋톱박스의 인터페이스에 도착하게 되어 추가적인 대역폭 요구를 발생시킨다. 이는 패킷 손실, 증가된 지터의 결과를 가져올 수 있고 결국 새로 들어오는 스트림의 출력 영상 화질을 저하시킬 수 있다.
4. 다음 채널의 시청을 시작하기 위한 참여 메시지가 보내지면, 앞에서 설명된 IPTV 방송 채널을 선택하는 과정이 진행된다.

4.5.6 DSLAM에서 IGMP 프록시 기능 실행

IPTV의 채널 변경 시간 속도를 빠르게 하기 위해 몇몇 DSL 서비스 제공자로부터 제공되는 기술 중 한 가지는 지역 네트워크의 DSLAM을 IGMP 프록시 장치처럼 동작하게 구성하는 것이다. 그들의 인터페이스를 연결하는 IPTVCD를 대신하여, IGMP 프록시는 IGMP 호스트 메시지를 보내는 네트워크 장치로 정의된다. IGMP 프록시처럼 동작하는 모든 장치들은 IGMP 클라이언트와 IGMP 라우터의 역할을 한다고 가정한다. DSLAM에서 IGMP 프록시 기능의 실행은 두 가지 장점을 가지고 있다.

1. IPTV 가입자 그룹이 특정 IPTV 채널을 시청하고 있고 새로운 가입자가 그룹에 가입하여 같은 채널을 보기 원하는 경우, IGMP 프록시 장치는 즉시 새로운 가입자에게 요구된 스트림을 보내기 시작한다. 이는 IGMP 메시지 리포트를 업스트림으로 전달해야 하는 과정을 IGMP 프록시가 생략하기 때문이다. 결과적으로, 새 IPTV 가입자는 새로운 채널로 변경할 경우에 최소 지연만 감수하면 된다.
2. 또한 프록시 장치는 IGMP 프록시가 위치한 서브넷을 떠나는 IPTVCD를 지속적으로 관리하는데 사용된다. 모든 IPTVCD가 특정 채널로부터 떠나는 경우, 프록시는 전체 서브넷 장치를 대신하여 특정 채널의 전송을 중단하기 위한 종료 메시지를 업

스트림으로 멀티캐스트 라우터에 보낸다.

DSLAM에서 IGMP 기능을 실행하는 데에 수많은 비용이 들거나 실행 불가능하다면, 그에 대한 차선책은 IGMP 프록시 기능을 지원하기 위한 종단 라우터를 구성하는 것이다. 이 경우, 종단 라우터는 다수의 DSLAM과 CMTS로부터 받은 대량의 IGMP 종료/참여 요청을 신속하고 효과적으로 처리하기 위한 충분한 처리 동력(processing power)이 필요하다.

4.5.7 IPTV 센터의 인코더로부터 생성되는 I 프레임 수 증가

IPTVCD가 I 프레임을 받기 전까지 디코딩을 시작할 수 없기 때문에, 최대한 신속하게 스트림 안에 I 프레임을 삽입하기 위해 IPTV 서비스 사업자가 인코더를 구성하는 것이 중요하다. 이 방법의 문제점은 I 프레임이 상대적으로 많은 양의 대역폭을 사용한다는 것이다. 특히, MPEG-2 전송 스트림을 위한 몇몇 환경에서는 연속된 I 프레임이 각각 10 프레임 안에 위치하며 이는 채널 변경 지연 시간을 증가시킨다. 따라서 서비스 사업자는 짧은 채널 변경 시간과 채널의 대역폭 및 비트율의 절감이라는 경제적 요구 사이에서 적절히 대응하여야 한다.

4.5.8 암호화된 채널을 위한 CA 테이블의 빈도 증가

앞에서 논한 것처럼, IPTVCD에서 암호 해독 과정이 시작되기 위해서는 암호화 과정의 키와 CA 테이블이 도착하는 것을 기다려야 한다. 해당 정보의 빈도 증가는 채널 변경 시간의 속도가 빨라지게 도와준다. 이는 분명하게 IPTV 스트림의 대역폭 요구를 증가시킨다.

4.5.9 IP 셋톱박스 버퍼 크기 감소

앞에서 논한 것처럼, 상대적으로 큰 버퍼 크기를 가진 IPTVCD가 작은 버퍼 크기를 가진 장치에 비해 더 좋은 비디오 품질을 출력한다. 이는 특히 지터의 문제가 있는 네트워크에서 확실하게 나타나는데, 큰 사이즈 버퍼 사용의 주요 단점 중 하나는 실시간 멀티캐스트 채널의 진행 도중 버퍼를 채우는 시간이 오래 걸려 채널 변경 시간에 영향을 끼치는 것이다. 지터를 겪지 않는 네트워크에서는 작은 버퍼를 사용하는 것이 채널 변경 시간의 속도를 높이는 또 다른 방법이다. 이는 버퍼를 채우는 데 필요한 시간을 줄일 수 있다.

4.5.10 예측 조정(Predictive Tuning)과 정적 가입(Static Joins)

예측 기술은 모바일 통신 분야에서 두루 쓰이며 IPTV 환경에도 적용된다. 이 기술은 IPTV 종단 사용자의 이전 시청 습관을 분석하고 앞으로의 선호 채널에 대해 예측하여 네트워크를 통해 해당 스트림을 복사하고 IPTVCD로 보낸다. 이러한 접근법은 IPTVCD에서 이전 채널 시청과 다음 채널 시청 기능을 사용할 수 있게 한다. 하지만 이는 채널 변경 속도를 높이는 데는 좋은 기술이지만, 지역 오피스로부터 IPTVCD까지의 대역폭으로 다수의 IPTV 스트림의 전달을 지원하기에는 부족하다. 따라서 예측 조정은 특히 VDSL 및 FTTX와 같은 NGN 네트워크 기술에 맞춰진 기술이다. 예측 조정의 장점은 채널 변경 지연이 최소한의 값으로 유지된다는 점이다. 반면에 아무도 TV 채널을 시청하지 않을 때에도 채널이 유지되므로 네트워크 대역폭의 일정량이 항상 사용되고 있다는 것이다. 따라서 예측 조정의 지연 수준과 대역폭 사용 사이에는 trade-off가 존재한다. 정적 가입은 예측 조정과 매우 비슷하다. 정적 가입은 특정 채널이 네트워크의 특정 포인트에서 항상 사용 가능하다는 개념에 바탕을 두고 있으며, 이는 DSLAM이나 RG에서 일어난다. 다양한 통계 모델은 예측 조정과 정적 가입을 지원하여 서비스 제공자가 네트워크 디자인 실행에 관련된 이득과 결점을 확인하는 곳에 사용될 수 있다.

4.5.11 네트워크에서의 QoS 적용

IPTV 단말 사용자와 가장 가까운 IGMP 기능 위치, 스트림 내의 프로그램 정보 빈도 수준의 증가, 버퍼 크기의 감소와 더불어, 네트워크에 대한 효과적인 QoS 적용은 중요하다. 적절한 QoS 메커니즘은 단말 사용자에게 전달되는 비디오 신호의 질을 높여주는데 도움을 줄 뿐만 아니라 채널 변경 시간의 줄여준다. 여기서의 채널 변경 시간은 IP 네트워크를 통한 비디오 콘텐츠 전송의 총체적인(biproduct) 지연 시간이다.

또한 앞에서 확인된 백엔드(backend) 기술과 더불어, 단말 사용자에게 채널 변경 과정을 명백하게 전달하기 위해 많은 IPTV 사업자들이 TV 화면에 대화창을 출력한다. 이 대화창은 일반적으로 프로그램 이름, 개략적인 설명, 현재 시간 등을 포함하여 다양한 정보의 유형을 보여준다.

4.6 Time-shifting Multicast IPTV

실시간 멀티캐스팅 서비스와 더불어, 시청 시간이 이동된(Time-shifting) IPTV 멀티캐스트 서비스(TSMIPTV)의 지원도 가능하다. [그림 4.22]는 이러한 서비스의 전달을 지원하는데 요구되는 네트워크 요소를 간략하게 나타낸 것이다.

그림에 나타난 요소 중 주요한 기능을 하는 것은 IPTV 데이터 센터에 위치한 시간 이동 서버이다. 기술적으로 동작 원리는 간단하다. 예를 들면, 디지털 홈 1이 TSMIPTV를 신청하면, 채널 1의 멀티캐스트 스트림 이후에 채널 1의 유니캐스트 스트림을 받을 수 있다. 서비스 전송은 TS 서버를 통해 멀티캐스트 스트림이 IPTVCD로 리라우팅(re-routing) 되면서 일어난다. 스트림이 서버에서 처리될 때 저장 장치에 복사되는데, 이 복사본은 이후 특정 채널의 시간이 이동될 때 사용된다. 저장 장치 내의 스트림 저장 부분은 디지털 홈 1 내의 종단 사용자가 멀티캐스트 TV 채널에서 정지, 되감기, 빨리 감기와 같은 트릭(trick) 모드 기능을 사용할 수 있게 해준다. TS 서버는 물리적 하드웨어의 분리된 부분이 아니고, 어떤 구성에서는 시간 이동 기능이 IPTV 데이터 센터의 IP 스트리밍 서버에 직접적으로 들어가 있는 것이 아니라는 점이 중요하다. 디지털 홈 2의 종단 사용자는 오직 하나의 실시간 채널만 시청할 수 있고, 서비스를 신청하지 않았으므로 TSMIPTV 서비스에 의해 제공되는 편의성은 누릴 수 없다.

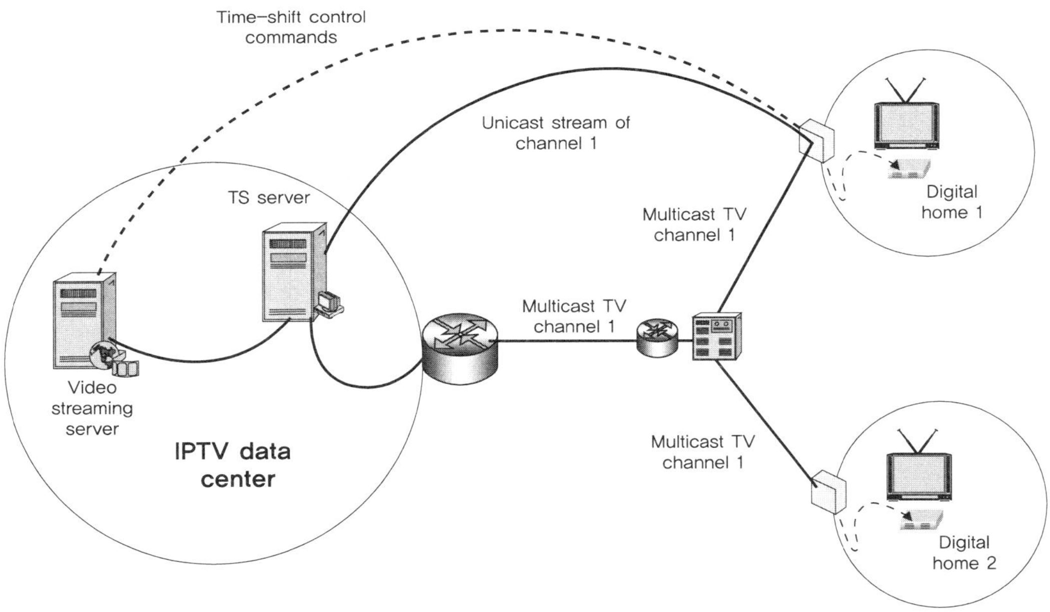

그림 4.22 TSMIPTV 서비스 네트워크 구조

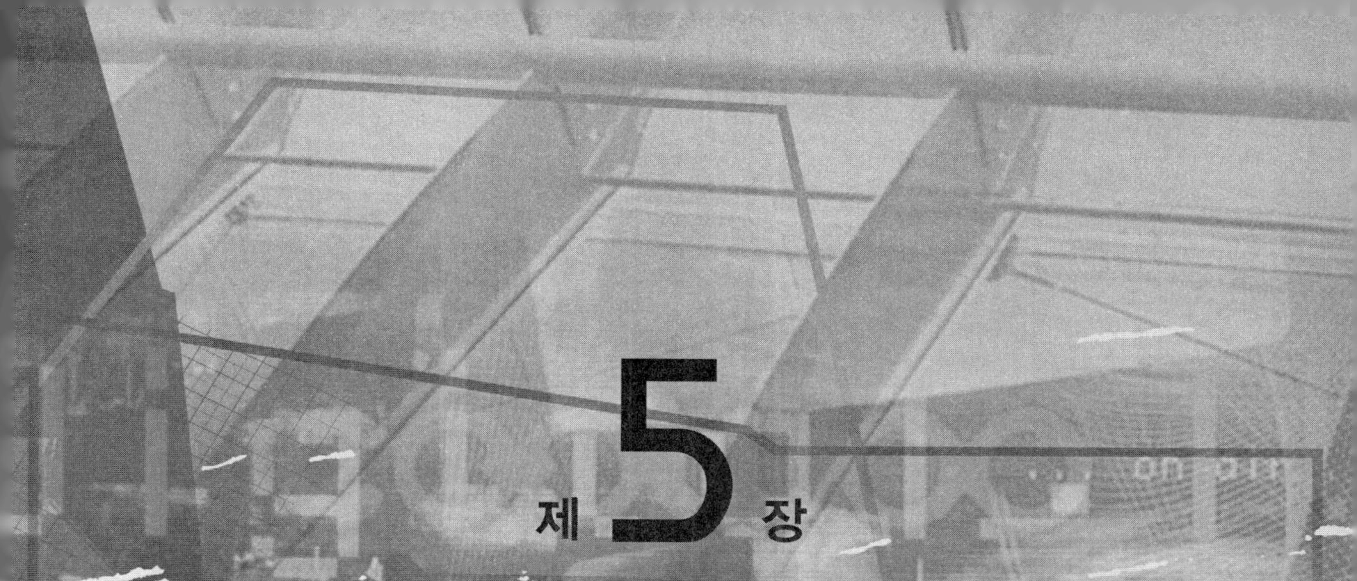

제 5 장

Video-on-Demand(VoD) service in IPTV

5.1 개요

편성에 따라 일방적으로 전송되던 기존의 TV 서비스와는 달리, IPTV에서는 제공되는 대표적인 서비스의 하나로 사용자가 컨텐츠를 선택하여 시청할 수 있는 Video-on-demand(VoD: 주문형 비디오) 서비스가 있다. VoD 서비스는 사용자가 원하는 컨텐츠를 원하는 시간에 즐길 수 있다는 점에서 사용자들에게 선호되는 서비스로 케이블 방송 또는 위성 방송 서비스에서는 Pay Per View(PPV: 프로그램당 과금제) 형태로, 그리고 인터넷에서는 사용자의 요청에 따라 동영상 재생이 시작되는 형태의 서비스로 제공되고 있다. OECD 내의 IPTV 사업자들 대부분이 제공하고 있는 VoD 서비스는 시장조사에 의하면 2005년에는 전년동기대비 40%의 성장세를 보였고, 2008년까지 그 성장을 이어가고 있는 추세이다.

본 장에서는 IPTV 환경에서 제공되는 대표적인 서비스인 VoD 서비스에 대해 보다 자세히 알아보기 위하여 VoD 서비스의 개념과 컨텐츠의 종류, 서비스 구성 요소 및 절차, 그리고 IPTV에서 VoD 서비스의 종류로 나누어 살펴본다.

5.1.1 VoD 서비스 개념

'주문형 비디오' 또는 '요구형 비디오' 라고 불리는 Video-on-Demand(VoD) 서비스는 하나의 비디오 컨텐츠에 대해 수신자의 요청 시 송신자와 수신자 사이에 하나의 스트리밍(streaming)이 생성되어 패킷을 주고받는 방식으로 제공된다. "Watch whatever you want, now." 즉, 사용자가 제공되는 다양한 비디오 컨텐츠 중에서 원하는 내용(Contents)을 원하는 시간(Realtime)에 선택적으로 이용 가능하도록 제공되는 서비스이다.

이러한 VoD 서비스의 사용자 요청 즉, 'on-demand' 에 의해 제공된다는 개념을 확장하여 IPTV 환경에서 제공 가능한 다양한 멀티미디어 컨텐츠들에 대해 적용하여 이름 붙이기도 하는데, 예를 들어, 음악 컨텐츠를 제공하는 경우는 Music-on-Demand, 영화를 제공하는 경우는 Movie-on-Demand, 게임을 제공하는 경우에는 Game-on-Demand(GoD), 뉴스를 제공하는 경우에는 News-on-Demand(NoD), 광고를 제공하는 경우에는 Advertising-on-Demand(AoD), 기존의 텔레비전 서비스를 녹화하여 on-demand 형태로 제공하는 Television-on Demand(ToD), 그리고 이러한 컨텐츠들을 모두 아울러 Contents-on-Demand(CoD), 또는 Multimedia-on-demand(MoD) 서비스라고 한다.

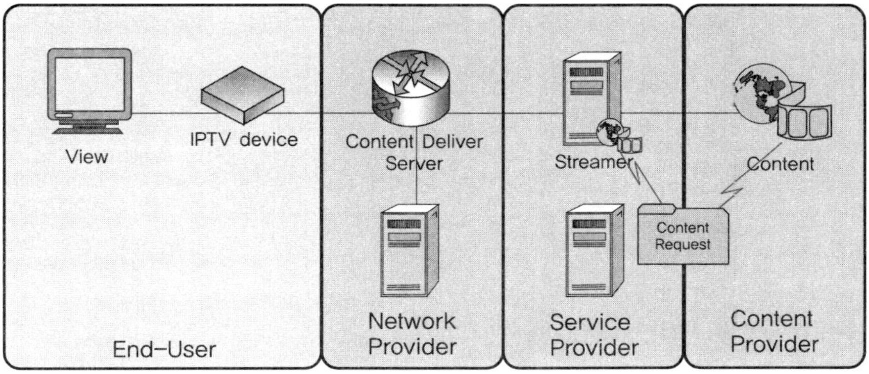

그림 5.1 On-demand 서비스 개념도

위의 그림 5.1은 IPTV 환경에서 VoD 서비스가 제공되는 형태에 대한 개략적 구조를 보여준다.

IPTV 환경에서 VoD 서비스를 제공하기 위해서는 앞서 IPTV 구조에서 살펴본 바와 같이 사용자, 네트워크 공급자, 서비스 공급자, 컨텐츠 공급자가 모두 관여된다. 컨텐츠 공급자로부터 생성된 비디오 컨텐츠와 그에 대한 메타데이터, 그리고 보안에 관한 정보를 서비스 공급자가 공급받은 다음 사용자에게 서비스 형태로 가공하여 제공한다. 서비스에 접속한 사용자는 원하는 컨텐츠를 선택 즉, 요청하게 되고, 이에 따라 서비스 공급자의 스트리밍 장비로부터 사용자 단말까지 해당 컨텐츠에 대한 스트림이 전송된다. 이때, 서비스 공급자의 스트리밍 서버와 사용자 단말 간에 모든 데이터의 전송에 대해 네트워크 공급자가 최선형(Best Effort) 혹은 품질 보장형 서비스를 제공하여 네트워크 상에서 양방향 트래픽이 잘 전송되도록 한다.

5.1.2 IPTV VoD 서비스 컨텐츠

IPTV 환경에서 VoD 서비스에 사용될 수 있는 컨텐츠들은 제작의 주체에 따라 크게 다음의 세 가지로 나누어 볼 수 있다.

- RMC(Ready Made Contents) : 방송사, 영화제작사 등 전문적인 멀티미디어 컨텐츠 제작사에 의해 제작된 고품질의 컨텐츠를 말한다.
- PCC(Proture Created Contents) : 개인 혹은 소규모 단체 등에서 Proture에 의해 제작된 컨텐츠로 일반적으로 RMC 수준의 좋은 품질을 가진다.
- UGC(User Generated Contents) : 일반적인 사용자들에 의해 만들어진 컨텐츠로 사용

자가 새롭게 창작한 컨텐츠의 경우, UCC(User Created Contents) 라고도 한다.

이러한 컨텐츠들은 VoD 서비스를 제공하는 IPTV 서비스 업체에게 하드 디스크나 이동식 메모리, 혹은 비디오 테이프 등 다양한 저장 매체를 통하여 오프라인으로 공급되거나 웹 하드, FTP, 인터넷 등을 통하여 온라인으로 공급되며, 또한 지상파나 케이블 혹은 위성 방송사에서 송출되는 시그널을 수신하여 변환하는 형태로 공급된다.

5.2 IPTV VoD 서비스 시스템

5.2.1 VoD 시스템의 종류와 구성

'VoD 시스템' 의 일반적인 의미는 VoD를 포함한 종합적인 '멀티미디어 서비스 시스템' (Multimedia On Demand)을 말한다. 이것은 다시 서비스 형태에 따라 동영상을 실시간으로 보내주는 VoD, 뉴스를 언제든지 사용자가 원하는 시간에 볼 수 있는 NOD(News On Demand), 재택 수업 등 학교교육의 부분에서 활용할 수 있도록 구성된 EOD(Education On Demand), 일방적인 음악방송과는 다르게 사용자가 원하는 시간에 원하는 곡을 선곡해서 들을 수 있는 AOD(Audio On Demand), 마찬가지로 다양한 게임을 원하는 시간에 온라인을 통해서 제공해주는 GOD(Game On Demand) 등과 같이 다양하게 세분되며, 활용용도 및 목적에 따라 다양한 발전 가능성을 가지고 있다고 하겠다. 예를 들면 광주의 각 학교에 설치된 VoD 서버에는 동영상을 실시간으로 볼 수 있도록 스트림(stream)으로 제공해주는 동영상 서버가 있다. 사용자는 원하는 내용을 요청한 시점에 볼 수 있고, 서버의 사양에 따라 많은 수의 사용자가 동시에 자료를 사용할 수 있을 것이다.

VoD 시스템은 주어진 시스템 환경에서 최대 수의 스트림을 재생하기 위해 비디오 파일들을 효율적으로 저장, 관리, 재생하여 사용자의 요구에 실시간으로 액세스하여 전송할 수 있도록 설계되어야 한다. VoD 시스템은 크게 VoD 서버, 통신망, 다수의 클라이언트들로 구성되는데, VoD 시스템의 핵심 부분은 VoD 서버이다. VoD 서버는 비디오 처리부, 비디오 파일 저장부, 네트워크 연결부 등으로 구성된다.

동시에 다수의 비디오 데이터 재생을 지원하기 위해 비디오 처리부는 빠른 처리속도, 커다란 메모리 공간, 저장장치에서 네트워크로의 입출력 트래픽을 처리하기 위해 방대한 시스템 버스 전송대역폭을 필요로 한다. 비디오 파일 저장부는 대용량 비디오 데이터 저장 및 재생을 위한 저장장치가 필요한데 다수의 하드 디스크를 연결하고 데이터 입출력을 병렬적으로 수행하도록 하여 높은 데이터 처리율과 입출력 처리율을 얻을 수 있는 RAID(또는, 디스크 어레이)의 사용이 고성능 VoD 서버의 핵심 기술로 등장하고 있다. 네트워크 연결부는 서비스의 질(QoS)을 보장하면서 다수의 비디오 데이터 전송을 실시간에 지원해야 한다.

고속 통신망 기반의 멀티미디어 응용 서비스가 급속하게 확산되고 있는 현재 및 앞으로의 환경에서 다양한 기능의 영상 서비스를 효율적으로 제공할 수 있는 VoD 시스템 개발은 필수적이다. VoD 시스템을 개발하기 위해서는 서버 구현 기술, 영상 데이터 코덱, 종단 시스템의 QoS 보장 등의 복합적인 기술이 요구된다. 최근 국내에서 영상 스트리밍을 위한 서버 소프트웨어와 플러그인 형태의 클라이언트 소프트웨어 기술에 대한 연구와 벤처 회사들을 중심으로 한 중 · 소규모의 제품 개발이 활발하게 이루어지고 있다. 또한 미국을 비롯한 선진국에서는 인터넷 비디오 서비스의 상업적 잠재성 때문에 소규모 벤처 회사들을 중심으로 그 개발 열기가 매우 높다. 최근, 정부 및 관련 업체를 중심으로 세계화, 정보화의 기치하에 전국적인 규모의 초고속 통신망을 구축, 업그레이드(또는 고 성능화)하고 있고 이를 바탕으로 하는 대용량 VoD와 같은 응용 기술의 개발에 막대한 투자를 하고 있다.

5.2.2 VoD 시스템 기술

VoD 서비스에 사용되는 전형적인 통신망은 IP 프로토콜을 기반으로 하는 인터넷이나 인트라넷이다. IP 기반의 네트워크에서는 영상 전송을 위하여 영상을 다운로드(Download) 하거나 스트리밍(Streaming) 한다. 다운로드 방식은 클라이언트에서 압축 영상을 모두 전송받아 저장 후 재생시키는 반면, 스트리밍 방식은 압축 영상을 전송받음과 동시에 재생을 수행하고 재생 완료와 더불어 전송받은 영상이 사라진다.

고 대역폭으로 압축된 MPEG-1 영상의 경우, 모뎀 사용자는 수분짜리 영상을 다운로드 받기 위해 긴 시간을 기다려야 하며, 멀티미디어의 재생구간이 긴 경우 전체 데이터의 크기도 매우 커지게 되므로 이를 모두 다운로드 한 후 재생하려면 사용자가 많은 시간을 기다려야 하고 단말기에는 큰 저장공간이 필요하게 된다. 또한, 네트워크에서 데이터 패킷을 전송할 때 발생하는 노이즈에 의해 일부 프레임이 손상되면 그 영향이 전체 영상에 미칠 수 있다. 따라서 이러한 문제점을 보완하기 위하여 스트리밍 방식이 사용되고 있는데, 이것은 데이터를 연속적으로 저장(Buffering)하면서 초기 buffering의 지연시간을 기다린 후 재생하는 방식이다. 또한, 스트리밍 방식은 전송과 재생이 거의 동시에 이루어져 사용자에게 대화형 느낌을 줄 수 있으며, 이미 재생된 영상은 곧바로 버리므로 최소한의 버퍼 영역만큼의 저장 공간만을 사용한다.

실시간으로 동영상이나 오디오를 보고 듣는데 필수적인 기술로 파일을 다운로드 받으면서 동시에 재생하는 기술은 멀티미디어 서비스의 효과를 극대화해준다. 아무리 큰 대용량의 멀티미디어 자료라도 이를 개별적으로 실행할 수 있는 1~2초 분량의 작은 양으로 나누어 연속적으로 전송함으로써 이를 수신하는 사람은 전체 자료가 모두 수신될 때 까지 기다릴 필요가 없다.

재생 방식으로는 주문형과 라이브형이 있는데, 전자는 미리 준비되어 있는 미디어 파일을 스트리밍하며, 후자는 해당하는 곳을 클릭하면 곧바로 스트리밍을 지원하는 플레이어에 의해 영상 또는 음향을 보내주는 것이다. 인터넷에서 사용되는 마이크로소프트사의 미디어 플레이어(Media Player)나 리얼 네트워크 사의 리얼 플레이어(Real Player)가 대표적인 스트리밍 데이터를 재생하는 소프트웨어들이다.

(1) VoD 서비스 제어 소프트웨어

VoD와 같은 On Demand 스트리밍 방식에서는 데이터 전송 중에 서버와 클라이언트가 상호 작용을 하며 네트워크의 상황에 따라 스트림 전송 속도를 조절할 수 있어야 한다. 이 기능의 작용 여부가 클라이언트에서의 자연스런 재생에 큰 영향을 미친다.

또한 클라이언트의 사용자는 재생중인 스트림에 대해 중단, 일시 중지 이외에 빨리 감기, 되감기, 스트림의 특정 부분으로의 이동 등과 같은 명령을 통해 마치 스트림을 다운로드받은 상태에서 사용하는 것과 같은 편리성을 요구한다. 즉, 클라이언트는 전송받고 있는 스트림에 대한 완전한 제어권을 요구한다. 이를 위해서는 스트림 전송만을 위한 별도의 서버 소프트웨어가 필요하다.

(2) VoD 서비스 소프트웨어

인트라넷 VoD 시스템은 IP 프로토콜의 상위 계층 프로토콜인 TCP나 UDP 프로토콜은 클라이언트에서의 자연스런 스트림 재생을 보장할 수 없다. 스트림을 데이터 패킷으로 전송할 때 노이즈에 의해 일부 패킷이 손상되거나 혹은 네트워크 과부하로 인한 전송 지연으로 일부 패킷이 사라지게 되면, 그와 관련된 프레임 또한 손상되거나 잃어버리게 된다. 따라서 이 경우 원하는 수준의 화질을 유지할 수 없을 뿐만 아니라 자연스런 재생도 어렵게 된다. 스트리밍 방식에서는 이렇게 손상되거나 사라지는 패킷 혹은 프레임에 대처함으로써, 화질이 원하는 수준보다 약간 떨어지더라도 전송받고 있는 영상을 자연스럽게 재생할 수 있어야 한다.

이를 위해서는 클라이언트에서의 자연스런 재생을 보장하는 프로토콜이 개발되어야 한다. VoD 서비스는 서버 소프트웨어와 클라이언트 소프트웨어의 상호작용으로 이루어진다. 이들 서버와 클라이언트는 IP 프로토콜의 상위 계층에서 동작하는 스트림 전송 프로토콜로 상호간 제어 정보를 교환하면서 영상 패킷을 전송한다.

(3) 실시간 스트리밍 프로토콜

클라이언트는 전송되는 압축 스트림을 대역폭에 따라 즉시 처리할 수 있어야 한다. 이를 위해서는 전송되는 압축 스트림을 버퍼링하고 복원시키는 클라이언트 소프트웨어가 필요하다. 이 클라이언트 소프트웨어는 기능적으로는 디코더에 실시간 버퍼링, 그리고 VoD 서버와 상호 작용하면서 전송 중인 스트림을 제어하는 기능이 추가된 형태이다. 일반적으로 클라이언트 소프트웨어는 독립적으로 동작하는 플레이어 혹은 웹브라우저의 플러그인 형태로 제공된다.

5.3 VoD 서버 관련 기술개발 동향

5.3.1 VoD 서버의 QoS 아키텍쳐 연구

VoD 시스템의 개발은 하드웨어, 또는 소프트웨어적으로 많은 고려사항을 갖는다. 다양한 형태의 영상을 처리할 수 있는 하드웨어 기능과 고속 통신망에 효율적으로 연결할 수 있는 네트워크 인터페이스의 제공은 필수적이다. 이러한 하드웨어 기능을 바탕으로 영상 응용 프로그램 및 서비스를 효율적으로 수행할 수 있는 시스템 소프트웨어의 개발이 요구되는데, 현실적으로 많은 기술적인 어려움이 따른다.

종래의 컴퓨터와 비교할 때 VoD 시스템을 위한 시스템 소프트웨어는 QoS(서비스의 품질)를 보장해야 한다. QoS는 영상 데이터의 실시간 처리 요건과 밀접한 관계를 갖는다. 예를 들어, 네트워크나 호스트 운영체제의 순간적인 과부하로 인하여 영상 데이터를 임계시간 내에 전송하거나 재생하지 못하면 끊김 현상이 발생하게 되어 서비스의 품질을 저하시킨다. 이는 일반적으로 QoS 관리 기능의 부족으로 발생하는데, 영상 서비스의 질을 유지하기 위해서는 응용 프로그램, 운영체제, 네트워크 제어 기능들이 통합되어 설계, 구현되어야 한다. 이러한 영상 서비스를 위한 통합된 QoS 관을 'QoS 아키텍쳐' 라고 한다. 참고로, 기존에 연구되고 있는 QoS 아키텍쳐에는 XRM, QoS-A, OSI QoS, Heidelberg QoS, TINA QoS, IETF QoS, Tenet, MASI, OMEGA, Endsystem QoS 등이 있는데, 응용 서비스 및 설계 관점의 차이에 따라 상이한 특징을 갖는다.

5.3.2 VoD 서비스를 위한 서버 운영체제 연구 동향

VoD 서비스를 위한 트랜스포트 계층이나 네트워크 계층의 QoS 보장을 위한 연구가 활발히 진행되고 있으나, 통신 시스템의 실제 주체인 호스트 컴퓨터(즉, VoD 서버)의 영상 서비스를 위한 운영체제 관점의 QoS 보장 연구는 상대적으로 미비하다. 기존의 VoD 서버는 유닉스나 윈도우 같은 범용 운영체제를 사용하고 있으나, 대부분의 통신 QoS 연구는 호스트 컴퓨터의 멀티미디어 통신을 위한 운영체제적 특수 기능을 가정하고 있다.

VoD와 같은 스트리밍 시스템이 보편화됨에 따라 범용 운영체제를 기반으로 하는 영상 처리가 요구되고 있다. 하지만 VoD 시스템의 구현에 있어서는 범용 운영체제의 서비스 보장 특성의 미비로 특정 하드웨어나 소프트웨어 환경을 사용하여 구현하고 있다. 이에 따라 범용 운영체제 환경에서 VoD 서비스를 위한 QoS 기법의 개발이 요구되고 있으며, 범용 하드웨어 환경의 제약으로 인하여 제한된 시스템 자원을 효율적으로 이용하기 위한 호스트 시스템 내의 자원관리 기법은 더욱 중요시되고 있다.

최근 VoD와 같은 멀티미디어 응용 서비스의 QoS 요건을 만족시키기 위하여 기존의 실시간 운영체제 분야에서 개발되고 있는 스케쥴링 기법을 토대로 다양하게 연구되어왔다. 실시간 시스템은 제공하는 QoS의 정도에 따라 Best Effort 시스템(BES), 경성 실시간 시스템, 연성 실시간 시스템 등으로 나눌 수 있다. BES는 전형적인 범용 워크스테이션 시스템으로 특정 멀티미디어 서비스의 자원 사용 요구를 고려하지 않는다. 따라서, 멀티미디어 서비스는 하나의 응용 프로그램으로 간주되어 범용 운영체제의 원칙인 '최대 시스템 활용' 스케쥴링 방식을 따른다.

경성 실시간 시스템은 EDF나 RM(Rate Monotonic)과 같은 실시간 스케쥴링 기법을 바탕으로, 주기적이고 고정 서비스 시간 특징을 갖는 응용에 적합하다. 경성 실시간 시스템은 멀티미디어 처리에 적용할 수 있다는 이점이 있으나, 돌발적인 서비스 요구를 처리하는 응용 프로그램이나 서비스 처리가 가변적인 응용 프로그램에서는 자원의 이용률이 낮다는 단점을 지닌다.

연성 실시간 시스템은 자원 요구량이 동적인 환경에 적합하도록 고안되었는데 주기적인 데이터가 압축기법을 사용함에 따라 자원 요구량이 변하거나 응용 프로그램의 수행이 돌발적인 특성을 가지는 경우가 이러한 모델에 속한다.

일반적으로 경성 실시간 시스템의 시간 제약 엄격성은 영상 VoD 시스템에 적합하지 않다. 물론, 최악의 경우를 고려하여 스케쥴링을 할 수는 있으나 이런 경우 시스템 자원 이용률이 현저히 감소하게 된다. 네트워크에 연결된 VoD 서버는 시스템 입력,

자원 활용 등의 QoS 요구 특성이 상세히 알려지지 않은 동적인 시스템이다. 이러한 동적 영상 서비스의 특성을 만족시키면서 주어진 시스템 자원을 효율적으로 사용할 수 있는 연성 실시간 시스템이 VoD 시스템에 적합하다.

5.4 VoD의 서비스 종류

IPTV 환경에서 제공될 수 있는 VoD 서비스의 종류에는 전송 방식과 과금 방식 그리고 제공되는 컨텐츠나 서비스의 종류에 의해 다음과 같이 다양한 방식으로 나누어 볼 수 있다.

5.4.1 전송 방식에 따른 분류

- **True VoD(TVoD)**

True VoD는 사용자가 이용할 컨텐츠와 이용 시각에 대한 모든 선택권을 갖는 VoD 서비스를 말한다. 즉, 사용자가 시청을 선택한 순간부터 바로 해당 컨텐츠의 재생이 시작되고, 사용자 단말 또는 시스템이 지원하는 경우, 빨리감기, 되감기, 일시 정지 등의 시청 중 제어기능도 함께 제공되는 서비스를 말한다.

- **Near VoD(NVoD)**

Near VoD(NVoD: 유사 VoD) 서비스는 True VoD에서 사용자의 요청에 따라 그를 위한 특정 스트리밍이 제공되어 사용자가 선택한 순간부터 컨텐츠를 이용하는 경우, 사용자가 많아질수록 요청된 사용자의 수만큼 서버와 네트워크에 부담이 커진다는 단점을 극복하기 위하여, 설치된 시스템의 효율성을 높이며 여러 사용자에게 가장 근접한 VoD 형태의 서비스를 제공해 주기 위한 서비스로 컨텐츠의 재생 시간이 일정 간격으로 정해져 있으며, 사용자의 재생시각에 대한 요청이 True VoD 서비스에 비해 제한적으로 제공되는 서비스이다.

Near VoD 서비스는 그림 5.2에서 보듯이 시스템에 부하를 줄이면서도 VoD 서비스의 최대 강점인 JIT(Just In Time) 성을 제공하기 위하여 사용자의 요청에 상관없이 서비스 공급자가 미리 일정 시간 간격으로 미리 해당 컨텐츠에 대해 다수의 채널을 열어 스트리밍을 제공한다. 즉, 재생시간이 60분인 컨텐츠를 10분 간격으로 6개의 채널로 전송을 하게 되면 해당 컨텐츠를 선택한 사용자는 최대 10분 이내에 원하는 컨텐츠를 이용할 수 있고, 시스템 측면에서는 해당 컨텐츠에 대한 사용자 요청 수의 증가와 상

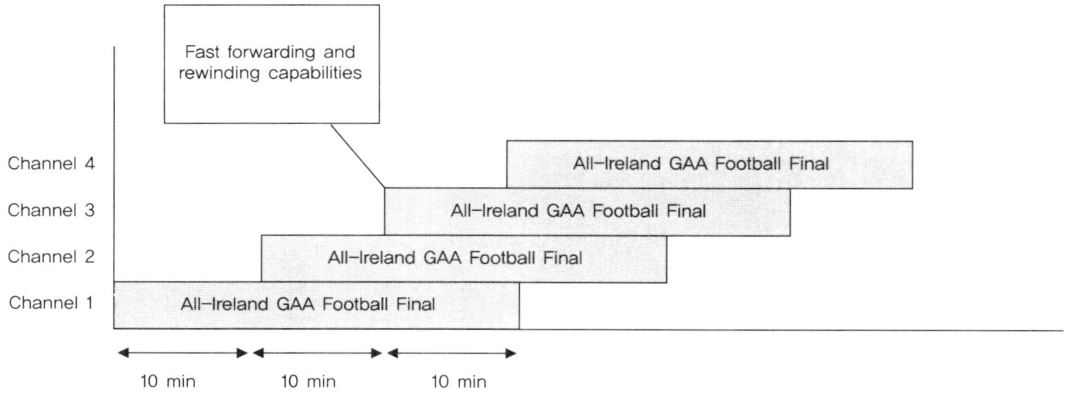

그림 5.2 Near VoD 서비스

관없이 6개의 채널로 모든 요청을 처리할 수 있게 되는 것이다.

일반적으로 Near VoD 서비스의 재생 간격은 서비스되는 컨텐츠의 선호도나 사용자의 요청에 따라 서비스 공급자가 판단하여 제공한다. 이때, 컨텐츠를 더 작은 간격으로 쪼개어 반복적으로 재생하는 Periodic Broadcasting과 같은 알고리즘을 사용하게 되면(예를 들어, 그림 5.3에서와 같이 Fast Broadcasting 방식을 사용하게 되면 120분짜리 컨텐츠의 경우 10개의 채널을 사용하면 사용자의 최대 대기 시간을 10초 이내로 줄일 수 있다) 사용자에게는 True VoD 서비스와 같은 효과를 내게 된다.

- **Push VoD**

Push VoD는 가정의 셋톱박스에 컨텐츠를 푸시 방식으로, 즉 서비스 공급자가 사용자

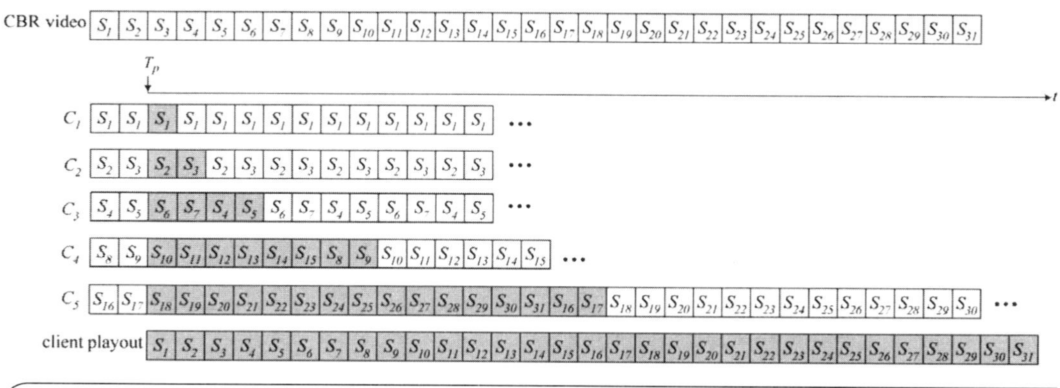

그림 5.3 Fast Broadcasting 전송 방식

의 선호도나 계약 정보 등을 기반으로 하여 사용자의 선택에 기반하지 않고, 미리 사용자의 단말(셋톱박스)로 컨텐츠를 밀어 넣는, 즉 저장해 둬서 사용자가 원할 때 전송 과정을 거치지 않고 단말에서 바로 시청할 수 있게 하는 서비스를 말한다. 셋톱박스 하드디스크에 컨텐츠를 미리 저장해 출시하고 보급 후에는 네트워크의 일정 대역을 통해 지속적으로 컨텐츠를 업데이트하여 최근의 컨텐츠 상태를 유지시켜 주는 방식으로 제공된다. Push VoD는 비디오 컨텐츠가 VoD 서버에서 STB의 하드디스크에 저장이 되는 개념이다.

Push VoD의 컨텐츠 전송은 대개 늦은 밤이나 주말 동안이나 피크 타임 이외의 시간에 일어난다. 이러한 모델은 많은 수의 STB에서 동시다발적으로 컨텐츠 스트림을 요구할 때 일어날 수 있는 대역폭 부족의 단점을 줄이기 위하여 고안되었다. STB에 저장되는 VoD 컨텐츠의 양은 압축포맷과 디스크 사이즈에 따라 달라진다. VoD 컨텐츠 종류와 갱신 비율은 서비스 등록 당시에 사용자에 의해 정의된 개인적 TV 선호도에 따른다.

따라서 최근에 방영된 컨텐츠라도 사용자는 네트워크를 통해 수시로 내려받을 필요가 없어 서버의 부담과 네크워크 트래픽을 줄일 수 있는 장점이 있다. 푸시 VoD 서비스를 위해서는 하드디스크가 내장된 셋톱박스가 필요하며 현재 이를 지원하는 사용자 단말기 역시 개발된 상태이다.

5.4.2 과금 방식에 따른 분류

- **Real VoD(RVoD)**

Real VoD는 사용자가 원하는 컨텐츠(혹은 프로그램)를 단편으로 선택하여 편당 해당하는 금액을 지불하고 일정 기간 동안 볼 수 있는 형태로 일반적으로 매 시청에 대하여 결재하는 Pay per view(PPV) 서비스와 같이 제공되는 VoD 서비스를 말한다.

- **Subscription VoD(SVoD)**

회원제 형태로 일정 기간(주, 월, 년 등)에 대해 정액제 방식으로 가입한 뒤, 해당 기간에 대해 제공되는 VoD 컨텐츠들을 가입 조건에 따라 자유롭게 이용하는 VoD 서비스를 말한다. 즉, 고정된 과금 안에서 사용자 자신의 취향대로 주문형 영화의 패키지를 구성하여 사용자의 편의대로 컨텐츠를 시청할 수 있도록 하는 서비스이다.

- **Free VoD(FVoD)**

Free VoD는 사용자가 프로그램, 로컬화된 컨텐츠, 영화, 뮤직 비디오 등의 컨텐츠를 자유롭게 시청하도록 하는 서비스이다. 이러한 FVoD 서비스는 서비스 사업자가 경쟁적인 서비스를 제공하거나 신규 고객을 확보하기 위한 방편으로 자주 보여진다.

5.4.3 컨텐츠 종류 방식에 따른 분류

- Movie-on-demand

MoD는 가장 편재한 종류의 VoD 응용 서비스로 디지털 네트워크를 통해 DVD 품질의 비디오를 VCR과 같은 조절기능을 제공하는 서비스이다. 선 지불이 된 권한이나 서비스 사업자의 사업 모델은 볼 수 있는 영화의 목록이나 시간 정보를 결정하게 된다.

- Extended Video on Demand(EVoD)

EVoD 서비스는 주문형 컨텐츠를 사용자 댁내 장비에 송신했을 때 다른 위치에 있는 장비에 컨텐츠를 전달하는 서비스를 말한다. EVoD는 사용자들이 움직이는 동안에도 원격으로 주문형 컨텐츠를 볼 수 있도록 하여준다.

- Advertising-on-demand(AoD)

AoD는 TV 광고에 있어 전적으로 새로운 방식이며 VoD 컨텐츠에 직접 광고를 연결시키는 것을 포함한다. 광고의 길이는 십 초에서 일 분 정도이며 사용자는 이를 VoD 시청 전이나 후에 보게 된다. 덧붙여, 대부분의 현대 AoD 시스템들은 광고에 대한 반응과 광고주에게 필요한 마케팅 데이터를 제공할 수도 있다.

- Internet VoD(IVoD)

최근 몇 년간 광대역 통신망 도입이 증가하면서 일반 인터넷을 통한 주문형 비디오 컨텐츠에 대한 접근이 늘어나고 있다. IVoD의 컨텐츠는 영화 제작사와 유통사 간의 파트너쉽을 통하여 개발된다. 이러한 컨텐츠는 PPV 방식으로 사용자에게 제공되고 일반 PC나 디지털 IP STB를 통하여 접근할 수 있다.

- Television-on-demand(ToD)

ToD는 간단하게 TV를 시청하는 새로운 방법이다. ToD는 실시간 방송 TV 프로그램을 녹화하여 볼 수 있다. 녹화된 프로그램들은 인코딩 되어 비디오 서버의 클러스터에 저장된다. 일단 서버에 저장되고 나면, 방송 TV 채널들은 모든 부분에서 시청이 가능하다. 서비스 사업자 측면에서 ToD는 추가적인 디스크 저장 공간과 실시간으로 여러 소스로부터 디지털 신호로 인코딩하기 위한 하드웨어가 필요하다.

5.5 IPTV VoD 서비스 구성 요소 및 절차

본 장에서는 IPTV 환경에서 VoD 서비스 제공을 위한 구성요소 및 대표적인 서비스 절차에 대해 살펴본다.

5.5.1 IPTV VoD 서비스 구성 요소

VoD 서비스를 위한 구조는 앞서 2장에서 살펴보았던 IPTV 구조를 기반으로 하여, 컨텐츠 공급자(Content Provider), 서비스 공급자(Service Provider), 네트워크 공급자(Network Provider) 및 사용자(End-User) 영역에서 적절한 기능을 제공하여 이루어진다. Focus Group IPTV에서 작업되고 ITU-T SG13을 통하여 국제 권고 참고안으로 발행된 ITU-T Y.Sup 5 "Supplements on IPTV Service Use Cases" 문서에 따르면, 그림 5.3에서 보듯이 IPTV VoD 서비스의 구성요소에는 각 역할 도메인별로 VoD 서비스를 위해 필요한 기능을 제공하기 위한 하나 이상의 기능 블록들이 정의되어 있고, 각 기능 블록별로 필요한 상세 기능들이 정의되어 있다.

먼저 컨텐츠 공급자 기능 블록에는 제작 혹은 수급하여 보유한 컨텐츠를 저장, 관리하는 기능과 컨텐츠들에 대한 메타데이터들(예를 들면, 제목, 제작자, 제작일, 장르, 재생 시간, 출연자 등과 경우에 따라 방송일, 방송사 등)에 대해 저장하고 관리하는 기

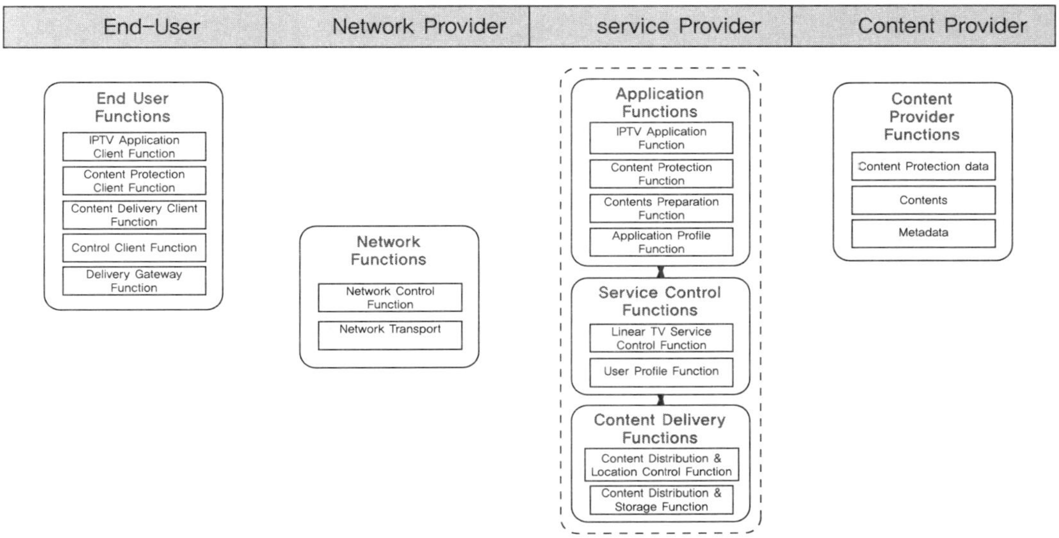

그림 5.3 일반적인 VoD 서비스 구성 요소

능, 그리고 컨텐츠별로 보안에 관한 정보(예를 들면, 디지털 저작권 관리(DRM: Digital Rights Management), 복제 방지와 복제 관리(Copy Protection and Copy Management: CPCM) 정보, 또는 워터 마킹(Watermarking) 정보 등에 대해 저장하고 관리하는 기능으로 구성된다.

서비스 공급자는 크게 응용 기능 블록과 서비스 제어 기능 블록, 그리고 컨텐츠 전송 기능 블록으로 구성되어 있다. 첫 번째로 응용 기능 블록에는 크게 네 가지 기능이 포함되는데, IPTV 서비스내에서 VoD 서비스에 대한 메뉴 등의 응용 서비스를 생산하고 관리하기 위한 VoD 응용 기능과 컨텐츠 공급자로부터 전달받은 컨텐츠 보호 정보와 보호 기능을 수행하고, 덧붙여 서비스 공급자로서 수신 제한 시스템(CAS: Conditional Access System)과 같은 기능을 수행하는 것을 관리하기 위한 컨텐츠 보호 기능, 컨텐츠 공급자로부터 제공받은 컨텐츠를 제공하는 IPTV 서비스 환경에서 적절히 제공하기 위하여 코덱을 변환하거나 크기를 변화하거나 광고를 삽입하는 등의 서비스 전, 컨텐츠 준비 과정을 담당하는 컨텐츠 준비 기능, 그리고 응용 서비스 레벨에서 제공되는 서비스와 이용 형태에 대한 정보와 이용기록 등을 저장하고 관리하는 응용 프로파일 관리 기능이 있다.

두 번째로 서비스 제어 기능 블록에는 IPTV에서 VoD 서비스의 종류와 요청에 따라 VoD 컨텐츠 서비스를 협상하고, 그에 따라 전송 흐름 및 스트림 세션을 제어하는 VoD 서비스 제어 기능과 사용자의 서비스 가입 정보 및 그에 따른 이용 권한과 과금에 관한 정보까지를 포함하는 사용자 프로파일 기능이 있다.

세 번째로 서비스 전송 기능 블록에는 서비스 공급자의 서버들 혹은 망 내에서 컨텐츠의 위치와 분배에 대한 제어 기능과 그 제어정보를 관리하는 컨텐츠 분배 및 위치 제어 기능과 실제로 컨텐츠가 저장되고, 서비스 공급자의 정책에 따라, 혹은 사용자의 요청에 따라 사용자에게 컨텐츠 스트리밍을 수행하는 컨텐츠 전송 및 저장 기능이 있다.

다음으로 네트워크 공급자 기능 블록은 크게 네트워크상에서 지나 다니는 트래픽에 대해 전송되는 트래픽의 양과 전송 경로를 관리하고, 이를 관리하기 위한 네트워크상의 전송장비들의 상태를 관리하고 제어하는 네트워크 제어 기능과 실제 유니캐스트, 멀티캐스트 등 네트워크 상의 트래픽 전송을 담당하는 네트워크 전송 기능으로 정의된다.

마지막으로 사용자 기능 블록에는 IPTV 응용 사용자 기능, 컨텐츠 보안 사용자 기능, 미디어 사용자 기능, 제어 사용자 기능, 그리고 전송 게이트웨이 기능 등의 다섯가지의 기능이 정의되어 있는데, 첫 번째로 IPTV 응용 사용자 기능은 IPTV 서비스 응용에 접속하여 메뉴를 탐색하고 VoD 컨텐츠를 선택하거나 다른 응용을 실행하는 등의 기능을 담당하고, 컨텐츠 보안 사용자 기능은 앞서 컨텐츠 공급자에 의해 제공되고 서비스 공급자에 의해 관리, 수행되는 컨텐츠에 대한 보안 기능을 사용자 단말에서 수행하기 위한 기능을 담당하며, 미디어 사용자 기능은 수신된 VoD 컨텐츠 스트림을 buffer를 이용하여 수신하고, 디코딩하며, 사용자의 단말에 알맞게 보여주는 기능을 수행하고, 제어 사용자 기능은 컨텐츠 서비스를 협상하고, 그에 따라 전송 흐름 및 스트림 세션을 제어하는 서비스 공급자의 VoD 서비스 제어 기능과 통신하여 그에 따른 사용자 단말에서의 제어 기능을 담당한다. 마지막으로 전송 게이트웨이 기능은 사용자 단말에서 네트워크에 대한 접속 및 인증에 관한 모든 기능을 수행하며 실질적으로 네트워크에 연결되어 모든 데이터의 전송과 수신을 담당하는 기능을 제공한다.

5.5.2 IPTV VoD 서비스 절차

일반적인 VoD 서비스 절차는 그림 5.4와 같다.

1. 컨텐츠 공급자는 비디오 컨텐츠와 그에 해당되는 메타데이터, 그리고 컨텐츠 보안에 관련된 데이터를 생산, 관리하여 서비스 공급자에게 제공한다.
2. 서비스 공급자는 계약에 따라 컨텐츠 공급자로부터 제공받은 컨텐츠와 그에 관한

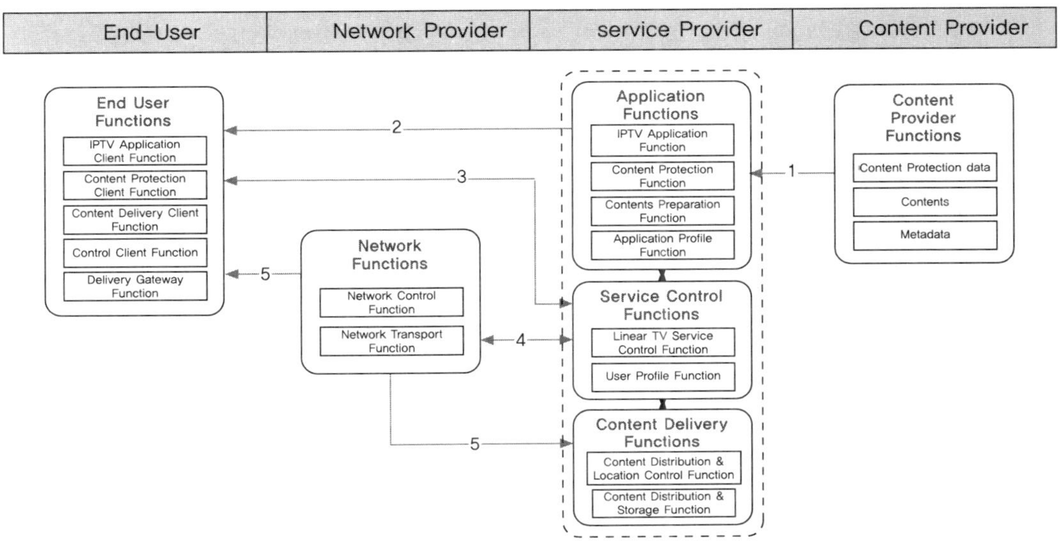

그림 5.4 일반적인 VoD 서비스 절차

정보를 저장하고, 사용자에게 VoD 서비스를 제공하기 위한 준비(프로그램 가이드 정보, 코덱 변환, 컨텐츠 분배 등)과정을 거쳐 선택할 수 있는 서비스 메뉴로 제공한다.

3. 사용자가 시청을 원하는 컨텐츠를 선택하면, 그 요청은 서비스 공급자에게 보내진다. 이때, 사용자와 서비스 공급자 간의 해당 요청에 대한 서비스 품질에 대한 협상 과정이 포함될 수 있다.
4. 만약 사용자가 해당 요청에 대해 계약이나 협상과정에서 어떤 수준의 품질을 보장받기로 되어 있다면, 서비스 공급자는 이를 네트워크 공급자와 상의하거나 요청하는 과정을 거치게 된다. 네트워크 공급자는 요청된 서비스가 가능한 경우, 서비스 공급자와의 계약에 따라 필요한 네트워크 자원을 예약한다.
5. 네트워크 공급자로부터의 자원예약에 대한 응답을 받은 서비스 공급자는 사용자에게 컨텐츠 접속 정보를 전달해줌으로써 사용자 단말이 해당 컨텐츠에 대한 스트리밍을 전송받아 서비스를 이용할 수 있게 한다. 이때, 만약 네트워크 공급자로부터 자원을 예약할 수 없다는 응답을 받게 되면, 서비스 공급자는 사용자에게 서비스 제공 불가, 혹은 다른 조건의 서비스 이용을 제시하는 메시지를 보내어 사용자의 응답에 따라 서비스를 제공한다.

5.6 Web 기반 VoD 서비스

마지막으로 본 장에서는 웹 기반의 IPTV 서비스 환경에서 제공되는 VoD 서비스에 대해 살펴본다.

5.6.1 Web 기반 VoD 서비스 기술

Web 기반 Video 서비스 기술은 국내에서 Web 서비스들이 활성화 되던 시점인 1998년 이후를 기점으로 성장하였다고 볼 수 있다. 초기 브라우저에서는(Mosaic 등) 브라우저의 한정적인 리소스 활용으로 인해 단순한 웹 페이지나 GIF animation 등의 단순한 수준의 서비스가 제공되었다. 이후 국내 웹이 급성장하던 시점에서는 Internet 기반 Video 서비스 어플리케이션인 'Real Player', 'Quick Time' 및 이후 Windows Media Player들이 '.rm', '.mov', '.wmv' 형태의 파일들의 재생을 지원하며, 사용자들에게 Internet 상에서 비디오 서비스를 재생하는 주요한 방법으로 각광받기 시작하였으며 이러한 서비스들의 Download & Play 방식 이외에도 각각의 서비스에서 정의한 Realtime

Streaming 프로토콜을 기반으로 멀티미디어 스트리밍 서비스들을 제공하였다.

하지만 이러한 초기 기술들의 경우 비디오 서비스들을 이용하기 위해서는 브라우저 이외에도 개별적인 어플리케이션이 추가적으로 동작하여야 하는 등 사용자 편의성의 문제점이 있었으며, 또한 개별 Video 서비스의 독자적인 코덱 지원 등의 문제점들도 제기되었고, 이후 브라우저의 기능 향상으로 인하여 이러한 독립적인 어플리케이션을 통해 제공되던 Internet 기반 Video 서비스들은 점점 Web Page 내에서 동작하는 즉, 브라우저에 임베디드(Embedded)된 형태의 플레이어를 이용하는 환경으로 변하게 된다.

이 과정에서 기존의 시장을 점유하고 있던 Real Player나 Quick Time 등의 개별적인 어플리케이션 기반의 플레이어 시장은 점차 점유율 측면에서 하락세를 면치 못하였고, 쉽고 가볍게 웹 페이지 상에서 Video 서비스를 제공할 수 있는 기술인 Flash 기술이 새로운 대안으로 나타나게 된다.

초기에 이러한 Flash 기반의 Video 기술은 정적인 웹 페이지에 멀티미디어적인 요소를 제공하는데 이용되기 시작하였으나, 벡터그래픽의 지원이나 다양한 인코딩 솔루션 및 스트리밍 솔루션 등을 통해 웹 기반 비디오 서비스의 주류로 자리매김하게 된다. 국내의 경우 On2사의 Codec을 기반으로 Flash Player가 웹 기반 Video 서비스의 주류로서 이용되게 되었으며, 한때 주요 포털인 '네이버' 및 '다음' 등이 모두 Flash 기반의 서비스를 제공하였다.

하지만 이러한 Flash 기술의 경우 실시간 방송형태의 서비스나 고해상도의 서비스에 적합하지 못한 코덱의 사용, 비싼 코덱 라이선스 비용 및 독점적 서비스 공급자의 횡포로 인해 한때 시장에서 문제점이 제기되었으며, 현재 이러한 문제를 포괄적으로 극복하기 위한 사업자들의 솔루션이 시장에 나타나게 되었다.

Web 기반 Video 서비스 기술의 경우 앞서 언급한 Video 관련 기술뿐만 아니라 컨텐츠의 제작에서부터 서비스 등록, 인터넷을 이용한 서비스 전달 및 개개인의 브라우저 및 Web 환경을 지원하는 단말에서의 이용에 이르기까지 다양한 기술들이 한데 어우러져 이용되고 있는 형태이다.

제 6 장

IPTV 응용 서비스

4장과 5장에서 자세히 설명된 IPTV의 순차적 방송 및 주문형 비디오 형태의 기본적인 응용 외에도 IP를 기반으로 하는 IPTV의 특성상 interactivity를 이용한 응용 서비스 또한 다양한 형태로 제공될 수 있다. 이는 기존 TV가 제공하는 단방향이고 수동적인 정보의 흐름에서 벗어나 양방향의 능동적이며 시청자의 시청경험을 더욱 향상시킬 수 있는 서비스를 제공하게 된다. 몇 가지 예를 들면, 시청자들이 각자의 취향에 맞는 시청 환경을 조절하는 것은 물론 친구들과의 채팅, 홈뱅킹, 홈쇼핑, 인터넷 서핑, TV 시청 중 부가적인, 또는 다른 데이터 정보 읽어보기 등이 있을 수 있다.

이 장에서는 먼저 interactive TV의 개념에 대해 간단히 논의한 후, 이러한 양방향 특성을 이용하여 IPTV가 제공할 수 있는 응용서비스에 대해 자세히 알아보도록 한다.

6.1 Interactive TV

iTV의 시초는 1953년부터 약 4년간 미국의 CBS에서 방송된 "Winky Dink and You"라는 프로그램으로 알려져 있으며 마이크로소프트의 빌 게이츠에 의해 "the first interactive TV show"라고 강조되기도 하였다. 이 쇼를 시청하는 어린이들은 TV 스크린에 정전기를 이용하여 쉽게 부착되는 아세테이트 비닐 위에 쇼 진행자의 요구에 따라 강을 건너는 다리를 그리기도 하고, 나무를 자르는 도끼를 그리거나, 위험한 사자를 가두기 위한 울타리를 그리기도 함으로써 진행자가 다음이야기를 풀어나가도록 돕게 된다. 그 당시 비닐 부착없이 TV 스크린 위에 바로 크레용으로 그림을 그리는 어린

그림 6.1 "Winky Dink and You"

이 시청자들 때문에 부모들이 매우 피곤해 하기도 하였다고 한다. 1957년에는 처음으로 리모컨이 소개되어 시청자들은 더 이상 채널을 바꾸기 위해 몸을 움직여야 하는 불편을 감수하지 않을 수 있게 되었다.

현재 이용되고 있는 iTV의 시초는 1977년에 미국 오하이오 주의 콜럼버스 시에서 워너케이블 사에 의해 시도된 QUBE라는 케이블 TV 시스템이다. 이는 10개의 pay-per-view 영화채널, 10개의 방송채널 및 10개의 커뮤니티 채널 등, 총 30개의 채널로 구성되어 있었다. 최초의 양방향 셋톱박스인 QUBE 시스템의 도입으로 주민들은 실시간 설문에 참여를 하거나 시청 중 부가정보를 얻는 등의 일이 가능했다. 그러나 이러한 새로운 개념의 케이블 시스템을 구축하기 위한 비용이 지나치게 늘어나 결국 1982년에 9900만 달러의 적자를 지는 등 경영상태가 악화되어 이 사업은 중단되게 되었다.

(a)

(b)

그림 6.2 사용자 선택 기반 디스플레이 변경의 예 (a) 점수상자 확대 디스플레이 (b) 축구 그라운드 주문화(customizashon)

그러나 이는 1990년대에 들어서면서 본격적으로 시도된 다양한 iTV 관련 시도 및 실험에 있어서 중요한 밑거름이 되었다는 평가를 받는다. 예를 들어, 1994년에 타임워너에 의해 제공된 Full Service Network(FSN)는 VoD, 인터넷액세스, 그리고 interactive programming 등의 서비스를 제공하였다.

iTV를 이야기 할 때, interactivity는 대략 세 가지의 수준으로 구분이 가능하다.

- 저수준 : TV 전원 켜고 끄기, 볼륨/채널 변경 등
- 중수준 : 영화선택 등
- 고수준 : 실시간 투표 등 시청자가 시청 중인 프로그램에 영향을 주는 일 등

일반적으로 시청자들의 시청경험을 향상시키기 위해 interactivity의 구현이 필요하게 되며 이를 위해서는 일반적으로 귀환 경로(return path) 또는 백채널(back channel)의 이용이 수반되어야 하지만 귀환 경로 없는 interactivity의 구현이 가능한 응용도 존재한다.

그림 6.2의 (a)는 점수상자 추출 기술[3]을 이용하여 사용자의 요청에 따라 확대된 점수상자가 화면에 디스플레이 되는 예를 보여주고 있다. 점수 표시가 작아 제대로 보지 못하는 시청자나 현재 점수를 알고 싶을 때, 가장 최근에 나타났던 점수상자를 확대 디스플레이 할 수 있도록 한다. 이 기술의 구현은 방송사 쪽으로 요청 정보를 보낼 필요 없이 셋톱박스(또는 디코더) 쪽에서 실시간으로 가능하다. 다른 예로 그림 6.2-(b)에서 보듯이 현재 방송되고 있는 축구경기에서 운동장의 색상이 시청자의 마음에 들지 않을 경우(왼쪽 사진), 시청자가 자신이 원하는 운동장의 색상을 선택(오른쪽 사진)하여 경기를 시청할 수 있는 기술을 들 수 있다[4]. 그림의 왼쪽은 원래의 방송 화면, 오른쪽은 사용자 선택에 의해 셋톱박스 쪽에서 실시간으로 변경하여 제공하고 있는 경기 모습이다. 이와 같이 iTV에서 interactivity의 구현은 귀환경로를 통해 컨텐츠 공급자에게 요청을 하지 않아도 수신자 측에서 간단히 이루어질 수도 있음을 알 수 있다.

그러나, 초고속 광대역 네트워크를 이용해 디지털 영상 서비스, 양방향 데이터 서비스 및 여러 가지 개인 맞춤형 서비스를 제공할 수 있는 IPTV의 등장으로 인하여 일반적인 의미의 귀환경로 또는 백채널의 이용이 가능한 양방향 TV의 응용서비스가 본격화 되고 있다. 이러한 응용 서비스는

- VoD 서비스
- 양방향 서비스
- 부가 응용 서비스
- 채널 서비스

등을 들 수 있다. VoD 서비스는 양방향성 서비스의 범주에 넣을 수도 있겠으나 데이터의 전송이 주로 한 방향에 집중되고 IPTV의 응용 서비스 중에 가장 큰 비중을 차지하고 있으므로 별도로 다루기로 한다.

6.2 VoD 서비스

이 절에서는 텔레비전을 통해 컨텐츠를 제공하는 VoD 서비스에 대해 설명한다. VoD는 RF와 IPTV 기반의 광대역 네트워크에 적합한 양방향 서비스로 VoD 서비스는 IPTV 단말 사용자에게 다양한 범주의 주문형 서비스를 제공한다.

이 절에서는 앞서 5장에서 설명된 Push VoD, Movie-on-Demand(MoD), Subscription VoD(SVoD), Television-on-Demand(ToD), Free on Demand(FoD), Advertising on Demand(AoD), Internet VoD(IVoD) 그리고 Near Video on Demand(NVoD) Services는 생략하고 5장에서 설명되지 않은 VoD 종류에 대해서만 설명한다.

6.2.1 High Definition VoD(HDVoD)

이름처럼 HDVoD는 HD 평면 스크린으로 사용자가 HD Video 컨텐츠를 볼 수 있도록 하는 서비스이다.

6.2.2 Network-Based Digital Video Recording(NDVR)

NDVR은 사용자가 비디오 프로그램을 녹화하고 편리하게 다시 보기를 하는 기술이다. NDVR과 VoD의 차이점은 비디오 컨텐츠를 저장하기 위한 공간과 프로세스 작업들이 STB가 아닌 IPTV 데이터 센터에 위치한다는 점이다. 즉, DVR의 기능을 중앙집중화 하는 것이다. 따라서 사용자들은 되감기, 빠른 감기, 정지, 녹화와 같은 표준 DVR 컨트롤을 사용할 수 있다. NDVR 플랫폼에서 사용자가 요구하는 컨텐츠는 중앙 서버에 저장된다. NDVR을 도입하기 위해서는 아래와 같이 두 가지 방법이 있다.

1. 하나는 사용자들에게 VoD 서버에 하드디스크 공간을 제공하는 방법이다. 이러한 하드디크스 공간은 수십 기가바이트 정도이며 사업자에 따라 다를 수도 있다. 일단 STB로부터 특정 비디오에 대한 녹화 요구가 접수되면, 컨텐츠는 서버의 하드디스크 중 사용자의 영역에 저장되게 된다.
2. 다른 하나는 전체 프로그램 구성을 녹화하여 일정 기간, 대체로 일주일 동안 사용

자들에게 이용하도록 하는 방법이다. NDVR은 사용자에게 하드디스크 장착비용을 제거함으로써 STB의 가격을 낮출 수 있는 장점이 있으나, 서비스 사업자의 IPTV 데이터 센터에 많은 양의 저장 공간을 확보해야 하는 단점도 있다.

6.3 양방향 서비스

6.3.1 Electronic programming guide(EPG)

IPTV를 통해 제공되는 채널과 서비스의 수가 매우 많기 때문에 시청자들이 효율적으로 프로그램을 안내받을 수 있는 프로그램 가이드가 필수적이다. IPTV 서비스 중의 하나로서 IPTV를 통해 이러한 기능을 하는 응용프로그램을 EPG 즉, 전자 프로그램 가이드라 한다. IPG(Intelligent Program Guide)라고도 알려진 EPG는 사용자들이 프로그램에 대한 사전 정보를 보고 선택하며 관련된 많은 서비스에 접속할 수 있도록 도와주는 인터페이스이다. EPG는 IPTV 서비스 제공에 있어서 대개 표준적으로 사용되며 HTML 포맷으로 사용자에게 메뉴를 제공하고 원격조종으로 이러한 메뉴를 이용할 수 있도록 한다. IPTV 망의 양방향성 때문에 사용자들은 쉽게 프로그램의 정보에 대해 자세한 정보를 받을 수가 있으며 프로그램의 종류, 제목, 채널 심지어 시간에 따라서도 검색할 수 있게 된다. EPG가 제공하는 일반적인 기능으로는

- IPTV 채널들의 주간 일정
- 자동으로 프로그램 녹화하기
- 이메일 수신 알림기능
- 선택한 프로그램이 곧 시작함을 알리는 기능
- 특정 패널에 대한 액세스 제한
- 특정 시간이나 날짜에 특정 주제를 지닌 프로그램 찾기
- 셋톱박스 내에 있는 디스크 저장 장치 제어
- 미리보기 기능

등을 들 수 있다. 일단 채널이 선택되면 비디오 컨텐츠는 즉시 광대역 망을 통하여 전달되게 된다. EPG는 대개 TV 스크린에 일람표나 그리드 포맷으로 표시되는데, 이러한 방법은 사용자들이 쉽게 EPG를 인식하고 이해하도록 돕는다(그림 6.3). 또한 서비스 사업자에 따라 얼마든지 변형이 가능하다. EPG와 서버 사이의 통신은 표준 IP 프로토콜을 이용한다. 만약 IPTV 전송망이 멀티캐스트를 이용한다면 셋톱박스에 프로그램에

(a) 모자이크 EPG (b) 미니 EPG (c) 그리드 EPG

그림 6.3 다양한 EPG의 형태

대한 정보와 더불어 포트 넘버와 해당 멀티캐스트 주소가 수신된다.

6.3.2 IPTV 웹 브라우징

대다수 IPTV 네트워크 사업자는 사용자에게 인터넷에 대한 접근을 허용한다. 이러한 일은 TV 기반의 웹 브라우징이나 웹 포털을 에뮬레이트하도록 설계된 월드 가든(walled gardens)을 통해 이루어진다. IPTV 기반의 웹 브라우징은 PC와 거의 유사한 형태이다. 다수의 웹 페이지들이 TV에 맞추어 구현되지 않았기 때문에 몇몇 망 사업자들은 셋톱박스에서 자동으로 웹 페이지를 다시 구현해주는 브라우저를 제공하기도 한다. 이러한 방법은 이미 십년 전부터 상업적으로 제공되었지만 대다수의 사용자들에게 이용되지는 않았다. 하지만, IPTV의 성장과 더불어 TV 응용 프로그램을 통해 웹 기술들이 다양하게 보일 것으로 기대된다. 아울러 EPG, VoD OSD(on-screen display)나 PVR OSD 등의 서비스를 웹 브라우저 인터페이스를 통해 사용자에게 제공하는 것도 가능하다.

6.3.3 IPTV e-mail

사회의 초창기부터 사람들은 서로 커뮤니케이션을 하고자 다양한 시스템과 기술들을 개발하고 이용해왔다. 최근 인터넷 사용자의 폭발적인 증가로 인하여 컴퓨터끼리 통신에서 가장 인기 있는 수단은 e-mail이라고 할 수 있다. 키보드의 기능이 부가된 IPTV의 도입으로 인해 이제 e-mail 또한 거실의 TV 속으로 옮겨지게 될 것이다.

6.3.4 Instant IPTV Messaging

Instant IPTV Messaging은 문자 메시지 서비스를 TV를 통하여 이용할 수 있도록 한다.

네트워크/서비스 사업자는 다양한 대화 포럼을 구성하여 헤드엔드의 서버에 구현하며 이들 서버는 고객중심적이며 지속적으로 광고 배너를 포함함으로써 부가 수익을 창출할 수 있다.

6.4 부가 응용 서비스

6.4.1 IPTV-Commerce

IPTV-commerce는 키보드나 댁내 장비 대신에 간단한 원격조작을 통해 비즈니스 업무와 상품의 구매 등을 할 수 있도록 지원한다. IPTV-commerce란 용어는 온라인 쇼핑과 즉석쇼핑, 온라인 입찰, 홈뱅킹을 모두 아우르는 말이다. 즉석쇼핑의 경우 사용자들은 그들이 현재 시청하고 있는 채널에서 광고되고 있는 상품을 구매할 수 있다. IPTV를 통한 e-commerce 확장은 서비스 사업자에게 전체적인 수입 증대를 안겨줄 수 있다. 또한, PC에서 사용되던 보안체계 역시 IPTV에서 동일하게 동작하게 되므로 기존에 PC를 통해 온라인 구매를 하던 이들에게는 이상적인 서비스를 제공할 수가 있다.

6.4.2 IPTV Social Networking

수년 전부터 싸이월드나 페이스북과 같은 인터넷 기반의 social networking 사이트 이용자가 기하급수적으로 증가해 왔다. IPTV는 이러한 사회적 네트워킹을 TV 쪽으로 확장하는데 기여할 것이다. 이러한 응용 서비스 사용자들은 TV를 시청하면서 동시에 버디리스트에 있는 친구들이 무슨 프로그램을 시청하고 있는지 알아 볼 수도 있으며, 또는 같은 프로그램을 시청하면서 실시간 채팅을 하며 시청 중인 프로그램에 대한 느낌을 공유할 수도 있게 된다.

6.4.3 IPTV Advertising

양방향 TV를 통하여 광고를 하는 방법이 빠른 속도로 늘어나고 있다. 광고주가 서비스 사용자들에게 광고를 적절하게 보여주는 방법은 IPTV의 주요 이슈 중의 하나이다. 해당 상품을 여러 형식을 통해 광고를 보여주거나 컨텐츠에 직접 보여줄 수도 있다. KT 경영 연구소의 자료에 따르면 IPTV 등 뉴미디어를 통한 광고는 2015년에 약 1.48조원의 규모로 전망된다. 현재 광고의 형태가 단방향 광고에서 양방향 광고 형태로 진화하고 있으며 양방향 광고가 가능한 IPTV는 모바일 IPTV의 등장과 더불어 광고플랫

(a) Trigger (b) Interactive pop-up (c) DAL

그림 6.4 양방향 광고의 예

폼으로서의 매력이 더욱 커질 전망이다.

그림 6.4는 IPTV를 통해 제공할 수 있는 양방향 광고의 예를 보여준다. Trigger는 소비자의 즉각적인 캠페인 참여를 유도하기 위한 관문의 역할을 하며 텍스트, 정지영상, 동영상 등의 형태로 노출이 가능하다. 소비자가 Trigger에 반응하여 리모컨을 클릭하게 되면 인터액티브 팝업이나 DAL(Dedicated Advertisers Location)로 이동이 가능하다. 인터액티브 팝업은 말 그대로 팝업의 형태로 노출이 되는 광고 형태이다. DAL은 '광고주 전용채널'의 유럽식 표현으로 미국에서는 Walled Garden으로도 불린다. 하나의 채널처럼 광고주 페이지가 제공되므로 광고주의 기획의도에 따라 자유롭게 이용이 가능해 그 활용가치가 높다. 사용자가 직접 방문할 수도 있으나 주로 Trigger나 인터액티브 팝업을 통해 유입되게 된다. 표 6.1은 광고미디어로서의 IPTV를 다른 매체와 비교한 표이다. 인터넷 광고와 IPTV 광고간의 임팩트의 차이를 설명하는 예로는, 영국에서의 도미노 피자 판매에 관한 것을 들 수 있다. 영국에서는 도미노 피자 판매의 3%가 양방향 매체를 통해 이루어지고 있는데 양방향 매출의 75%가 IPTV와 같은 양방향 TV에서, 나머지 25%는 인터넷을 통해서 이루어지고 있다고 한다.

표 6.1 광고미디어로서의 IPTV와 타 매체간의 비교

	전달 형태	광고 참여	비용대비 효율성	임팩트
TV 광고	단방향	단순노출	보통	높음
인터넷 광고	양방향	능동적 정보탐색	높음	낮음
IPTV 광고	양방향	능동적 참여	높음	높음

6.5 채널 서비스

실시간 채널 서비스는 방송 TV 서비스로서, 기존 TV 방송과 같이 케이블, 지상파, 위성 수신 방송을 정해진 방송 스케쥴에 따라 전송하여 시청하는 서비스이며 단말 이용자의 실시간 시청을 기본으로 한다. 따라서 이러한 타입의 서비스는 반드시 끊어짐이 없는 스트림을 컨텐츠 사업자에서부터 소비자 장비까지 제공하도록 하고 있다. 이러한 실시간 채널 서비스는 담고 있는 컨텐츠에 따라 세 가지로 나누어 볼 수 있다. 첫 번째는 영상과 음성을 동시에 수신하는 경우이고 두 번째는 음성 신호만 수신하는 경우이다. 세 번째는 영상, 음성뿐만 아니라 데이터도 함께 수신할 수 있게 되는데 이를 통해 프로그램에 대한 정보나 부가 가치 정보와 같은 양방향 서비스 또한 제공받을 수 있게 된다.

6.6 참고문헌

1. 광고, 커머스 시장전망 및 이슈, KT 경영연구소, 2008.06.
2. Gerard O' Driscoll, Next Generation IPTV services and technologies, Wiley, 2008.
3. Wonjun Kim, Jimin Park, and Changick Kim, "Scorebox estraction from mobile sports videos using support vector machine," in Proc. SPIE Applications of Digital Image Processing XXXI, vol.7073, pp.70730P1-9, San Diego, Aug. 2008
4. Ilkoo Ahn, Youngwoo Kim and Changick Kim, "Customizing Ground Color to Deliver Better Viewing Experience of Souer Video," ETRI Journal, vol.30, no.1, pp101-112, Feb.2008.

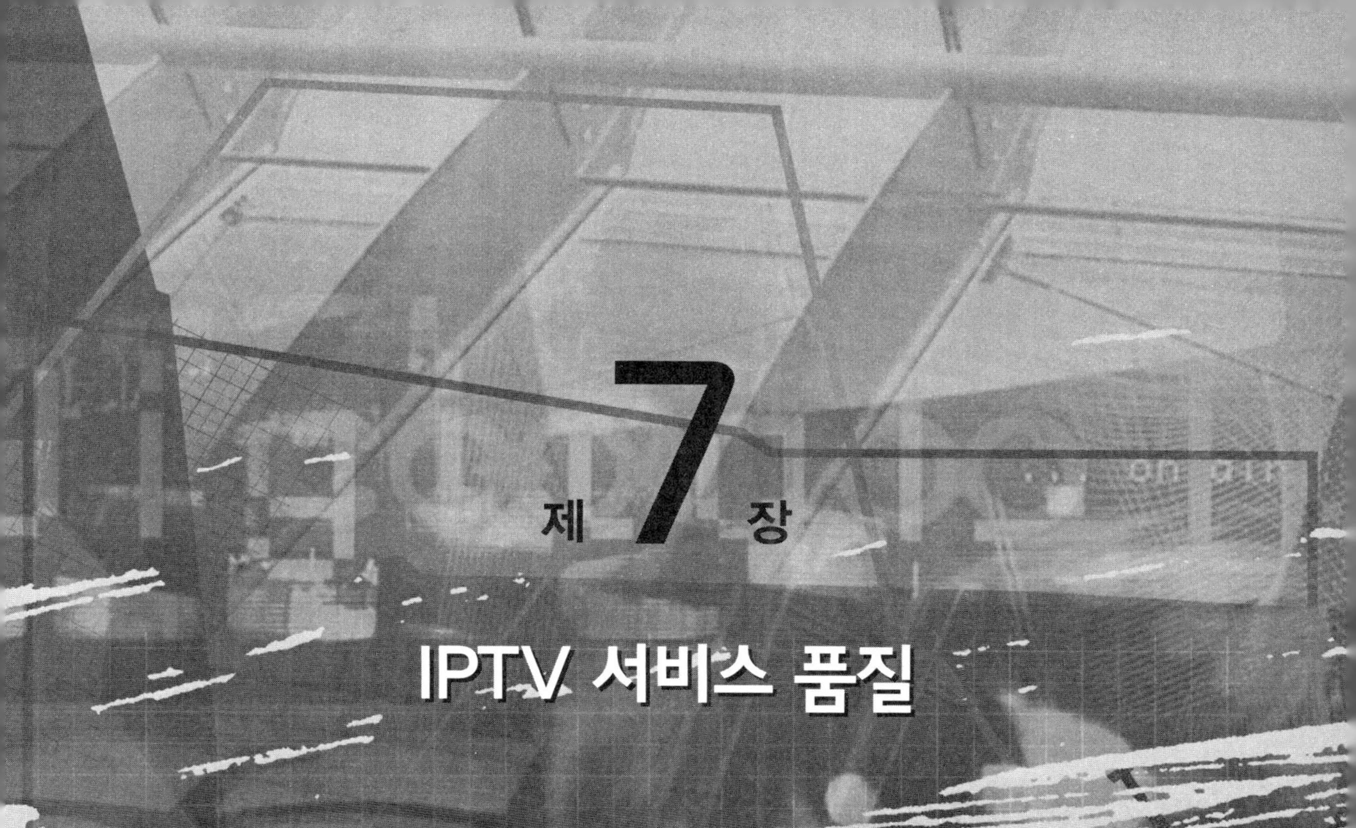

제 7 장

IPTV 서비스 품질

7.1 서론

IPTV 서비스가 본격적으로 시작됨에 따라 시장에 대한 수요가 급증할 것으로 예상되고 있다. IPTV는 기존의 TV가 제공하는 단방향 및 고정된 서비스와 달리 다양한 컨텐츠 및 능동적 양방향 서비스 제공이 가능하다. 그러나 IPTV는 기본적으로 케이블이나 지상파 방송 환경 보다 열악한 네트워크 환경을 기반으로 하고 있기 때문에 서비스 품질 측정 및 보장은 가장 중요한 문제 중 하나이다. 예를 들어, 패킷 손실(packet loss)로 영상 정보의 심각한 손상을 가져오거나, 패킷 지연(packet delay)으로 인해 영상의 끊김 현상이 발생할 수 있다. 이와 같은 열화 현상들은 시청 경험을 심각하게 저하시키기 때문에 서비스 품질에 대한 정확한 측정이 필요하며, 이를 바탕으로 서비스 개선이 수행되어야 한다.

이 장에서는 IPTV 서비스의 구간별 품질측정 개요에 대해 간단히 논의한 후, 영상 품질 열화 항목 및 객관적 영상 품질 측정 방법에 대해서 자세히 알아보도록 한다.

7.2 서비스 구간별 품질측정의 개요

IPTV 서비스 구조는 크게 컨텐츠 공급자, 서비스 공급자, 네트워크 공급자, 소비자로 나눌 수 있다[1]. 서비스 공급자는 컨텐츠 공급자로부터 제공받은 다양한 컨텐츠를 IP 네트워크를 이용해 소비자에게 서비스한다. 이와 같은 서비스 구조를 바탕으로 구간별 품질 측정 지점을 그림 7.1과 같이 나타낼 수 있다[2]. 서비스 품질 측정 구간은 크게 컨텐츠가 서비스 공급자에게 전달되는 컨텐츠 제공 구간, IPTV 제어 구간, 네트워크를 통해 전송된 컨텐츠가 TV에서 재생되는 단말기 구간으로 나눌 수 있다. 컨텐츠 제공 구간에서는 네트워크 전송이 이루어지지 않기 때문에 주로 손실 압축에 의한 부호화 열화가 발생한다. IPTV 제어 구간에서는 주로 패킷 손실이나 딜레이에 의한 열화가 발생한다. 한 개의 패킷 손실은 영상이나 음성에서 심각한 정보 왜곡을 가져 오기 때문에 이와 관련된 열화 항목을 바탕으로 정확한 품질 측정이 필요하다[3]. 따라서 서비스 공급자는 귀환 채널(back channel)을 이용해 각 단말로부터 현재 서비스 되어지는 컨텐츠를 다시 전송받아 헤드엔드 단에서 원본 영상과 비교하여 품질을 측정할 수 있다. 또한, 품질 측정 결과를 바탕으로 현재 품질 열화를 발생시키는 원인을 해결함으로써 보다 나은 서비스를 소비자에게 제공할 수 있다. 단말기 구간에서는 시청자가 전송된 컨텐츠를 TV로 보면서 실제 느끼는 품질 열화를 측정해야 한다. 따라서 모

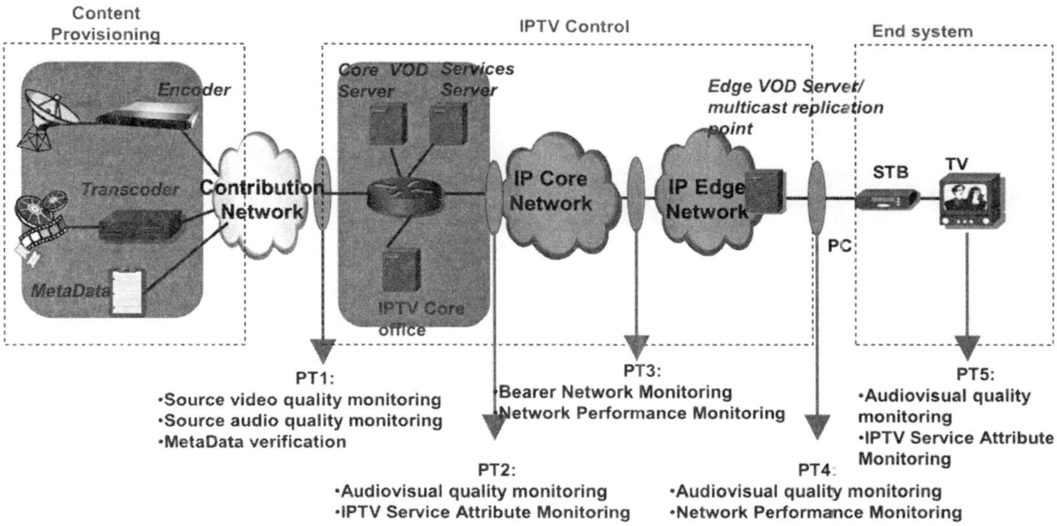

그림 7.1 IPTV 서비스 구간별 품질 측정 지점

든 품질 열화 항목이 반영된 정확한 품질 측정 기준이 필요하다. 또한, 효과적인 품질 측정을 위해 시청자의 주관적 품질 평가를 반영할 수 있는 영상 품질 측정 방법이 요구되고 있다. 이어지는 절에서는 그림 7.1을 바탕으로 각 구간 별로 측정이 필요한 사항에 대해 자세히 살펴보도록 한다.

7.2.1 컨텐츠 제공 구간(PT1)

IPTV 서비스 구조에서는 방대한 양의 데이터를 효율적으로 전송하기 위해 압축 표준 방식을 이용하여 컨텐츠를 압축한다. 이 과정에서 손실 압축에 의한 부호화 열화가 필연적으로 발생한다. 표 7.1은 압축 표준 방식에 따라 안정된 서비스를 위해 요구되어지는 최소 비트율(bit rate)을 보여주고 있다[3]. 컨텐츠를 제공받은 서비스 공급자는 부호화 열화 정도를 측정하여 컨텐츠 원본에 대한 품질을 관리할 수 있으며, 서비스 되어지는 컨텐츠의 열화 정도와 비교를 통하여 현재 서비스 상태를 모니터링 할 수 있다.

전자 프로그램 가이드(EPG)와 같은 메타 데이터의 유효성에 대한 측정 역시 헤드엔드 구간에서 이루어진다. 예를 들어, 전자 프로그램 가이드에 오류가 발생하면 시청자에게 프로그램 순서에 대한 혼동을 줄 수 있기 때문에 안정된 서비스 품질을 보장하기 위해 이와 같은 메타 데이터에 대한 유효성을 컨텐츠 제공 구간에서 정확히 측정한다. 컨텐츠 제공 구간에서 측정이 필요한 항목을 정리하면 다음과 같다.

표 7.1 영상, 음성 코딩 파라미터 요구사항

영상 코덱	최소 비트율(SD(premium) / HD
MPEG-2-Main profile at main level	2.5(3.18)Mbps CBR / 15Mbps
MPEG-4-AVC(Main profile at level 3)	1.75(2.1)Mbps CBR / 10Mbps
SMPTE VC-1	1.75(2.1)Mbps CBR / 10Mbps
AVS	1.75(2.1)Mbps CBR / 10Mbps
음성 코덱	최소 비트율(Kbps)
MPEG Layer II	128 for stereo
Dolby Digital(AC-3)	384 for 5.1/128 for stereo
AAC	96 for stereo
MP3(MPEG-1, Layer 3)	128

- 영상 품질 : 동영상 코딩, 품질 파라미터
- 음성 품질 : 음성 코딩, 품질 파라미터
- 메타데이터 유효성

7.2.2 IPTV 제어 구간(PT2, PT3, PT4)

IPTV 서비스 공급자는 제공받은 컨텐츠를 IP 네트워크를 이용하여 사용자의 단말기에 전송한다. 그러나 IP 네트워크 특성상 망 상태나 트래픽 상태에 따라 제공되는 서비스 품질이 가변적이다. 따라서 사용자가 급증할 때 필연적으로 발생하는 품질저하 문제를 서비스 공급자와 시청자가 동의할 수 있는 방법으로 해결하기 위해서 네트워크 열화 항목에 대한 품질 모니터링이 필요하다. 먼저, PT2 지점에서는 IPTV 서비스 공급자가 보유한 전자 프로그램 가이드 서버나 VoD 서버에 관계된 품질 파라미터에 대한 모니터링이 필요하다. 이후 IPTV 서비스 공급자의 각종 서버에서 다양한 컨텐츠가 네트워크로 송출되는데 PT3와 PT4 지점에서는 네트워크 열화에 의해 발생할 수 있는 패킷 손실, 지연 등에 대한 모니터링이 필요하다. 또한, 네크워크 열화에 의해 발생 할 수 있는 영상, 음성의 품질 열화도 모니터링이 필요하다. 표 7.2는 비트율에 따라 안정된 서비스를 위해 요구되어지는 네트워크 관련 항목의 제약 조건을 보여주고 있다[3].

표 7.2 네트워크 관련 항목의 제약 조건(HDTV)

비트레이트 (Mbit/s)	지터(Jitter)	Maximum duration of a single error	Corresponding loss period in IP packets	Loss distance	Corresponding average IP video stream packet loss rate
8	<50ms	<=16ms	14 IP 패킷	4시간당 1 error	<=1.28E-06
10	<50ms	<=16ms	17 IP 패킷	4시간당 1 error	<=1.24E-06
12	<50ms	<=16ms	20 IP 패킷	4시간당 1 error	<=1.22E-06

IPTV 제어 구간에서 측정이 필요한 항목을 정리하면 다음과 같다.

- EPG, VoD, 서비스 서버의 품질 파라미터
- 패킷 손실 비율, 패킷 지연, 비트 오류
- 영상, 음성 품질

7.2.3 단말기 구간(PT5)

사용자는 네트워크를 통해 전송된 컨텐츠를 각 단말기를 통해 TV로 시청하게 된다. TV 시청 시 느껴지는 열화 정도는 사용자마다 다르기 때문에 주관적인 품질 평가가 수행되어야 한다. 따라서 모든 품질 열화 항목이 반영된 정확한 품질 측정 기준이 필요하다. 단말기 구간에서 측정이 필요한 항목을 정리하면 다음과 같다.

- 영상, 음성 품질
- 채널 변경 시간, 메타데이터, 자막, EPG, 시청 제한 등

주관적 평가는 많은 시간이 소비되며 측정의 어려움이 있기 때문에 현재 주관적 평가 결과를 모델링 할 수 있는 객관적 평가 방법에 대한 연구가 활발히 진행 중에 있다.

7.3 영상 서비스의 항목별 품질 열화 측정

이 장에서는 IPTV 서비스의 핵심이라고 할 수 있는 영상 서비스의 품질 측정에 대해 논의한다. 먼저, 영상 품질 열화 항목들에 대해 전반적으로 살펴 본 후, 열화 정도를 측정하기 위한 기본적 배경 지식을 설명한다. 이어서 각 영상 품질 열화 항목의 열화 정도를 측정하는 방법에 대해 자세히 살펴보기로 한다.

7.3.1 영상 품질 열화 항목

IPTV 사업이 본격적으로 시작되면서 한 사업자의 단일 인프라를 통해 트리플 플레이 서비스(Triple Play Service)로 일컬어지는 영상, 오디오, 데이터의 통합 서비스가 가능해졌다[4]. 이에 따라 서비스 공급자 별로 다양한 종류의 서비스 상품 구성이 가능한데 시각적 정보를 제공하는 서비스 특성상 영상 서비스는 그 중 핵심이라고 할 수 있다. 따라서 안정된 IPTV 서비스를 위해 영상 서비스에 대한 품질 열화 측정은 매우 중요하다. 이를 위하여 사용자의 주관적 평가에 영향을 줄 수 있는 영상 서비스 품질 열화 항목들을 다음과 같이 정의할 수 있다[1].

1. Block distortion : 블록 기반의 부호화에 의해 시각적으로 블록 경계가 느껴지는 현상을 말하며, tiling이라고도 한다.
2. Blurring : 손실 압축에 의해 고주파 성분이 제거되어 영상 전체적으로 에지(edge)의 sharpness가 감소하는 현상을 의미한다.
3. Smearing : 영상 내 부분적으로 빠른 객체의 움직임에 의해 blurring이 발생하는 현상을 의미한다.
4. Color error : 부호화나 전송 오류로 인해 원본 영상에는 존재하지 않는 hue나 saturation[6] 값이 발생하여 영상이 부분적 또는 전체적으로 왜곡되는 현상을 의미한다.
5. Edge busyness : 영상 내 객체(object)의 에지나 에지 주변에서 발생하는 왜곡 현상을 의미하며, 시공간 변이에 따라 temporal edge noise와 spatial edge noise로 나눌 수 있다.
6. Mosquito noise : 영상 내 객체의 움직임에 의해 발생하는 edge busyness의 한 종류이며 객체 위에 얼룩과 같은 형태로 나타난다.
7. Error blocks : block distortion의 한 종류이며, 원본 영상에 존재하지 않는 블록이 한 개 이상 나타나는 열화 현상을 의미한다.
8. Jerkiness : 패킷 손실에 의해 영상 프레임이 손실되어 전송된 영상이 스냅샷(snapshot)과 같이 끊겨서 나타나는 열화 현상을 의미한다.
9. Frame freezing : 패킷 지연에 의해 가장 최근에 전송된 영상 프레임이 일정 시간동안 반복되어 재생되므로 마치 영상이 멈춰있는 것과 같은 현상을 보인다.

위와 같이 다양한 영상 품질 열화 항목들은 주로 압축 및 응용이나 네트워크 서비스 품질(Quality of Service, QoS)에 의해 결정된다. 예를 들어, 네트워크 서비스 품질

그림 7.2 서비스 품질과 체감 품질의 관계

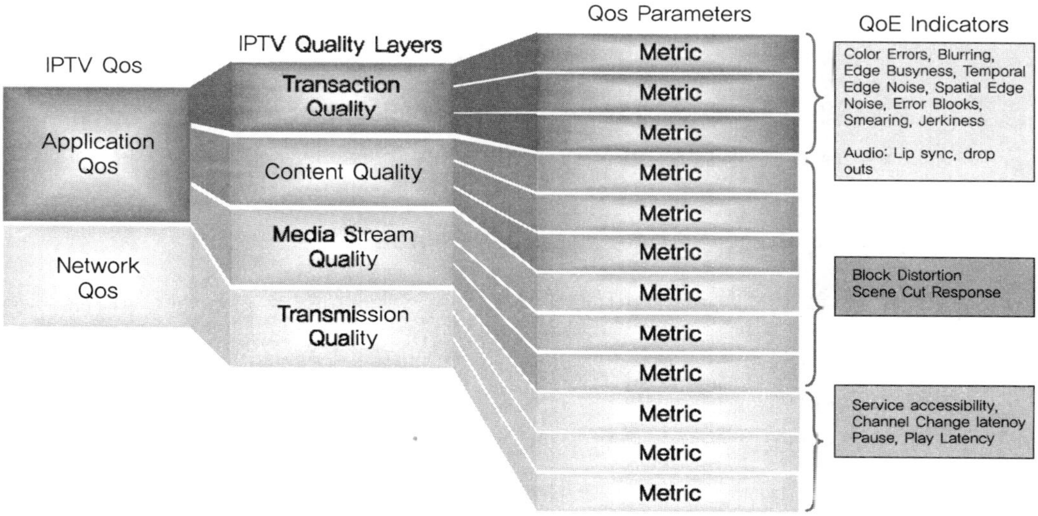

그림 7.3 서비스 품질과 체감 품질의 관계

을 결정하는 패킷 손실 및 지연, out of order 등의 파라미터는 block distortion, color error 등과 같은 영상 품질 열화를 발생시킨다. 그림 7.2는 네트워크 서비스 품질에 의해 발생하는 영상 품질 열화의 예를 보여주고 있다.

그림 7.3은 서비스 품질의 종류와 체감 품질(Quality of Experience; QoE)의 관계를 나타내고 있다.

7.3.2 품질 측정을 위한 영상 특징 추출

영상 품질을 측정하는 방법은 아직 국제적으로 표준화 되지 않았기 때문에 다양한 방법이 사용되고 있다. 이 절에서는 그림 7.4와 같이 영상 품질 열화 측정을 위해 영상

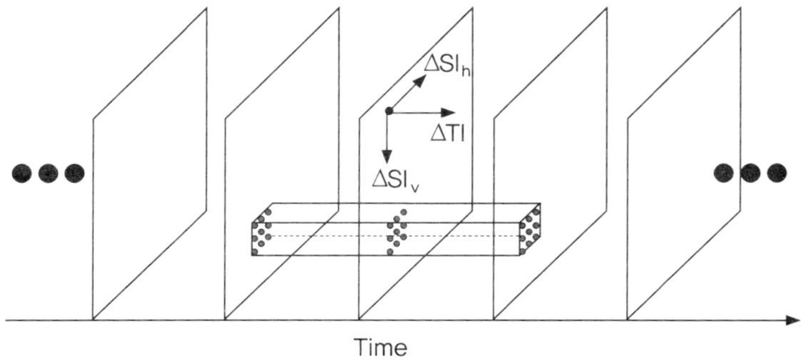

그림 7.4 영상의 시공간적 정보

의 시공간적 특징을 추출하는 방법을 논의하고 이를 위해 에지 정보와 차영상을 획득하는 방법에 대해 자세히 살펴 본다[5].

(1) 공간적 특징(Spatial Information(SI) Feature)

영상의 한 프레임에서 공간적 특징을 추출하기 위해서 에지 추출에 가장 널리 쓰이는 Sobel 마스크[6]를 적용한다. 각 이미지 픽셀 중 그림 7.5에서 보여주고 있는 수평, 수직 방향으로 Sobel 마스크를 적용하여 에지의 크기와 방향을 얻는다. 이렇게 구한 에지의 크기와 방향을 바탕으로 에지 이미지의 평균 크기나 방향의 분포 등을 이용하여 block distortion, blurring, edge busyness와 같은 영상 열화 항목에 대한 열화 정도를 측정 할 수 있다.

Sobel 마스크를 이용하여 에지의 크기와 방향을 구하는 과정은 다음과 같다. 먼저, 각 방향의 Sobel 마스크와 이미지의 콘볼루션(convolution)을 바탕으로 각 방향의 그레디언트(gradient)를 아래와 같이 구한다.

$$SI_h(x, y) = \sum_{i=-1}^{1} \sum_{j=-1}^{1} I(x+i, y+j)\, S_h(i+1, j+1) \tag{7.1}$$

−1	−2	−1
0	0	0
1	2	1

Sobel vertical mask

−1	0	1
−2	0	2
−1	0	1

Sobel horizontal mask

그림 7.5 Sobel 마스크

원본 이미지　　　　에지 추출 결과 이미지

그림 7.6 에지 추출 결과

$$SI_v(x, y) = \sum_{i=-1}^{1} \sum_{j=-1}^{1} I(x+i, y+j)\, S_v(i+1, j+1) \tag{7.2}$$

여기서 $I(x, y)$는 (x, y)좌표에서 이미지의 밝기를 의미하며, S_h와 S_v는 각각 수평, 수직 방향의 Sobel 마스크를 의미한다. 이를 바탕으로 각 이미지 픽셀에서의 에지의 크기와 방향은 아래와 같이 구할 수 있다. 그림 7.6은 에지 추출 결과를 보여주고 있다.

$$SI_M(x, y) = \sqrt{SI_h^2(x, y) + SI_v^2(x, y)} \tag{7.3}$$

$$SI_\theta(x, y) = \tan^{-1}\left(\frac{SI_v(x, y)}{SI_h(x, y)}\right) \tag{7.4}$$

에지의 크기와 방향을 이용하여 영상 품질 열화 정도를 손쉽게 측정할 수 있다. 예를 들어, 원본 이미지와 열화된 이미지의 에지 크기의 평균과 표준 편차를 비교하여 그 차이 값을 열화 정도로 표현할 수 있다. 또한, 에지 방향 분포의 차이를 이용하여 열화 정도를 표현할 수도 있다. 아래의 식은 에지 크기의 평균과 표준편차를 구하는 과정을 보여 준다.

$$SI_{mean} = \frac{1}{N} \sum_x \sum_y SI_M(x, y) \tag{7.5}$$

$$SI_{std} = \sqrt{\frac{1}{N} \sum_x \sum_y (SI_M(x, y) - SI_{mean})^2} \tag{7.6}$$

(2) 시간적 특징(Temporal Information(TI) Feature)

영상의 시간적 특징을 추출하기 위해서 연속하는 두 프레임의 모든 픽셀에 대하여 밝기 차이를 구한다. 차이가 일정한 값 이상인 픽셀을 통해 영상 내 움직임이 발생하는

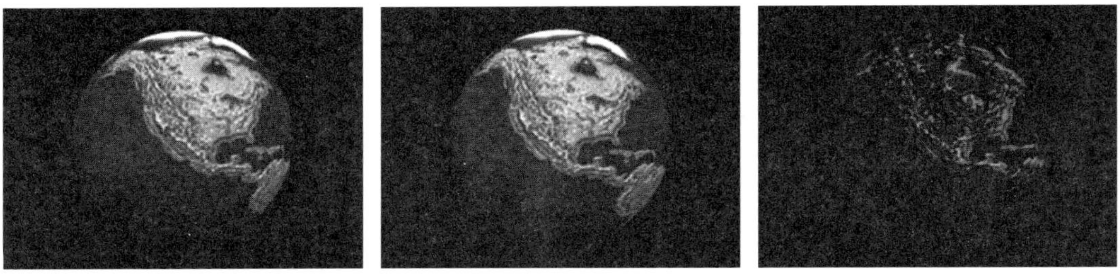

Frame n　　Frame n-1　　TI

그림 7.7 차영상 추출 결과

부분을 알 수 있다. 아래의 그림은 회전하는 지구 영상에 대해 연속하는 두 프레임의 차영상을 구한 예를 보여주고 있다. 그림에서 알 수 있듯이 프레임간 움직임의 변화가 많이 나타나는 부분이 차영상에서 밝게 나타나고 있음을 알 수 있다.

이와 같이 영상의 시간적 특징을 이용하여 시간과 관계된 열화 항목인 jerkiness, frame freezing, error blocks 등에 대한 열화 정도 측정이 가능하다.

연속하는 두 프레임에 대한 차영상은 모든 픽셀의 밝기 차이를 이용하여 다음과 같이 구할 수 있다.

$$TI_n(x, y) = \left|I_n(x, y) - I_{n-1}(x, y)\right| \tag{7.7}$$

여기서 $I_n(x, y)$와 $I_{n-1}(x, y)$은 각각 n번째 프레임과 n−1번째 프레임의 (x, y)좌표에서의 밝기 값을 의미한다. 공간적 특징과 마찬가지로 원본 영상과 열화된 영상의 차영상 평균과 표준편차 값의 차이는 열화 정도를 측정하는데 유용하게 사용될 수 있다. 아래의 식은 차영상의 평균과 표준편차를 구하는 과정을 보여주고 있다.

$$TI_{mean} = \frac{1}{N}\sum_x\sum_y TI_n(x, y) \tag{7.8}$$

$$TI_{std} = \sqrt{\frac{1}{N}\sum_x\sum_y \left(TI_n(x, y) - TI_{mean}\right)^2} \tag{7.9}$$

이를 바탕으로 시간적 특징의 실효값(Root Mean Square; RMS) 또한 영상 품질 열화 정도를 측정하는 지표로 사용될 수 있으며 다음과 같이 구할 수 있다.

$$TI_s = \sqrt{TI^2{}_{mean} + TI^2{}_{std}} \tag{7.10}$$

7.3.3 항목별 열화 측정 방법

앞 절에서 살펴 본 영상의 시공간적 특징을 바탕으로 다양한 영상 품질 열화 항목에 대한 측정이 가능하다. 열화 정도는 원본 영상과 열화된 영상의 각 항목에 대한 측정 결과 값의 차이를 이용하여 다음과 같이 나타낼 수 있다.

$$D = \frac{|P-S|}{S} \tag{7.11}$$

여기서 P는 열화된 영상에서의 항목별 측정 결과 값을 의미하고, S는 원본 영상에서의 항목별 측정 결과 값을 의미한다. 열화 정도를 나타내는 D값이 클수록 원본 영상과 열화된 영상간의 품질 차이가 크다는 것을 의미한다. 아직 영상 품질 측정 방법에 대한 국제적 표준화가 이루어지지 않은 상태이기 때문에 이 절에서는 시공간 특징을 이용하여 몇몇 항목에 대한 간단한 측정 방법에 대해 논의하고 관련된 기존 연구를 소개한다.

(1) Blurring 측정 방법

Blurring은 손실 압축 시 고주파 성분이 제거되어 에지의 sharpness가 감소되는 현상으로 주로 부호화 과정에서 발생한다. Blurring이 발생하면 에지의 크기가 변하기 때문에 공간적 특징인 SI 파라미터를 이용하여 쉽게 측정이 가능하다. 그림 7.8은 원본 영상과 blurring이 발생한 영상의 에지 추출 결과를 보여주고 있다. 그림에서 알 수 있듯이 열화된 영상에서는 에지의 shaprness가 감소되기 때문에 에지 크기 이미지의 밝기가 감소한다. 이와 같은 Blurring 열화 현상은 다음과 같은 과정을 통해 측정할 수 있다.

- 식(7.6)에서 정의된 SI_{std} 값을 blurring 측정 기준으로 이용한다.
- 원본 영상과 열화된 영상의 이미지 프레임에 대하여 SI_{std} 값을 각각 구한다. 이때 Blurring은 전역적으로 발생하기 때문에 계산의 효율성을 위하여 특정 부분을 선택하여 해당 부분에 대해서만 SI_{std} 값을 구하여도 문제없다.
- 매 프레임마다 원본 영상과 열화 된 영상의 SI_{std} 값을 식(7.11)에 적용하여 blurring 에 의한 열화 정도를 측정한다.

Blurring 측정에 대한 기존 연구를 살펴 보면, Tong 등은 영상 처리 기법인 웨이블릿(wavelet)을 사용하여 주파수 성분을 분석하여 blurring 정도를 측정하였다[7]. 그 밖의 Marziliano 등은 blurring이 발생하면 영상에서 에지의 너비가 변하기 때문에 이를

원본 영상(왼쪽)과 열화된 영상(오른쪽)

원본 영상과 열화된 영상에 대한 에지 추출 결과

그림 7.8 Blurring 열화 현상

이용하여 blurring을 측정하였다[8].

(2) Block distortion 측정 방법

Block distortion은 인지적으로 가장 쉽게 느껴지는 열화 현상의 한 종류로 블록 기반의 부호화 과정이나 전송 오류에 의해 시각적으로 블록의 경계가 느껴지는 현상을 의미한다. 먼저, 부호화에 의해 발생하는 열화(tiling이라고도 함)를 살펴보면 움직임 벡터를 예측하고 블록을 매칭(matching)하는 과정에서 필연적으로 수평/수직 방향으로의 강한 에지 성분이 생성된다. 따라서 다음과 같이 에지 방향의 분포 변화를 이용하여 열화 정도를 측정할 수 있다.

- 에지 방향에 대한 분포를 얻기 위해 식(7.4)에서 정의된 SI_θ 값을 이용한다.
- 원본 영상과 열화된 영상의 이미지 프레임에 대하여 각각 수평/수직 방향 에지 성분의 비율을 아래와 같이 구한다.

$$R_\theta = \frac{E_h + E_v}{E_{total}} \tag{7.12}$$

여기서 E_{total}은 임계값 이상의 크기를 갖는 에지의 개수를 의미하며, E_h와 E_v는 각각 수평/수직 방향 에지의 개수를 의미한다.

- 원본 영상과 열화된 영상의 R_θ 값을 식(7.11)에 적용하여 부호화에 의한 blocking distortion을 측정한다.

그림 7.9는 부호화에 의한 block distortion 현상의 예를 보여주고 있다. (SI_h, SI_v)의 분포도를 살펴보면, block distortion이 발생한 영상에서 수평/수직 방향 에지의 비율이 증가하고 있음을 확인할 수 있다.

Block distortion은 부호화뿐만 아니라 전송 오류에 의해 발생하기도 한다. 전송 오류에 의한 패킷 손실은 프레임 정보의 심각한 손상을 가져오기 때문에 원본 영상에 존재하지 않는 블록들이 나타나게 된다(error block이라고도 함). 그림 7.10은 패킷 손실

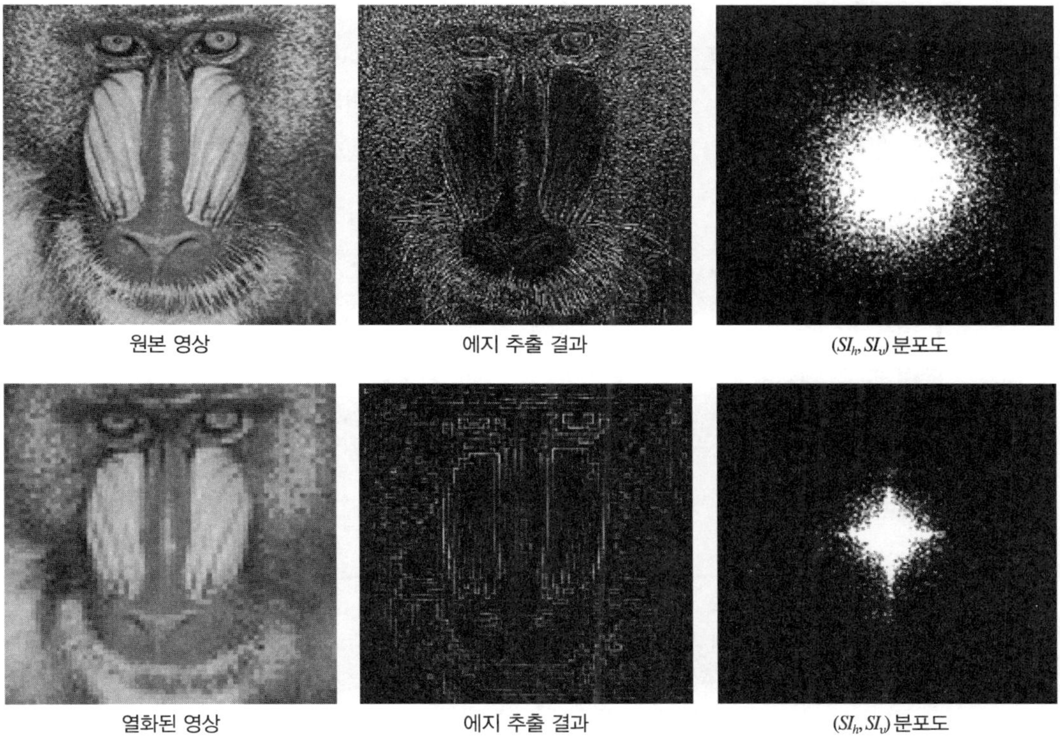

그림 7.9 Block distortion 현상

B프레임에서 손실이 발생한 경우　　　I프레임에서 손실이 발생한 경우

그림 7.10 패킷 손실에 의한 화질 열화의 예

에 의해 block distortion이 발생하는 예를 보여주고 있다. 그림에서 알 수 있듯이 한 개의 패킷이 손실되더라도 이질적인 블록에 의해 화질이 크게 저하되기 때문에 이에 대한 정확한 측정이 필요하다.

Block distortion 측정에 대한 많은 연구가 이루어져 왔으나, 대부분은 부호화에 의한 열화만을 고려하고 있다. [9]의 연구에서는 그림 7.10에서 확인할 수 있듯이 패킷 손실이 발생한 블록은 원본 영상과 다른 색상으로 표현되기 때문에 주변과의 밝기 차이가 원본 영상과는 다르게 나타난다는 관찰 결과를 이용해 수평/수직 방향 에지에서

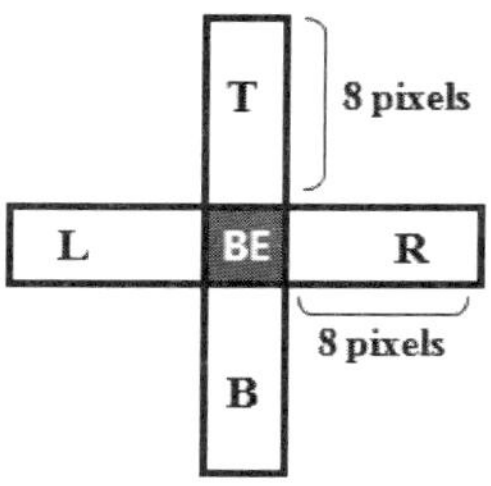

$$Avg_{Top} = \frac{1}{8}\sum_{k\in T} I(x,k)$$

$$Avg_{Bottom} = \frac{1}{8}\sum_{k\in B} I(x,k)$$

$$Avg_{Left} = \frac{1}{8}\sum_{k\in L} I(k,y)$$

$$Avg_{Right} = \frac{1}{8}\sum_{k\in R} I(k,y)$$

▪ $I(x,y)$: intensity at (x,y)

$$Diff_v = |Avg_{Top} - Avg_{Bottom}|$$

$$Diff_h = |Avg_{Left} - Avg_{Right}|$$

$$if\ (Diff_v > Diff_h)\quad weight(x,y) = Diff_v / 255$$
$$otherwise,\quad weight(x,y) = Diff_h / 255$$

그림 7.11 블록 경계 픽셀에서 가중치 구하는 방법 [9]

주변 픽셀의 밝기 값의 차이를 해당 블록 경계 픽셀의 가중치로 적용하여 열화 정도를 측정한다. 그림 7.11은 블록 경계 픽셀의 가중치를 결정하는 방법을 보여주고 있다. 최종적으로 이미지 프레임 내에 존재하는 모든 블록 경계 픽셀의 가중치를 합산하면 해당 영상의 block distortion의 정도를 측정할 수 있게 된다.

$$blockiness = \sum_{(x,\, y) \in BE} weight(x, y) \tag{7.13}$$

여기서 BE는 블록 경계 픽셀을 의미한다. 원본 영상과 열화된 영상에서 각각 *blockiness*를 구하고 이를 식(7.11)에 적용하여 전송 오류에 의한 block distortion의 정도를 측정한다.

(3) Color error 측정 방법

Color error는 일반적으로 부호화나 전송 오류에 의해 원본 영상에는 존재하지 않는 hue나 saturation 성분이 발생하여 영상에 부자연스러움을 주는 현상을 말한다. Color error에 대한 연구는 blurring이나 block distortion에 비해 활발히 진행되지 않았기 때문에 측정 기준 및 방법을 결정하는데 어려움이 있다. [10]의 저자는 부호화 과정에서 손실 압축으로 발생할 수 있는 색상 정보의 감소 정도를 측정하는 방법을 제안하였다. RGB 색상 요소에 의해 다음과 같이 정의되는 두 축에 대한 평균과 표준편차를 이용하여 color error 정도를 측정한다.

$$M = \sqrt{\sigma_\alpha^2 + \sigma_\beta^2} + 0.3\sqrt{\mu_\alpha^2 + \mu_\beta^2}\,,\ where\, \alpha = R - G,\ \beta = (R + G) \tag{7.14}$$

여기서 μ와 σ는 각각 평균과 표준편차를 의미한다. 원본 영상과 열화된 영상의 M

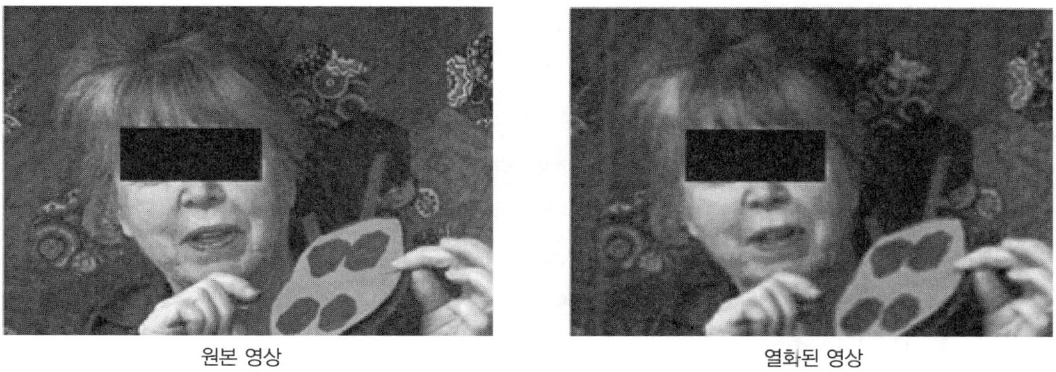

원본 영상　　　열화된 영상

그림 7.12 부호화 과정에서 색상 정보가 손실된 예

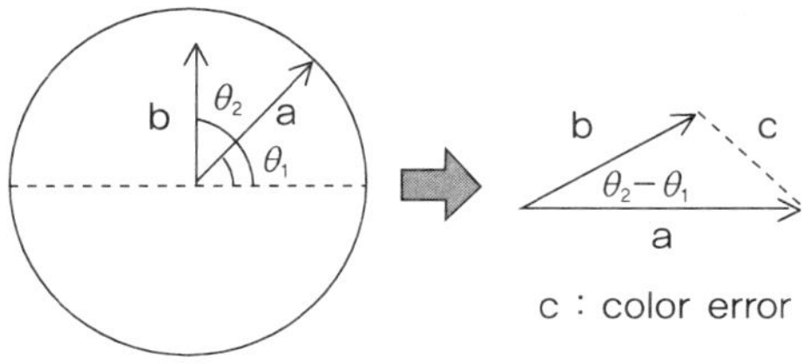

그림 7.13 Color error 측정 방법

값을 식(7.11)에 적용하여 color error 정도를 측정 할 수 있다. 그림 7.12는 부호화 과정에서 색상 정보가 손상된 예를 보여주고 있다.

패킷 손실은 해당 블록의 색상을 심각하게 변화시키기 때문에 color error를 발생시킬 수 있다. 이러한 전송 오류에 의한 color error를 측정하기 위한 방법으로는 HSI 색상 모델에서 원본 영상과 열화된 영상의 각도와 크기 차이를 이용하는 방법이 있다 [9]. HSI 색상 모델에서 hue와 saturation은 각각 색상 벡터의 각도와 길이를 표현하기 때문에 다음과 같이 color error를 표현 할 수 있다.

여기서 a와 b는 각각 원본 영상과 열화된 영상의 평균 saturation을 의미하며, θ_1과 θ_2는 각각 원본 영상과 열화된 영상의 평균 hue를 의미한다. 그림에서 알 수 있듯이 원본 영상과 열화된 영상의 차이를 나타내고 있는 c값을 color error로 정의하고 다음과 같이 표현할 수 있다.

$$c = \sqrt{a^2 + b^2 - 2abcos\theta_d}, \ where \ \theta_d = \theta_2 - \theta_1 \tag{7.15}$$

식(7.15)의 c값이 클수록 color error가 크다는 것을 의미한다.

(4) Edge busyness 측정 방법

Edge busyness는 영상 내 객체의 에지나 에지 주변에서 발생하는 왜곡 현상을 의미하며 blurring, block distortion 등 다양한 열화 현상에 의해 발생한다. Edge busyness는 공간적 측면과 시간적 측면으로 나누어 볼 수 있다. 공간적으로 발생하는 edge busyness의 경우는 blurring 측정 방법과 같이 원본 영상과 열화된 영상에 대하여 각각 SI_{std} 값을 구하여 식(7.11)에 적용하면 열화정도를 손쉽게 측정할 수 있다. 시간적 측면에서 발생하는 edge busyness는 주로 전송과정 중에 발생하며 나타나는 현상은 그림 7.14와 같다.

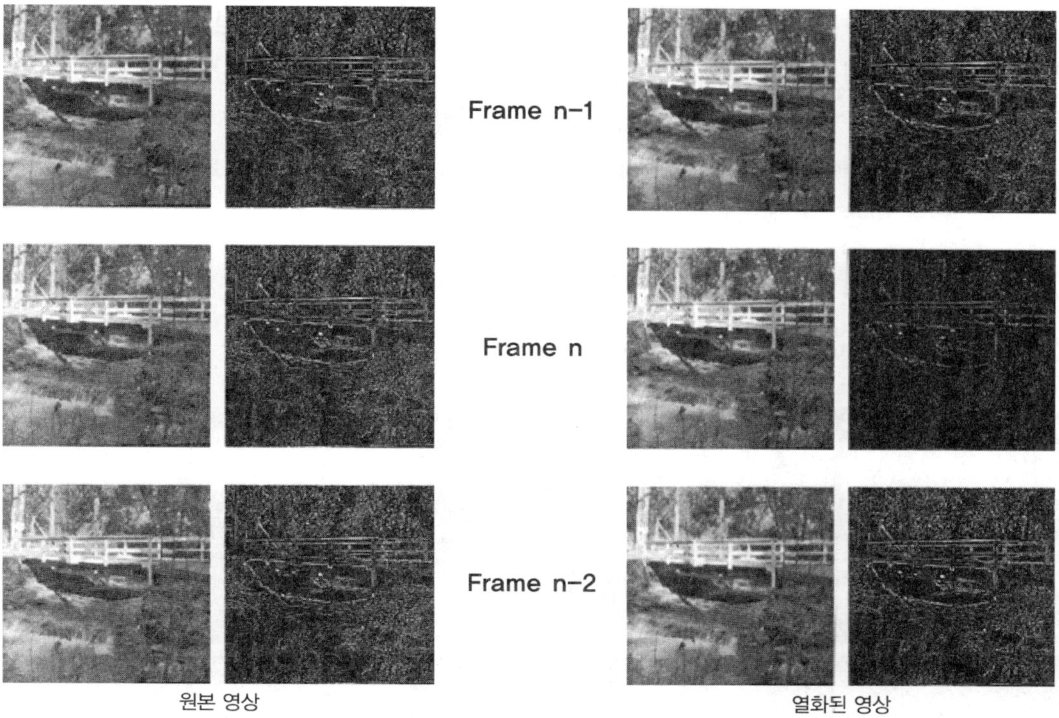

그림 7.14 Temporal edge busyness가 발생한 예

그림 7.14에서는 원본 영상에 비해 열화된 영상의 n번째 프레임에서 에지의 크기가 감소하였음을 볼 수 있다. IPTV 서비스에서는 주로 사용자가 급증하는 등 네트워크 상태가 불안정할 때 패킷 손실에 의한 시간적 edge busyness 열화가 발생한다. 시간적 edge busyness는 공간적 edge busyness 정보를 시간 축에서 축적하여 비교함으로써 다음과 같이 간단히 측정할 수 있다.

- 원본 영상과 열화된 영상의 SI_{std} 값을 매 프레임마다 구한다.
- 각각의 SI_{std} 값을 식(7.11)에 적용하여 시간 축에서 그 값이 크게 변하는 지점을 시간적 edge busyness가 발생한 프레임으로 추출한다.

(5) Frame freezing 측정 방법

Frame freezing은 주로 전송 오류에 의해 발생하는 열화 현상으로 패킷이 지연되어 가장 최근에 도착한 프레임이 반복되어 재생되는 현상을 의미한다. Frame freezing이 발생하면 사용자는 길게는 수초 동안 정지된 영상을 시청해야 하기 때문에 시청 경험이 크게 저하된다. Frame freezing 측정은 기본적으로 영상 내 움직임 차이를 이용한다. 패킷 지연에 의해 동일한 프레임이 9 프레임 구간 동안 재생되었다고 가정하면, 9 프레임 이후에 나타나는 프레임은 이전 9 프레임 구간 동안의 움직임이 축적되어 나타나기 때문에 이전 프레임과 차영상을 구하면 큰 움직임을 보이게 된다. 이와 같은 특징을 이용하여 frame freezing은 다음과 같이 측정할 수 있다.

- 식(7.10)에 정의된 TI_s를 frame freezing 측정 기준으로 이용한다.
- 매 프레임 마다 원본 영상과 열화된 영상의 TI_s를 구하여 식(7.11)에 적용하고 시간

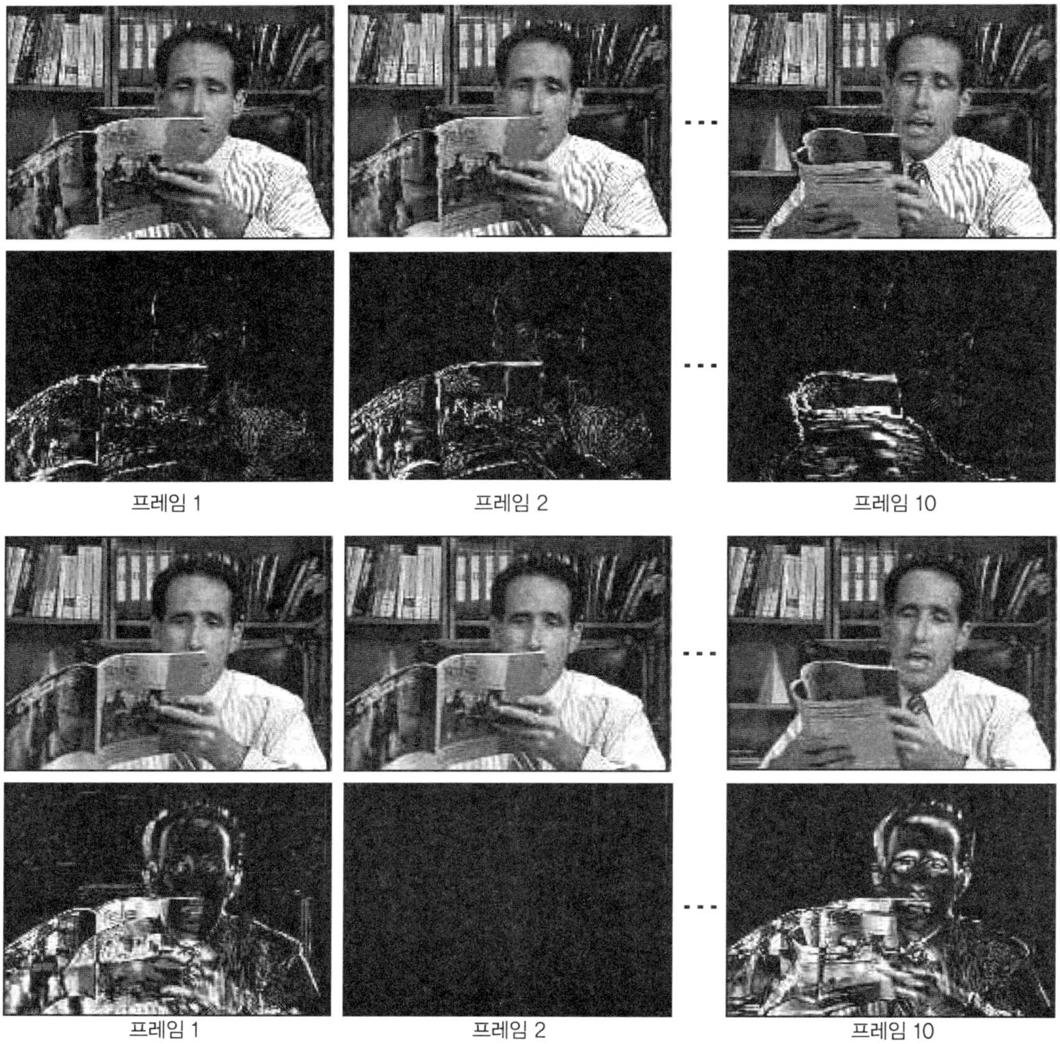

그림 7.15 Frame freezing이 발생한 예(위 : 원본 영상, 아래 : 열화된 영상)

축에서 D 값의 변화를 조사한다.

- D 값이 정해진 임계값 보다 커지는 구간을 frame freezing이 발생한 구간으로 추출한다.

그림 7.15는 frame freezing이 발생했을 때 프레임간 움직임 차이를 보여주고 있다. 프레임 1부터 9까지 동일한 프레임을 전송하기 때문에 인접한 두 프레임 즉, 프레임 1과 2, 2와 3 등에서는 움직임 차이가 없으나, 프레임 10 구간에서 새로운 프레임이 전송되기 때문에 이전 프레임과 매우 큰 움직임 차이를 보이고 있다.

Frame freezing은 특히 모바일 환경에서 쉽게 발생한다. 사용자가 서로 다른 특성의 무선 채널 구간을 이동할 때 필연적으로 핸드오버 지터(handover jitter)가 발생하기 때문에 화면이 정지되거나 끊기는 현상을 느끼게 된다. 모바일 IPTV 환경에서 이와 같은 frame freezing을 측정하기 위한 한 방법으로 프레임을 하위 블록으로 나누어 각 블록의 색상 정보의 차이를 이용한 방법이 있다[11]. 인접한 두 프레임의 각 블록의 색상 정보 차이를 이용하여 frame freezing의 길이, 빈도, 컨텐츠에 포함된 움직임 정도를 측정한다. 이를 조합하여 최종적으로 영상의 열화 정도를 측정한다.

지금까지 영상 품질 열화 항목에 대한 측정 방법에 대해 간략히 살펴보았다. IPTV 서비스 구조에서 품질에 근거한 과금이 이루어지기 위해서는 서비스 되어지는 컨텐츠에 대한 정확한 품질 측정이 필수적이다. 따라서 영상 품질 열화 항목에 대한 측정 결과를 조합하여 최종적으로 컨텐츠에 대한 품질을 정의할 수 있는 기준이 필요하다. 그러나 사용자마다 같은 열화에도 느끼는 품질이 다르기 때문에 서비스 되어지는 컨텐츠에 대한 주관적 평가가 필요하다. 주관적 평가는 평가에 많은 시간이 필요하며, IPTV 사업자 입장에서는 방대한 가입자에 대해 모두 주관적 평가를 실시할 수 없다는 현실적인 문제점이 있다. 따라서 사용자가 느끼는 체감 품질을 정확히 반영할 수 있는 효율적인 품질 측정 방법이 필요하다. 이에 다음 장에서는 주관적 평가 결과를 잘 반영할 수 있는 객관적 품질 측정 기준을 수립하는 방법에 대해서 논의하도록 한다.

7.4 영상 품질 측정 메트릭(metric)

이 장에서는 앞 장에서 살펴 본 각 항목별 열화 측정 방법을 바탕으로 전반적인 영상 서비스 품질을 효율적으로 측정하기 위한 메트릭 설계 방법에 대해 논의한다. 설계된 영상 품질 측정 메트릭(Video Quality Metirc; VQM)의 측정 결과는 시청자의 주관적 화질 평가 결과와 높은 상관성을 유지해야 한다. 먼저, 영상 품질에 대한 객관적 화질 측정 방법에 대해 살펴본 후, 다양한 서비스 환경을 고려한 주관적 화질 평가 방법에 대해 살펴본다. 이어서 객관적 영상 품질 측정 메트릭의 설계 방법을 예를 들어 자세히 살펴보기로 한다.

7.4.1 객관적 화질 평가 방법

영상의 객관적 화질 평가 방법은 원본 영상의 유무에 따라서 전 기준법(Full Reference, FR), 감소 기준법(Reduced Reference, RR), 무 기준법(No Reference, NR)으로 나눌 수 있다[2](그림 7.16 참조). 전 기준법은 원본 영상과 열화된 영상이 모두 필요한 품질 측정 방법으로 PSNR(Peak Signal to Noise Ratio), MSE(Mean Squared Error)가 이에 속한다고 할 수 있다. 전 기준법은 원본 영상과 열화된 영상을 비교하여 화질을 측정하기 때문에 비교적 정확하게 인간이 인지하는 화질을 측정할 수 있다. 그러나 원본 영상과 열화된 영상에 대한 픽셀 단위의 계산으로 품질 측정에 많은 시간이 소요되는 단점이 있다. 감소 기준법은 원본 영상과 열화된 영상의 특징(feature)을 추출하여 이를 비교하는 방법으로 전 기준법에 비해 빠른 처리가 가능하다. 단방향 통신망의 경우 송신단에서 추출한 원본 영상의 특징들을 압축된 데이터와 함께 전송하게 된다. 수신단에서는 압축된 데이터를 복원하고 여기에서 수신 동영상의 특징을 추출한다. 이렇게 추출된 처리 영상의 특징과 송신단으로부터 전송받은 원본 영상의 특징을 비교하여 영상의 품질을 측정할 수 있다. 양방향 통신망의 경우 수신단에서 추출한 처리 영상의 특징을 귀환 채널을 통해 다시 송신측으로 전송하여 원본 영상의 특징과 비교하여 수신단에서의 영상 품질을 측정할 수 있다. 그러나 감소 기준법의 경우 단방향 통신망에서는 원본 영상 보다 큰 데이터를 전송해야 하기 때문에 대역폭이 더 많이 필요하며, 양방향 통신망에서는 영상의 특징을 전송하기 위한 별도의 채널이 필요하

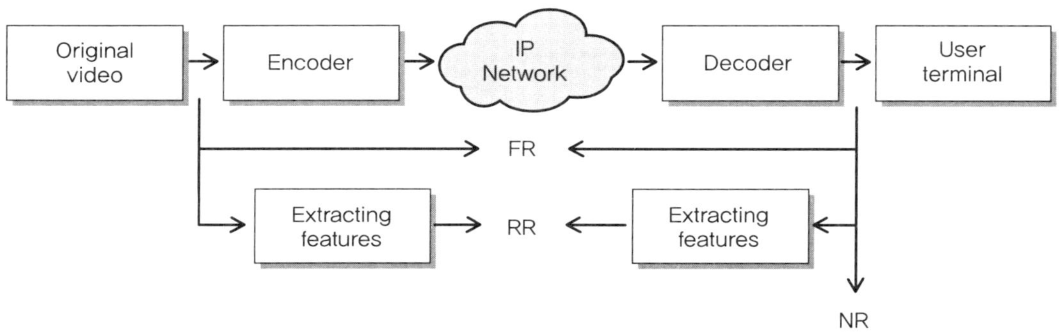

그림 7.16 객관적 화질 평가 방법

다는 단점이 있다. 무 기준법은 원본 영상의 정보를 사용하지 않고 열화된 영상만 사용하여 품질을 측정하는 방법으로 적용 범위가 광범위한 반면, 원본 영상에 대한 정보가 없기 때문에 정확한 평가가 어렵다는 단점이 있다. 그러나 부호화에 의한 열화만을 고려하였을 경우, 저비트율에서 블록 경계가 심하게 나타나는 현상 등을 이용해서 화질을 측정할 수 있다. 무 기준법의 경우 실시간 측정이 가능하기 때문에 향후 모바일 IPTV 품질 측정에도 널리 사용 될 수 있다.

그 밖에 현재 ITU(International Telecommunication Union)에서 P.NAMS/P.NBAMS로 표준화가 진행 중인 파라미터(parameter)를 이용한 품질 측정 방법이 있다[12]. 이 방법은 영상 정보 이외의 TS 헤더, RTP 헤더 등의 비트스트림 데이터 헤더 정보를 이용하여 영상 품질을 측정한다. 이와 같은 비트스트림 데이터 헤더 정보와 전송된 영상 정보를 함께 사용하여 품질을 측정하는 하이브리드(Hybrid) 방식 또한 국제적으로 표준화가 진행 중에 있다. 그림 7.17은 각각의 품질 측정 방법에 대한 구조를 나타내고 있다.

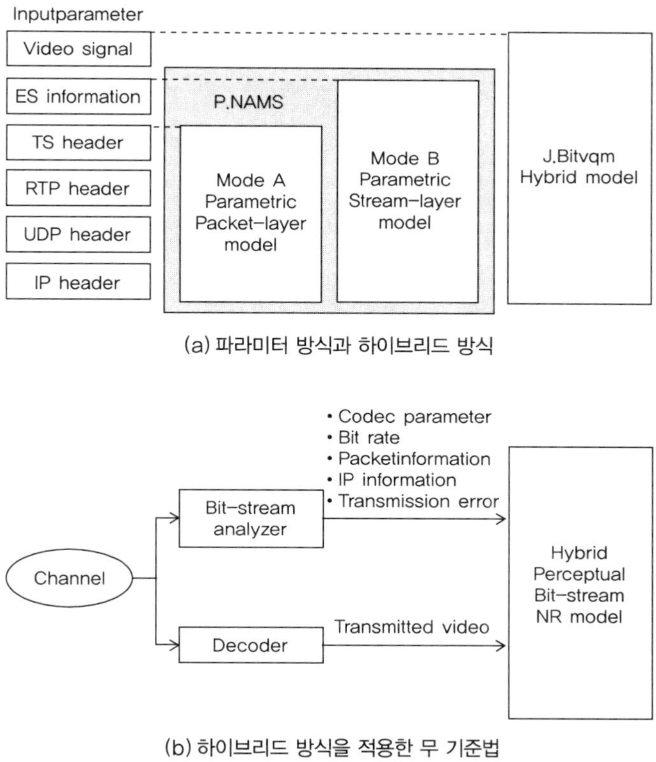

그림 7.17 다양한 객관적 화질 평가 방법

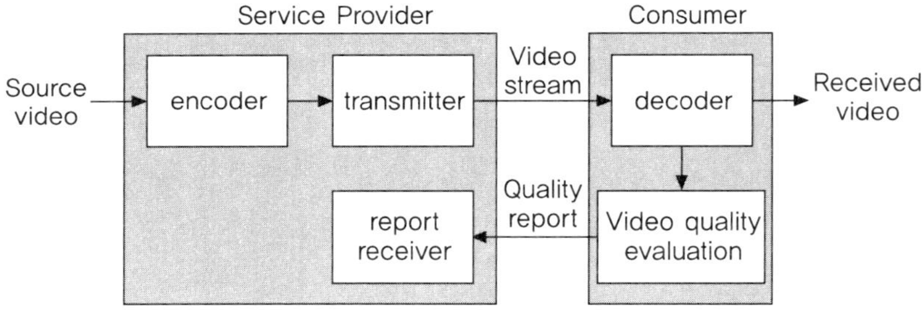

그림 7.18 귀환 채널을 이용한 영상 품질 측정

그림 7.17-(b)에서 알 수 있듯이 비트스트림에서 코덱, 전송에러 등에 대한 추가 정보를 추출하여 하이브리드 방식에 적용하면 무 기준법의 획기적인 성능 향상이 가능하다.

지금까지 다양한 객관적 화질 평가 방법에 대해 살펴보았다. 현재 IPTV 서비스 품질 관리를 위해 사용되어야 하는 품질 측정 방법에 대한 구체적인 표준 규격이 없기 때문에 앞에서 살펴 본 각 평가 방법이 실제 IPTV 서비스 구조 측면에서 어떻게 적용되는지에 대해 알아본다. 먼저, 수신 측에서나 송신 측에서 원본 영상과 전송된 영상을 모두 품질 측정에 이용하기 위해서는 별도의 전송 채널이 필요하다. 이를 위해 현재 서비스 되고 있는 영상에 대한 품질 관리를 위해 IPTV 서버 측에서는 귀환 채널을 통해 각 IPTV 단말에서 보내오는 품질 평가 결과를 수집하는 방법이 있다. 이 경우 단말 측에서 평가 결과를 전송하기 위해서는 적절한 전송 프로토콜이 별도로 요구되어 진다. 그림 7.18은 귀환 채널을 이용한 서비스 품질 관리의 구상도를 보여주고 있다[2].

전 기준법의 경우 영상 품질 측정을 위해 서버 측에서는 전송된 영상이 필요하고 단말 측에서는 원본 영상이 필요하기 때문에 영상 정보 전체를 전송할 별도의 채널이 필요하다. 서비스 사업자 측에서 이와 같은 큰 대역폭의 채널을 별도로 구축하여 사용하는 것은 무리가 있기 때문에 전 기준법에서는 귀환 채널을 이용한 품질 관리 적용이

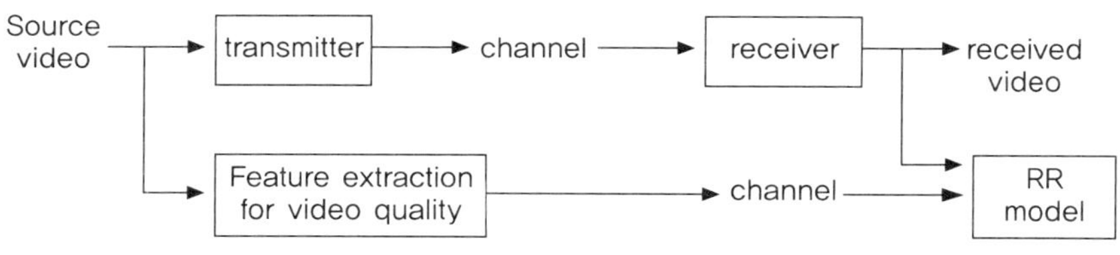

그림 7.19 감소 기준법에서의 영상 특징 전송

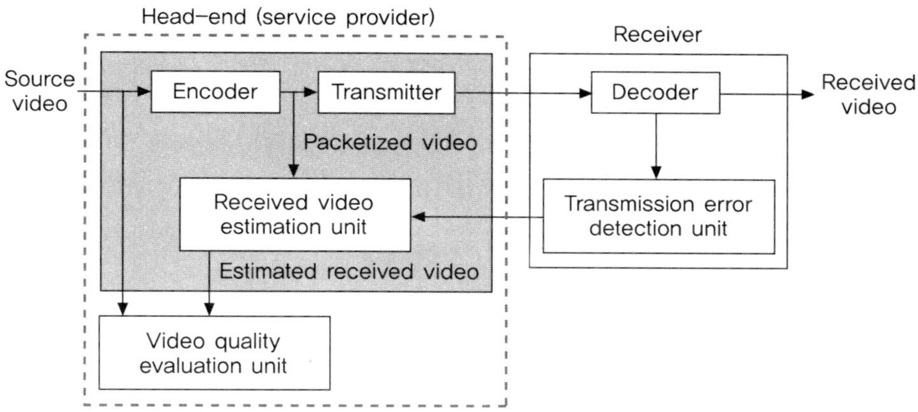

그림 7.20 전송 오류 검출을 이용한 영상 품질 측정 방법

어렵다고 할 수 있다. 그러나 감소 기준법의 경우 영상 정보 전체가 아닌 특징만을 이용하여 품질 측정을 수행하기 때문에 원본 영상에 대한 특징을 적은 대역폭을 사용하고 아래와 같이 별도의 채널을 이용하여 단말 측에 전송할 수 있다. 단말 측에서 추출된 열화된 영상의 특징들과 전송된 원본 영상의 특징을 이용하여 해당 영상의 품질을 평가한 후 귀환 채널을 이용하여 평가 결과를 서버 측에 전송한다.

무 기준법의 경우 영상 품질 측정 수행 시 원본 영상 정보가 필요 없기 때문에 귀환 채널 구조가 요구되지 않는다.

네트워크 기반의 패킷을 사용한 영상 정보 전송에서는 패킷 손실이나 지연에 의한 열화가 발생한다. 이러한 전송 오류를 검출할 수 있는 모듈이 단말 측에 있다면 귀환 채널을 통해 검출된 전송 오류 정보를 서버 측에 보내고 서비스 사업자는 이를 수집하여 현재 각 단말로 서비스 되어지는 영상의 열화 상태를 예측한다. 이를 바탕으로 원본 영상과 예측된 영상을 전 기준법이나 감소 기준법에 적용하여 영상 품질 측정을 수행한다. 또한, 예측된 영상 열화 상태로부터 문제점을 파악하고 시청자에게 보다 나은 서비스 품질을 제공할 수 있다. 그림 7.20은 전송 오류 정보를 이용한 화질 평가 방법의 구조를 나타내고 있다.

이와 같은 방법은 대역폭 사용을 최소화 하면서 수신측의 화질을 모니터링하는 것이 가능하며, IPTV 이외에도 네트워크 환경을 기반으로 하는 화상 전화, VoD 등에도 적용이 가능하다.

7.4.2 주관적 화질 평가 방법

객관적 영상 품질 측정 메트릭의 개발을 위해서는 다양한 서비스 환경을 고려한 주관적 화질 평가가 수행되어야 한다. 주관적 화질 평가는 평가자가 주어진 환경에서 직접 영상을 보고 화질을 평가하는 방법으로서 인간의 시각적인 인지 특성을 반영할 수 있는 가장 정확한 방법으로 알려져 있다. 먼저, 주관적 평가 결과에 영향을 미칠 수 있는 요인을 살펴보면 다음과 같다[13].

- 개인적 취향 및 예상(Individual interests and expectations): 시청자 마다 컨텐츠에 대한 개인적 취향이 모두 다르다. 예를 들어, 스포츠에 관심이 많은 시청자는 그렇지 않은 사람보다 스포츠 관련 영상을 평가할 때 열화에 민감하게 반응할 수 있다. 또한, 시청자는 다른 디스플레이 환경에서는 다른 화질을 예상한다. 예를 들어, HDTV에서 느낄 수 있는 화질과 모바일 기기의 작은 화면에서 느낄 수 있는 화질이 다를 것이라는 것을 이미 예상하고 있기 때문에 주관적 화질 평가 시 디스플레이 기기에 따른 선입견이 컨텐츠 화질 평가에 작용될 수 있다.

- 디스플레이 기기의 종류 및 특성(Display type and properties): 정보통신 기술의 발달로 현재 다양한 디스플레이 기기를 통한 컨텐츠 시청이 가능하다. 각각의 디스플레이 기기는 밝기, 밝기 대비, 색조, 해상도 등의 특성이 모두 다르기 때문에 주관적 평가 결과에 영향을 미칠 수 있다. 예를 들어, 부호화에 의한 열화(특히, block distortion)의 경우 CRT가 아닌 기기에서 더 잘 나타난다.
- 시청 조건(Viewing conditions): 시청 거리와 더불어 조명 환경은 주관적 평가에 크게 영향을 미친다. 지나치게 밝은 조명은 색상 대비가 약한 영상에 대한 민감도를 감소시킨다. 외부 빛에 의한 화면 반사 역시 주관적 화질 평가 결과에 크게 영향을 준다.
- 재생 영상에 대한 선호도(The fidelity of the reproduction): 재생된 영상은 꼭 원본과 같을 필요는 없다. 예를 들어, 애니메이션의 경우, 윤곽이 뚜렷하고 밝기 대비가 강할수록 호소력이 있다. 이와 비슷하게 시청자들은 대부분 다소 부자연스럽더라도 색상이 풍부하고(colorful) 포화된(saturated) 영상을 더 선호한다.

시청자가 느끼는 인지적 화질은 정확하게 수치적으로 정형화 할 수 없으며 통계적 방법에 의해서만 그 패턴을 분석할 수 있다. 따라서 이를 위한 다양한 주관적 평가 방법이 존재한다. 주관적 화질평가는 그 방법 및 목적에 따라 아래와 같이 나누어 살펴볼 수 있다.

(1) MOS(Mean Opinion Score)

MOS는 가장 간단한 주관적 평가 방법으로 평가자가 원본 영상과 열화된 영상을 보고 1~5점의 점수를 매기는 방식으로 모든 평가자의 점수에 대한 평균을 해당 영상의 품질로 간주한다.

이 방법은 ITU-T P.800에서 국제적으로 표준화된 주관적 평가 방법으로 평가 과정이 간단하기 때문에 영상 뿐만 아니라 음성 분야에서도 널리 사용되고 있다. 표 7.3은 열화 정도에 따른 MOS 점수표를 나타내고 있다.

(2) DSCQS(Double Stimulus Continuous Quality Scale)

DSCQS는 이중 자극 화질 척도법으로 ITU-R BT 500에서 표준화된 주관적 영상 품질 측정 방법 중 가장 우수한 평가 방법 중의 하나로 비교적 미세한 부분의 열화까지 평가가 가능하며, 컨텐츠 종류에 의한 주관적 품질 평가의 문맥 영향(Contextual effect)도 거의 없다[14]. DSCQS는 MOS와는 달리 원본 영상과 열화된 영상에 대해 차분 점수를 묻는 방식(Differential MOS; DMOS)으로 그 값이 0에 가까울수록 비교 영상의 열

표 7.3 MOS 점수 기준표

MOS	Quality	Impairment
5	Excellent	Imperceptible
4	Good	Perceptible but not annoying
3	Fair	Slightly annoying
2	Poor	Annoying
1	Bad	Very annoying

그림 7.21 MOS를 이용한 주관적 화질 평가 방법

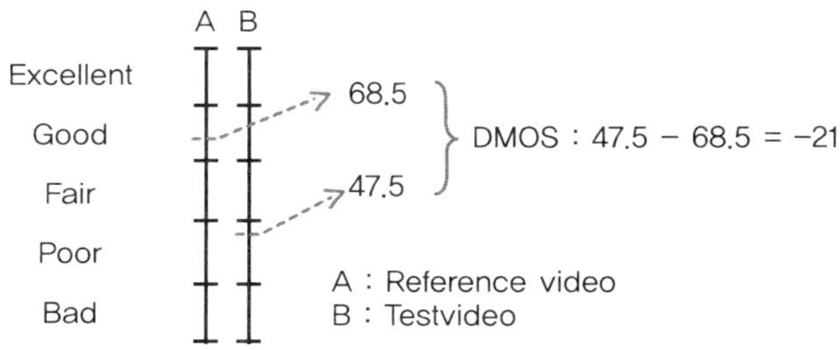

(a) 평가 스케일

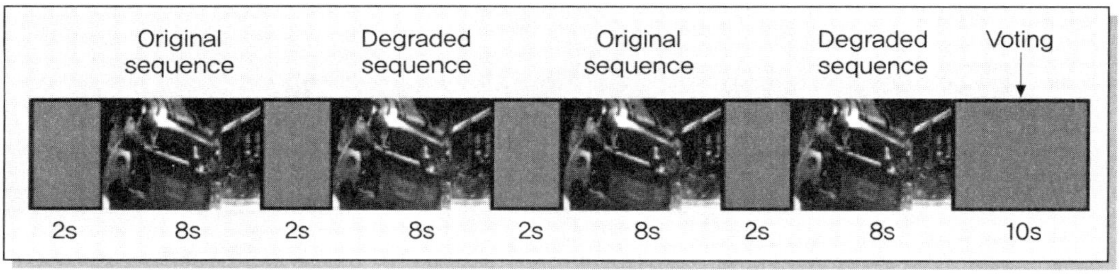

(b) 영상 품질 측정 순서

그림 7.22 DSCQS를 이용한 화질 평가 방법

화 정도가 적다는 것을 의미하는 것이고, 값이 클수록 비교 영상의 열화 정도가 심하다는 것을 의미한다. 평가 스케일은 MOS와 달리 연속적이며, 두 영상의 평가에 대한 차분 값을 이용하기 때문에 스케일의 최대값은 평가 결과에 크게 영향을 미치지 않는다. 그림 7.22는 DSCQS의 평가 스케일을 나타내고 있다.

그림에서 알 수 있듯이 비교 영상으로 원본 영상에 비해 열화된 영상을 사용하기 때문에 측정 결과 값은 항상 음수 값을 갖게 된다. 일반적으로 평가표에서 눈금은 각각 20단위로서 가장 아래에 표시된 선은 0점, 가장 위쪽에 표시된 선은 100점으로 환산된다. DSCQS 방법은 8초 길이의 원본 영상과 열화된 영상을 번갈아 두 번씩 보여 준 후 평가자로 하여금 화질을 평가하도록 한다. 영상을 보여줄 때 이전 영상에 대한 잔상으로 인해 현재 영상에 대한 평가가 영향 받지 않도록 영상의 재생이 끝나면 회색 영역을 2초간 삽입하여 보여 준다. 그림 7.22-(b)는 이와 같은 과정을 나태내고 있다.

(3) ACR(Absolute Category Rating)

멀티미디어 주관적 화질 평가 방법으로 이는 ITU 권고문 P.910에서 권장하는 방법으로서 현재 VQEG(Video Quality Expert Group)와 ITU를 중심으로 이루어지고 있는 멀티미디어 화질 평가 모델 개발에 사용되고 있다[15]. ACR 방법에서는 원본 영상과 처

표 7.4 ACR 점수 기준표

	Video 1	Video 2	Video 3	…	Video N
Excellent					
Good					
Fair					
Poor					
Bad					

리 영상을 무작위로 섞어놓고 각각의 영상을 한 번만 보여주고 평가자는 5가지 항목(Excellent, Good, Fair, Poor, Bad) 중 하나로 평가한다. 따라서 평가자는 원본 영상이 어떤 것인지 알 수 없다. 각각의 평가가 끝나면 모든 평가 결과의 평균을 구하여 해당

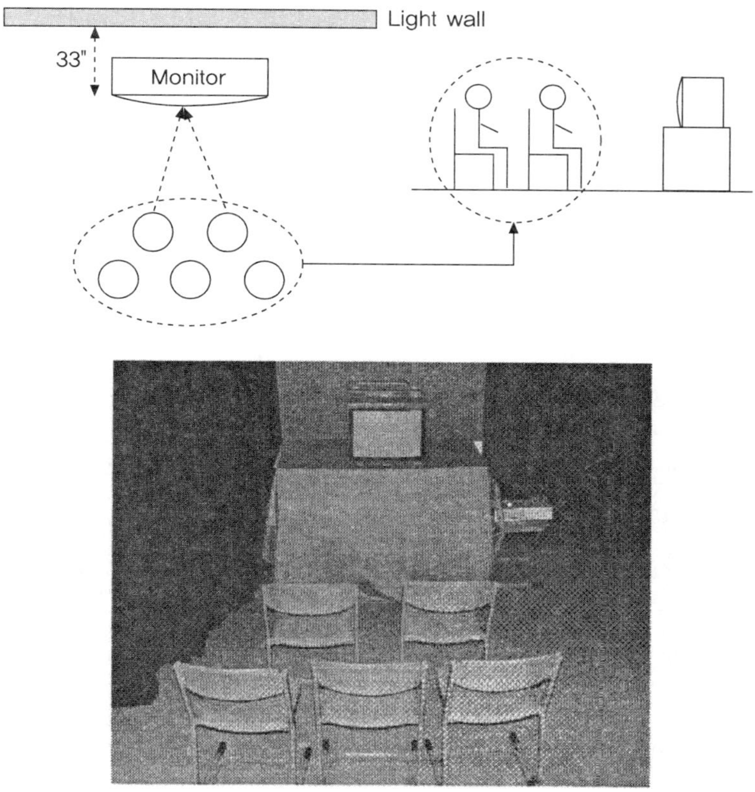

그림 7.23 주관적 평가를 위한 실험실 환경

Football　　Bike Race

그림 7.24 주관적 평가를 위한 실험 영상의 예

영상의 최종 화질을 측정한다. ACR은 DSCQS와 달리 모든 영상을 1회만 보여줌으로써 짧은 시간 내에 많은 수의 동영상을 평가할 수 있는 효율적인 방식이다. 아래의 표 7.4는 ACR 방식의 점수표를 보여주고 있다.

지금까지 살펴 본 주관적 화질 평가 방법을 이용하여 평가를 수행하기 위해서는 실험실 환경 역시 중요하다. 실험실 밝기, 화면의 밝기, 화면과 평가자의 거리, 시청 각도 등 정확한 화질 평가가 이루어지기 위해 필요한 다양한 시청 조건이 ITU-R BT 500에 상세하게 규정되어 있다. 이러한 규정에 따라 5명의 평가자가 동시에 화질 평가를 수행 할 수 있는 실험실을 그림 7.23과 같이 구성할 수 있다.

디스플레이 기기와 평가자의 거리는 화면 높이의 4배로 설정하였으며, 실험실의 조명은 모니터 뒤쪽의 조명벽(Light wall)을 사용한다. 이는 실험실의 조명이 평가자의 뒤쪽에 있거나 위쪽에 있을 경우 모니터의 화면에 조명이 반사되어 실험에 영향을 줄 수 있기 때문이다[16]. 실험실 환경 뿐만 아니라 평가에 사용되는 영상의 종류 또한 중요한 요소이다. VQEG에서는 이를 위해 총 160개의 원본-열화 영상을 제공하고 있다. 제공되는 동영상들은 다양한 움직임의 정도나 텍스처의 복잡도 등을 가지는 자연 영상 및 합성 영상으로 이루어져 있으며, 낮은 품질에서부터 매우 높은 품질의 영상을 고르게 포함하고 있다. 표 7.5는 몇몇 샘플 영상에 대한 이름 및 특징을 나타내고 있으며, 그림 7.24는 이 중 몇 영상들을 보여주고 있다.

평가자는 많을수록 좋지만 시간과 비용을 고려하여 일반적으로 20~30명 정도를 선정한다. 선정된 평가자는 평가 방식에 대해 충분히 인식할 수 있는 연령이어야 하며 색맹이나 색약자는 제외한다.

표 6.1 광고미디어로서의 IPTV와 타 매체간의 비교

Assigned number	Sequence	Characteristics	Source
1	Footbal	lOutdoor football match, with colour, motion, textured background	ITU
2	Autumn_Leaves	Autumn landscape with detailed colour, slowzooming	ITU
3	Betes_pas_Betes	Animation containing movement, colour and scene cuts	CBC/CRC
4	Park Fountain	Highly detailed park scene with water; downconverted from HDTV source	CDTV/CRC
5	Bike Race	Colour and rapid motion; downconverted from HDTV	CDTV/CRC
6	Paddle Boat	Colour, large water surface; downconverted from HDTV	Telesat Canada
7	Soccer Net	Neighbourhood soccer match, moderate motion; downcon verted from HDTV	CDTV/CRC
8	Water Child	Water amusement park; captured on DigiBetaCam	Teranex
9	1Fish2Fish	Amusement park ride with moderate motion, high detail, slow zoom; captured on DigiBetaCam	Teranex
10	Colour Kitchen	Colour, motion, moderately low illumination; captured on DigiBetaCam	Teranex
11	Woody 2	12fps traditional animation, converted to 24fps film and telecined to 480i/60	Universal Studios
12	Curious George	Detailed outdoor fountain fountain with camera zoom; captured on DigiBetaCam	Teranex
13	Apollo13 c2	Scene cuts from closeup of engine ignition, to distant wide shot, and back; film original telecined to 480i/60	Universal Studios
14	Rose	Closeup shot of a rose in light breeze; motion, colour and detail; captured on DigiBetaCam	Teranex
15	Street Scene	High detail, low motion; downconverted from HDTV	Telesat Canada
16	Monster Café	Slowly rotating statues, swaying tree branches; captured on DigiBetaCam	Teranex

7.4.3 객관적 화질 평가 모델 설계

앞서 살펴본 주관적 화질 평가는 인지적 특성을 가장 잘 반영한 영상 품질 측정 방법이지만 다수의 평가자가 정해진 실험 환경에서 직접 평가를 해야 하기 때문에 많은 시간과 비용이 요구된다. 평가자의 시청 성향이 모두 다르기 때문에 영상마다 다른 결과

가 나타날 수 있으며, 동일한 실험을 여러 번 반복해도 항상 같은 결과를 얻을 수는 없다. 따라서 실시간 응용이 불가능하기 때문에 실제 IPTV 서비스 구조에 적용하기는 힘들다. 이러한 문제를 해결하기 위해서 주관적 평가 결과를 잘 반영할 수 있는 객관적 화질 평가 모델이 필요하다. 그러나 인지적 특성을 정확히 반영하는 것은 매우 어려운 일이기 때문에 표준화가 활발히 이루어지지 않고 있다. 일반적으로 사용되고 있는 객관적 화질 평가 모델로는 크게 V-factor와 MDI(Media Delivery Index)가 있는데 다음에서 각각에 대해 간단히 살펴본다.

(1) V-factor

V-factor는 MPQM(Moving Pictures Quality Metric)을 이용하여 사람이 어떻게 화질을 인지하는지를 객관적으로 표현한 모델이다. MPQM은 먼저 입력으로 원본 영상과 열화된 영상을 받아들인다. 이후 원본 영상과 열화된 영상은 각각 Gabor 필터[17]에 의해 세부 채널로 분해된다. 17개의 spatial 필터와 2개의 temporal 필터에 의해 34개의 인지적 요소가 각각의 영상으로부터 계산된다. 다음으로 밝기 대비 민감도 함수(contrast sensitivity function)와 블록 기반 연산의 선형 조합(linear summation model of masking)을 바탕으로 열화된 영상의 모든 픽셀에 해당하는 영상 패턴 민감도(pattern sensitivity)를 측정한다. 계산된 값들은 블록 단위로 수집되며, 1개의 시간 정보와 2개의 공간 정보를 바탕으로 3차원 특징 벡터를 생성한다. 일반적으로 공간 정보에 초점을 맞추어 열화 정도를 측정하며 각 블록의 열화 정도는 다음과 같이 측정될 수 있다.

$$E = \left(\frac{1}{N}\sum_{c=1}^{N}\left(\frac{1}{N_x N_y N_t}\sum_{t=1}^{N_t}\sum_{y=1}^{N_y}\sum_{x=1}^{N_x}\left|e(x, y, t, c)\right|\right)^{\beta}\right)^{\frac{1}{\beta}} \tag{7.16}$$

여기서 $e(x, y, t, c)$는 (x, y)에서의 계산된 패턴 민감도를 의미하며, t는 채널 안에서의 현재 블록을 의미한다. N_x와 N_y는 각각 블록의 수평 · 수직 방향으로의 길이를 의미하며, N_t는 영상 내 블록의 개수를 의미한다. N은 채널의 개수를 의미하며, β는 일반적으로 4를 사용한다. 이를 바탕으로 최종적인 영상의 열화 정도는 아래와 같이 PSNR 개념을 이용하여 측정할 수 있다.

$$MPSNR = 10 \log \frac{255^2}{E^2} \tag{7.17}$$

여기서 MPSNR은 Masked PSNR을 의미한다. 이는 MOS와 같이 5단계 평가 결과로 아래와 같이 환산될 수 있다.

$$Q = \frac{5}{1+\gamma E} \tag{7.18}$$

주관적 평가를 통해 주어진 영상에 대한 Q 값을 알고 식(7.16)을 이용하여 E 값을 구하면 해당 영상에 대한 γ 값을 얻을 수 있다. 이를 바탕으로 다양한 주관적 평가 결과를 통해 통계적인 값을 얻어 사용한다.

(2) MDI(Media Delivery Index)

MDI는 IPTV의 네트워크 성능을 측정하는 지표이다. MDI는 지연 요소(Delay Factor, DF)와 미디어 손실 비율(Media Loss Rate, MLR)로 구성되어 있으며 콜론(:)을 이용하여 식(7.19)와 같이 표현한다.

$$MDI = DF{:}MLR \tag{7.19}$$

먼저 DF는 측정 지점에서 각 패킷이 도착한 시간으로부터 아래와 같이 계산된다.

$$DF = [\max(X) - \min(X)]/\mathit{media\ rate} \tag{7.20}$$

여기서 X는 가상 버퍼를 의미하며 |Bytes Received − Bytes Drained|를 계산하여 구할 수 있다. DF는 일정 시간 구간(보통 1초)동안 기록되며 이 구간이 끝나면 갱신된다.

MLR은 일정 시간 구간 동안 수신측에서 받아야 하는 패킷 수와 실제 받은 패킷 수를 이용하여 다음과 같이 구할 수 있다.

$$MLR = (P_E - P_R)/T \tag{7.21}$$

여기서 P_E와 P_R은 각각 전송 받아야 하는 패킷의 수와 실제 전송된 패킷의 수를 의미한다. T는 전송 시간 구간을 의미한다. 즉, MLR은 1초 동안 손실된 패킷의 수를 나타낸다.

아래의 그림은 이더넷 지터에 의한 네트워크 환경 열화를 보여주고 있다. 지터가 발생하지 않는 경우 미디어 전송 비율(media rate)이 3.75Mb/s로 일정하게 나타나고 있음을 확인할 수 있다. 그러나 지터가 발생한 경우 전송이 지연된 패킷에 의해 오버플로우(overflow)나 언더플로우(underflow)가 발생하여 화질 열화를 발생시킬 수 있다. 아래 그림의 경우 지터에 의한 MDI는 다음과 같이 계산될 수 있다. 1Mb의 오버플로우가 발생하기 때문에 이를 처리할 수 있는 1Mb의 가상 버퍼(X)가 필요하며, 패킷 손실은 발생하지 않기 때문에 MLR값은 0이다.

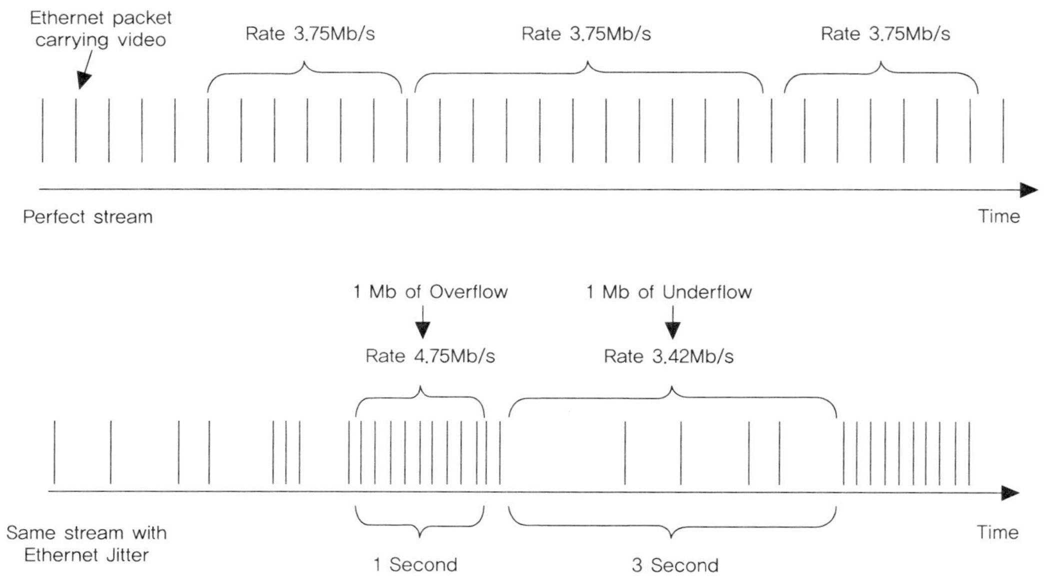

그림 7.25 지터가 발생한 경우 MDI 측정

$$DF = 1\text{Mb}(3.75\text{Mb}/s) = 0.267s \quad (7.22)$$

따라서 MDI는 0.267s:0으로 나타낼 수 있다.

지금까지 살펴 본 객관적 화질 평가 모델이 실제 주관적 평가 결과를 잘 반영하고 있는지에 대해 알아보기 위해 상관도를 조사한다. 일반적으로 사용되는 상호상관계수(Pearson Correlation Coefficient)는 다음과 같이 정의할 수 있다.

$$r = \frac{cov(x, y)}{\sigma_x \sigma_y} = \frac{n\sum xy - (\sum x)(\sum x)}{\sqrt{n(\sum x^2) - (\sum x)^2}\sqrt{n(\sum y^2) - (\sum y)^2}} \quad (7.23)$$

여기서 x는 객관적 화질 평가 모델을 이용한 결과값을 의미하며, y는 주관적 화질 평가 결과값을 의미한다. n은 총 평가결과의 수를 의미한다. 양의 방향으로 상관도가 높을수록 상관계수 r은 1에 가까운 값을 갖고, 음의 방향으로 상관도가 높을수록 상관계수 r은 -1에 가까운 값을 갖는다. 대부분의 객관적 화질 평가 모델은 화질이 좋지 않을수록 작은 결과값을 갖기 때문에 MOS를 이용한 주관적 평가 결과와 양의 상관관계를 갖는다. 따라서 상관계수 r값이 1에 가까울수록 해당하는 객관적 화질 평가 모델의 성능이 우수하다고 할 수 있다. 그림 7.26은 전 기준법과 감소 기준법을 바탕으로 영상의 해상도별 상관도를 조사한 실험한 결과이다.

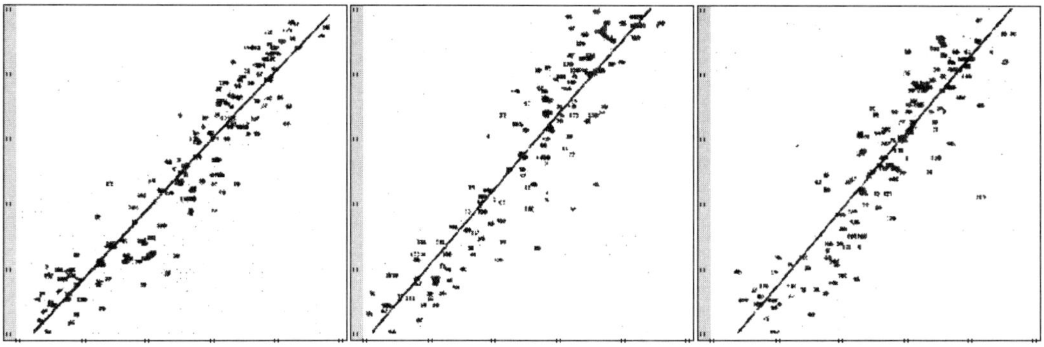

VGA : 0.936 CIF : 0.902 QCIF : 0.905

(a) 전 기준법 성능 평가 결과

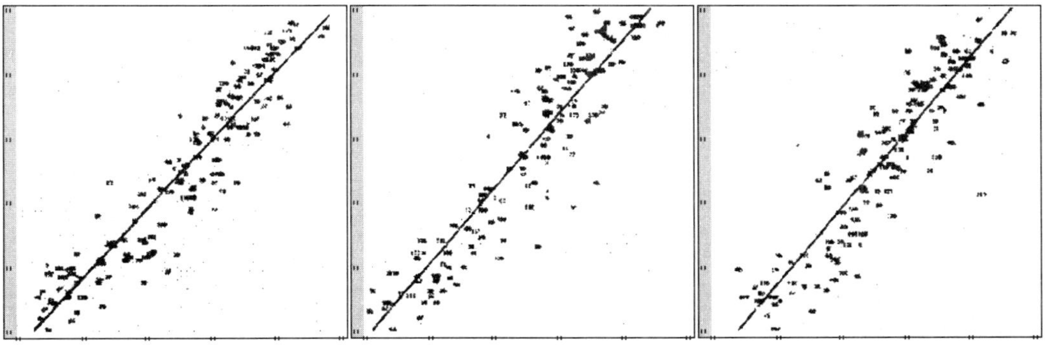

VGA 10K:0.917 / 128K:0.921 CIF 10K:0.902 / 128K:0.900 QCIF 10K:0.843 / 128K:0.866

(b) 감소 기준법 성능 평가 결과

그림 7.26 객관적 화질 평가 결과와 주관적 화질 평가 결과의 상관도

여기서 VGA, CIF, QCIF는 각각 640×480, 352×288, 176×144의 해상도를 의미한다. 그림에서 알 수 있듯이 두 평가 방법에서 약 85%의 상관도를 보이고 있으며 해상도가 작을수록 상관관계가 다소 떨어지는 것을 확인할 수 있다. 이를 바탕으로 전 기준법과 감소 기준법을 이용한 하이브리드 방식에서는 성능이 5~10% 정도 향상될 전망이며 처리 속도도 매우 빨라 질 것으로 기대되고 있다.

마지막으로 7.3장에서 살펴본 각 열화 항목별 측정 방법을 이용하여 실제 영상 품질 측정 메트릭(Video Quality Metic; VQM)을 설계하는 과정의 예를 보이도록 한다. 객관적 화질 평가 모델을 설계하는 가장 기본적인 방법은 다양한 화질 열화 항목에 대한 측정 결과를 선형 조합으로 표현하는 것이다. 각 화질 열화 항목에 대한 측정 결과는 식(7.11)에서 정의한 D값을 이용하여 표현할 수 있으며, 각 선형 계수는 주관적 평가 결과와 다중 선형 회귀 분석(multiple linear regression)을 통해 얻어 질 수 있다. 다중 선형 회귀 분석은 단순 회귀 모형과 달리 2개 이상의 독립변수와 종속변수의 선형적 관계를 모델링하는 것을 말한다. 모든 독립변수는 종속변수에 영향을 미치며, p개의 독립변수를 이용하여 다음과 같이 종속변수를 모델링할 수 있다.

$$y = \beta_0 + \beta_1 x_1 + \beta_2 x_2 + \cdots + \beta_p x_p \tag{7.24}$$

여기서 x, y는 각각 독립변수와 종속변수를 의미하며, β는 선형계수를 의미한다. 이들 선형계수는 최소제곱추정법(least squre model)을 이용하여 얻을 수 있다. 따라서 영상 품질 측정 메트릭을 설계하는 것은 각 열화 항목을 독립변수로 하고 주관적 평가 결과를 종속변수로 하는 선형관계를 모델링하는 것과 같다고 할 수 있다. 각 열화 항목에 대한 측정 결과가 정확해야 이들의 선형 조합으로 얻어지는 VQM 또한 정확한 결과를 도출할 수 있다. 그림 7.27은 Block distortion에 대해 측정된 D_{block}값을 보여주고 있다. 그림에서 알 수 있듯이 D_{block}값이 열화 정도를 적절하게 표현하고 있음을 알 수 있다. 모든 열화에 대해 원본 영상과 전송된 영상의 차이가 클수록 열화가 심하다

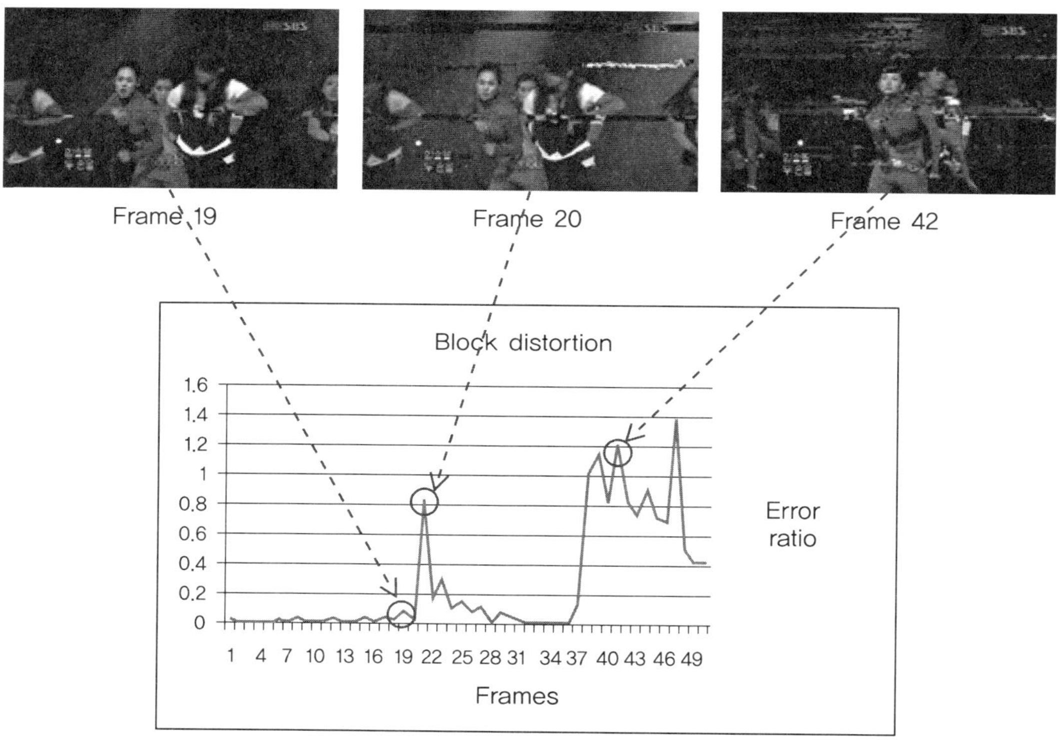

그림 7.27 Block distortion 열화 측정 결과

는 것을 의미하기 때문에 D값이 크게 나타난다. 프레임 19, 20, 42 순서로 Block distortion에 의한 열화가 증가하고 있음을 알 수 있으며 D_{block}값이 이와 같은 인지적 측정 결과를 잘 반영하고 있음을 확인할 수 있다.

다음은 7.3장에서 논의한 Blurring, Block distortion, Color error, Edge busyness의 측정 결과를 선형 조합을 이용하여 영상 품질 측정 메트릭으로 구성한 예를 보여주고 있다. 여기서 $a_1 - a_5$는 선형 계수를 의미한다.

$$VQM = a_1D_{blur} + a_2D_{block} + a_3D_{edge} + a_4D_{color} + a_5 \quad (7.25)$$

정확한 선형 계수를 구하기 위해서는 충분한 실험 영상에 대한 주관적 평가 결과가 필요하다. 이를 위해 IPTV에서 서비스되는 대표적인 컨텐츠 4개(광고, 뉴스, 연예, 일반영상)에 대해 그림 7.28과 같이 10단계로 열화시켜 총 40개 열화 영상에 대한 주관적 평가 결과와 각 열화 항목에 대한 D값을 보여주고 있다. 표 7.6은 이 중 20개에 대한 평가 결과를 보여주고 있다.

표 7.6의 데이터를 다중 선형 회귀 분석에 적용하면 식(7.26)에 대한 선형 계수를

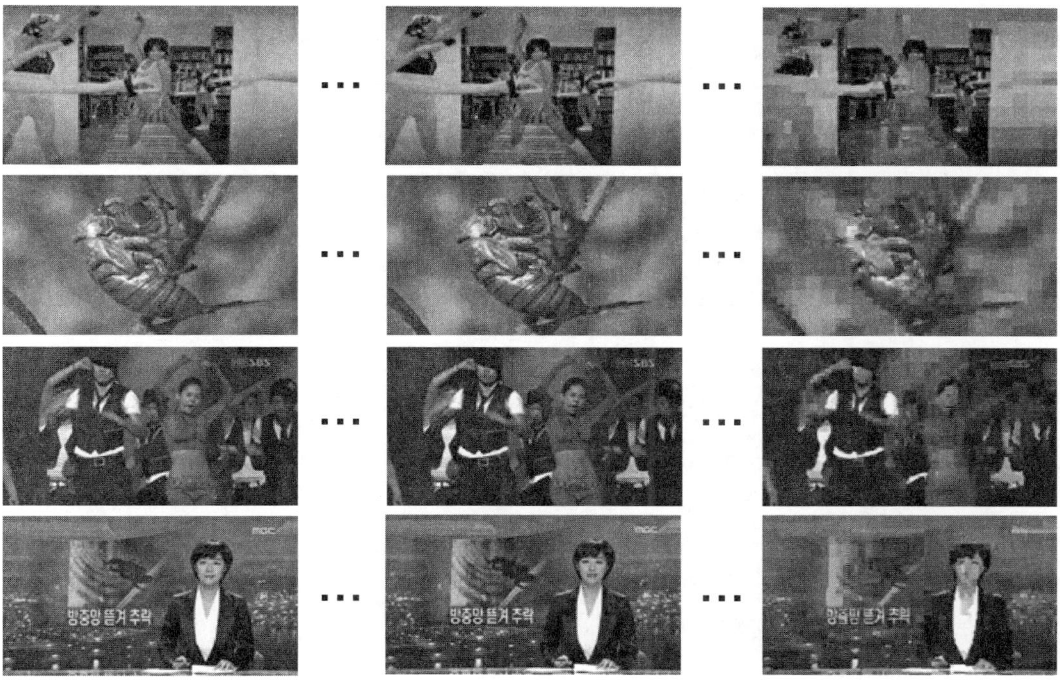

원본 영상 열화 단계 5 열화 단계 10

그림 7.28 단계별 열화 영상(Block distortion)

표 7.6 주관적 평가 결과와 항목별 열화 측정 결과

MOS	D_{blur}	D_{block}	D_{color}	D_{edge}
4.8	0.006155	0.005735	0.00638	0.005031
4.6	0.004256	0.061593	0.007502	0.008005
4.4	0.010235	0.070872	0.006382	0.015796
3.7	0.031986	0.133216	0.00806	0.037544
3.2	0.02261	0.19424	0.005949	0.032543
2.4	0.030564	0.3295	0.011177	0.04563
1.7	0.062724	0.38334	0.011724	0.100438
1.3	0.08537	0.597147	0.010222	0.1422
1	0.109621	0.712738	0.013933	0.201661
1	0.114703	0.750731	0.012415	0.283795
5	0.008711	0.020071	0.026896	0.003591
4.8	0.020003	0.049762	0.02589	0.01569
4.1	0.018849	0.104139	0.026766	0.012083
3.8	0.031927	0.249121	0.026018	0.026448
3.4	0.038312	0.491012	0.026424	0.035418
2.8	0.057032	0.964152	0.025491	0.05793
2.4	0.07584	1.018179	0.026676	0.099896
1.7	0.111849	1.994152	0.02878	0.153554
1.1	0.187898	2.503833	0.022992	0.267596
1.1	0.185923	2.991415	0.022862	0.292174

다음과 같이 얻을 수 있다.

$$a_1 = -11.613,\ a_2 = 0.4683,\ a_3 = -8.372,\ a_4 = -11.206,\ a_5 = -4.427 \quad (7.26)$$

설계한 영상 품질 측정 메트릭에 대한 성능 평가를 위해 20명의 평가자를 대상으로 주관적 평가를 실시한 결과 88.3%의 상관도를 보이고 있다. 그림 7.29는 설계한 VQM과 주관적 평가의 상관도를 나타내고 있다.

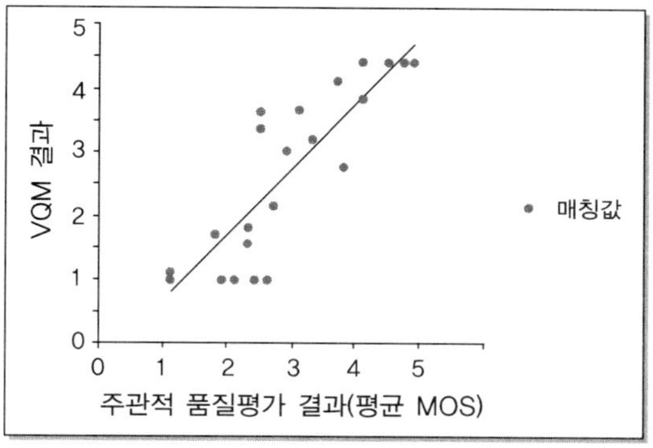

그림 7.29 주관적 평가 결과와 VQM 측정 결과의 상관도

7.4.4 객관적 화질 평가 모델의 한계

객관적 영상 품질 측정 메트릭 설계는 주관적 평가 결과의 통계적 특성을 바탕으로 이루어진다. 즉, 충분히 많은 평가 결과에 대한 평균값을 해당 영상의 주관적 품질로 간주한다. 따라서, 이와 같은 과정을 통해 설계된 메트릭의 결과를 평가자들 모두가 동의할 수 있어야 한다. VQEG에서 실시한 실험 결과를 보면 서로 다른 그룹의 평가 결과에 대한 평균값이 90~95% 정도 일치함을 알 수 있다(그림 7.30-(a)). 그러나 가장 좋은 성능의 영상 품질 메트릭을 이용하여 평가를 수행한 경우 위에서 보인 주관적 평가 결과와 80~85% 정도의 상관도를 갖는다[13]. 이는 테스트 영상의 종류나 화질의 범위가 화질 평가에 영향을 줄 수 있기 때문이며 따라서 영상 품질 메트릭은 모든 평가자의 MOS 값을 정확하게 예측할 수 없다.

VQEG에서 2000년도에 수행한 또다른 실험 결과를 보면, 서로 다른 그룹의 평가 결과값에 대한 평균값은 크게 차이를 보이지 않으나 각각의 DMOS 값은 많은 차이를 보이고 있다. 특히, 화질이 좋지 않은 테스트 영상에서 그 차이가 크게 나타난다. 그룹 간의 오프셋(offset)은 크지 않으나, 선형 회귀 분석에 의한 상관도 곡선의 기울기가 1(주관적 평가와 완전히 일치하는 경우)에서 크게 벗어나는 경우도 많이 발생하고 있음을 알 수 있다(그림 7.30-(b)).

사람마다 개인적 취향이나 관심사가 모두 다르기 때문에 영상에 대한 모든 평가자의 평가결과를 정확하게 예측하기는 매우 힘들다. 그러나 해당 영상 품질에 대한 이상적인 예측 값(optimal value)과 실제 메트릭에 의한 평가 결과값의 차이를 최소화할 수 있다면 효과적인 화질 평가가 이루어질 수 있기 때문에 많은 영상 품질 측정 메트릭이 이와 같은 방향으로 설계되고 있다.

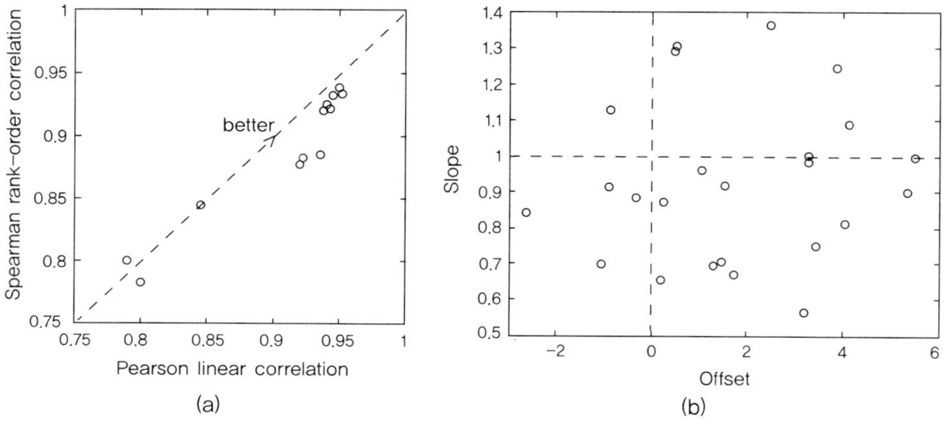

그림 7.30 서로 다른 그룹 간의 DMOS 상관관계와 선형 회귀 분석 파라미터 관계(a) Correlations.(b) Linear regression parameters

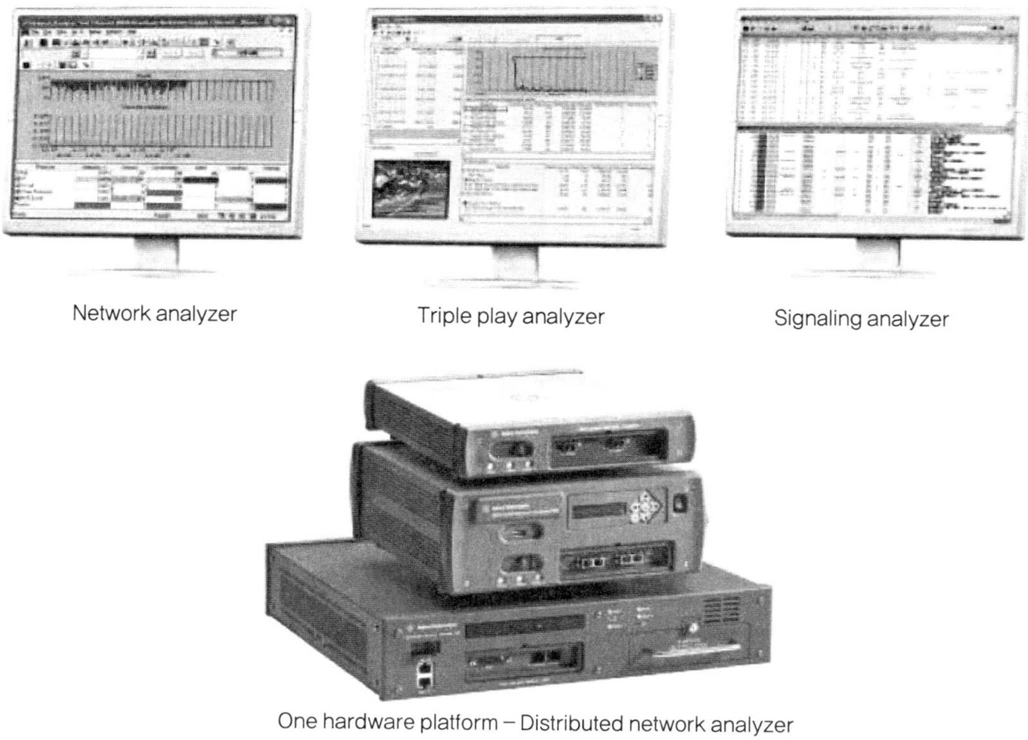

그림 7.31 IPTV 서비스 품질 측정을 위한 장비의 예 [18]

지금까지 다양한 열화 항목에 대한 선형 조합을 통해 영상 품질 측정 메트릭을 설계하는 방법을 예제로 살펴보았다. 아직 전체적인 영상 품질을 객관적으로 측정하는 메트릭에 대한 표준화가 이루어지지 않았기 때문에 다양한 메트릭 설계 방법이 존재할 수 있으며 보다 나은 IPTV 서비스를 위해서도 효율적인 품질 측정 메트릭 설계에 대한 노력이 필요하다 하겠다.

현재 IPTV 서비스 품질 측정을 위한 장비들은 대부분 표준화된 MDI(7.4.3 참조)를 이용하고 있다. 그러나 이는 네트워크 열화를 바탕으로 품질을 측정하기 때문에 실제 영상에서 발생하는 열화에 대한 정확한 화질을 반영한다고 말할 수 없다. 따라서 이러한 네트워크 열화 정도에 따라 화질 열화의 정도가 어떻게 변하는 지에 대한 상관관계 등에 대한 다양한 연구가 필요하다고 할 수 있다. 그림 7.31은 MDI를 기반으로 화질에 대한 객관적 MOS 값을 도출하는 시스템을 보여주고 있다[18]. MPEG-2,4나 H.264 등 코덱의 종류에 관계없이 동작하며 MPEG의 TS 헤더 정보 손실, 패킷 손실 비율 등 다양한 열화 현상에 대한 측정이 가능하다.

7.5 참고문헌

[1] ATIS standard ATIS-0800004, A framework for QoS metrics and measurements supporting IPTV services, 2005.

[2] ITU-T G.1081, Performance monitoring for IPTV

[3] ITU-T G.1080, Quality of Experience requirements for IPTV

[4] 강성철, "인터넷 멀티미디어방송(IPTV) 기술기준 제정 현황," TTA 저널, no. 116, pp. 41-45, March 2008.

[5] PRESTO, High quality compression for film and video

[6] R. C. Gonzalez and R. E. Woods, Digital Image Processing, Second ed., Upper Saddle River, NJ: Prentice-Hall, 2002.

[7] H. Tong et al., "Blur detection for digital images using wavelet transform," ICME 2004, vol. 1, pp. 27-30, June 2004.

[8] P. Marziliano, F. Dufaux, S. Winkler, and T. Ebrahimi, "Perceptual blur and ringing metrics: application to JPEG2000," Signal Processing : Image Communication, vol. 19, no. 2, 2004, p. 163-172

[9] 김원준, 김창익, 외 3인, "IPTV 서비스 영상에 대한 객관적 품질측정 방안 연구,"

한국방송공학회논문지, 제 13권, 제 4호, pp. 440-451, July 2008.

[10] S. Susstrunk and S. Winkler, "Color image quality on the internet," in Proceedings of the SPIE, vol. 5304, pp. 118-131, 2003.

[11] Wonjun Kim and Changick Kim, "Video quality measure for mobile IPTV service," in Proc. SPIE Applications of Digital Image Processing XXXI, vol.7073, pp.70730S1-8, San Diego, Aug. 2008.

[12] ITU-T G.IPTV-PMMM IPTV Performance monitoring measurement method

[13] S. Winkler, Digital video quality, West Sussex: John Wiley & Sons Ltd, 2005.

[14] ITU-R Rec. BT.500-11, Methodlogy for the subjective assessment of the quality of television pictures

[15] ITU-T Rec. P.910, Subjective video quality assessment methods for multimedia applications

[16] 최지환, 정태욱, 외 4인, "다양한 디스플레이 기기의 주관적 화질 상관도 비교," 한국방송공학회논문지, 제 12권, 제 3호, pp. 242-249, May 2007.

[17] J. R. Movellan, Tutorial on Gabor filte(http://mplab.ucsd.edu/tutorials/pdfs/gabor.pdf)

[18] http://www.agilent.com/find/tpa

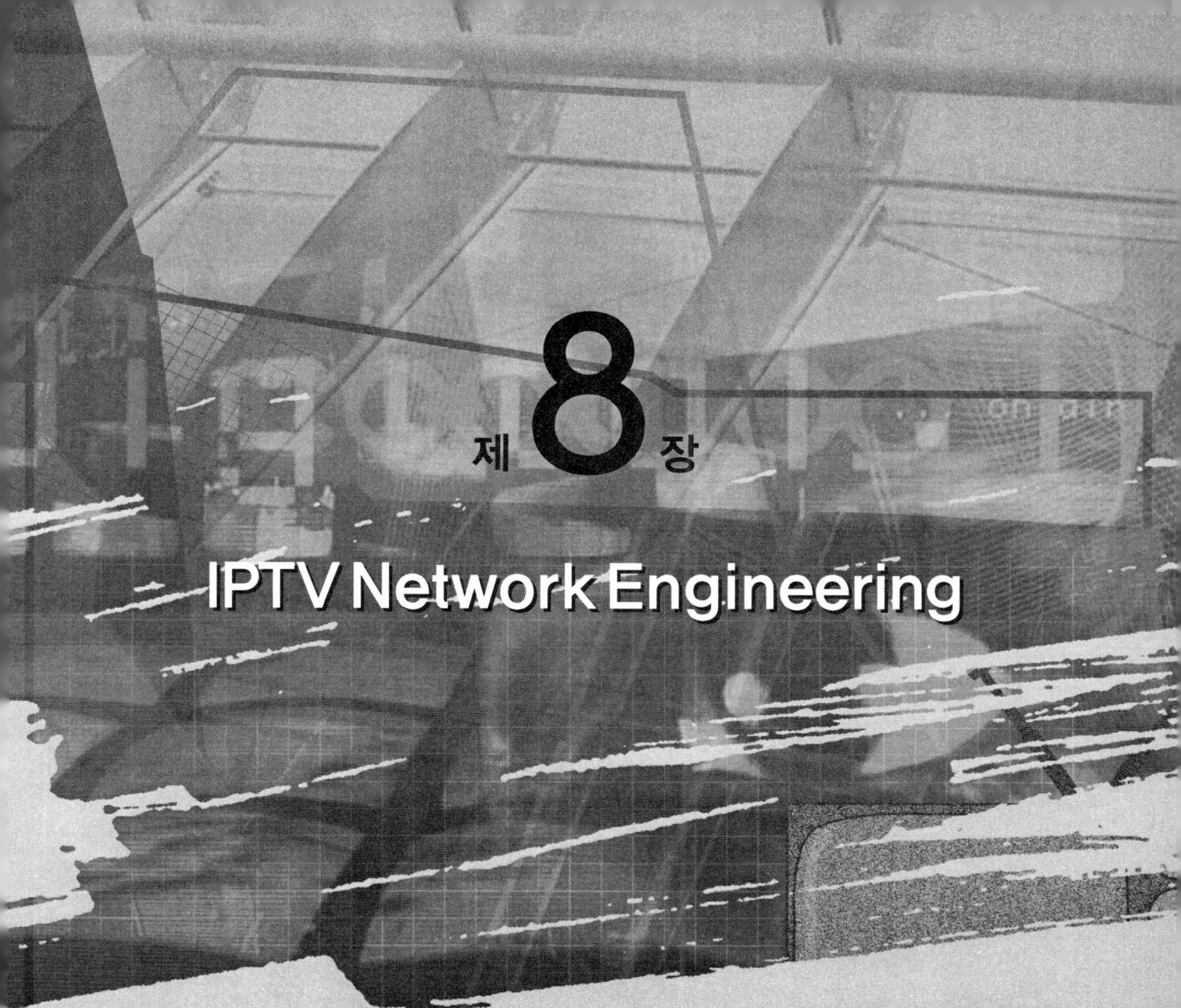

제 8 장 IPTV Network Engineering

8.1 IPTV Network Engineering 개요

망의 크기나 관리 제어 기술의 복잡도와는 별개로 네트워크는 망의 부하나 실패에 주요한 영향을 받게 된다. 따라서 네트워크 엔지니어링을 통해 망의 품질을 관리하는 일은 매우 중요하다고 볼 수 있다. 웹 사이트로의 접속이 원활치 못하거나 망 혼잡으로 인한 영상 스트리밍의 지연과 같은 일은 모두 망의 부하와 접속 실패로 인하여 일어난다. IPTV는 대단위 분야의 기술들이 집약된 서비스이며 영상 스트리밍과 같은 실시간 혹은 준실시간의 매체 서비스를 포함하므로 특히 망의 상태에 많은 영향을 받게 된다. 따라서 성공적인 IPTV 서비스 도입을 위해서 트래픽을 제어하고 관리하는 네트워크 엔지니어링과 품질 최적화를 위한 노력은 필수적으로 제반되어야 한다.

이러한 네트워크 엔지니어링과 품질 최적화는 다음과 같은 기능들을 포함한다. 트래픽 관리, 망용량 관리 그리고 네트워크 플래닝 등 세 가지 기능이다. 트래픽 관리는 부하의 이동이나 실패를 포함한 모든 상황에서 망의 성능을 최적화할 수 있도록 한다. 망용량 관리는 네트워크를 디자인하고 계획함에 있어 최소의 비용으로 네트워크 요구를 만족시키면서 목적에 맞는 성능을 보장한다. 네트워크 플래닝은 노드와 전송 용량을 계획하고 차후의 트래픽 변화에 대비하도록 한다.

네트워크의 인풋은 불특정 에러나 부하가 추가된 예측가능한 일반 요소로 이루어진 트래픽 부하이다. 부하의 변동은 즉각적인 변화, 시간대별 변화, 일별 변화, 주별 변화 그리고 절기별 변화와 같이 시간의 변화 범위에 따라 나눌 수 있다. 따라서 피드백 조절의 시간 요소는 부하의 변화 대처에 알맞으며 이 밖에도 용량, 라우팅, QoS 자원 관리를 통해 네트워크에 의해 제공되는 서비스를 규제하기 위해서도 필요하다.

트래픽 관리 기능은 숫자/이름을 라우팅 주소로 변환하는 콜/세션 라우팅, 연결이나 다른 경로 라우팅 방법, QoS 자원 관리, 라우팅 테이블 관리, 동적 전송 라우팅 기능을 포함한다. 이러한 기능들은 네트워크 노드 사이에서 분산되거나 중앙 프로세서에 의해 관리될 수 있으며 노드와 중앙 프로세서 간의 조합으로 동작될 수도 있다. 망용량 관리는 계획, 스케쥴, 예측을 통해 이루어지는데 이들 기능들은 수개월에서 1년 혹은 그 이상의 기간 단위로 이루어지며 예외적인 경우 수주일 이하의 기간에 조절될 수도 있다. 망용량 관리에서 네트워크 디자인은 라우팅 디자인, 대역폭 할당, 용량 디자인을 수반한다.

8.2 IPTV QoS 관리

8.2.1 IPTV QoS

현존하는 유료 TV 사업자에 의해 제공되는 비디오 신호에 비견할만한 비디오 신호를 전송하는 것은 IPTV 서비스를 제공하기 위해 선행되어야 하는 주요 과제 중 하나이다. 서비스 사업자에게 있어 이 정도의 시청 인지를 달성하기 위해서는 IPTV 망 관리자가 서비스의 품질, QoS(Quality of Service)를 지원하도록 망을 운영해야 한다. IPTV 네트워크를 위한 QoS는 소스 스트리밍 서버에서 목적지의 가입자 장비에까지 방해받지 않도록 하기 위한 네트워크 자원이나 파라미터를 정의한다. 즉, 스트림의 품질이 망에서 저하되지 않도록 하는 것이다.

따라서, 이 절에서는 관리 네트워크에 이용되고 있는 기본적인 트래픽 관리 능력에 대해 간략히 알아본다. 제공자는 네트워크로부터 지원되는 응용 프로그램의 성능 목표에 따른 트래픽 관리 능력을 배분해야 한다.

트래픽 관리는 네트워크 요소에 맞춰진 서비스 요구의 네트워크 서비스 응답을 제어하거나, 네트워크 요소 사이에서 신호를 보내거나, 네트워크를 지나는 트래픽을 운영하거나, 제어하는 일반적인 네트워크 방법의 부분으로 이루어져 있다. 트래픽 관리는 주로 대역폭 할당, 수락 제어, 패킷 분류/표시, 혼잡 관리, 혼잡 회피, 트래픽 정책, 트래픽 형성, 라인 속도 제약 등을 포함한다. 이들의 기본적인 처리 순서는 그림 8.1에서 보는 바와 같다.

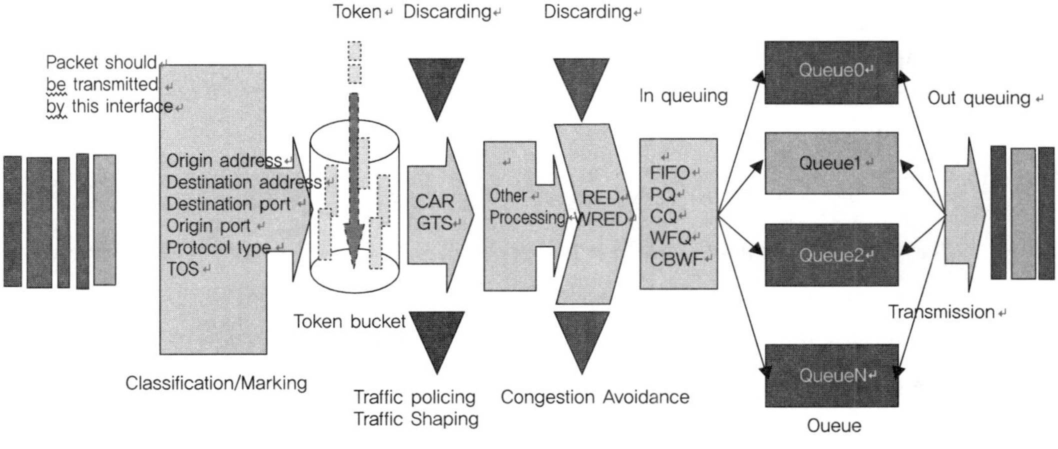

그림 8.1 The basic processing sequence of traffic management

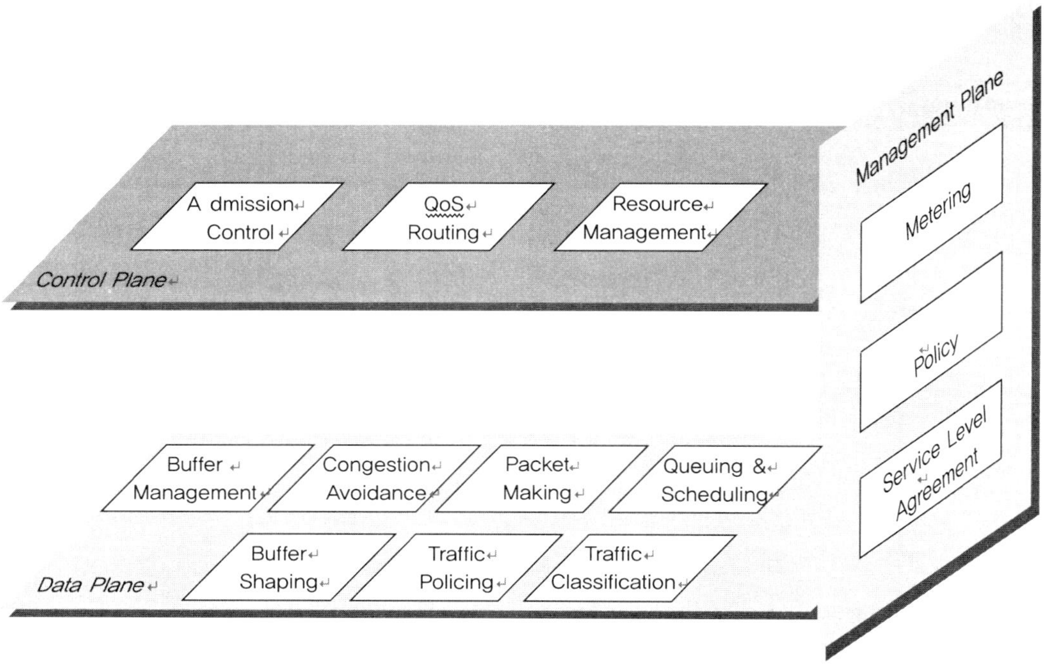

그림 8.2 Architectural framework for QoS support

트래픽 관리 프레임워크는 사용자 트래픽을 직접 다루는 메커니즘, 사용자 트래픽이 지나가는 경로, 그리고 네트워크의 동작, 운영, 관리하는 부분이 포함되어 있다. 아래 그림 8.2에 나와 있듯이, 프레임워크의 블록은 제어 평면, 데이터 평면, 관리 평면으로 이루어져 있다.

(1) 제어 평면

① 수락 제어

이 메커니즘은 트래픽이 네트워크로 들어오도록 허용하는 것을 제어한다. 보통 수락 기준은 정책 구동형이다. 트래픽이 허용되는지는 이전의 서비스 레벨 보증서(Service Level Agreement; SLA)에 따른다. 또한, 그 결정은 네트워크 자원이 이용 가능한지와 새롭게 허용된 트래픽이 네트워크에 과부하가 되지 않고 진행되고 있는 트래픽의 서비스의 질을 낮추지 않는지에 따른다. 서비스 제공자들을 위해서 현재의 트래픽은 같은 QoS(Quality of Service)(서비스 신뢰성/가용성 기댓값과 더불어 처리 성능을 포함) 레벨을 유지하는 동시에 최대의 트래픽이 허용이 되어야 한다.

수락 제어는 IPTV 멀티캐스트/유니캐스트 서비스를 위해 SLA에서 협정된 요구 사항들을 만족시킨다. 특히, 원하는 IPTV 서비스 신뢰성/가용성은 수락 제어에서 상위 레벨로서 요구된다. 수락 제어 메커니즘은 관리 네트워크에서의 IPTV 서비스를 위해 효율적으로 QoS 보증을 지원할 수 있다. 수락 제어로 지원되는 IPTV 서비스는 가입자의 유니캐스트와 멀티캐스트 서비스 요구를 만족시킬 것이다. 유니캐스트 수락 제어는 VoD(Video on Demand), 시간 이동 TV 등과 같은 IPTV 유니캐스트 서비스를 보증한다. 멀티캐스트 수락 제어는 BTV(Broadcast TV), NVoD(Near Video on Demand)와 같은 멀티캐스트 서비스를 만족시킨다. 멀티캐스트 수락 제어의 정책은 IP(Internet Protocol) 멀티캐스트 프로토콜(예: IGMP(Internet Group Management Protocol))을 통해 멀티캐스트 그룹에 가입하는 가입자들로부터 시작된다.

② IPTV 서비스를 위한 수락 제어

케이블 TV이나 위성 TV와 같은 현재 환경에서 기본적인 선형적 TV 서비스의 지원은 가입제로 관리된다. 일단 가입을 하게 되면 선형적 TV는 TV셋이 켜질 때마다 수락이 필요한 방해 없이 계속될 것이라고 최종 사용자들은 예상한다. 이 행동은 IPTV 서비스를 위해서도 허락되어야만 한다. 따라서 전형적인 선형적 TV 서비스에 수락 제어를 응용하는 것은 권해지지 않고, 서비스의 관리는 가입제로 계속되어야 한다. 서비스 제공자는 네트워크가 그 비즈니스 모델에 맞는 많은 가입자들을 수용할 수 있게 적절히 조작하는 것을 보장한다.

여러 개의 셋톱박스가 한 집에 위치하고 여러 개의 비디오 스트림의 수신이 접근 대역폭 때문에 제한될 수도 있다는 시나리오가 존재한다. 이 시나리오는 서비스 제공자가 한 가입자에 허용되는 스트림의 개수를 제한할 것을 요구한다.

몇 개의 비디오 스트림의 수신이 부적절한 가입 권한으로 인해 제한될 수 있다는 시나리오도 존재한다. 이 시나리오는 네트워크 제공자가 한 가입자에게 허용되는 스트림의 개수를 제한할 것을 요구한다.

다른 IPTV 서비스는 수락 제어를 하기 쉽다. 예를 들어, 서비스 제공자가 IPTV 서비스에 수락 제어를 적용한다. IPTV 서비스를 위한 요구는 사용자 기기(예: 셋톱박스) 사이의 신호 교환과 서비스 제공자 비디오 서버를 포함한다. 서비스 제공자는 네트워크 자원, 사용자 상태, 모든 가입자들을 다루는 특정 프로그램의 현재 사용에 기초한 IPTV 서비스 요청을 거절할 수도 있다. 사용자 지속 기간과 주어진 프로그램의 현재 사용과 같은 기준은 서비스 제공자에 의해 만들어진 정책과 관련되어 있고 자주 변하지 않는다.

다른 예로는, 네트워크 제공자가 IPTV 서비스에 수락 제어를 적용한다. IPTV 서비스를 위한 요구는 사용자 기기와 네트워크 제공자 사이의 신호 교환을 포함한다. 이 신호 교환은 로컬 데이터베이스에 있는 가입자 권한을 유지하고 IPTV 서비스 요구를 받는 기기에 의한다. 가입자 권한에 기초하여 기기는 이 요구를 거절하거나 네트워크 쪽으로 투명하게 전송한 후 미디어 스트림이 네트워크 쪽에서 가입자로 전송되도록 허락한다.

네트워크 자원에서 IPTV 서비스 요구의 결과는 동적인 매개 변수이고 요구된 프로그램에 기초하여 달라진다. 예를 들어 낮은 해상도를 가진 콘텐츠가 요구될 때 발생하는 수요와 비교하여 높은 해상도를 가진 콘텐츠의 요구는 네트워크에 더 많은 수요를 부과할 것이다. 이 경우에서 수락기능의 역할은 새로운 요구의 트래픽 수요와 현재 네트워크 자원의 활용에 기초하여 IPTV 서비스 요구를 받아들이거나 거절하는 것이다.

③ QoS 라우팅

이 절은 [ITU-T Y.1291]의 7.2절을 바탕으로 작성되었다. 이 메커니즘은 네트워크 혼잡을 제어하고 적절한 경로의 선택을 통해 네트워크 활용을 향상시키는 데에 사용된다. 선택된 경로는 기존의 최단 경로와는 대부분 다르다. 사용된 QoS 측정기준의 개수와 특성에 따라 경로 선택에 요구되는 계산이 네트워크 사이즈가 커짐에 따라 엄청나게 비싸질 수 있다. 따라서 실제 QoS 라우팅 계획은 주로 하나의 QoS 측정기준(예: 대역폭이나 지연)이나 두 개의 QoS 측정기준(예: 비용-지연, 비용-대역폭, 대역폭-지연)을 이용한 경우를 고려한다. 경로 계산의 복잡성을 더욱 줄이기 위해 다양한 라우팅 전략이 존재한다. 상태정보가 어떻게 유지되는지, 이용 가능한 경로 탐색이 어떻게 실행되는지에 따라 소스 라우팅, 계층 라우팅, 분산 라우팅과 같은 전략이 있다. 그리고 QoS 세분화와 모델 확장성에 따라 Intserv, Diffserv, 클래스 기반 Intserv와 같은 전략이 있다. 클래스 기반 Intserv에서는 네트워크가 여러 개의 QoS 자율 시스템(예: QoS 도메인)으로 나뉘고 각 QoS 도메인은 각자의 자원 할당 방법을 채택하여, 종단간의 QoS가 한 개의 QoS 도메인 혹은 여러 개의 QoS 도메인에서 할당된 자원을 바탕으로 이루어진다. 게다가, 여러 개의 QoS 측정기준이 어떻게 다뤄지는지에 따라 감소한 계산 복잡성과 함께 전체적인 최적성을 교환하는 측정기준 순서와 배열 필터링과 같은 전략이 있다[b_IETF RFC 2386].

경로 선택 과정은 플로우의 QoS 요구사항과 특성, (자주 변화하는) 네트워크 자원(이용 가능한 대역폭과 지연과 같은 표준 측정기준으로 표현된다)의 가용성 정보의 이해가 포함된다. 이 이해는 일반적으로 신호 프로토콜의 도움과 함께 분산되고 얻어진다. 예를 들어, 자원 예약 프로토콜(Resource Reservation Protocol(RSVP))[IETF RFC 2205]은 플로우의 요구 사항 및 특성과 자원 가용성을 위해 [IETF RFC 2676]에서 정의된 Open Sourtest Path First(OSPF) 확장을 전달할 때 쓰인다. 상대적으로 일정한 측정 기준(예: 홉 개수나 비용)에 기초한 최적화된 경로를 고르는 최단 경로 라우팅과 비교해보면, QoS 라우팅은 좀 더 자주 복잡한 경로 계산과 보다 많은 신호 트래픽을 수반하는 경향이 있다.

QoS 라우팅이 요구된 성능을 수용할 수 있는 하나의 경로를 정허주는 방법을 제공한다는 것은 중요한 사실이다. 선택된 경로에서의 성능을 보장하기 위해서 QoS 라우팅은 자원 예약과 결합하는 것에 사용되고 경로를 따라 필요한 네트워크 자원을 예약하는 것이 필요하다.

또한, QoS 라우팅은 트래픽 엔지니어링에 적용하는 것으로 일반화될 수 있다(긴 시간과 트래픽 플로우의 큰 단위로의 세분화를 거쳐 느리게 변화하는 트래픽 패턴과 트래픽 관리, 용량 관리, 트래픽 측정 및 모델링을 포함한 트래픽 엔지니어링과 성능 분석을 고려한다). 라우팅 선택은 흔히 트래픽 특성, 네트워크 제약, 정책 제약과 같은 다양한 제약을 고려한다[b-IETF RFC 3272]. 이러한 일반화된 QoS 라우팅을 제약 기반 라우팅이라고도 불린다.

④ 자원 관리

네트워크 자원 관리 시스템은 베어러 제어 레이어의 네트워크 소스 관리자로부터 네트워크 트래픽 정보(예: QoS 요구사항)를 얻고 네트워크 노드(예: DSLAM, Broadband Remote Access Server(BRAS), 스위치, 라우터, 게이트웨이 등)와 네트워크 자원 관리자 사이의 데이터 전송 방법을 통해 얻어진 네트워크 정보에 따라 네트워크 트래픽 관리를 실행한다. 네트워크 관리 인터페이스는 네트워크 관리 시스템과 함께 네트워크 정보 교환을 위한 자원 관리로 구성되는 것이 필요하다. 네트워크 정보는 구성된 네트워크 관리 인터페이스를 통해 자원 관리로부터 얻어지고, 네트워크 관리 시스템에서 추가, 수정, 삭제된다. 베어러 제어 레이어의 네트워크 자원 관리를 사용함으로써, 좋은 품질의 IPTV 서비스가 IPTV 시스템에서 제공될 수 있다.

(2) 데이터 평면

① 트래픽 조절

다음은 IPTV 서비스와 같은 멀티미디어 서비스를 지원해주기 위한 접근 네트워크에서 필요한 항목이다.

- 가입자당, 서비스당 QoS 조항
- 여러 헤더 필드(5-요소, 6-요소 등)에 의한 트래픽 분류
- 최소 대역폭 보장
- 트래픽 형성/정책
- 향상된 패킷 큐잉 및 스케쥴링
- 트래픽 표시(IP Differentiated Services Codepoint(DSCP), Ethernet priorities [IEEE 802.1q] 등)

② 전송 스케쥴러

이 메커니즘은 나가는 링크에서 전송을 위해 어떤 패킷이 선택되는지를 제어한다. 들어오는 트래픽은 일반적으로 여러 큐와 스케쥴러로 만들어진 큐잉 시스템에 남겨진다. 큐잉 시스템 관리는 큐잉과 스케쥴링 부분이 있다. 다음은 중요한 여러 개의 접근법이다.

- 선입 선출 스케쥴러(First-in, First-out scheduler) : 패킷들은 하나의 큐에 위치하고 큐에 들어온 순서와 같은 순서로 처리된다.
- 라운드 로빈 스케쥴러(Round-Robin scheduler) : 패킷들은 몇 개의 기준을 바탕으로 분류된다. 하나의 실행 가능한 기준은 플로우 일치에 따른 분류이다. 좀 더 좁게 분류하면 응용 프로그램이나 전송 클래스에 기초하여 패킷을 분류한다. 각 클래스는 서로 다른 큐에 할당되고 큐는 라운드 로빈 방식으로 서비스된다.
- 우선순위 스케쥴러(Priority scheduler) : 패킷들은 처음에 분류되고 나서 서로 다른 우선순위 큐에 위치한다. 패킷들은 오직 높은 우선순위의 모든 큐가 다 비어 있는 경우에만 주어진 큐의 헤드로부터 배정된다. 각 우선순위 큐 안에서 패킷들은 선입 선출 순서로 배정된다.
- 가중 라운드 로빈 스케쥴러(Weighted Round-Robin scheduler) : 패킷들은 플로우로 분류되고 각 플로우 전용의 큐에 할당된다. 큐는 일치하는 플로우의 대역폭 요구에 따라 출력 대역폭의 비율로 할당된다. 구별되는 다양한 길이의 패킷에 의해, 이 접근법은 작은 패킷에 할당된 대역폭보다 더 크게 할당된 대역폭을 가진 큰 패킷이 속한 플로우를 막는다.
- 클래스 기반 스케쥴러(Class-based scheduler) : 패킷들은 다양한 서비스 클래스로 나뉘고 나서 서비스 클래스에 따라 각 큐에 할당된다. 각 큐는 출력 대역폭의 다른 비

율로 할당되고 라운드 로빈으로 서비스된다. 빈 큐는 건너뛴다.

- 계층적 스케쥴링(Hierarchical scheduling) : 패킷들은 다양한 서비스 클래스로 나눠지고 나서 큐에 할당된다. 계층적 스케쥴링은 큐 계층 모드에 기초하여 레이어마다 큐를 배정한다. 계층적 큐는 각 서비스의 대역폭이나 접근 측면에서 QoS를 보장하기 위한 여러 서비스의 전체 대역폭을 제어할 수 있다. 정적인 큐 스케쥴링에 반하여, 계층적 큐에서의 큐 스케쥴링을 위한 관리자는 동적으로 다양하게 구성될 수 있다.

③ 버퍼 관리

큐나 버퍼 관리는 대기 전송과 어떤 패킷이 저장되고 버려지는지를 다룬다. 버퍼 관리의 중요한 목표는 하나의 플로우가 이용 가능한 버퍼 공간의 독점하는 것을 피하는 것은 물론, 충분히 활용되지 않는 링크가 아닌 동시에 안정상태 버퍼 사이즈를 최소화시키는 것이다[b-IETF RFC 2309]. 버퍼 관리 방법은 주로 버퍼 공간의 할당과 버리는 패킷을 위한 기준과는 다르다.

버리는 패킷에 대한 일반적인 기준은 최대 크기에 도달한 버퍼이다. 버퍼가 가득 차 있을 때 패킷은 버려진다. 어느 패킷을 버릴 것인지 정하는 것은 버리는 규칙에 따른다. 예를 들면,

- 테일 드롭(Tail Drop)은 새로 도착한 패킷을 버린다. 이는 실행하기 쉽기 때문에 가장 많이 쓰이는 전략이다.
- 프론트 드롭(Front Drop)은 새로 도착한 패킷을 위한 버퍼 공간은 큐의 앞쪽에 있는 패킷을 버림으로써 이용 가능하게 만들어진다. 또한, 새로 도착한 패킷의 길이는 버려진 패킷과 같거나 더 짧은 길이여야 한다.
- 랜덤 드롭(Random Drop)은 새로 도착한 패킷을 위한 버퍼 공간은 큐로부터 버려지는 패킷을 임의로 선택함으로써 이용 가능하게 만들어진다. 새로 도착한 패킷의 길이는 버려진 패킷과 같거나 더 작은 길이여야 한다.
- 능동적인 큐 관리(Active Queue Management; AQM)는 버퍼가 다 차기 전에 패킷을 버리는 방법이다. 임의 조기 폐기(Random Early Drop; RED)는 이러한 방법의 예이다. AQM 알고리즘은 네트워크 처리율을 개선하기 위한 목표를 가진 TCP(Transport Control Protocol) 혼잡 회피 방법과의 관계에서 발전하였다. TCP가 IPTV 트래픽 응용에 대한 전송 프로토콜로 사용되기에는 적당하지 않으므로 AQM은 IPTV 트래픽에 응용될 수 없다.

(3) 멀티캐스트

IPTV 네트워크는 IPTV 서비스의 QoS에 대한 멀티캐스트 수락 제어 정책과 멀티캐스트 트래픽의 전송을 지원한다. 사용자의 수락 제어 정책에 기초한 멀티캐스트 수락 제어 시스템은 자원을 할당하고 예약하며, 가입자를 위한 IPTV 멀티캐스트 전송을 제어한다. 멀티캐스트 복제 기능은 네트워크 제어 시스템에서 성공적인 자원 할당에 따라 IPTV 멀티캐스트 스트림을 가입자에게 전송한다. 그래서 IPTV 멀티캐스트 서비스에 대한 서비스 품질은 멀티캐스트 수락 제어에 의해 보장될 수 있을 것이다.

① 멀티캐스트 복제 포인트

비디오 스트림의 복제는 멀티캐스트를 위한 필수적인 기능 중의 하나이고 IPTV 네트워크 내에서의 적용할 수 있는 복제 포인트(Replication Points; RPs) 선택은 대역폭 활용과 트래픽 관리 복잡성에 영향을 끼치므로 매우 중요하다.

멀티캐스트 RP로서 공급되는 네트워크 기기는 좋은 기능성과 처리 능력을 갖기 위해 요구된다. Broadband Access Server(BAS), Access Router(AR), Layer 2(L2) 기기를 포함하는 네트워크 요소는 멀티캐스트 복제를 수행할 수 있다.

네트워크에서 RP를 선택할 때 교환(Trade-off) 관계가 발생한다. 멀티캐스트 복제 포인트가 사용자에게 가까이 접근할수록, 네트워크는 적은 대역폭을 필요로 하는 반면 관리는 더 복잡해진다.

멀티캐스트 RP를 선택할 때, BAS/AR은 멀티캐스트를 지원하기 위한 접근 네트워크를 요구하지 않고 사용자 지향적인 복제를 실행한다. 이 해결책은 관리에서의 간소함을 지원한다. 다른 한 편으로는, BAS/AR은 접근 네트워크에 대한 높은 대역폭 요구를 주장하며, 또한 BAS/AR은 포트 밀도와 처리 능력을 더 요구한다.

만약 최종 사용자(예: DSLAM 또는 WAN 스위치)로부터 가장 가까운 L2 기기가 멀티캐스트 복제 포인트로 선택되면, 오직 접근 네트워크의 대역폭을 줄일 수 있다. 이는 분산된 복제를 지원해주어 복제 포인트에서 처리 능력에 비해 상대적으로 쉬운 요구를 한다. 따라서, 큰 규모의 서비스 배치를 위해 응용될 수 있다. 그러나 접근 네트워크는 멀티캐스트를 반드시 지원해야 되고, L2 장치는 IGMP 기능성을 지원하기 위해 필요하며, 이는 또한 관리하기에 복잡한 면이 있다.

8.2.2 IPTV QoE

QoE(Quality of Experience)는 단말 사용자에 의해 주관적으로 인지되는 서비스나 응

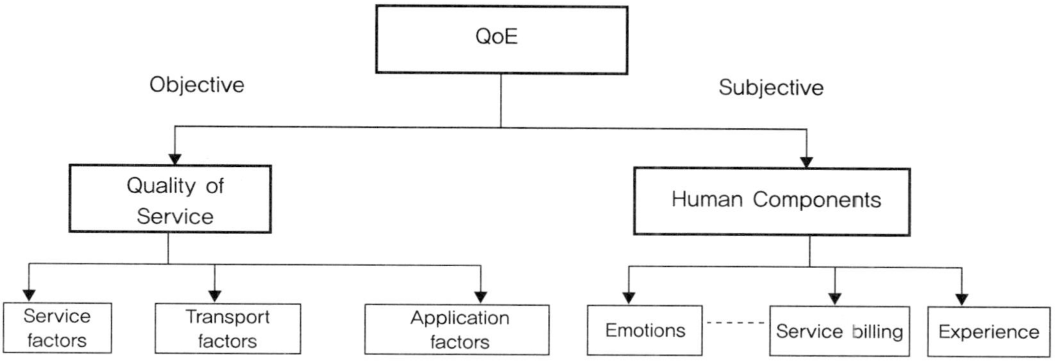

그림 8.3 QoE Dimensions

용의 총체적인 수용성이라고 정의된다. 완전한 단대단 시스템 효과(클라이언트, 터미널, 네트워크, 서비스 기반구조 등)를 포함하며 사용자의 기대치와 상황에 영향을 받을 수도 있다. 따라서 QoE는 단말 사용자에 의해 주관적으로 측정되며 사용자마다 다를 수도 있다. 하지만 때때로 객관적 측정법을 이용하여 예상할 수 있으며, 정보 손실이나 지연과 같은 객관적 서비스 성능 측정은 QoE와 관련되어 있다. 감정, 언어적 배경, 태도, 동기 등과 같은 인간 요소와 함께 이러한 객관적 측정은 단말 사용자에 의해 총체적 서비스 품질을 결정한다. 따라서 이러한 요소들은 QoS와 관련되어 있거나 인간 특성과도 관련되어 있다.

종종 비디오의 QoE는 치밀하게 조절되는 주관적 테스트를 통해 측정되는데 이 때 비디오 샘플들을 보여주고 일정 점수를 부과하도록 한다. 각 케이스별로 할당된 점수를 합산하여 평균 냄으로써 MOS 값을 결정한다.

일반적으로 MOS에 의해 측정된 주관적 QoE와 인코딩 비트율, 패킷 손실, 가용성 등과 같이 다양한 서비스 성능을 측정하는 객관적 파라미터 사이에는 연관관계가 있다. 다수의 QoS 측정법은 총체적인 QoE에 영향을 준다. QoE와 QoS 측정법 사이의 관계는 대개 경험적으로 구해진다. 따라서 QoE/QoS 관계를 표명하기 위해서는 다음과 같이 2가지 방법이 사용될 수 있다.

첫째는 기존의 QoS 측정을 토대로, 사용자의 QoE 기대치를 예상하는 방법이다. 둘째는 이와 반대로 사용자의 QoE 목표치를 정하고 네트워크의 서비스 성능을 감소시키면서 알아내는 방법이다.

적정 서비스 품질을 유지하기 위해서, QoE는 각 서비스별로 설정되어야 하며 초기 시스템 설계와 객관적 서비스 품질 측정법으로 표현될 수 있도록 엔지니어링 프로세

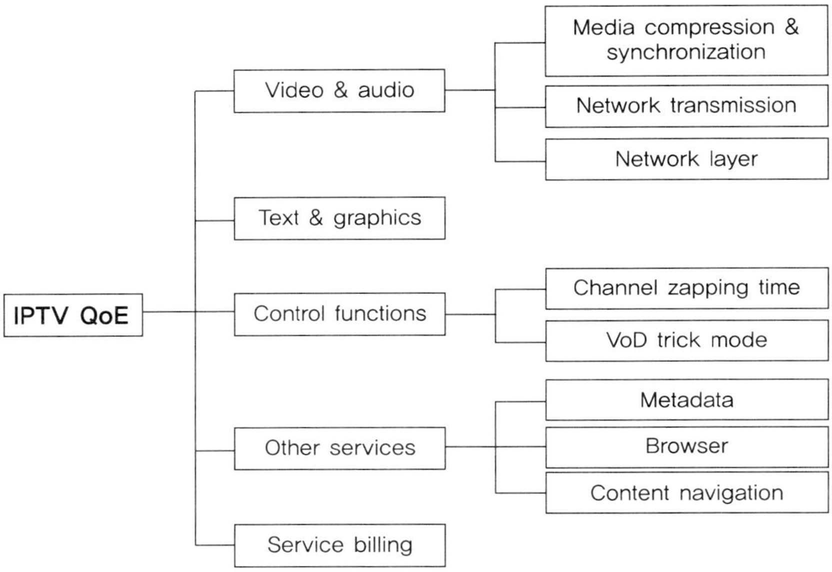

그림 8.4 IPTV QoE Classificetion

스에 포함되어야 한다. QoE는 TPS가 시장에서 성공하기 위해 반드시 필요하며 다른 서비스와는 차별화의 핵심이 될 것으로 기대된다. 네트워크 서비스 가입자는 서비스 품질이 어떤 식으로 보장되는지 알 수 없다. 오로지 효율성, 운용성, 이용성, 용이성과 같이 서비스의 기대치에 얼마나 부합하느냐가 중요할 뿐이다.

이처럼 기업이 고객에게 SLA(Service Level Agreement)를 제공하기 위해서는 고객의 다양한 욕구를 만족시킬 필요가 있다. 따라서 QoE를 기능별로 정리하면 그림 8.4와 같이 비디오와 오디오, 텍스트와 그래픽, 컨트롤 기능, 기타 서비스, 서비스 과금 등의 분야로 나눌 수 있으며, 특히 비디오와 오디오의 경우 미디어 압축과 동기, 네트워크 전송, 네트워크 계층 등을 컨트롤 기능의 경우 채널 변경 시간과 VoD 트릭 모드 등을 관장하게 된다.

8.3 네트워크 모니터링

IPTV 데이터 센터 시스템은 상당히 복잡하게 구성되어 있다. 이 시스템의 구성요소들이 많은 서비스를 다룰수록 네트워크에서 발생하는 문제들은 신속하게 감지하고 해결할 수 있다. 시스템 가동 시간을 최대화하고 고객에게 고품질 서비스를 전송하기 위해선 IP 기반 네트워크에서 일정한 시험과 모니터링이 수행되어야 한다. IPTV 네트워크의 모니터링을 통하여 다음과 같은 이득을 얻을 수 있다.

- IPTV 네트워크 모니터링은 네트워크 관리자가 서비스 품질의 저하나 네트워크 정지가 급박함을 감지할 수 있는 네트워크 트래픽 패턴을 식별할 수 있도록 한다. 이와 같은 트래픽 패턴 식별을 통하여 서비스 품질 저하가 발생한 초기에 감지할 수 있다.
- 모니터링은 네트워크 정지가 발생할 수 있는 시점을 정확하게 감지할 수 있도록 한다.
- 모니터링은 엔지니어링 팀이 네트워크 문제가 발생 후 어느 정도 확산되었는지 감지할 수 있도록 한다. 문제가 심각할 경우 지원 가능한 자원으로 문제를 해결하도록 지시한다. 예를 들어, 만약 비디오 신호 품질이 조금씩 저하되고 향후 2시간 동안 품질 저하가 지속된다면 IPTV 데이터 센터에서 IP-VOD 서버의 문제를 해결하기 위한 조치를 취할 것이다.
- 모니터링을 통하여 빈번하게 발생하는 네트워크 전이에 대해 아무런 조치를 취하지 않거나 오랫동안 수리되지 않아 생기는 가입자 전이를 줄일 수 있다.

8.3.1 네트워크 모니터링

네트워크 모니터링은 운영 체제에 관계없이 네트워크 패킷에 대한 정책 설정을 의미한다. 외부 시스템 보안을 포함하여 각종 네트워크 모니터링의 구체적인 방법은 다음과 같다.

(1) 라우터에서 네트워크 모니터링하기

관리하는 네트워크의 전체 트래픽에 대하여 상세한 모니터링을 하려면 규모에 관계없이 모든 트래픽이 통과하는 백본 스위치나 라우터에서 직접 모니터링 할 것이다. 기존의 스위치나 라우터가 제공하는 기능 중 넷플로우(netflow)라는 모니터링 기능을 이용하면 네트워크 장비에 영향을 주지 않고 안전하면서도 상용 수준의 네트워크 트래픽 모니터링 기능을 이용할 수 있다. 이는 장비에 넷플로우 기능을 설정하면 성능에 크게 영향을 주지 않으면서도 장비를 통과하는 모든 트래픽에 대해 유용한 결과(패킷의 소스 IP, 목적지 IP, 포트, 프로토콜 등 7가지 정보)를 제공하기 때문이다.

그러나 넷플로우를 통한 트래픽 모니터링을 위해서는 라우터나 스위치에서 모니터링 정보를 실시간으로 원격지 호스트에 보내고, 호스트에서는 이 데이터를 받아 가공하여 그래프로 보여주어야 하는데, 이처럼 넷플로우의 데이터를 모아 웹이나 응용 프로그램을 통해 모니터링할 수 있는 프로그램으로는 플로우스캔(Flowscan)이라는 프로그램이 가장 대표적이다.

플로우스캔은 라우터에서 보내는 UDP flow data를 분석하여 필요로 하는 유용한 정보를 모니터링할 수 있도록 제공하는 툴로서 크게 세 가지의 프로그램으로 구성되어있다. 먼저 flow 정보를 수집할 때 사용하는 cflowd나 flow-tools가 있는데, 이는 UDP 데이터그램인 flow 패킷을 수신하여 공유 메모리 버퍼에 쓰고, 공유 메모리에 씌어 패킷을 읽어서 로컬 테이블에 저장하는 역할을 한다. 그리고 두 번째로 RRD(Round Robin Database)가 있는데, 이는 cflowd나 flow-tools에서 기록된 flow dump 파일을 분석하여 데이터베이스로 기록하는 역할을 한다. 그리고 마지막으로 데이터베이스의 정보를 이용해 시간대별로 적절한 그래프를 그리기 위해 이용되는 RRDtool이 있는데, RRDtool은 여러 개의 RRD 파일을 사용해 flow의 통계 정보를 저장하는 역할을 하며, RRDtool과 RRGrapher는 gif나 png 형식의 포맷으로 그래프를 작성한다.

(2) 시스템 및 네트워크 장애 모니터링

관리하는 서버가 많아지다 보면 특정 데몬이 작동하지 않거나 시스템이 다운되었을 경우 알 수 있는 방법이 없다. 심지어 관리자가 출근해서 서버를 모니터링 해 보면 퇴근 이후 줄곧 서버가 다운되어 있는 경우도 있는데, 고객으로부터 항의가 들어오고 나서야 확인이 가능하게 된다. 이를 위해 주기적이고 지속적으로 시스템을 모니터링하여 특정 서비스나 시스템이 다운 시에는 다운 여부를 알려줄 수 있는 시스템 및 네트워크 모니터링이 필요하다. 일반적으로 이러한 시스템은 NMS(Network Management System) 또는 SMS(System Management System)가 있다.

(3) 스니핑(Sniffing) 모니터링

스니핑이란 네트워크를 통과하는 패킷을 도청하여 아이디/패스워드나 입력한 명령어 등 각종 정보를 비정상적인 방법으로 엿보는 행위, 즉 전기적 도청을 의미한다. 스니핑 공격자들은 시스템의 관리자 권한을 획득한 후 시스템에 스니핑 프로그램을 설치, 실행하여 해당 로컬 서버는 물론이고 같은 네트워크를 사용하는 다른 서버에 접근하는 아이디나 패스워드 정보를 얻으려고 한다. 따라서 동일 네트워크에 대형의 시스템들이 몰려있는 웹호스팅 업체나 IDC 등에서는 스니핑 공격에 매우 유의하여야 한다. 취약한 하나의 시스템에서만 관리자 권한을 획득하여 스니핑을 돌린다면 전체 네트워크를 장악하는 것은 시간 문제이기 때문이다.

인터네핑스 카드가 promisc 모드로 설정되면 자기 자신을 목적지로 하지 않은 패킷도 이더넷 카드에서 패킷을 드롭하지 않고 무차별적으로 모든 패킷을 다 받아들여 스니핑 프로그램까지 전달되고 스니핑이 가능하게 된다. 따라서 시스템의 모드를 확인하거나 시스템 외부에서 즉, 네트워크에서 스니핑이 작동하는지의 여부를 모니터링 할 수 있는 프로그램으로 Sentinel이나 Antisniff 그리고 관련 프로그램으로 ARPWATCH가 있다.

(4) 침입탐지 시스템(IDS) 운영하기

IDS는 컴퓨터시스템의 무결성, 비밀성, 가용성을 저해하는 행위를 가능한 실시간으로 탐지하고 대응하기 위한 시스템으로써, 시스템에 대한 인가되지 않은 행위와 비정상적인 행동을 탐지하고, 탐지된 불법행위를 구분하여 실시간으로 침입을 차단하는 기능을 가진다. 내부 네트워크 행동들을 탐지 및 기록하여 이상상황 발생 시 즉시 이를 파악하고 불법행위를 일으킨 패킷을 차단, 내부 시스템의 보안을 실현한다. 일반적으로 IDS는 방화벽 앞단, 방화벽 뒷단, 호스트 앞단 등에 설치 가능한데, 통상적으로 방화벽(침입차단 시스템) 앞단의 스위칭에서 모니터링하게 된다. 호스트 기반의 IDS 경우 이러한 네트워크 기반의 IDS는 모든 네트워크 트래픽을 탐지, 분석하여야 하므로 일정 정도의 네트워크 부하를 유발하게 되는 단점도 있다

8.3.2 IPTVCD 시스템 모니터링

IPTVCD에 문제가 발생했을 때 또는 발생 가능한 사고를 사전에 예방하기 위해서는 여러 가지 방법으로 IPTVCD 시스템을 모니터링하고 또한 문제의 원인을 파악하여 문제를 해결하여야 하는 것이 시스템 관리자의 역할이다. 간단한 명령어를 이용하여 IPTVCD 시스템을 모니터링 할 수 있는 방법부터 각종 응용 프로그램을 이용하여 효율적으로 시스템을 모니터링하는 방법도 있다.

(1) 간단한 명령어를 이용한 시스템 모니터링

시스템 모니터링을 위해 가장 막강하면서도 간단한 프로그램으로는 netstat이 있다. netstat은 네트워크 연결정보, 라우팅 테이블, 인터페이스 정보 등을 제공하며 다양한 옵션을 통하여 현재 시스템에서 리슨(Listen)하고 있는 프로그램 및 포트 정보, 각종 프로토콜에 대한 통계, 라우팅 상황, 인터페이스 상태를 알려주거나 특정 데몬의 접속 요청을 독점해 버리는 Connect Flooding 공격도 감지할 수 있다.

또는 Tcpdump를 사용할 수도 있다. Tcpdump를 사용하여 특정 포트나 IP에서의 패킷을 모니터링하고 패킷이 오가는지 여부를 점검하여 네트워크 장애 시 문제 해결을 위해 활용할 수 있다.

(2) 포트 스캔 감지 프로그램 활용

원격지 시스템의 정보를 얻기 위해 공격자들이 제일 먼저 사용하는 방법이 바로 포트 스캔이다. 포트 스캔을 통해서 시스템의 열린 포트를 알아내어 어떤 서비스를 하고 있는지 알 수 있을 뿐만 아니라 운영체제, uptime 등의 정보도 얻을 수 있으며 이 정보를 토대로 시스템의 대략적인 보안 수준도 추측할 수 있다.

포트 스캔을 감지하거나 차단하는 프로그램 중에 RTSD(Real Time Scan Detecto)라는 프로그램은 한국정보보호진흥원(certcc.or.kr)에서 공개한 프로그램으로서 실시간으로 클라이언트와 서버의 포트가 상호 반응하는 관계를 보여주거나 포트 스캔으로 공격 감지시 해당하는 내용을 관리자에게 통보해 주기도 한다.

이외 Inetd 모드에서 작동하는 Klaxon이나 RTSD와 비슷한 기능을 가진 Scanlogd 그리고, 실시간으로 포트 스캔을 감지하여 Tcp Wrapper나 Ipchains 등을 이용하여 포트 스캔을 하는 소스 IP를 차단하는 강력한 기능을 가진 PortSentry이 있다.

(3) 로그 모니터링 프로그램 활용

리눅스 등 UNIX 기반 시스템은 로그에 대한 정책을 설정할 수 있고 많은 로그를 남길 수 있다. 따라서 이 로그 정보를 효율적으로 모니터링하고 관리해야 한다.

로그 모니터링 프로그램인 Logcheck는 실시간으로 로그 파일을 분석하여 사전에 해킹 시도 등 비정상적인 상황이라고 정의된 내용이 로그에 남을 경우 해당 로그의 내용을 관리자에게 메일로 발송해 준다.

Swatch는 Logcheck과 유사하게 작동하며 로그 파일 모니터링 중 사용자가 지정한 패턴이 확인되었을 때 해당 내용을 관리자에게 메일로 발송하거나 벨소리를 내거나, 특정 스크립트를 실행하도록 설정할 수 있다.

(4) 패킷 모니터링 프로그램 활용

tcpdump나 netstat 등을 이용하여 간단히 패킷이나 세션 모니터링을 하는 방법은 직관적으로 패킷 모니터링을 하기에는 한계가 많으므로 Iptraf라는 패킷 모니터링 프로그램을 활용할 수 있다. Iptraf는 작고 가벼우면서도 강력한 기능을 제공하는 프로그램으로서 네트워크에서 나가고 들어오는 모든 요청을 실시간으로 모니터링하여 각 호스트, 포트, 프로토콜 등에 대한 세부적인 정보를 제공한다. 또한, IP 트래픽, 인터페이스 통계, LAN station 모니터 등 메뉴식으로 각종 정보를 쉽게 볼 수 있으며 프로토콜별로 필터링 기능도 제공한다.

이외의 방법은 공격자들이 시스템을 공격하여 일정 권한을 획득한 후에는 차후에 다시 쉽게 들어올 수 있도록 자신만이 알고 있는 백도어(BackDoor) 점검, 상시적으로 모든 파일 시스템의 무결성을 체크하여 모니터링하는 파일 시스템 무결성 감시 프로그램 활용 등이 있다.

8.3.3 IPTV 네트워크 구성요소 테스트

IPTV 사용자가 고품질 비디오 시청을 위하여 다음과 같은 IPTV 네트워크 구성요소에 수많은 테스트를 수행할 수 있다.

(1) 라스트 마일(Last mile) 장비

테스트는 일반적으로 IPTV 유니캐스트와 멀티캐스트 서비스 전송을 수행하거나 최적화하기 위해 IPTV 사용자에게 설치된 가장 근접한 네트워크 하드웨어와 소프트웨어 구성요소를 검증하기 위해 수행된다. 이와 같은 구성요소에 대한 일반적인 테스트는 다음과 같다.

- 라스트 마일 루프에서 데이터 전송율 검사
- IPTVCM(IPTV Communication Model) 중 전송과 비디오 패킷화 레이어인 IP에서 발생하는 에러나 성능 평가
- IGMP 메시지가 빠른 시간 안에 처리되어지는지 확인

(2) IP Network core

네트워크에서 테스트는 일반적으로 IPTV 서비스 전송과 성능의 최적화에 사용되는 하드웨어와 소프트웨어 구성요소 검사를 수행한다. IPTV 스트림 전송에 영향을 주는 네트워크 구성 파라미터는 자주 변경될 수 있다. 따라서 네트워크에서 이와 같은 변경이 발생할 때 네트워크 관리자는 주기적으로 스트림의 성능 레벨을 테스트해야 한다. 변경은 디바이스의 펌웨어 변경에서부터 네트워크의 교체까지 포함한다. 이외의 core IP 네트워크에서의 테스트들은 다음과 같다.

- 네트워크가 다중 멀티캐스트 채널 전송을 지원하는 경우 전송을 검사

- 패킷 손실이 발생됨을 판단
- IP core 네트워크에서의 지연을 측정

(3) IPTV 데이터 센터 장비

안전하고 효과적인 방법으로 수많은 IPTVCD에 다중의 IPTV 서비스를 전송하기 위해서는 IPTV 데이터 센터에 설치된 장비를 충분히 테스트할 필요가 있다. 또한, 외부의 제3자 사업자와 동의된 품질 레벨을 제공하기 위해선 컨텐츠에 대한 테스트 일정이 규칙적으로 구현될 필요가 있다.

(4) IPTVCD

서로 다른 타입의 IP 서비스를 제공하기 위한 다양한 IPTVCD가 있다. 이와 같은 IPTVCD에서 수행될 테스트의 타입은 시청자의 채널 변경 명령 후 실제 채널 변경까지의 시간을 검사하는 것부터 많은 수의 가입자가 IPTV 스트리밍 서버에 접속했을 때 채널 변경 시간이 적게 하도록 하는 테스트까지 매우 다양하다. 그 외의 특정한 테스트는 다음과 같다

- IGMP 가입에 걸리는 지연을 측정
- IGMP 해지에 걸리는 지연을 측정
- 네트워크 지터 측정

이와 같은 IPTVCD 테스트는 클라이언트 소프트웨어에 포함되어 시뮬레이션되거나 구현될 수 있다.

포괄적인 테스트 프로그램의 구현은 IPTV 컨텐츠 전송을 위하여 네트워크를 최적화함으로써 서비스 사업자를 보조한다.

8.4 IPTVCD(Customer Device) 소프트웨어 업데이트를 위한 스케쥴링과 관리

IPTV 서비스를 원활히 관리 및 제공하기 위하여 서로 다른 다양한 형태의 IPTVCD(Customer Devices)의 소프트웨어 업데이트가 매우 중요하다. 또한 분산 네트워크에 연결된 무수한 수의 IPTVCD 소프트웨어의 적정한 업데이트를 통하여 효율적인 관리와 사용자 만족을 얻을 수 있다. IPTVCD의 소프트웨어를 업그레이드 하는 방법은 두 가지가 있다. 첫 번째는 서비스 사업자가 물리적으로 IPTVCD를 서비스 가입자로부터 회수하거나, 기술자가 직접 방문하여 소프트웨어를 업그레이드하는 방법이

다. 두 번째는 대부분 사용되는 방법으로 IPTVCD 운영 시스템을 업데이트하는 방법과 네트워크를 통해 안전하게 소프트웨어를 다운로드해서 업데이트하는 방법이다. 이와 같은 관점으로 서비스 사업자는

- 이미 설치된 소프트웨어의 버그를 고치기 위하여 IPTVCD에 소프트웨어를 다운로드한다.
- 기능을 개선하기 위하여 새로운 버전의 소프트웨어로 IPTVCD를 업그레이드하거나 네트워크에 연결된 IPTVCD의 소프트웨어 버전을 동일하게 유지하기 위하여 업그레이드한다.
- 새로운 표준의 소프트웨어로 업그레이드하여 성능을 개선한다.
- 안전한 다운로드를 위하여 소프트웨어에 디지털 서명을 적용한다.
- 새로운 IPTV 데이터 센터 비디오 인코더와의 호환이 가능하도록 새로운 디코딩 소프트웨어를 다운로드한다.
- 모든 IPTVCD는 동시에 동일한 소프트웨어 업로드를 수신한다.

IPTVCD의 소프트웨어 다운로드 절차 단계는 그림 8.5와 같다.

Step 1 소프트웨어 업그레이드를 위한 바이너리 파일 생성: 소프트웨어 다운로드를 위한 절차의 첫 번째 순서는 업그레이드를 위한 바이너리 파일의 소싱과 컴파일링 단계를 포함한다.

Step 2 네트워크 전송을 위한 포맷화: 생성된 바이너리 파일은 네트워크 전송을 위한 포맷 혹은 이미지로 구성되어야 한다. 파일 포맷화에 특정 운영자들은 셋톱박

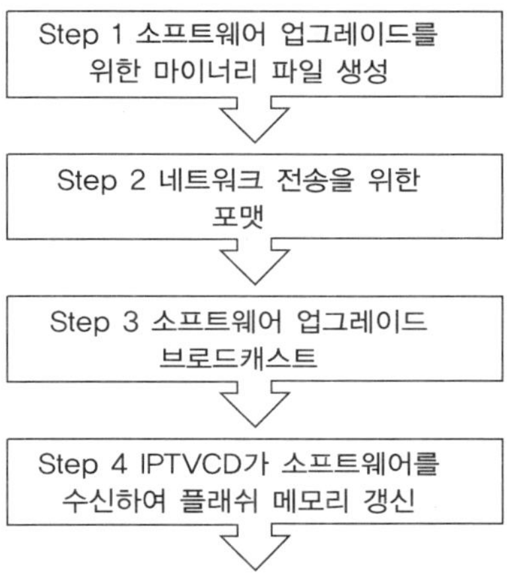

그림 8.5 IPTVCD 소프트웨어 다운로드 과정

스에 전송할 때 유효한 소프트웨어 업데이트를 위하여 파일에 디지털 서명 혹은 증명서를 추가한다.

Step 3 소프트웨어 업그레이드 전송: 업그레이드를 위하여 필요한 파일은 네트워크를 통해서 전송된다. 업그레이드를 위한 타이밍은 적절하게 운용될 필요가 있으며, 일반적으로 off-peak 시간대가 이용될 수 있다. 네트워크에서 파일을 복사하기 위해서는 일반적으로 Trivial File Transfer Protocol(TFTP) 프로토콜이 사용된다.

Step 4 IPTVCD가 소프트웨어를 수신하여 플래시 메모리 갱신: 업데이트된 소프트웨어를 다운로드한 후, IPTVCD는 네트워크에서 발생된 에러 체크를 위해 코드를 테스트한다. 이와 같은 검증과정을 통해 IPTV 데이터 센터에 있는 서버와의 신뢰 관계 인증이 수립된다. 검증된 후 이미지가 재조립되고 IPTVCD의 업데이트도 시작된다. 소프트웨어 다운로드가 완료 된 후, IPTVCD는 일반적으로 데이터 센터에 다운로드 완료 내역을 보고한다.

이와 같은 업데이트는 Foreground와 background로 실행될 수 있다. Foreground IPTVCD 소프트웨어 업데이트는 시청 중 업데이트 실행이 이뤄진다. 통상적으로 시청자에게 텔레비전이나 디스플레이 패널에 업데이트가 가능하다는 메시지가 통보된다. 사용자가 업데이트를 실행하면 IPTVCD는 소프트웨어 업데이트가 실행되는 중에는 방송 시청을 중단한다. Foreground IPTVCD는 플래시 메모리에 입력 성능과 다운로드할 소프트웨어 코드의 양에 따라 약 2분에서 30분 정도의 시간이 소요된다. Foreground 업데이트 방식으로 설계된 IPTVCD는 적은 플래시 메모리가 필요하며 종종 단일 플래시 컴포넌트로 작동한다. Foreground 업데이트 방식과 달리 background 업데이트 방식의 경우 방송 시청을 방해하지 않으며 업데이트를 실행한다. 시청자는 업데이트가 실행되고 있는지 인지하지 못한다. 이와 같은 방식의 경우 IPTVCD는 두 개의 플래시 메모리를 사용한다. Foreground 업데이트 방식의 경우 업데이트 코드를 저장하는 반면, background 업데이트는 업데이트에만 사용한다. IPTVCD는 장치가 새로 시작할 때 업데이트 소프트웨어 코드를 플래시 장치나 파티션으로 옮긴다. 또한 시스템은 새로이 인스톨된 업데이트 내역의 특징을 IPTV 사용자에게 공지한다. 이와 같이 소프트웨어를 다운로드 하여 업데이트 하는 방식은 정밀하나 비용이 비싸다. 불휘발성 저장공간에 입력된 소프트웨어의 업그레이드 후에는 IPTVCD는 재부팅한다. 재부팅된 IPTVCD는 업그레이드된 소프트웨어를 사용하여 작동된다. 가장 안전한 업데이트 방식에 있어서는 서비스 사업자별로 의견이 다양하다. 서비스 사업자가 자동적으로 소프트웨어 업그레이드를 분산하고 현재 네트워크 기반에서 패치가 가능한 특성화된 소프트웨어 응용 또한 다양하다. 하지만 몇몇 사례의 경우 IPTVCD에 있는 낮은 버전의 소프트웨어를 사용하거나 이전의 소프트웨어 이미지로 변경하는 것이 불가피하다. 현재 IPTVCD에 소프트웨어 이미지의 다운로드를 위한 표준은 없지만, CableLabs와 같은 단체가 미국에서 디지털 케이블 셋톱박스를 업그레이드하기 위해 사용되는 OpenCable 공통 다운로드 명세서를 개발하고 있다.

8.5 네트워크 구조(Network Architecture)

멀티미디어 스트리밍 서비스를 위한 네트워크 구조는 크게 중앙 집중형, 분산형, CDN, 하이브리드형 구조, 이렇게 네 가지로 분류할 수 있다. 8.5절에서는 각각의 네트워크 구조에 따른 특징과 한계점에 대해서 살펴볼 것이다.

8.5.1 중앙 집중형 구조 [1]

중앙 집중형 구조는 매우 큰 링크 대역폭을 갖고, 성능이 좋은 중앙 서버를 통해 스트리밍 서비스를 제공하는 방식이다. 이 구조는 단순하기 때문에 구현이 쉽고, 관리하기가 용이하다. 그러나 중앙에 집중된 서버로부터 모든 클라이언트들이 서비스를 받기 때문에 중앙 서버에 오류가 발생할 경우에는 안정성에 치명적인 문제가 발생한다. 또한 사용자가 많아질수록 서버의 부하가 커지기 때문에 확장성 또한 좋지 못하며, 그렇

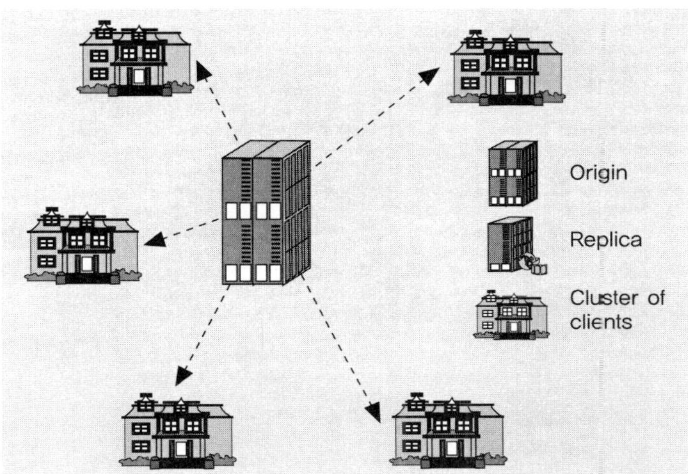

그림 8.6 중앙 집중형 구조

기 때문에 넓은 범위에 분포하는 잠재적인 수요를 충족시키기 어려운 구조이다. 그리고 높은 비용과 백본 네트워크에 대한 부하가 많은 단점도 있다. 예를 들어 스트리밍 서버가/ T3급(~45Mb/s) 링크를 통해서 인터넷에 연결되어 있다면, 1Mb/s를 차지하는 멀티미디어 파일을 동시에 45개의 클라이언트들에게 전송할 수 있다. 그러나 모든 클라이언트들이 직접 서버에 요청을 하기 때문에 많은 양의 트래픽이 네트워크 내에 흐르게 된다. 이는 스트리밍의 비용을 증가시킬 뿐만 아니라 백본 네트워크의 부하도 증가시킬 수 밖에 없다. 더불어 트래픽이 많은 네트워크 홉을 거쳐서 전송되면, 네트워크의 병목현상으로 인해 패킷 손실이 발생하고, 높은 지연 편차를 발생시키는 단점을 가지고 있다.

8.5.2 분산형 구조 [2]

분산형 구조는 proxy-based 구조로도 불리우며, 클라이언트 지역 부근에 프록시 서버들을 배치하여 중앙서버의 역할을 분담하여 서비스하는 방식이다. 이 구조에서 가장 중요한 이슈는 중앙 서버로부터 미디어 파일들을 미리 프록시 서버에 적절히 캐쉬(cache)해두는 일이다. 일반적으로 영화와 같은 파일은 사이즈가 크기 때문에 프록시 서버에는 모든 영화파일을 캐쉬해두기는 힘들다. 그렇기 때문에 영화파일의 일부분만을 프록시 서버에 캐쉬해두어 많은 영화들을 프록시에 캐쉬해둘 수 있는 방법들이 많이 제안되었다. 그 중에 prefix caching 방식에서는 미디어의 빠른 재생을 위해서 미디어의 시작부분 프레임들을 프록시 서버에 저장해두는 방식이다. staging caching 방식

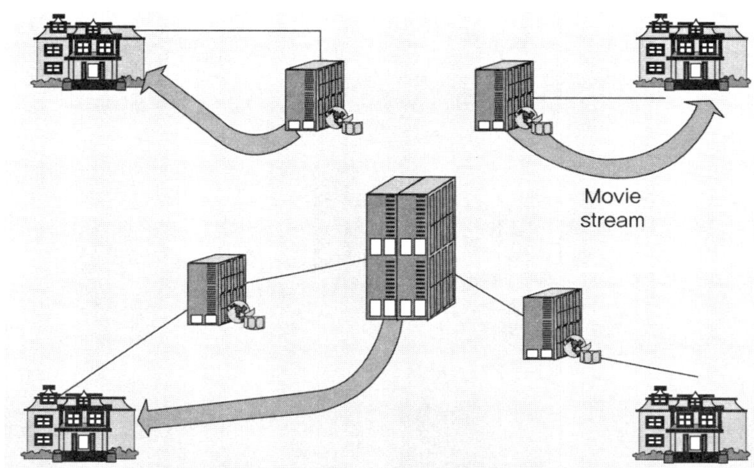

그림 8.7 분산형 구조(Proxy-based)

은 프레임들 중에 bursty한 부분만 프록시 서버에 저장해두고 나머지 부분은 중앙 서버로부터 받게 하여 링크의 대역폭 부담을 줄이고자한 방식이다. 또한 비연속적인 중간 프레임들을 프록시 서버에 저장하는 방식이 있는데, 이 방식은 빨리감기나 되감기와 같은 재생 제어에 적합한 방식이다.

전체적으로 분산형 구조는 네트워크의 대역폭을 절약할 수 있고, 스트리밍이 시작되는 시간을 단축시킬 수 있으며, 지연변이(delay jitter) 또한 줄일 수 있는 장점이 있다. 그러나 분산형 구조는 많은 장소에 프록시 서버를 설치하고 관리하는데 어려움이 있고, 프록시 서버를 많이 설치할수록 전체적인 성능은 좋아지지만 그만큼 비용도 증가한다. 또한, 분산형 구조는 중앙에 집중되는 네트워크의 병목 트래픽을 몇몇의 노드로 분산시킬 뿐, 병목 트래픽을 완벽하게 해소시키기는 어렵다.

8.5.3 CDN 구조 [1]

Content Distribution Network를 활용하는 구조는 네트워크의 가장자리에 Akamai와 Digital Island처럼 수 천개의 서버를 두는 방식이며, Akamai와 같은 경우에는 10,000개의 서버를 두고 있다. 캐쉬 서버로 불리우는 수 천개의 서버들은 주로 POP 지역에 설치되어 서비스 한다. 이 방식은 컨텐츠들을 클라이언트 인근에 배치하여 멀티미디어 트래픽들이 거쳐야 하는 홉수를 줄이는 것에 그 목적이 있다. 이 방식을 통해서 백본 네트워크의 부하를 줄일 수 있고, 결과적으로 멀티미디어의 전송 지연과 패킷 손실을 줄일 수 있다. CDN에서는 컨텐츠를 분배하고, 네트워크의 트래픽 상태를 모니터하

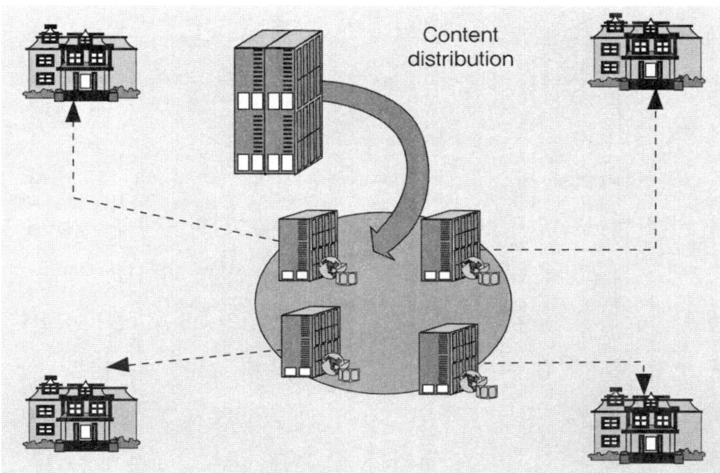

그림 8.8 CDN 구조

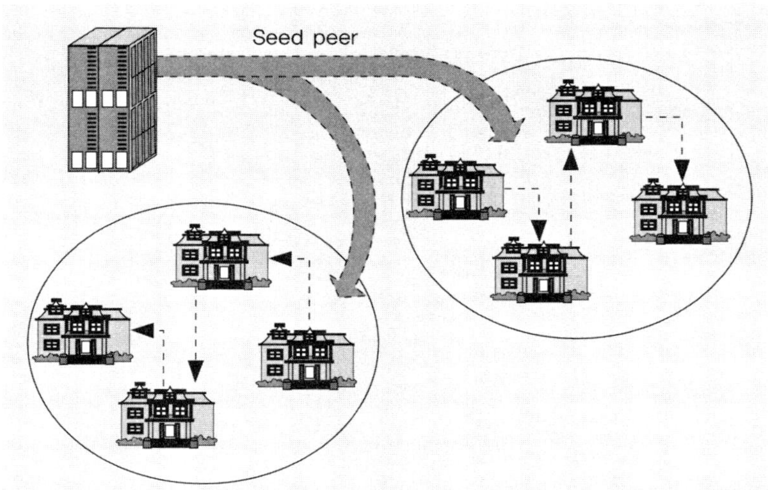

그림 8.9 하이브리드 구조

고 클라이언트의 요청을 서버로 분배하는데 전용 프로토콜을 사용한다. 이 방식은 cost-effectiveness에 초점을 맞추고 있으며, CDN 운영자는 파일의 메가바이트 단위로 컨텐츠 제공자에게 비용을 부과한다. 또한 CDN은 특히 영화처럼 파일 크기가 큰 멀티미디어 파일들의 분배에 초점을 맞추고 있다.

8.5.4 하이브리드 구조 [1]

하이브리드 구조는 peer-to-peer 미디어 분배 구조로 대표되고, 많은 클라이언트들에게 저렴한 비용으로 서비스 할 수 있는 방식이다. 이 구조의 핵심 아이디어는 네트워크의 단말 시스템들이 각각의 자원을 공유하는 것이다. 스트리밍 세션을 시작하기 위해서는 가용도 체크, 스트리밍, 캐싱, 이렇게 세 가지 과정을 거친다. 1단계로 피어가 원하는 미디어가 시스템 내에 존재하는지의 가용도 체크를 한다. 피어는 가용도 확인을 위해 피어들의 정보를 유지 관리하는 슈퍼 피어에게 lookup 요청을 보내고, 슈퍼 피어는 이 요청에 대해 서비스를 제공할 수 있는 피어들의 리스트를 회신해준다. 2단계인 스트리밍 단계에서는 세그먼트 단위로 전송하고, 클라이언트에서의 미디어 재생은 초기 버퍼 기간 이후에 재생되기 시작한다. 모든 세그먼트 sj에 대해 프로토콜은 동시에 컨텐츠 제공자들에게 연결되고, 이 연결은 세그먼트 전체가 스트리밍되는 시간 δ 동안 유지된다. 이 구조에서 각각의 피어들로부터 전송 받는 세그먼트 조각의 크기는 피어들의 전송률에 비례한다. 예를 들면 P4는 피어 P1, P2, P3로부터 세그먼트 조각들

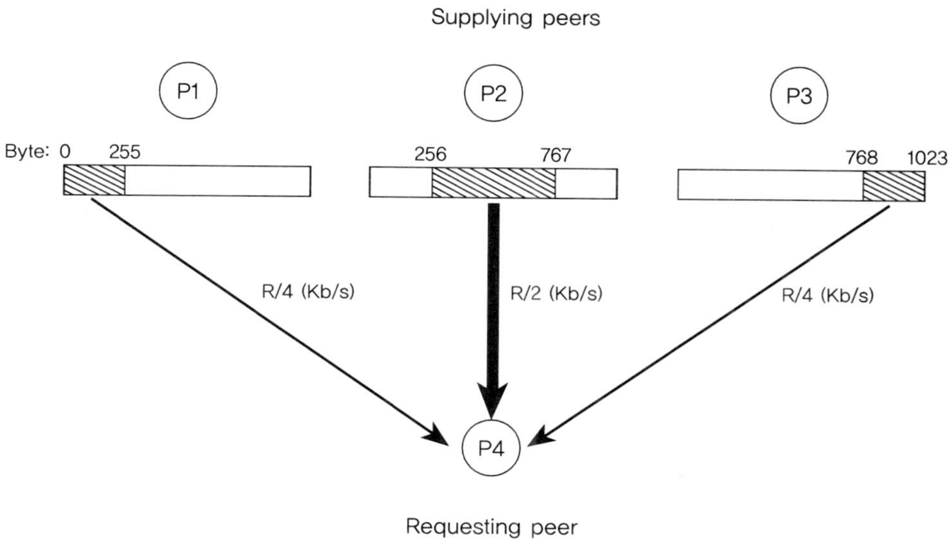

그림 8.10 피어들의 전송률에 따른 파일 전송 예

을 전송 받으며, 피어들의 전송률을 각각 R/4, R/2, R/4라고 할 때, 1024바이트의 데이터는 다음 그림 8.10과 같이 전송률에 비례하여 전송받는다[2].

8.6 VoD 메커니즘

비디오를 시청하고자 할 때, 사용자는 단순히 시청 가능 비디오 목록에서 선택을 하고 수초 이내에 비디오는 재생될 준비가 된다. 그러나 이렇게 단순한 인터페이스의 이면에는 사용자가 모르는 네트워크 메커니즘들이 필요하다. 대부분의 VoD 네트워크는 사용자간의 지연을 최소화하고 대역폭 소모량과 컨텐츠 서버의 부하를 줄이기 위해서 프록시 서버를 이용하는데, 이러한 환경에서 필요한 VoD 메커니즘들을 간략히 살펴보면 다음과 같다.

사용자의 요청이 있으면 요청 전달(request routing) 메커니즘을 통해 거리, 네트워크의 부하상태, 컨텐츠의 가용정도 등에 따라 가장 적합한 서버로 요청된 정보를 전송한다. 요청을 받은 서버는 서버에서 사용되는 컨텐츠 전송(contents delivery) 방식에 따라 사용자가 선택한 컨텐츠를 유니캐스트나 멀티캐스트 연결을 통해 전송한다. 네트워크에서의 컨텐츠 저장 장비나 비디오 파일의 위치를 일컫는 Content allocation 방식 또한 위의 요청 전달 및 컨텐츠 전송에 영향을 주는 중요한 요소 중의 하나이다.

Intra-cluster Content Routing Scheme	Intra-cluster Content Routing Traffic		Average Intra-cluster Content Routing Delay
	Query Traffic Rate	Update Traffic Rate	
query-based scheme	$O(\beta(1-H_{local})N)$	0	$(1-H_{local})D_1$
digest-based scheme	0	$O(\beta(1-H_{local})N)$	0
directory-based scheme	$O(\beta(1-H_{local}))$	$O(\beta(1-H_{local}))$	$(1-H_{local})D_{directory}$
pure-hashing based scheme	0	0	0
semi-hashing based scheme	0	0	0

그림 8.11 라우팅별 오버헤드

크기가 큰 파일을 모든 지역에 복사해두는 것은 현실적으로 불가능하므로, 일반적으로 파일의 중요한 일부분만을 각각의 replica에 저장한다. 이 파일들을 각각의 replica에 분배하는 것 또한 많은 대역폭이 소모되기 때문에, 오리지널 서버에서 replica들로 컨텐츠를 전송하는 컨텐츠 분배(Content distribution)를 위한 효과적인 메커니즘도 필요하다[1].

8.6.1 Request routing

요청 전달(Request routing)은 사용자의 요청을 좋지 않은 성능을 지닌 서버를 피해서 가장 적합한 서버로 전송하는 과정이다. 요청 전달 메커니즘은 클라이언트에게 서비스하는 여러 replica가 있는 망에서만 적용 가능하며, 링이나 트리 구조를 갖는 메트로폴리탄 네트워크에서는 오리지널 서버에서 서비스 받는 것보다 replica에서 서비스를 받는 것이 오히려 더 많은 비용이 요구되며, 한 링크로 부하가 집중되기 때문에 비효율적일 수 있다.

요청 전달 메커니즘이 효율적으로 사용될 수 있는 방법 중의 하나는 라운드 로빈(Round-Robin) 알고리즘이다. 이 알고리즘은 사용자의 요청에 대해 네트워크의 상태와는 상관없이 순차적으로 replica를 선택하는 방법이다. 라운드 로빈 알고리즘 외에 다양한 메트릭(서버 응답시간, 클라이언트와 replica 간 경로의 상태)을 사용하여 더 나은 replica를 선택하는 방법들도 있다.

또한 replica가 모든 파일을 서버의 라이브러리에 가지고 있지 않다면, 요청 전달시 컨텐츠 가용도(content availability) 또한 고려되어야 한다. 이를 위한 단순한 방법으로는 쿼리 기반(query-based)의 방식이 있으며, 이 방식에서는 해당 프록시 서버에 요청 받은 컨텐츠가 없을 경우, 프록시 서버가 속해 있는 클러스터 내의 다른 모든 노드들에게 쿼리를 전송한다. 다이제스트 기반(digest-based) 방식에서는 각각의 프록시 서버들이 다른 replica에 저장되어 있는 컨텐츠들의 목록을 가지고 있어서 요청받은 컨텐츠의 위치를 확인할 수 있다. 각 방식의 오버헤드는 다음과 같다[3].

8.6.2 Content allocation and distribution

서버 replication은 오리지널 서버의 전체 컨텐츠를 네트워크의 전략적인 장소에 배치하기 때문에 네트워크 분할, 트래픽의 국지화, 필요한 대역폭 축소 등은 중요한 요소이다. 일반적으로 멀티미디어 컨텐츠의 사이즈는 스토리지 비용을 높이기 때문에 오리지널 서버의 전체 컨텐츠의 복사본을 저장하는 것은 비현실적이다. 그 대안으로 대리 서버에 인기 있는 컨텐츠만 저장하는 방식의 프로그램 캐싱(program caching)이 사용된다. 이론적으로는 가장 인기 있는 30%의 컨텐츠를 보관하면, 최대 80%의 요구를 만족시킬 수 있다.

컨텐츠의 인기도는 시간이 지남에 따라 바뀌므로 replica가 사용자들의 요청을 잘 감당하기 위해서는 정기적으로 인기도를 반영하여 저장하는 컨텐츠들을 업데이트해주어야 한다. 이를 위해 크게 client-initiated 방식과 server-initiated 방식의 두 가지 방법이 존재한다. client-initiated 방식은 pull-caching으로도 불리며, 이 방식에서는 replica가 캐쉬 미스(cache miss)가 발생했을 경우, 다른 서버로부터 컨텐츠의 복사본을 검색한다. server-initiated 방식은 push-caching으로도 불리며, 사용자로부터 컨텐츠의 요청이 있기 전에 컨텐츠를 replica로 분배하는 방식이다. 컨텐츠의 인기도를 예측할 수 없기 때문에 컨텐츠 분배에 어려움이 있으며, 만약 컨텐츠의 인기도를 미리 알고 사용자의 요청에 앞서 컨텐츠를 분배한다면, 캐쉬 미스를 피할 수 있고, 오리지널 replica 경로의 대역폭 소비를 줄일 수 있을 것이다.

이러한 컨텐츠 분배의 성능을 높이기 위해 대리 서버에 파일의 앞부분만 저장하는 방법(prefix caching)으로 캐쉬 미스를 줄이는 방법이 있다. 이 방법은 파일 전송 비용과 오리지널 replica 경로의 트래픽을 줄일 수 있고, 클라이언트가 전송 지연과 지연 편차를 겪지 않게 한다. 또한 대리 서버들을 그룹으로 묶어서 클러스터를 만들어(clustering) 컨텐츠를 공유함으로써 성능을 높일 수 있다. 이 방법은 CDN(Content Distribution Network)의 철학을 따르는 것으로서, 대리 서버들 간에 직접 연결된 경로가 있는 경우처럼 네트워크 토폴로지에 따라 성능을 극대화 할 수 있다. 이와 같은 push-caching, prefix-caching, clustering 방법들은 네트워크의 복잡도를 증가시키지만, VoD 설계에 있어서 확장성을 높여준다.

8.6.3 Content delivery

Content delivery는 대리 서버로부터 클라이언트로 멀티미디어를 전송하는 것을 일컫는다. 일반적으로 VoD 서비스에는 유니캐스트 방식이 사용되는데, 이는 네트워크의

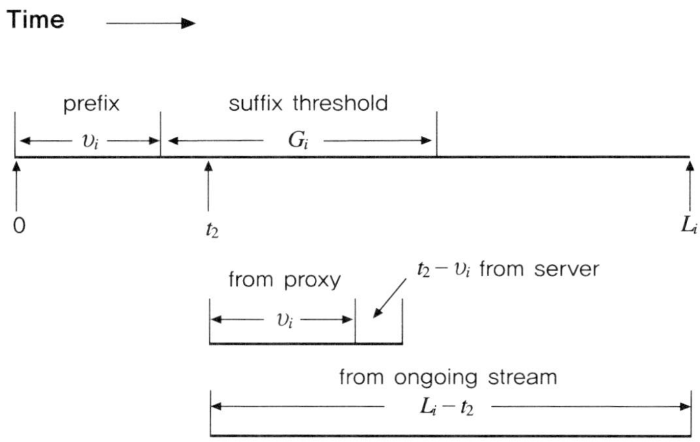

그림 8.12 Unicast patching with prefix caching

대역폭 측면에서 매우 큰 부담을 주는 반면, 양방향 서비스를 가능하게 해준다. 멀티캐스트 방식에서는 미리 정해진 일정에 따라 정해진 채널로 일정수준의 대역폭만을 사용하여 다수의 클라이언트에게 비디오를 전송한다. 멀티캐스트 방식 중의 하나로 배칭(batching) 방식을 들 수 있는데, 이 방식은 일정 시간 내에 도착하는 사용자들의 요청을 모아서 클라이언트들에서 스트리밍 서비스를 하는 것이다. 패칭(patching, stream tapping) 방식에서는 사용자의 요청이 있을 경우에 요청받은 비디오 스트림을 없을 경우에는 새로운 스트림을 생성하고, 이미 요청받은 비디오 스트림이 있을 경우에는 그 스트림으로부터 전송을 받는다. 그러나 배칭 방식이나 패칭 방식은 모두 서버와 클라이언트 사이에 멀티캐스트 전송이 가능해야 한다는 문제점이 있다. 이에 대한 대안으로 proxy-assisted 전송 방식이 있다. 이 방식은 서버와 클라이언트 사이에 일대일 연결을 가지고 있으면서, 응용계층에서 멀티캐스트를 하거나 p2p 전송 방식을 사용한다[4].

간략하게 proxy-assisted 전송 방식 중 Unicast patching 방식을 살펴보자면 위의 그림과 같이 도식화 할 수 있다. 클라이언트에서 끊김없는 비디오 재생을 할 수 있도록 프록시 서버는 prefix가 전송 완료되는 υ_i시간에 맞추어 suffix를 즉시 전송하도록 스케줄링 되어야 한다. 비디오 υ_i가 시간 0에 도착하고 프록시는 서버로부터 suffix를 시간 υ_i에 전송받고, 다른 클라이언트의 비디오 i에 대한 요청이 $t_2(\upsilon_i < t_2 < L_i)$에 도착한다고 가정하면, 프록시는 전체 suffix가 $t_2 + \upsilon_i$에 전송되도록 스케줄링 하거나 (υ_i, t_2)만큼의 suffix만 패치(patch)할 수 있도록 스케줄링한다. 전체 suffix를 전송할지와 패치

부분만 전송할지는 suffix threshold G_i에 따라 결정된다. 만일 전체 suffix를 전송하기 시작한지 얼마 되지 않아 다른 클라이언트로부터의 요청을 받을 경우에는 패치 부분만을 전송하고, 그렇지 않을 경우에는 전체 suffix를 전송한다. 비디오 요청이 포아송 분포를 따를 때, 비디오 i의 평균 전송 비용($C_i(v_i)$)은 다음과 같이 계산될 수 있다.

$$C_i(v_i) = c_s\lambda_i b_i \frac{\frac{\lambda_i G_i^2}{2} + L_i - v_i}{1 + \lambda_i(v_i + G_i)} + c_p\lambda_i b_i L_i \tag{8.1}$$

c_s는 서버와 프록시 사이의 경로 전송 비용, c_p는 프록시와 클라이언트 사이의 전송 비용, v_i는 비디오 i의 캐쉬 되어있는 prefix의 길이, b_i는 비디오 i의 평균 대역폭, λ_i는 비디오 i에 대한 요청률을 나타낸다.

비록 현재 VoD 서비스는 일반적으로 유니캐스트 기반의 서비스로 여겨지지만, 향후 IPTV 등과 같은 서비스를 위해서는 네트워크의 부하를 줄이기 위한 멀티캐스트 형태의 전송방식을 적용할 수 있어야 하고, 컨텐츠 서버의 확장성 문제를 해결하는 것이 가장 큰 과제이다.

8.7 Network Optimization(망 최적화)

성공적인 IPTV 서비스의 구현을 위해서는 망 구축을 위한 계획 단계에서 망 비용 모델과 망구조, 트래픽 모델과 최적화 기술을 고려하여 사용자의 서비스 품질을 만족시키면서도 최소 망 구축비용을 달성하는 IPTV 구조가 설계되어져야 한다. 이 절에서 소개할 네트워크 최적화 기술은 IPTV 서비스를 위한 다양한 네트워크 엔지니어링 기법 중 핵심이라 할 수 있다. 이와 같은 네트워크 최적화 기술은 다음과 같이 세 가지로 분류된다[1].

- Replica placement
- Video placement
- Resource allocation

여기서, replica placement와 video placement는 1)주어진 망구조에서 성능을 최대화하거나 2)주어진 사용자의 품질 목표를 만족시키는 망 구축비용을 최소화하는 망구조에서의 비디오 파일에 대한 복사 위치, 비디오 파일 개수를 정하는 기술이다. 또한, 이 기술들은 resource allocation과 독립적으로 생각할 수 없으며, resource allocation은 복잡하지만 중요한 기술로서 사용자에 의해 주어진 조건을 만족하면서 최소 비용을 달성할 수 있도록 망 자원의 위치와 개수를 정하는 기술이다. 따라서 다음 절에서는 각 분야에 대해 차례대로 기술하고자 한다.

8.7.1 Replica placement and video placement

먼저, IPTV 서비스 망구조의 최적화를 위한 기술 중 replica placement와 video placement 기술에 대해 살펴보도록 하자. 이 기술들을 적용하기 위해서 VoD 서비스의 제공 방식에 대해 살펴보고, 이러한 서비스를 지원하기 위한 망구조에서의 video 파일의 위치와 개수를 정하는 방안에 대해 살펴보자.

(1) VoD 서비스의 제공 방식

IPTV 서비스의 주를 이루고 있는 VoD 서비스의 경우 아래와 같은 세 가지 방식으로 서비스가 제공된다.

1. 유니캐스트 방식 : 이 방식은 각각의 비디오 요청이 하나의 비디오 스트림으로 서비스를 제공한다. 이 경우, 일대 일로 비디오 스트림이 생성되기 때문에, 많은 이용자가 비디오 서비스를 요청할 경우 서비스가 동시에 원활하게 이루어 질 수 없다는 한계점을 가진다.
2. 멀티캐스트 방식 : 이 방식은 같은 비디오 파일에 대한 요청들을 모두 묶어서 하나의 비디오 스트림으로 서비스를 제공한다. 따라서, 이 방식을 이용할 경우 파일이 로딩되는 대역폭을 절약할 수 있을 뿐만 아니라 서비스 거절률도 낮출 수 있다는 장점을 가진다. 이 방식은 다시 batching 방식과 patching 방식으로 나누어지는데, 먼저 batching 방식의 경우 일정 시간동안 같은 비디오에 대한 요청을 모았다가 동시에 멀티캐스트 비디오 스트림으로 서비스를 제공하는 방식으로 사용자가 batching interval 동안 대기하여야 하기 때문에 사용자 불만을 야기할 수 있다. 반면, paching 방식의 경우 처음 비디오 요청은 유니캐스트 방식으로 전송되고 그 후 요청들은 멀티캐스트 방식으로 서비스를 제공하는 방식이다. 따라서, 이 경우 batching 방식보다 대역폭을 절약할 수 있을 뿐만 아니라 0시간의 시작시간을 가지는 장점이 있다. 하지만, 더욱 복잡한 관리 시스템이 필요하고 버스트한 요청이 들어올 경우 효과적이지 못하다는 단점을 지닌다.
3. 브로드캐스트 방식 : 이 방식의 경우 미리 정의된 스케쥴에 의하여 전용적으로 할당된 채널을 통해 서비스가 제공된다. 이 경우 인기 있는 비디오 요청에 대해 무한 수용

이 가능하지만 비디오의 인기도가 떨어질 경우 대역폭을 낭비하는 단점을 가진다.

대게 VoD 서비스는 이 세 가지 방식의 조합으로 제공되며, 이러한 방식의 서비스를 실현하기 위해서는 비디오 컨텐츠 시스템의 큰 저장 공간과 대역폭이 필요하다. 이를 위해, multi-server 시스템의 도입을 통해 이와 같은 요구사항을 만족시키고 있다.

(2) Replica placement & video placement 기술

상기의 multi-server 시스템과 같이 컨텐츠 시스템이 주어진 경우, 서비스 품질 요구사항을 만족하는 수천 개의 비디오의 자원할당은 항상 이슈로 간주된다. 현존하는 VoD 서비스에 대한 replica placement와 video placement 기술을 적용한 구조에 대해 살펴보면 중앙 집중형 multi-server system에서의 batching 방식의 구조와 CDON(Content Distribution Overlay Network) 구조로 나뉘며 각각에 대해 살펴보면 다음과 같다.

① 중앙 집중형 multi-server content system에서의 batching 방식의 VoD 서비스를 위한 replica placement와 video placement 방안

- **중앙 집중형 multi-server content system에서의 batching 방식의 VoD 서비스**

Batching 방식의 VoD 시스템의 구성과 동작 방법에 대해 살펴보면 아래 그림 8.13과 같다. 그림에서 보듯이 컨텐츠 시스템의 비디오 서버의 수는 D개, batching 간격 윈도우 크기는 W로 정의한다. 먼저, 비디오 요청이 도착하면 W시간 동안 비디오 요청을

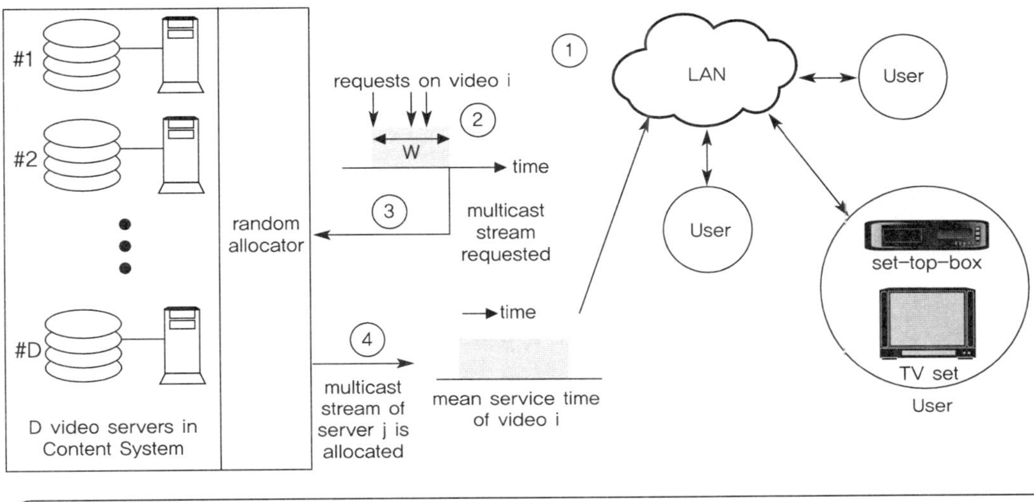

그림 8.13 Batching VoD 시스템의 기본 구성과 동작 방법

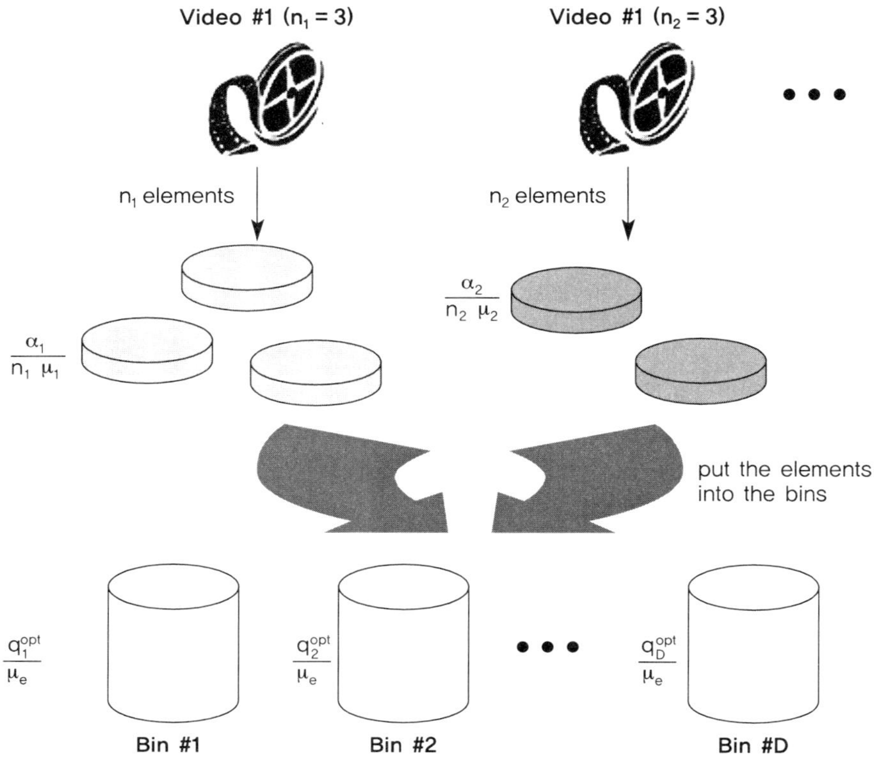

그림 8.14 Batching VoD 시스템의 bin-packing 문제

받게 되며, W의 시간이 흐른 후에 이 요청들은 하나의 그룹으로 묶어 하나의 비디오 서버에 랜덤하게 할당되어 서비스를 제공받게 된다. 이때, 동시에 서버에 접속 가능한 수는 멀티캐스트 스트림을 지원할 수 있는 개수에 의해 제한되므로 이로 인해 블록킹이 발생하게 된다.

- **Bin-packing 문제**

위와 같은 환경에서 비디오 개수를 정하기 위해서는 시스템과 연관시킨 수학적 모델링이 필요하다. 따라서, 상기 제시한 환경을 비디오 개수와 연관시킨 모델은 그림 8.14와 같으며, 이때 최소의 블록킹 확률을 만족시키는 비디오 개수를 구하는 것을 bin-packing 문제라 한다[5]. 이 모델에서는 같은 비디오가 저장되어 있을 경우 서버들 사이에 랜덤 자원 할당 방식이 구현되어 있다고 가정하자.

먼저, 각 비디오 파일 i에 대하여 접근할 확률은 batch arrival에 의해 도착한 비디오 i의 요청수($= \alpha_i$)를 비디오 i의 서버개수 n_i로 나눈 값으로 구해진다. 이를 통해 서버 j

에 접근할 수 있는 확률은 수식 (8.2)와 같이 구해지며, 여기서 $i \in d_j$는 서버 j에 저장된 비디오 i를 의미한다. 또한, 서버 j에서의 평균 서비스 시간(= λ_j)과 평균 도착시간(= $\frac{1}{\mu_j}$)은 수식 (8.3)과 같이 구한다.

$$P_{dj} = \sum_{i \in dj} \frac{\alpha_i}{n_i} \tag{8.2}$$

$$= \lambda_e P_{dj}$$

$$\frac{1}{\mu_j} = \frac{1}{P_{dj}} \sum_{i \in dj} \frac{a_i}{n_i \mu_i} \tag{8.3}$$

이를 바탕으로, 주어진 비디오 개수의 집합을 통한 최소 블록킹 확률(= q_j^{opt})은 다음과 같은 수식을 통해 구할 수 있다.

$$\lambda_e \sum_{i \in d_j} \frac{\alpha_i}{n_i \mu_j} = \frac{\lambda_i}{\mu_j} = A_j = A_e q_j^{opt} \ or \ \sum_{i \in dj} \frac{\alpha_i}{n_i \mu_i} = \frac{q_j^{opt}}{\mu_e} \text{ for } j = 1,2,\ldots,D \tag{8.4}$$

여기서, 시스템의 평균 서비스 시간(= $\frac{1}{\mu_e}$)은 다음 수식 (8.5)와 같으며, 이를 수식 (8.4)에 대입하여 최소의 블록킹 확률을 만족하는 비디오 개수와 용량 산정이 가능하다.

$$\frac{1}{\mu_e} = \sum_{i=1}^{M} \frac{\alpha_i}{\mu_i} = \frac{1}{\lambda_e} \sum_{i=1}^{M} \frac{\lambda_i^B}{\mu_i} \quad where,\ \lambda_i = \frac{\lambda p_i}{1 + \lambda p_i W},\ \lambda_e = \sum_{i=1}^{M} \lambda_i^B \tag{8.5}$$

위의 식에서 M은 시스템에서 이용 가능한 전체 비디오 개수를, p_i는 비디오 i의 개수, $1 + \lambda p_i W$는 batching 시스템에서의 평균 요청수, W는 batching 간격을 나타낸다.

- **Heuristic video placement 기법**

상기 bin-packing 문제를 해결하기 위하여 다양한 heuristic 기반의 방법이 제안되었으며 그 중에서도 가장 간단한 방법인 Highest-Load-First(HLF) 방식에 대해 살펴보자. 이 방식의 경우 batching 간격을 이용하여 평균 서비스 시간을 계산한 후, binary searching 기술을 이용하여 최소 블록킹 확률을 만족하는 서버의 bin 용량을 계산하며, 이때 각 비디오 파일의 크기를 계산하여 작은 순서대로 서버에 할당하는 방식인데 간단하다는 장점을 지닌다. 이를 구체화하면 다음과 같은 단계를 따른다[6].

Step 1 W을 이용하여 시스템의 평균 서비스 시간을 계산한다.

Step 2 Binary searching 기술을 이용하여 최소 블록킹 확률을 만족하는 서버 j의 bin 용량을 계산한다.

Step 3 각 비디오 i를 위하여 $\frac{\alpha_i}{\mu_i n_i}$의 파일 크기를 가진 n_i를 계산한다.

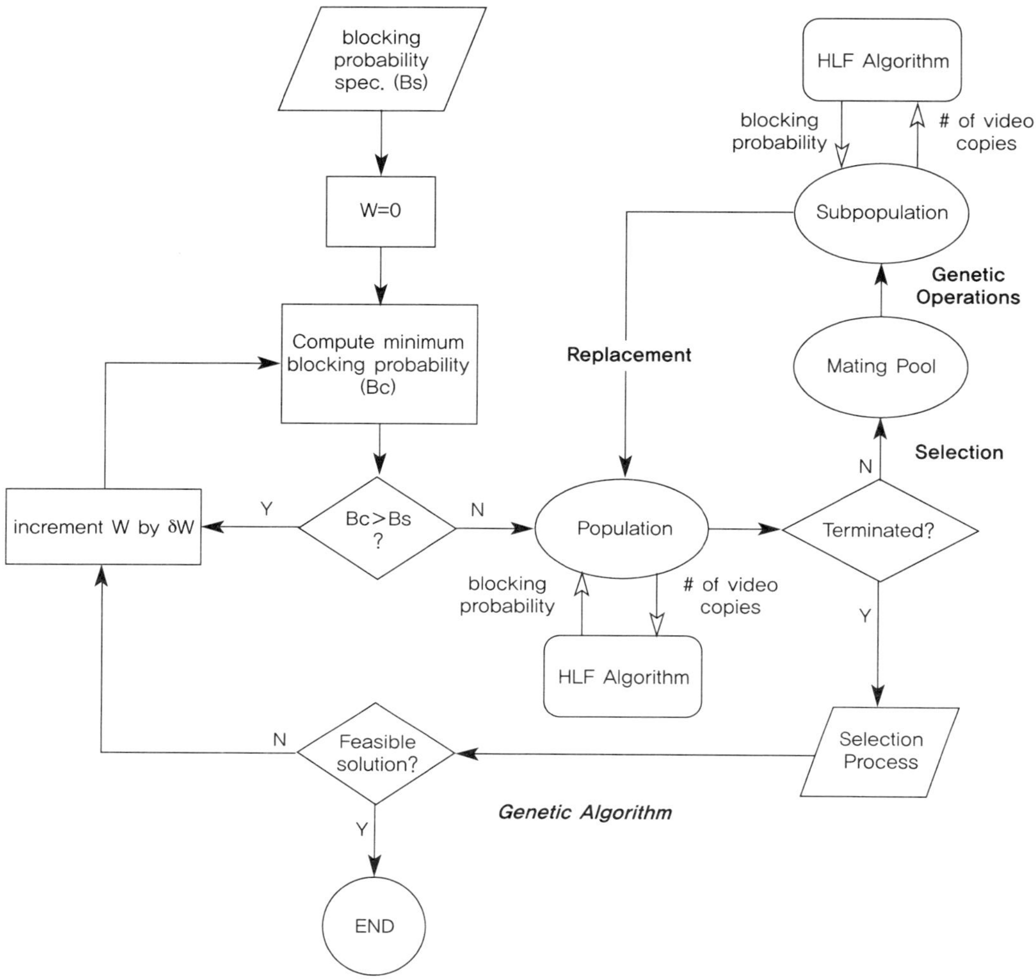

그림 8.15 Hybrid방식의 발생학적인 접근 방식의 알고리즘 동작 흐름도

Step 4 파일크기가 작은 순서대로 정렬한다.

Step 5 그 전 파일이 동일한 비디오 파일이 아닐 경우 서버 j에 $\frac{\alpha_i}{\mu_i n_i}$의 파일 크기를 가진 n_i를 할당한다.

- **Hybrid genetic video placement 기법**

상기 bin-packing 문제를 해결하기 위한 다른 방안으로 hybird genetic video placement 방법이 있다[6]. 일반적으로 비디오 컨텐츠 시스템 설계를 위하여 기존의 방식들은 1) 각 서버가 초과되지 않는 용량을 가지고, 2) 특정한 블록킹 확률을 만족시키는 제한사항을 가지면서 3)총 서버의 사용 용량이 최소화하고 4) batching 간격을 최소화 하는 방안으로, 전체적인 placement 방안을 위해서 각 비디오파일의 개수와 그에 상응하는 저장소의 위치를 모두 확인해야 한다. 따라서, 이 방안은 상기의 HLF 방식을 응용한 Hybrid 방식의 발생학적인 접근 방식의 알고리즘으로 동작 매커니즘은 그림 8.15와 같다. 이 방식은 주어진 블록킹 확률에서 간단한 interative 방식을 이용하여 최적화된 batching 간격을 발견할 때 가질 수 있는 문제점을 해결하고자 주어진 batching 간격을 만족하면서 최적화된 블록킹 확률을 찾는 접근 방식으로, 만약 적당한 값이 없을 경우 batching 간격은 증가하고, 제안된 방식의 알고리즘은 재시작을 하도록 동작한다. 여기서 Bs는 블록킹 확률을 의미한다.

② CDN 망을 위한 replica placement 와 video placement 방안

• **VoD 서비스를 제공하기 위한 Content Distribution Overlay Networks**

최적의 CDN 구성을 위해서는 1) proxies가 설치될 위치, 2) 각 proxy를 설치하기 위해 요구되는 저장 용량 그리고 3) 각 proxy에 들어갈 객체가 무엇인지에 대해 결정해야 한다. 이는 CDN 설계의 핵심 요소로 각 요소 간에 서로 밀접한 관계를 가진다. 여기서는 특히 그림 8.16과 같은 계층적 컨텐츠 분배 오버레이 망에서의 replica placement 와 video placement 방안에 대해 살펴보고자 한다. 이때, 계층적 컨텐츠 분배 오버레이 망을 택한 이유는 확장성과 관리성을 위해 본질적으로 계층적 구조를 많이 사용하고 있으며, 오버레이 구조를 이용할 경우 일반적인 그래프 망 이론을 이용하기에도 용이하기 때문이다. 그림 8.16에서 왼쪽의 경우 관리 기반의 클러스터를 이용하여 계층적 구조를 만들었고, 오른쪽의 경우 그 결과 3계층의 계층적 분배 오버레이 망을 구성한 결과를 그림으로 나타내었다. 이 망을 이용할 경우 오버레이 구조로 인해 실제 물리적 망이 트리의 구성을 하지 않아도 다양한 알고리즘의 효과적인 적용이 가능한 장

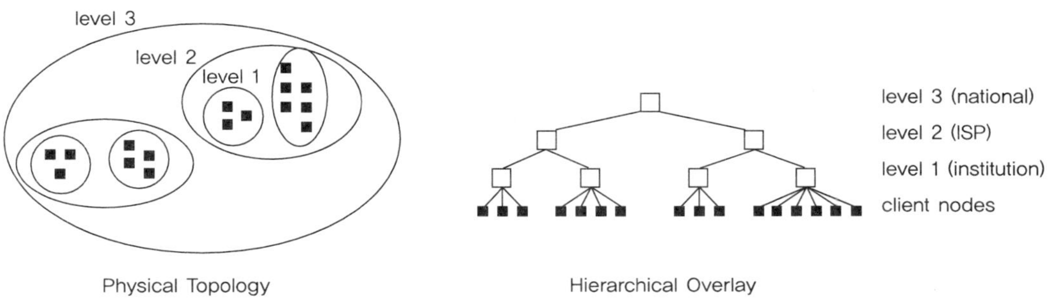

그림 8.16 3계층적 CDN 오버레이 망

점을 가지게 된다.

- **Content Distribution Overlay Networks의 용량 산정 문제**

상기 구조에서 용량 산정 문제를 살펴보면, 계층적 구조로 인하여 서버의 위치나 히트율이 주어진 경우에도 트리 그래프의 k-median 문제점이 발생하며, 이는 서버의 컨텐츠, 사용자의 요구 패턴, 사용자와 서버 사이에 존재하는 다른 서버의 영향 등 실제 유용한 파라미터들을 반영하여 정확한 히트율을 계산, 이를 반영하면 해결이 가능하다.

이와 관련하여 용량 산정 문제를 비용 함수로 수식화 하면 아래와 같으며, 이 식은 최소 비용을 만족하는 용량을 찾기 위해 모든 이용 가능용량 각각에 대해 이용 가능한 서버와 사용자간의 거리와 그 객체 분포 확률의 곱한 값의 합을 구하고, 이를 모든 이용자 각각에 대해서 서비스 요청 확률을 합한 값의 곱을 통해 구한다. 먼저, 트리 그래프 T는 n개의 노드 집합 V를 가지며, O는 S저장 용량 중 이용 가능한 용량, J는 m명의 이용자의 집합, λ_j는 각 이용자 j의 요청율, $P_j(k)$는 객체 요구 분포로 정의한다. 또한, 사용자 j와 기본 서버 사이의 거리, 사용자 j와 집합 A에 속하는 노드 사이의 거리 중 최소 거리를 $d_j^{min}(k)$라 정의하며, 집합 A는 집합 $S(= (v, k),\ v \in V,\ k \in O)$의 파라미터 개수를 초과하지 않는 집합을 의미한다. 아래 수식(8.6)을 이용하여 최소 비용을 만족하는 용량 값을 구할 수 있다.

$$\min_{A \subseteq A:|A| \le S} \sum_{i \in J} \lambda_j \sum_{k \in O} p_j(k) \cdot d_j^{min}(k)$$
$$where\ d_j^{min}(k) = \min d_{j,os}, d_{j,v} : v \in ancestors(j),\ (v, k) \in A \tag{8.6}$$

8.7.2 Resource allocation

앞선 절에서 망구조의 최적화를 위해 주어진 블록킹 확률을 만족하는 비디오 파일의 개수를 찾는 video placement와 replica placement 기술에 대해 살펴보았다. 이번 절에는 이와 밀접한 관계를 가지는 resource allocation 기술에 대해 살펴보자[7].

(1) 자원 할당 문제

VoD 자원 할당 문제는 주어진 요구사항을 만족하고 구현비용을 최소화 하기 위하여 망구조에 각 잠재적 위치에서 구현될 서버의 개수를 정하는 일이라 정의된다[8]. 즉, VoD 자원 할당 문제는 복사가 이루어질 지점, 캐쉬 컨텐츠의 이용 가능한 저장 용량, 각 위치에서 사용자가 서비스를 제공받기 위해 가능한 스트리밍 용량을 정하는 일이다. 이와 같이 주어진 복제 환경에서 VoD 자원(여기서, 스트리밍 서버 및 저장 장치를 일컫음)을 할당하기 위해서는 이 문제에 대해서 다음과 같이 수학적으로 모델링이 가능하다. 우선, N을 최대 복제 개수라 두고, $S = \{s_i{:}i = 1, ..., N\}$, $T = \{t_i{:}i = 1, ..., N\}$라 두자. 이때, s_i는 F(Gbps)의 용량을 가지는 스트리밍 장치의 개수이며, t_i는 i 복제지점에서 G_i(TB)의 용량을 가지는 저장 장치의 개수이다. 더불어, $C_{TOT}(S, T)$는 각 위치에 설치된 장치의 개수를 총 망의 비용에 매핑하는 기능을 한다. 여기서, 이 문제를 풀기 위한 목적은 다음 식과 같이 총 시스템 비용을 최소화하는 S와 T를 정하는 것이다. 여기서, 스트리밍 서버와 저장 장치는 각각 독립적으로 구현되지만 현실적으로 이 두 장치는 종종 VoD 서버라는 이름하에 같이 구현되기도 하며 이때, $s_i = t_i$를 만족한다.

$$\{S^*, T^*\} = \arg\min_{S,\,T} C_{TOT}(S, T) \tag{8.7}$$

아래의 그림 8.17에서와 같이 $N = \{n_i{:}i = 1, ..., N\}$이고 n_i는 i지점에서의 저장용량 G_i와 스트리밍 용량 F_i를 가지는 VoD 서버의 개수라 하면, 위에 정의한 망 비용매핑 공식은 아래와 같은 식을 통해 총 비용을 최소화 하는 각 복제 위치에서의 VoD 서버 개수를 정할 수 있다.

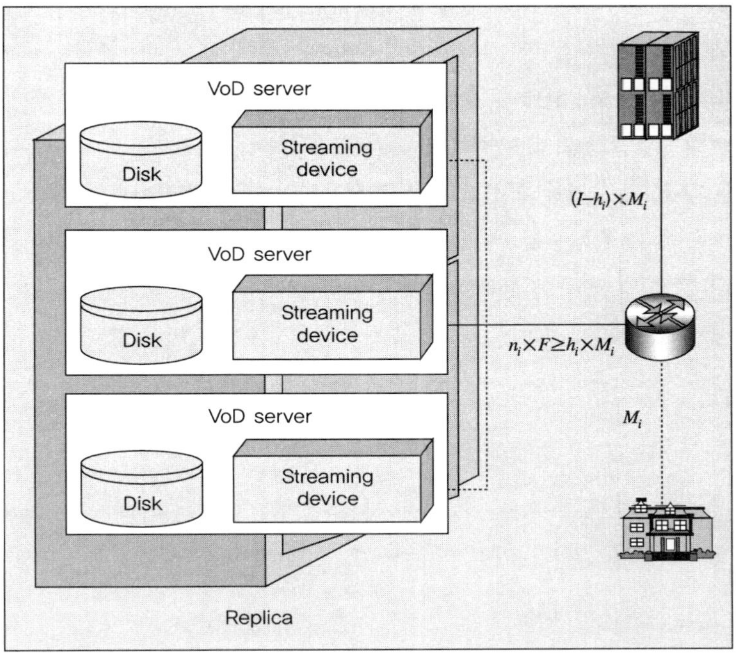

그림 8.17 n_i = 3인 VoD 서버를 위한 복제

$$N_{opt} = \arg \min_{N} C_{TOT}(N) \quad (8.8)$$

여기서, 최악의 경우 M_i를 스트리밍을 이용한 모든 클라이언트의 요청을 서비스 하기 위해 필요한 i복제 위치에서의 총 요구 대역폭이라 정의하고, 히트 비율 h_i를 주어진 시간 복제 위치 i에 의한 가장 작은 요청의 수라고 정의하면, 최적의 VoD 서버 개수는 아래의 식을 만족해야 한다.

$$n_i^* \times F_i \geq (h_i) \times M_i \quad (8.9)$$

(2) Heuristic resource allocation scheme

위와 같은 문제를 풀기 위해 제시된 방안으로 heuristic resource allocation 방안이 있다 [8]. 이 방안에서는 먼저 주어진 시스템 환경(캐쉬 크기, 파일 도착율 등)에서 이산 시뮬레이션을 이용해 최악의 히트비율을 예측하는 parametric 함수를 구하고, 히트 비율과 분산된 요구사항, 각 위치에서의 VoD 서버의 개수를 기반으로 비용 함수를 제안한다. 또한, 이를 풀기 위하여 heuristic resource allocation scheme을 제안하였다.

먼저, 제안된 heuristic resource allocation 방안은 첫 번째 단계로 제안된 비용함수를 최소화 하는 모든 복제 i에 저장된 library의 일부분을 나타내는 x의 초기 해 값을 구한다. 그런 후 이 값은 계산된 요구 서버의 개수(= N_{ini})에 해당하는 히트 비율에 의해 매핑이 된다. 두 번째 단계는, N_{opt}를 찾기 위하여 N_{ini}의 이웃을 찾는 과정으로 구성되어 있다. 이 값들을 비용 함수에 넣음으로서 전체 망구조와 전달 비용을 산출할 수 있다.

다음으로, 최악의 히트 비율을 예측하는 방안을 살펴보면 다음과 같다. 사용자의 요청수는 Zipf 분포를 따르고($\alpha = 1$), library L_j의 i번째 파일을 선택할 확률은 아래 식과 같으며, 또한 시뮬레이션의 다양한 조건을 변화시키면 최악의 경우의 히트 비율을 구할 수 있다.

$$p_j(i) = \frac{i^{-\alpha}}{\sum_{i \in Lj} i^{-\alpha}} \quad (8.10)$$

마지막으로, heuristic 방안에 사용된 비용 함수는 아래 식과 같이 인프라를 위한 비용(= C_S)과 전달을 위한 비용(= C_T)으로 총 비용(= C_{TOT})이 구성된다.

$$C_{TOT} = C_T + C_S \quad (8.11)$$

여기서 인프라를 위한 비용(= C_T)은 A_i 위치의 시작 비용과 VoD 서버의 비용(=

B_i)으로 구성이 된다. 이를 수식화하면, i위치에서의 VoD 서버의 개수와 기존위치의 개수라 하면 인프라를 위한 비용은 아래식과 같다.

$$C_T = \sum_{i=0}^{N} A_i + B_i n_i = f_1(n_o) + \sum_{i=1}^{N} f_1(n_i) \quad (8.12)$$

다음으로 전달을 위한 비용(= C_S)은 두 가지 요소로 기존 위치에서 복사지점까지 전달을 위한 비용(= $C_{S_{ORi}}$)과 복사지점 i에서 이용자 i까지의 전달을 위한 비용(= $C_{S_{RCi}}$)으로 구성된다. 이는 노드 구성비용(= C_{IF})과 선로 비용(= C_f)도 포함하는 값이며, 이를 수식화하면 아래 식과 같다. 여기서, C_{DWDM}은 $DWDM$을 위한 비용, ω_{max}는 $DWDM$ 장치에 의해 지원해야 하는 선로의 개수, C_{LA}는 선형 증폭기의 가격을 각각 의미한다.

$$C_S = \sum_{i=1}^{N} C_{S_{ORi}} + C_{S_{RCi}} = \sum_{i=1}^{N} f(n_{OR_i}) + f(n_{RC_i}) = \sum_{i=1}^{N} f_2(h_i, M_i) \quad (8.13)$$

$$\begin{aligned} C_{S_{ORi}} &= n_{RC_i} \cdot (2 \times C_{IF} + d_{RC_i} \times C_f) \\ C_{S_{RCi}} &= n_{OR_i} \cdot = (2 \times C_{IF}) + \frac{n_{OR_i}}{\omega_{\max}} \left[2C_{DWDM} + d_{OR_i} \times C_f + \left(\frac{d_{OR_i}}{nax_{amp}} \right) \times C_{LA} \right] \end{aligned} \quad (8.14)$$

또한, 기존 위치에서 복사 지점까지의 인터페이스 수와 복사지점 i에서 이용자 i까지의 인터페이스 수는 앞선 과정에서 사용된 히트 비율(= h_i)과 트래픽 요구 용량(= M_i), 링크 용량(= c)을 통해 구할 수 있다.

$$n_{OR_i} = \frac{(1 - h_i) \cdot \mathrm{M}_i}{c},\ n_{RC_i} \frac{\mathrm{M}_i}{c} \quad (8.15)$$

따라서, 최종적으로 총비용함수는 아래와 같은 식으로 나타내어 진다.

$$C_{TOT} = f_1(n_0) + \sum_{i=1}^{N} f_1(n_i) + f_2(h_i, M_i) \quad (8.16)$$

이와 같이 총 비용함수와 히트 비율을 통해 heuristic resource allocation 방안을 이용하면 최소 비용을 만족하는 VoD서버의 개수를 구할 수 있다.

8.7.3 망 최적화 기술의 정리

이 절에서는 주어진 시스템 구조에서 적용가능한 망 최적화 기술인 replica placement, video placement, resource allocation 기술에 대해서 살펴보았다. 이 기술들은 공통적으로 사용자로부터 주어진 품질 요구사항을 만족하면서 망구축 시 비용을 최소화 할 수 있는 망 설계를 최종 목표로 한다. 또한, 효과적으로 분산된 요구사항들을 만족하는 잠재적인 복제의 위치를 정하는 것은 최후의 위치를 정하는 것만큼 중요한 일이다. 이 절에 제시된 최적화 기술은 중간 노드사이의 거리의 집합이 주어졌을 때 잠재적인 복제위치, 분산된 최악의 요구사항 등의 조합된 최적화 문제를 풀기 위한 핵심 요소이다. 따라서, 이를 통해 상기 제시한 기술들을 8.6절에 제시된 망구조에 적용하면 최적화된 망구조를 설계할 수 있다.

8.8 Traffic Modeling

IPTV 서비스 망 구조 설계 시 최소 비용의 최적화 결과를 도출하기 위해서는 먼저 실제 IPTV 트래픽의 패턴과 특성의 분석이 선행되어야 한다. 따라서, 본 절에서는 IPTV 트래픽 모델링과 트래픽 패턴 모델링에 대해서 살펴보도록 하자.

8.8.1 Traffic Models

IPTV 서비스 망을 설계 시 효과적인 IPTV 서비스 트래픽 지원을 위하여, 각 서비스별로 트래픽 모델이 필요하다. 우선 기존의 인터넷 트래픽 모델에 대해 살펴보고 이를 바탕으로 IPTV 서비스 트래픽을 위한 모델을 고려해보자.

(1) 인터넷 트래픽 모델

기존에 존재하는 인터넷 서비스를 위한 트래픽 모델은 크게 Streaming 트래픽과

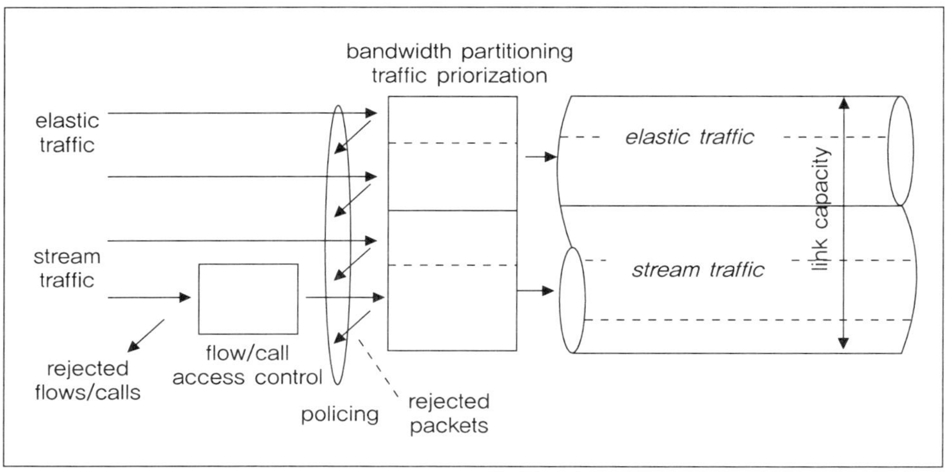

그림 8.18 트래픽 특성

Elastic 트래픽으로 나누어진다[9]. 우선, Streaming 트래픽은 RTP나 UDP 기반의 트래픽으로서, 실시간 응용프로그램인 오디오나 비디오 통신 서비스가 이에 해당한다. 이 트래픽은 다시 CBR(=Constant Bit Rate) 트래픽과 VBR(=Variable Bit Rate) 트래픽으로 나뉘는데 CBR 트래픽의 경우 수학적으로 포아송 모델을 따르며, 이 경우 점차적으로 긴 시간 간격모임의 트래픽 패턴이 부드러워지는 특성을 가진다. 하지만 VBR 트래픽의 경우, 포아송 모델과는 달리 점차적으로 긴 시간 간격모임의 트래픽 패턴이 여전히 변화가 심하고 예측 불가능한 Self-Similar한 특성을 가진다. 이러한 Streaming 트래픽의 특성을 파악하기 위해서 연결/플로우의 도착시간, 평균 서비스 시간, 플로우 당 요구 대역폭의 정보를 알아야 하며, QoS 제공 측면에서 살펴보면, Streaming 트래픽의 경우 각각 플로우의 특성에 맞게 QoS를 제공해주어야 하고, QoS 요소로는 지연, 손실 등이 있다. 다음으로, Elastic 트래픽은 TCP기반의 트래픽으로서, 웹이나 FTP서비스가 이에 해당하며, 이 트래픽은 VBR 트래픽처럼 Self-Similar한 특성을 나타낸다. 또한, 이 트래픽의 특성을 파악하기 위해서 파일/플로우의 도착시간, 평균 파일크기의 정보를 알아야 하며, QoS 제공 측면에서 살펴보면 Elastic 트래픽의 경우 각각 플로우의 특성을 파악하기 어려우므로 전체적인 데이터량에 따라 QoS를 제공해주어야 하며, QoS요소로는 평균처리량 등이 있다.

여기서 플로우의 정보를 알 수 없는 경우 전체 플로우의 집합으로 트래픽 모델링이 가능하여 이를 집합형 모델이라 부른다. 즉, Elastic 트래픽 모델 중 플로우 정보를 알 수 없는 경우 집합형 모델이 사용가능하며, 이는 트래픽 분포에 따라 가우시안 모델, 감마 모델, FBM 모델 등으로 나눌 수 있다. 이때, 실제 트래픽 특성 분석을 통해 적합한 모델을 선정해야 하며, 그 특성을 간단히 정리하면 다음과 같다.

- 가우시안 트래픽 모델 : 가장 널리 사용되는 트래픽 모델로서 이 모델을 적용하기 위해서는 높은 aggregate의 레벨을 가져야 한다. 즉, 사용자가 충분히 aggregate되어야하고 시간측면에서도 충분히 aggregate되어야 한다. 이 모델의 경우 평균, 분산 값만으로 수학적 표현이 가능하며 그 식은 아래와 같다. 여기서, σ는 표준편차, μ는 평균을 의미한다.

$$\frac{1}{\sigma\sqrt{2\pi}} exp(-\frac{(x-\mu)^2}{2\sigma^2})pdf \qquad (8.17)$$

- 감마 트래픽 모델 : 감마 트래픽 모델은 상기 가우시안 모델이 평균, 분산 값만으로 트래픽 특성을 나타냈기 때문에 실제 트래픽을 표현하기에 부족하다고 판단하여

표 8.1 IPTV 서비스 트래픽의 특성과 트래픽 모델

서비스	QoS 보장 서비스		최선형 서비스		
종류	SoIP	MegaTV-iCoD	MegaTV-채널서비스	MegaTV D&P	Megapass
트래픽	VoIP - 텔레트래픽	VoD - UDP기반 트래픽	Channel - UDP 기반 트래픽VoD	VoD - TCP 기반 트래픽	BE - TCP 기반 트래픽
트래픽방향	Unicast 양방향	Unicast 하향	Multicast 하향	Unicast 하향	Unicast 양방향
대역	음성 : 64k CBR 영상 : 512k CBR	SD: 2.5M CBR HD: 8.5M ~11.5M CBR	SD: 2.5M CBR HD: 8.5M ~11.5M CBR	—	—
트래픽 모델	플로우별 모델, CBR	플로우별 모델, CBR	플로우별 모델, CBR	플로우별 모델, VBR	집합형 모델, FBM 혹은 가우시안모델 사용

패킷 손실과 관련된 "왜곡"까지 고려한 모델이다. 여기서, α는 shape 요소이고, β는 scale 요소이다.

$$G_{\alpha,\beta}(x) = \int_0^x \frac{\beta^{-\alpha} u^{\alpha-1} e^{-u/\beta}}{\Gamma(\alpha)^2} du \qquad (8.18)$$

- FBM 트래픽 모델: Norros에 의해 제안된 모델로써, 가우시안 기반의 Self-similar한 특성을 고려한 모델이다.

$$FBM$$

$$B_H(t) = \int_{-\infty}^{\infty} \frac{e^{i\omega t}-1}{C(H)(\omega)^{H+1/2}} \tilde{\omega}(d\omega) \qquad (8.19)$$

where, $\tilde{\omega}(d\omega)$: *Fourier transform*

(2) IPTV 서비스를 위한 트래픽 모델

IPTV 서비스를 위한 트래픽 모델 선정 시 우선 IPTV 서비스를 정의해야 한다. IPTV 서비스와 그 특성, 앞선 인터넷 트래픽 모델을 통해 IPTV 서비스들에 대하여 트래픽 모델을 정의하면 다음 표 8.1와 같다.

8.8.2 File Access Models

사용자가 IPTV 서비스를 시청하는 형태는 다양하며, 이를 지원하기 위해서는 File access model이 필요하다. 프로그램 캐싱 기법을 이용하여 컨텐츠를 할당할 때 기존 방식은 대역폭 요구사항과 최소비용을 만족하기 위하여 가장 인기 있는 파일들만 저장이 된다. 따라서, 적절한 File access model을 이용하면, 히트율과 복제된 장소에 대해 예측 가능하다. 먼저, 사용자 접속 패턴 분포를 나타내는 File access model 중 널리 쓰이는 Zipf Law에 대해서 알아보자(여기서 히트율은 주어진 복제에서 사용자의 요청이 제공될 확률을 의미한다).

(1) Zipf Law

기존 연구는 서로 다른 파일에 대한 선호도를 특정 짓는 Zipf Law를 사용하여 CDN 환경에서 멀티미디어 파일의 분포에 대해 실험하고 있다[3, 4, 7]. Zipf 유사 분포에서는, i번째 선호도의 파일을 위한 접속률은 아래의 식과 같은 값을 가진다. 여기서, C는 일반화 상수이며, α는 분포 파라미터이다.

$$\Pi_i = C/i^{\alpha} \tag{8.20}$$

이 식을 이용하여, 하루 동안 사용자의 행동과 사용자의 규모에서의 변화량과 긴 주기를 기반으로 한 파일 접속 패턴을 위한 모델이 제안되었다. 지금까지도 많은 연구에서 VoD 형태의 응용서비스에 선호도를 모델링하기 위하여 Zipf Law를 사용했다. 그림 8.19는 주어진 데이터와 Zipf Law에 의한 분포간의 일치 여부를 선형 범위로 나타낸 것이다. 그림에서 보듯이 VoD의 실제 데이터 요청 수와 Zipf 분포가 거의 일치함을 알 수 있다.

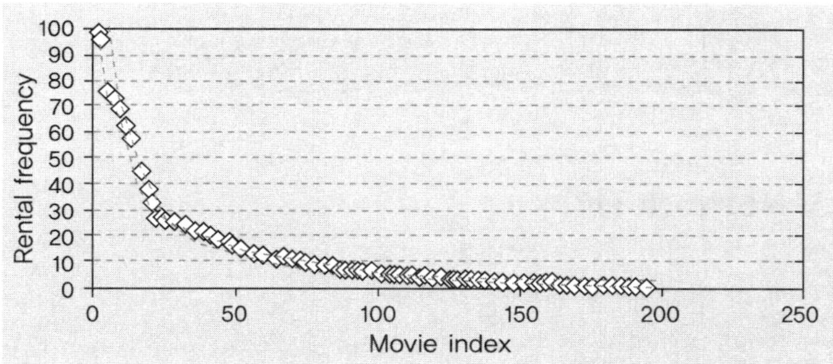

그림 8.19 Zipf 분포와 실제 VoD 서버 요청 패턴

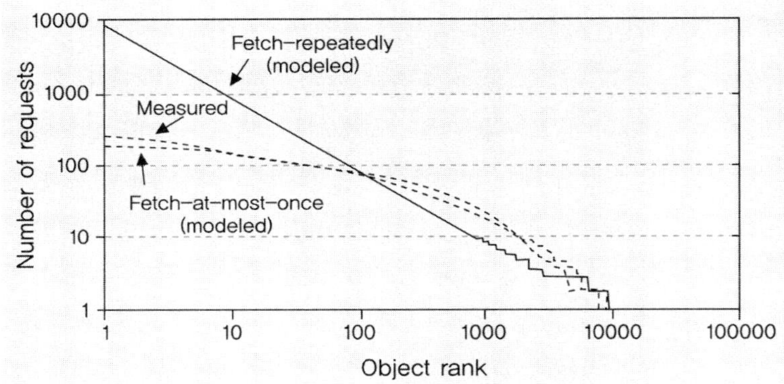

그림 8.20 실제 데이터와 fetch–at–most–once 모델의 파일 접속 패턴 분포

(2) Fetch–at–most–once

이 모델은 실제 비디오 파일 접속의 특성 분석을 통해 이러한 사용자의 파일 접속 패턴을 설명하고자 하는데, 실제 사용자 트래픽 패턴의 분포가 상기 Zipf Law와 일치하지 않음을 주장하고 있다[10].

먼저, 특징을 살펴보면 VoD 파일은 수정되지 않기 때문에 VoD 시스템에서는 사용자가 같은 파일을 2번 이상 요청하는 일은 극히 드물며(fetch-at-most-once), Web 서비스의 경우 주기적으로 요청이 반복되므로(fetch-repeatedly) Zipf 분포는 재요청이 많은 Web 서비스의 파일 접속 패턴 모델로 더 적합하다고 본다. 또한, 비디오 선호도는 시간이 지나감에 따라 감소하므로, 새로운 비디오 파일이 시스템에 추가될 경우 그 파일이 가장 인기 있는 파일이 된다. 이러한 점을 반영하여 이 모델은 Zipf 분포로부터 식을 도출하지만 "fetch-at-most-once" 요소와 "새로운 파일의 도착" 요소를 고려하므로 기준인 Zipf 분포보다 더 나은 비디오 접속 패턴 모델을 제공한다. 그림 8.20은 fetch-at-most-once 방안과 측정된 실제 비디오 접속 패턴에 대한 그림을 Log-scale로 나타내고 있으며, 이를 통해 이 모델의 적합성을 입증하고 있다.

8.9 IPTV Network 관리

IP 기반의 망에서 TV 서비스의 전달은 괄목할만한 기술적 상업적 도약이 되고 있다. 무엇보다 날짜 단위의 IPTV 망 운용에 있어서 서비스 공급자의 비디오 트래픽과 다양한 네트워크 구성 요소의 관리는 큰 이슈이다. 이를 위해 IPTV 공급자는 네트워크를 적절하게 운영할 필요가 있으며 문제를 모니터링하고 인식함으로써 고객들에게 적정 품질의 서비스를 제공할 수 있도록 해야 한다. 또한 새 가입자와 서비스에 대해 대응할 수 있어야 하는데, 새로운 IPTV 서비스의 설치는 상대적으로 복잡하며 서비스 사업자의 자원 운용에 있어 영향을 미칠 수 있기에 대다수의 망 운영자들은 IIPTV 서비스를 설치하고 프로비저닝하는 과정을 자동화하여 이에 걸리는 시간을 줄이고자 하고 있다.

IPTV 서비스의 관리와 프로비저닝과는 별개로, IPTV 망 운영자는 고객이 케이블이나 유료 위성 방송 서비스와 같은 다른 서비스보다 선호도를 가지는 TV 서비스를 받았는지 확신할 필요가 있다. 가장 기본이 되는 것은 서비스를 받는데 있어 적절한 시간이 걸렸나 하는 것이다. 이것은 가입자가 인지하는 가장 기초적인 요구사항이지만, 이를 만족시키는 것이 쉬운 일만은 아니다.

따라서 망 관리는 네트워크를 모니터링하고 컨트롤하기 위한 기술과 절차라고 볼 수 있으며 다음과 같은 작업들을 수반한다.

- IPTV 망 관리 시스템 지원
- 서비스의 설치, 문제, 종료 관리
- 네트워크 테스트와 모니터링
- 서비스 가용성과 반복성 관리의 확인
- IP 주소 공간 관리
- 전반적인 IT와 네트워크 관리 작업
- IPTV QoS 요구사항 관리
- IPTV 가입자의 만족도 모니터링
- 댁내 디지털 장비의 원격 조절 관리
- 댁내 장비의 소프트웨어 스케쥴링과 관리
- IPTV 고객 불만 해소
- IPTV와 사업의 연속적 계획

8.10 참고문헌

[1] Thouin. F, "Video-on-Demand Networks: desing approachs and future challenges," Network, IEEE, Vol.21, pp.42-48, Mar-Apr. 2007.

[2] M. M hefeeda, B. K. Bhargava, and D. K Y. Yau, "A Hybrid Architecture for

Cost-Effective On-Demand Media Streaming," Computer Networks, vlo.44, 2004, pp. 352-82.

[3] N. Jian et al., "Hierarchical Content Routing in Large-Scale Multimedia Content Delivery Network," Proc. IEEE Int';. Conf. Commun. (ICC), Anchorage, AK, May 2003.

[4] B. Wang et al., "Optimal Proxy Cache Allocation for Efficient Streaming Media Distribution," Rpoc. IEEE Infocom, New York, NY, June 2002.

[5] Wallace K.S. et al., "Optimal Video Placement Scheme for Batching VOD services," IEEE Trans. Broadcasting, vol. 50, March, 2004, pp.16-25.

[6] K. S. Tang, K. T. Ko, S. Chan, and E.W. M. Wong, ""Optimal file placement in VOD system using genetic algorithm,"" IEEE Trans. Industrial Electronics, vol. 48, no. 5, pp. 891-897, Oct. 2001.

[7] T. Wauters et al., "Optical Network Design for Video on Demand Services," Proc. Conf. Optical Network Design and Modeling, Milan, Italy, Feb. 2005.

[8] F. Thouin, M. Coates, and D. Goodwill, "Video-on-Demand Equipment Allocation", Proc. IEEE Network Computing and Applications (IEEE NCA), Boston, MA, July 2006.

[9] Anton Riedl, Thomas Bauschert, Jochen Frings,"A framework for multi-service IP network Planning," Networks 2002.

[10] K. P. Gummadi et al., "Measurement, Modeling, and Analysis of a Peer-to-Peer File-Sharing Workload," Proc. ACM Symp. Operating Systems Principles(SOSP), Bolton Landing, NY, Oct. 2003.

제 9 장

차세대 IPTV

9.1 현 IPTV 환경의 한계 및 서비스 진화 전략

본 절에서는 향후 기술 발전에 따른 IPTV의 변화에 대해 기술하기에 앞서 현 IPTV 환경의 한계를 살펴보고 이를 기반으로 진화 전략을 수립하고자 한다.

9.1.1 현 IPTV 수익 모델의 한계점

IPTV의 가치 사슬은 기본적으로 CPNT(Content-Platform-Network-Terminal/User) 형태로 구성되어 있다. 컨텐츠 사업자의 경우 신뢰할 수 있는 안정적인 컨텐츠 유통채널의 확보를 원하고 있으며, 채널 다각화를 통한 사용자 접점의 확대를 바탕으로 수익 확대를 꾀하고자 하는 요구사항을 가지고 있다. 또한 광대역 보급에 따른 불법복제의 확대로 인해 컨텐츠 사업자들은 보다 신뢰할 수 있는 유통채널의 확보를 필요로 하고 있으며, IPTV의 경우 이러한 요구사항을 잘 반영한 Walled Garden 형태의 서비스를 통해 DRM 및 CAS 기반의 서비스를 제공할 수 있는 장점을 가지고 있다. 따라서 미디어 제작자들이 IPTV를 새로운 유통 채널의 확대 개념으로 컨텐츠를 제공하고 있다. 현재는 거대 전문 미디어 제작자들을 중심으로 IPTV 컨텐츠가 제공되고 있으며 컨텐츠가 다양화됨에 따라 광범위한 지역의 대형 또는 독립 제작사들로부터 라이센싱 계약을 맺고, 이를 목록화 하여 전문적으로 관리하는 일종의 도매상 역할을 수행하는 업체가 등장하기도 하였다. 컨텐츠 Aggregation의 경우 컨텐츠 제작자와 직접 계약하여 소싱하는 역할을 수행하기도 하지만 주 역할은 서비스 제공업자를 대신하여 컨텐츠의 저장, 컨텐츠 인코딩 및 사업자에 맞는 코덱 지원, DRM 삽입, 컨텐츠 거래 기록 관리에 따른 지불 지원, 광고삽입, 타켓광고를 지향한 데이터마이닝, 가입상태 확인에 따른 컨텐츠 접근 관리 등의 역할을 수행한다. 플랫폼 사업자의 경우 IPTV 서비스 제공에 필요한 광범위한 기술을 제공하는 일종의 솔루션 사업자로서 미들웨어 및 운영체제 SW, 컨텐츠관리 솔루션, 헤드엔드 장비, 멀티캐스팅 제어, 어플리케이션 솔루션을 제공하는 다양한 사업자로 구성된다. MS, Alcatel-Lucent, Sun 등이 주요 업체에 해당된다. 플랫폼 개발에 있어 컨텐츠의 안정적인 수급이 가능해야 하며 컨텐츠 이용료 뿐만 아니라 이외의 추가적인 수입이 가능할 수 있도록 부가서비스 환경이 제공되어야 한다. 이를 통해 컨텐츠 라이센싱에 들어가는 비용의 리스크를 자체적인 부가서비스로 만회하고 수익원을 확보할 수 있어야 하겠다. 네트워크의 경우엔 KT MegaTV, BT Vision, AT&T U-verse 등의 IPTV 서비스로 각 Telco 사업자가 보유한 네크워크를 기반으로 컨텐츠를 전달하는 기능을 가지고 있다. 이를 위해 헤드엔드와 스토리지 시스템을 구

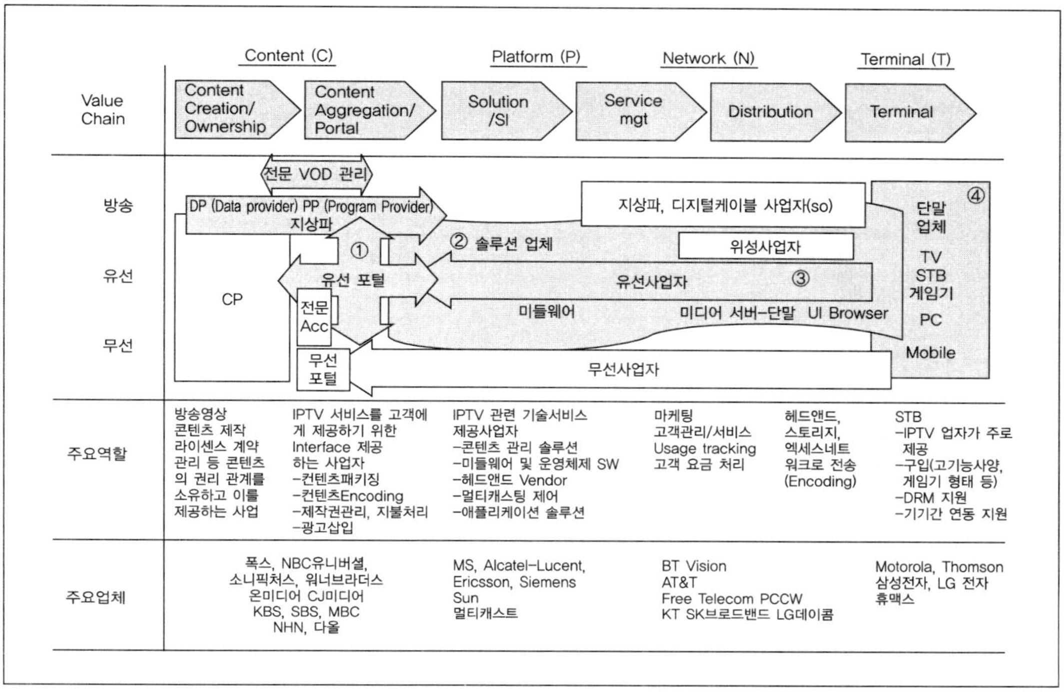

그림 9.1 현 IPTV 가치사슬(KISDI, 2008)

축하고 백본망, 백홀, 가입자망에 이르는 안정적인 전달 네트워크를 구축하는 역할을 수행한다. Premium network 기반의 QoS 제공이 가장 기본적인 요구사항이 될 것이다. 그리고 현 네트워크 사업자는 IPTV 서비스 관리 기능을 동시에 수행한다. 마케팅에서부터 고객관리, 요금 처리, 사용자 트래킹 등에 이르는 소비자 관련 대응 서비스를 제공하는 역할을 수행한다. 그리고 터미널 관점에서 자사의 미들웨어와 상호운용되는 셋톱박스를 일괄 구매하여 소비자에게 제공하는 역할도 겸한다.

앞서 언급된 현 IPTV 가치 사슬을 기본으로 IPTV 사업자의 주요 수익 요인을 살펴보면 사용자의 가입비, 기기임대료, 기본요금, 부가서비스 요금 등으로 요약할 수 있다. 반면 컨텐츠 사용료 및 네트워크 관리 비용, 마케팅 및 서비스 관리 비용 등이 지출 비용으로 고려된다.

2007년 Ovum 보고서에 따르면 가입자를 통해 얻어진 수익이 30달러라고 가정하였을 때, 약 40%에 해당하는 12달러를 컨텐츠 소유자에게 배분하고, 네트워크 및 서비스 관리 비용으로 16달러를 제하고나면 단지 2달러만이 사업자 순수익으로 돌아온다는 계산이 나온다. 이 같은 취약한 통신 사업자의 IPTV 수익 구조로 인해 최근 대부분의 통신 사업자들은 IPTV 네트워크 및 서비스만을 제공하는 수준이 아닌 통신 미디어 업체로의 변화를 추구하는 전략을 강화하고 있다.

9.1.2 IPTV 사업 진화 전략

IPTV의 기술적 진화를 논하기에 앞서 사업적으로 차세대 IPTV가 진화해야 할 방향에 대해서 살펴본다.

(1) 정부/기업 대상의 채널 다양화 및 부가 서비스 강화

현재 지상파 채널의 재전송이 선택이 아닌 필수조건인 시장 구조에서 IPTV 사업자 3사의 지상파 채널 재전송 계약이 최근 완료되었으나, MPP 사업자와의 계약은 기존 Pre-IPTV 시절의 제휴관계를 기반으로 아직까지는 1:1 차별적인 제휴가 형성된 상황이다. 현재 KT의 경우 온미디어와 채널 전송 계약이 이루어진 반면 SK 브로드밴드의 경우 CJ미디어와 채널 전송 계약이 아직까지 구체화 되지 않고 있다. 이런 상황에서 재전송 자체 계약 외에 컨텐츠 펀드 조성 등 IPTV 사업자와 지상파 사업자간 계약이 개별적으로 진행되고 있어 개별 사업자 등의 부담이 심각한 상황이다. 그리고 현재 IPTV 사업자는 T-Commerce, 방송 컨텐츠 연동 서비스, 양방향 게임 및 양방향 교육서

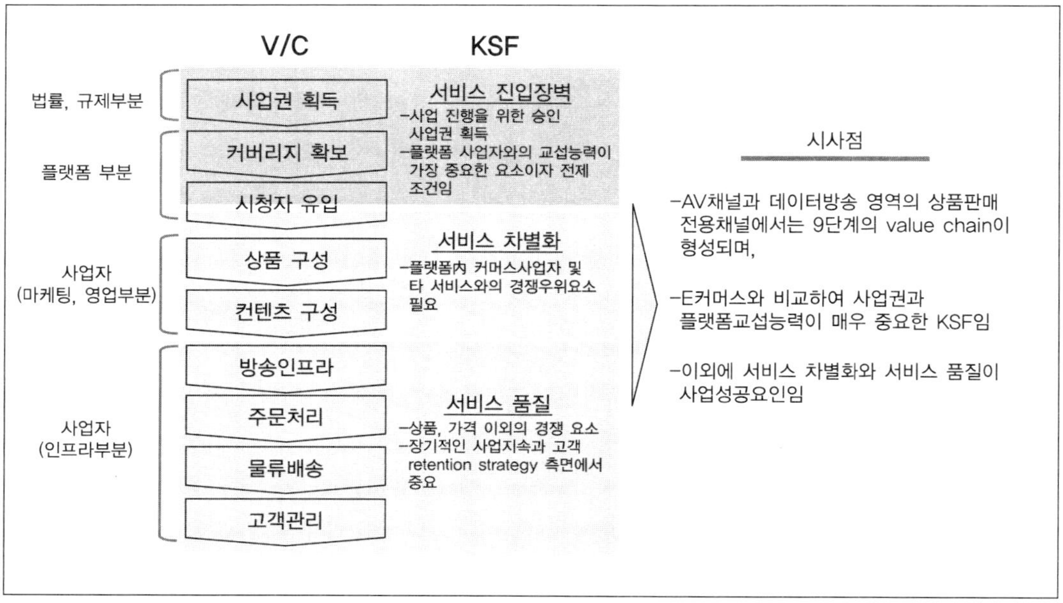

그림 9.2 IPTV 기반 커머스 사업의 Value chain 분석 예시(KT Commerce, 2008)

비스를 시도하고 있으며 이러한 컨텐츠도 컨텐츠 제공업자와 소싱 구조를 통해 서비스를 제공하고 있다. 각 사업자 별로 IPTV 채널을 할당받을 경우 컨텐츠 제공업자는 채널 사용료, 매월 전용선 계약 비용, 컨텐츠 제작비용 및 경상비용 등을 감당할 수준이 되어야 한다. 아래 그림 9.2는 소싱구조를 통한 IPTV 기반의 커머스 사업 Value chain의 예시를 보여준다.

IPTV 신규 서비스는 인기 있는 채널의 역량을 갖춘 컨텐츠 사업자들에게 있어서 유통 채널의 증가라는 플러스 요인으로 작용할 수 있으며 무리한 계약을 요구하는 형태로 진행된다. 따라서 위의 그림 9.2에서 보듯이 컨텐츠 사업권과 플랫폼 교섭 능력이 무엇보다 중요한 IPTV 컨텐츠 성공 능력이다.

이러한 사례 중의 하나로서 현재 KT가 미용교육방송국인 TV헤어와 손잡고 미용교육 컨텐츠를 제공하는 'TV헤어' CUG가 있다. 학원을 찾을 필요없이 편한 시간에 TV를 통해 파마, 커트 등 섬세한 머리손질 장면을 고화질로 보면서 미용전문 교육을 받을 수 있다. 또한 기독교 포털인 갓피아닷컴과 동영상 예배, 찬양 등이 가능한 교인전용 CUG 서비스인 '갓피아 IPTV', 유아교육 전문기업인 한솔 디케이와 제휴를 맺고 지난 12월부터 시작한 유아교육기관의 수업 지원 및 원아들의 가정학습 프로그램을 제공한다. 서울디지털 대학의 강의도 메가TV에서 들을 수 있다. 서울 디지털 대학은 IPTV로 양방향 온라인 강의와 각종 학사 서비스를 학생들에게 제공한다. 영업매장에서 저작권 걱정없이 합법적으로 음악 컨텐츠를 사용할 수 있는 '뮤직 VoD 서비스' 도 제공하고 있다. 인터넷 컨텐츠 전문업체인 플랜티넷과 함께 제공하는 이 서비스는 체인점, 백화점, 레스토랑, 옷 매장 등에서 저렴한 비용으로 효율적인 배경영상 및 음악관리가 가능한 서비스이다(주간 기술동향, 2008). 현재까지 다른 사업자에 비해 CUG 서비스에 우위를 점하고 있는 메가TV이지만 본 연구에서는 메가TV의 공공 및 기업대상의 CUG 컨텐츠 강화를 강조한다. 방송통신위원회에 따르면 방송통신 융합의 환경아래 보건의료, 사회복지, 교육, 공공정보, 민원처리 등 국민 편익을 증진하기 위해 IPTV 기반의 공공서비스를 확대할 계획이라 밝힌 바 있다. 그리고 그룹 사내방송, 교육방송, 연수원 프로그램, 호텔, 병원의 기업 대상 컨텐츠를 메가TV로 제공하는 것이다. 즉 개인 유저에서 확장하여 기업, 그리고 정부대상의 CUG 컨텐츠 강화 전략을 강조한다. 즉 메가TV의 각 채널을 통해 학교와 가정을 연결한 원격 교육 실시간 방송, 회사 인터넷 방송, 교육청의 원거리 교육 서비스, 시민에게 각종 지역정보 및 전자정부 서비스를 제공할 수 있는 관공서 서비스, 관제실 상황실 원격 모니터 실시간 서비스, 공공산업 차원의 농어촌 대상의 정보제공 및 방송 서비스, 기업 및 공공단체 연수

그림 9.3 공공 IPTV 시나리오 예시

서비스, 시내 및 전국 병원 방송 서비스 등의 다양한 서비스 시나리오가 가능하다.

현재 기업 대상으로 채널을 제공하는 사례는 광고를 통한 비즈니스 모델이 대표적이다. 기업의 광고는 소비자가 기피하는 프로그램 중의 하나이다. IPTV의 경우 소비자가 원하는 프로그램만 골라서 볼 수 있기 때문에 기존 방송과는 다른 기법이 요구된다. 해외 사업자들은 소비자가 지나가는 광고를 수동적으로 보는 것이 아니라 적극적으로 찾아 볼 수 있도록 광고를 하나의 컨텐츠로 생각하고 있다. AT&T는 Yellow Page를 IPTV에 옮겨 놓은 서비스를 제공한다. 종이 형태의 Yellow page처럼 단순히 전화번호나 주소를 제공하는 것에서 진일보해 지도나 실제 거리 등 부가적인 정보도 같이 제공한다.

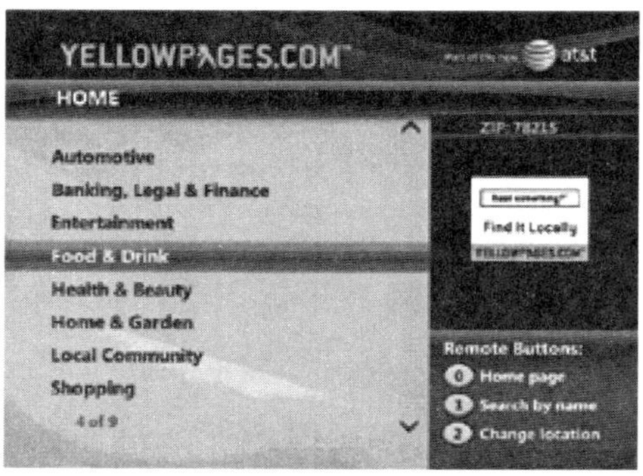

그림 9.4 AT&T 의 Yellowpapge.com

그림 9.5 기업 광고(자동차 회사) 채널의 예시

2007년 영국의 Tiscali TV는 혼다의 광고만을 위한 지정 채널을 제공하였다. 이 채널은 혼다 자동차 정보 및 자동차의 문제점을 해결하는 기능을 제공하기도 한다. 이처럼 각 기업의 회사를 대상으로 광고만을 위한 채널을 판매하는 것도 좋은 비즈니스 모델이 될 수 있겠다

(3) 웹 컨텐츠와 TV의 결합 전략

현재 새롭게 출시되고 있는 다양한 디지털 서비스들의 경우 대부분이 웹을 기반으로 하는 서비스가 제공되고 있다고 하여도 과언이 아니다. 특히 멀티미디어 서비스들의 경우 과거 대역폭의 한계로 인해 서비스 제공이 불가능한 부분들이 최근 들어 광대역 네트워크의 보급에 따라 서비스가 가능해 졌으며, 이에 따라 다양한 서비스들이 웹을 기반으로 출시되고 있다. 또한 최근 Cloud computing 시대의 도래에 따라 예전의 NC(Network Computer)의 개념이 새롭게 부각되고 있으며, 주요 서비스 사업자(Amazon, Microsoft) 등이 이러한 클라우드 컴퓨팅 사업을 진행하고 있다. IPTV 사업자 입장에서는 이와 같이 빠르게 변하는 웹 서비스들의 장점을 IPTV에 흡수시키고, IPTV 서비스 이용자들이 보다 쉽게 Web 기반의 서비스와 연등이 가능하도록 마이그레이션 전략이 필요한 상황으로 볼 수 있다. 특히 현재 이슈가 되고 있는 서비스의 개방에 따른 Open APIs와 Open ID와 같이 웹 기반의 서비스가 근간이 되는 기술들의 경우 MegaTV에서 우선적으로 도입, IPTV 시장의 웹 기술 도입에 앞장선 모범이 되어야 할 필요가 있는 기술들로 볼 수 있다. 이러한 웹 기반 기술들의 경우 서비스의 활성화에 전제가 되는 기본적이고, 중요한 기술들로서 웹 사용자의 유인 효과를 극대화하기 위한 수단으로도 이용이 가능하다. 이러한 트렌드에 부합하며 국내 주요 온라인 포털 사업자와 IPTV 사업자와의 제휴 관계가 이미 진행되어 왔다. KT-네이버, SK브로

드밴드-네이트(+엠파스), LG 데이콤-다음의 제휴 및 내부화를 통한 검색 및 게임 서비스 등 핵심 서비스 개발이 이루어지고 있으며 이들간은 현재 교차 제휴가 아닌 1대 1 구조로 이루어지고 있는 상황이다. 과거 개방된 인터넷 환경하에서는 포털과 네트워크 관계가 느슨한 구조였다면, IPTV 서비스 영역에서의 온라인 포털 사업자는 검색 서비스 및 게임 등 하나의 채널로 구성하는 사업자로 가능하다고 볼 수 있다. 현재 이들 웹 컨텐츠 사업자와의 제휴는 검색, 게임의 서비스 영역을 넘어서 부가서비스 및 광고 수익을 공유하는 관계이기도 하다. 앞으로 유선 사업자는 closed 네트워크를 통한 초기 투자비용 회수에 주력할 것이고 초기적인 수준인 이메일, 검색 서비스에서 UCC, TV형 미니홈페이지 등 인터넷 초기수요를 감안한 관리형 인터넷 컨텐츠와 연동 형태를 지속할 것이다. 그러나 Walled garden 형태에서 진행되고 있는 IPTV 전용 컨텐츠의 수급상의 한계와 자유로운 인터넷 연동 부가서비스에 대한 수요가 증가함에 따라 점차 개방의 압력을 받을 것으로 예상되며 이는 웹 컨텐츠의 위상 강화로 이어질 것으로 예상된다(KISDI, 2009).

이와 같은 결합 환경에서 IPTV 제공 통신 사업자는 웹 컨텐츠와 적절한 견제를 유지하는 방법이 중요함을 강조할 수 있겠다. 그리고 웹 컨텐츠와의 결합을 통한 수익모델의 창출이 무엇보다도 시급한 과제이다. 이 같은 논리를 뒷받침하기 위해 현재 TV 사업자와 웹 컨텐츠의 결합 수익 모형을 살펴보고자 한다. 첫 번째 예로서 Apple TV와 YouTube의 결합 사례를 제시한다.

Apple TV는 iTunes를 이용해 다운로드 한 음악, 영화, 드라마, 쇼 등의 영상 컨텐츠를 고화질 디지털 텔레비전을 통해 사용자에게 쉽게 전달해 주는 일종의 셋톱박스이

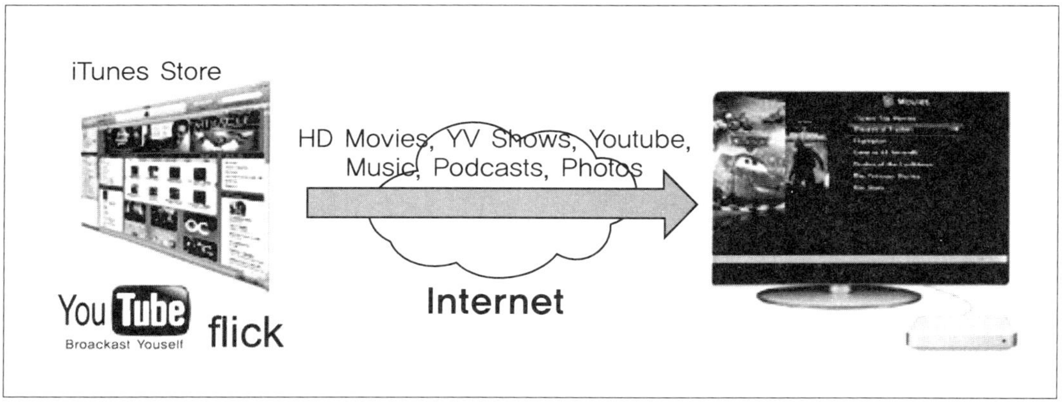

그림 9.6 Apple TV 와 웹 컨텐츠 결합

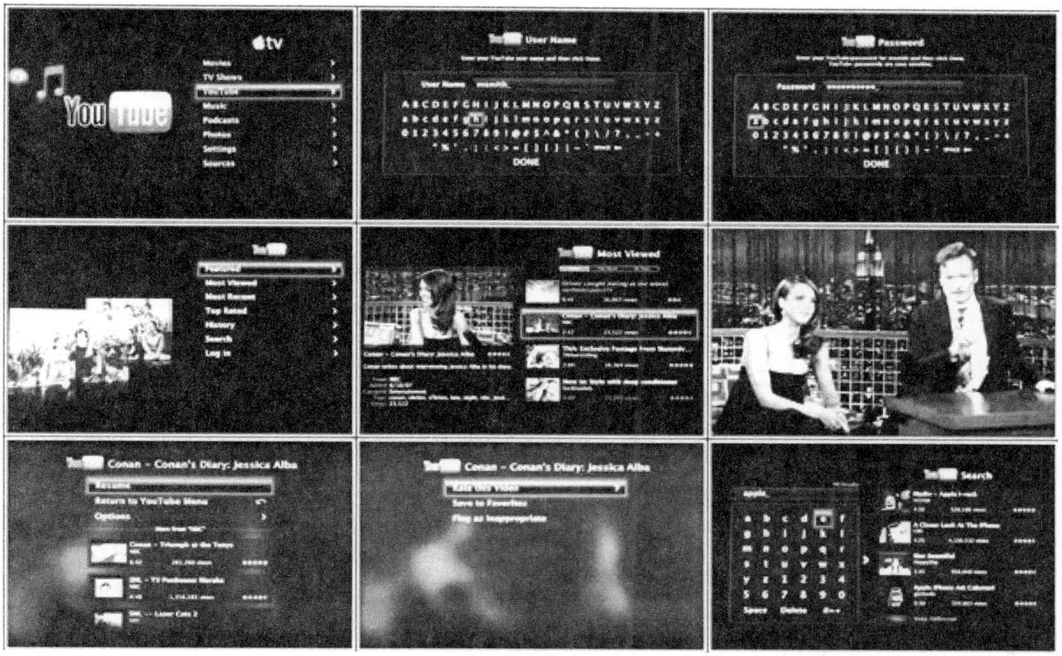

그림 9.7 Apple TV의 YouTube 화면

다. iTunes를 통해 다운받지 않더라도 PC 내에 있는 음악이나 동영상 컨텐츠를 무선으로 동기화하여 언제든지 TV로 볼 수 있게 해주는 네트워크 미디어 플레이어이다. 따라서 기존에 iPod로만 가능했던 음악, 영화 컨텐츠 서비스가 TV로 확장된 형태이다. 이용자는 원하는 영화를 다운로드 받고 30일 이내에 시청해야 하며 일단 플레이된 영화는 24시간 동안만 시청이 가능하다. 일반영화 한편의 렌탈 비용은 2.99달러이며 신규 영화는 3.99달러로 제공된다. 대표적인 개방형 포털 TV 사업자인 Apple TV를 통해 YouTube 동영상 사이트를 제공하고 있다. Apple TV에서 YouTube에 로그인해 보고 있던 동영상을 즐겨찾기에 추가할 수도 있고 동영상 점수를 매길 수도 있다. 그리고 인기 동영상, 가장 많이 본 동영상, 최근에 올라온 동영상, 가장 높은 점수를 받은 동영상 등의 하위 메뉴도 있다. 그리고 동영상도 직접 검색이 가능하다.

이같은 TV 가전사업자의 IPTV 사업진출은 현존하는 디지털 미디어 산업의 비즈니스 모델을 통째로 바꿀 수 있는 잠재력을 갖고 있다. 미디어 컨텐츠 사업자가 제작한 컨텐츠는 다양한 경로를 통해 소비자에게 전달된다. 이 전달 과정에 관여하는 업체 및 기기가 많을수록 소비자와 컨텐츠 제작 업자의 부담은 커지기 마련이다. 애플 TV는 소비자가 최소한의 비용으로 컨텐츠에 쉽고 편리하게 접근할 수 있도록 하는 사용자 인터페이스를 제공해 준다. 즉 공급사슬을 단순화하여 그 이익을 소비자와 컨텐츠 사업자에게 돌려준다. 컨텐츠 사업자가 애플이 제공하는 iTunes에 컨텐츠를 올려놓으면 소비자는 애플 TV를 통해 직접 iTunes에 접속하여 컨텐츠를 구매하거나 대여하면 된다. 당연히 애플의 주 수익원은 애플 TV의 판매이다. 이에 반해 CATV나 IPTV의 경우 컨텐츠 사업자와 소비자 사이에 셋톱박스 제조업체와 서비스 업체가 끼어든다. 서비스 업체는 컨텐츠의 방영권 또는 배급권을 컨텐츠 사업자로부터 구매한 후, 이 컨텐츠를 소비자에게 다시 공급함으로써 수익을 창출한다. 따라서 소비자 입장에서는 셋톱박스를 사야 할 뿐만 아니라 컨텐츠 사업자로부터 직접 구매할 때보다 더 많은 비용을 서비스 업체에게 지불해야 한다. 컨텐츠 사업자 입장에서도 IPTV 사업자와의 불리한 입장으로 계약하거나 소유권의 일부를 나눠주어야 하기 때문에 단순히 거래 인터페이스만을 제공하는 애플 TV보다 매력이 적다. 따라서 가전기기 사업자의 IPTV로의 적극적인 사업 진출은 Telco 사업자의 직접적인 경쟁관계를 형성하게 된다. 뿐만 아니라 iTune store 컨텐츠 및 YouTube 동영상 등을 Apple TV 뿐만 아니라 아이폰 및 PC 등에 모두 제공함으로써 이종 단말간 상호호환성을 통해 모든 종류의 단말을 장악하는 플랫폼 전략을 가진다.

그 외에 국내의 삼성전자는 프로그램과 관련된 정보를 검색해 주는 See 'N' Serch 셋

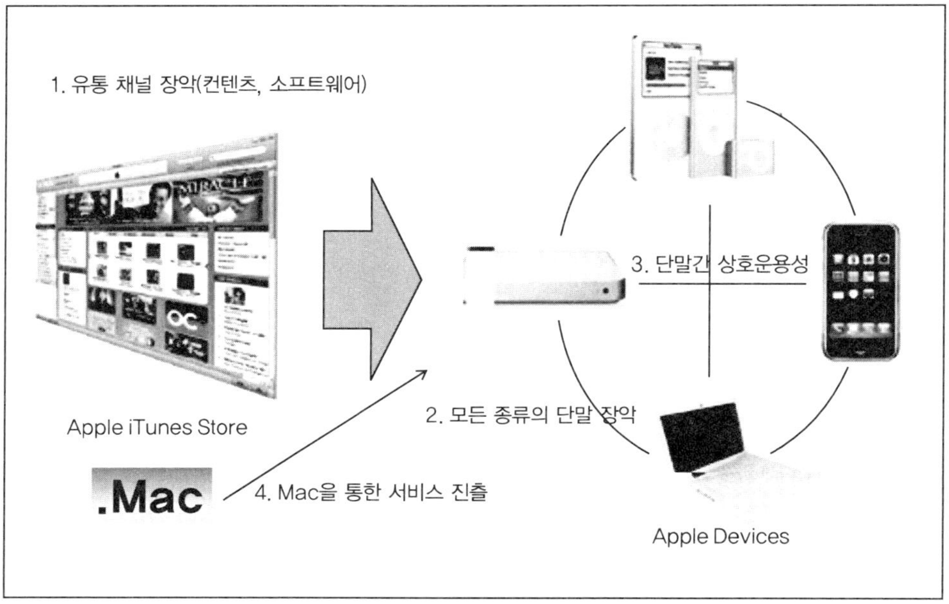

그림 9.8 Apple TV의 플랫폼 전략

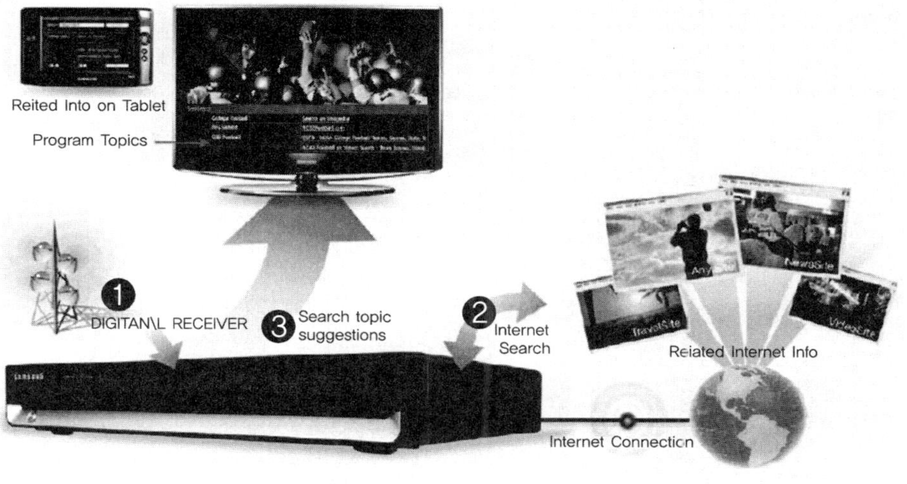

그림 9.9 삼성전자의 See' N' Search(source:삼성전자)

톱 박스를 발표하였다. 현재 시청 중인 TV 프로그램에 관련된 비디오 클립이나 인터넷 정보를 끌어다 보여주는 서비스이다. 즉 TV를 보다가 "More Info" 버튼을 누르면, 관련된 정보 리스트가 보여진다. 기존의 프로그램 가이드나 대부분의 프로그램에서 제공되고 있는 closed caption metadata를 사용하여 관련 정보를 인터넷을 통해 검색하여 제공하는 형태다. 이러한 정보들은 삼성의 UMPC나 휴대폰 등 개인 단말과 자동 연동이 되어, TV 시청에 방해 받지 않으면서 정보를 조회할 수 있게 한다.

HDTV 및 플라즈마 TV 업계에서 선두를 지키고 있는 마쓰시타 전기산업(Matsushita Electric Industrial)의 미국 자회사 파나소닉 노스아메리카(Panasonic of North America)는 2008년 CEDIA 컨벤션에서 비에라 캐스트(VIERA CAST) 기술을 통해서 TV에서 직접 온라인 컨텐츠에 접근이 가능한 새로운 TV 모델을 제안하였다. 비에라 캐스트 인터페이스 기술은 외부박스 혹은 PC 없이도 웹 컨텐츠를 사용자의 비에라 HDTV에 직접 스트리밍할 수 있는 혁신적인 기술을 말한다. 사용자는 무제한적인 유튜브 라이브러리에 접근해서 피카사(Picasa) 웹 앨범의 디지털 사진을 친구나 가족과 공유하고, 지역 날씨 정보를 업데이트할 수 있고, 블룸버그의 파이낸셜 데이터를 이용할 수도 있다. 비에라 캐스트 인터페이스에 대한 사용료는 무료이며, 새로운 웹 컨텐츠를 이용할 수 있을 때 자동으로 자가 업데이트를 수행한다. 표 9.1은 비에라 캐스트 기술을 이용한 IPTV의 모델 종류 및 가격을 나타낸다.

소니는 DMX-NV1 Bravia Internet Video Link라는 Bravia HDTV와 연결되어 TV로

표 9.1 파나소닉의 비에라 캐스트 기술을 적용한 IPTV 모델

Model	Features	Availability	SRP*
TH-65PZ850(64.8" measured diagonally)	Pro Setting Menu, VIERA CAST IPTV; RS-232C; 1080p resolution, one sheet of glass design; native contrast ratio 30,000:1-dynamic ratio 1,000,000:1; Digital Cinema Color Re-Mastening: 24p native reproduction; Game Mode; SD Memory Card slot; four HDMI connections; PC-Input; VIERA Link	Fall, 2008	S7999.95
TH-58PZ850(58.0" measured diagonally)	Pro Setting Menu, VIERA CAST IPTV; RS-232C; 1080p resolution, one sheet of glass design; native contrast ratio 30,000:1-dynamic ratio 1,000,000:1; Digital Cinema Color Re-Mastening: 24p native reproduction; Game Mode; SD Memory Card slot; four HDMI connections; PC-Input; VIERA Link	Fall, 2008	S4299.95
TH-50PZ850(49.9" measured diagonally)	Pro Setting Menu, VIERA CAST IPTV; RS-232C; 1080p resolution, one sheet of glass design; native contrast ratio 30,000:1-dynamic ratio 1,000,000:1; Digital Cinema Color Re-Mastening: 24p native reproduction; Game Mode; SD Memory Card slot; four HDMI connections; PC-Input	Summer, 2008	S3499.95
TH-46PZ850U(46.0" measured diagonally)	Pro Setting Menu, VIERA CAST IPTV; RS-232C; 1080p resolution, one sheet of glass design; native contrast ratio 30,000:1-dynamic ratio 1,000,000:1; Digital Cinema Color Re-Mastening: 24p native reproduction; Game Mode; SD Memory Card slot; four HDMI connections; PC-Input; VIERA Link	Summer, 2008	S3099.95

온라인 동영상을 감상할 수 있는 셋톱박스를 개발하였다. YouTube, SI.com, Epicurious.com의 동영상과 Yahoo!의 뉴스, 날씨, 교통정보 등을 제공한다. 또한 08년 7월에는 PS3로 영화와 TV 프로그램을 감상할 수 있는 Playstation Store 서비스를 개시하였다.

통신사업자가 웹 동영상을 서비스하는 예로는 미국의 Verizon이 FiOS TV에 YouTube, VeohTV, Blip.TV, Break.com의 인터넷 동영상을 볼 수 있도록 기술 테스트 중이라고

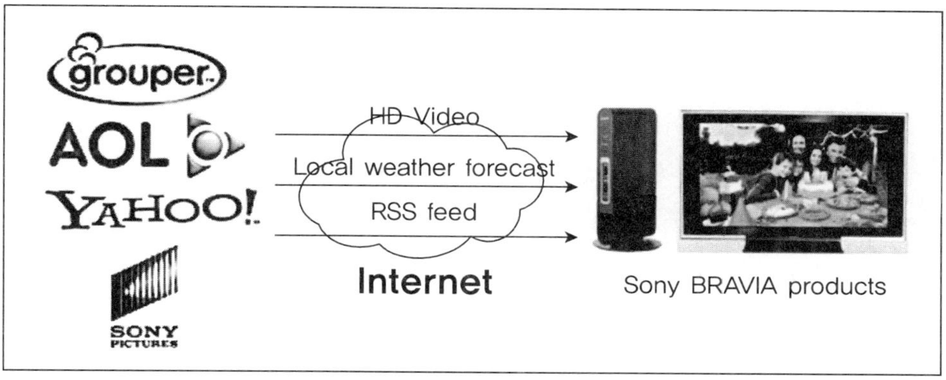

그림 9.10 Sony의 Internet Video Link(Web Convergence, 2008)

발표한 바 있다. FiOS 셋톱박스로 거실에서 유튜브의 영상을 즐기는 방법은 기술적으로 2가지가 있다. 첫 번째 방법은, FIOS TV의 IPTV 헤드엔드에 Web 화일을 전송하는 방식이다. 이는 웹 브라우저를 통해 media manager에 유저가 원하는 RSS 가입을 첨부하는 방식으로 구현될 예정이다. 두 번째는 FIOS TV의 VoD 컨텐츠로 전송하는 방식인데 후자의 경우는 쉬운 방법이지만 수동적으로 파일을 전송한다는 단점이 있다. YouTube는 거실로 진입하기 위해 TIVO, APPLE TV와도 제휴를 한 바 있는데 Verizon과의 제휴는 FIOS TV 900만 가시청 가구를 보유하고 있기 때문에 이들보다 훨씬 강력한 유통 채널이 될 것이라고 평가한다. 이같은 Verizon의 전략은 AT&T와 케이블 TV 간의 경쟁관계의 차별화 전략을 위한 서비스라 평가된다. 그러나 이같은 Verizon전략을 어리석게 평가하는 언론도 있다. FIOS TV가 이 서비스를 위해 투자하는 것에 비해 모든 영상이 Free로 제공되는데다가 FIOS TV가 아니더라도 손쉽게 인터넷영상을 볼 수 있는데 과연 의미가 있겠냐는 평가이다. 앞서 기술한 웹 사업자와 TV사업자의 결합 트렌드를 정확히 파악하고 각각의 수익모델을 평가한 후, 벤치마킹 전략을 통해 MegaTV도 경쟁력 있는 웹 컨텐츠의 제공 전략을 강화할 필요성이 있다.

(3) 이종 기기간 연동 서비스: 홈 게이트웨이 전략

최근 융합 트렌드의 환경아래 이종 기기간에 통합 서비스 제공이 강화되고 있다. 이와 같은 연동형 서비스는 IPTV에서 보던 컨텐츠를 휴대폰이나 PC 등에서도 동일하게 볼 수 있는 서비스를 지칭한다. 또한 PC에 저장된 동영상 및 뮤직 파일을 IPTV 셋톱 박스에서 재생할 수 있는 연동형 서비스를 말한다. 대표적인 예로 AT&T의 Three screen 전략을 제시할 수 있다. Three screen은 3가지의 단말을 일컫는다. 즉 유선통신의 PC,

이동통신의 휴대폰, 방송의 TV를 지칭하는 것이다. AT&T가 지향하는 미디어사업의 전략은 이러한 세 가지 단말에서 동일한 컨텐츠가 끊김없이 제공되는 것이다. 결국 AT&T는 미디어사업 진출로 기존 유선통신, 무선통신과의 시너지 창출을 통해서 기존 통신 고객에게 혁신적인 가치를 제공한다는 전략이다. 최근 네트워크 전송의 성능 향상과 단말 기술 발전도 통신과 미디어사업의 시너지 창출에 긍정적 요인으로 작용할 전망이다. 과거에는 통신 네트워크를 통한 전송이 쉽지 않았던 대용량의 미디어 컨텐츠가 기술 진화에 따라 자유롭게 공유할 수 있게 되었기 때문이다. AT&T의 컨텐츠 사업부문 Dan York 부사장은 연설을 통해 AT&T의 비전은 단순히 TV에서의 동영상 제공뿐만 아니라 엔터테인먼트를 결합한 커뮤니케이션 기능을 제공하는 것이라고 강조하였다. 엔터테인먼트를 단순히 TV로만 한정하는 것이 아니며 또한 세 개의 플랫폼을 단순히 번들링하는 것이 아니며, 점차 세 개의 컨텐츠의 차이가 사라지고 있으므로 소비자들이 모든 기기에서 자유롭게 즐기기를 강조하였다. 또한 AT&T는 Masters 골프 토너먼트와 베이징 올림픽 경기, Swampstock, Tim Mcgraw의 콘서트 등을 3Screen으로 제공해 왔다고 말했다.

그리고 AT&T는 컨텐츠 이종 단말에서의 컨텐츠 연동 뿐만 아니라 하나의 DVR로 집안에 연결된 모든 TV에서의 녹화 프로그램을 HD급 및 SD급에 상관없이 재생을 지원하는 Total-Home DVR 서비스를 제공하고 있다. 이같은 서비스의 주요 특징을 요약하면 한 번에 4개의 프로그램까지 녹화 가능하며 TV 뿐만 아니라 PC와 모바일 폰에서

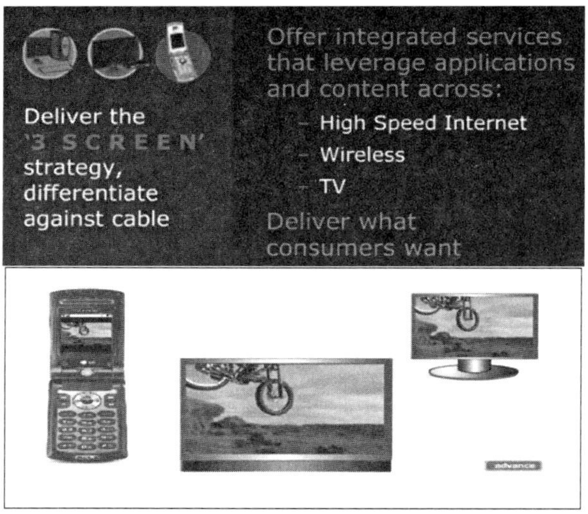

그림 9.11 AT&T three screen 전략

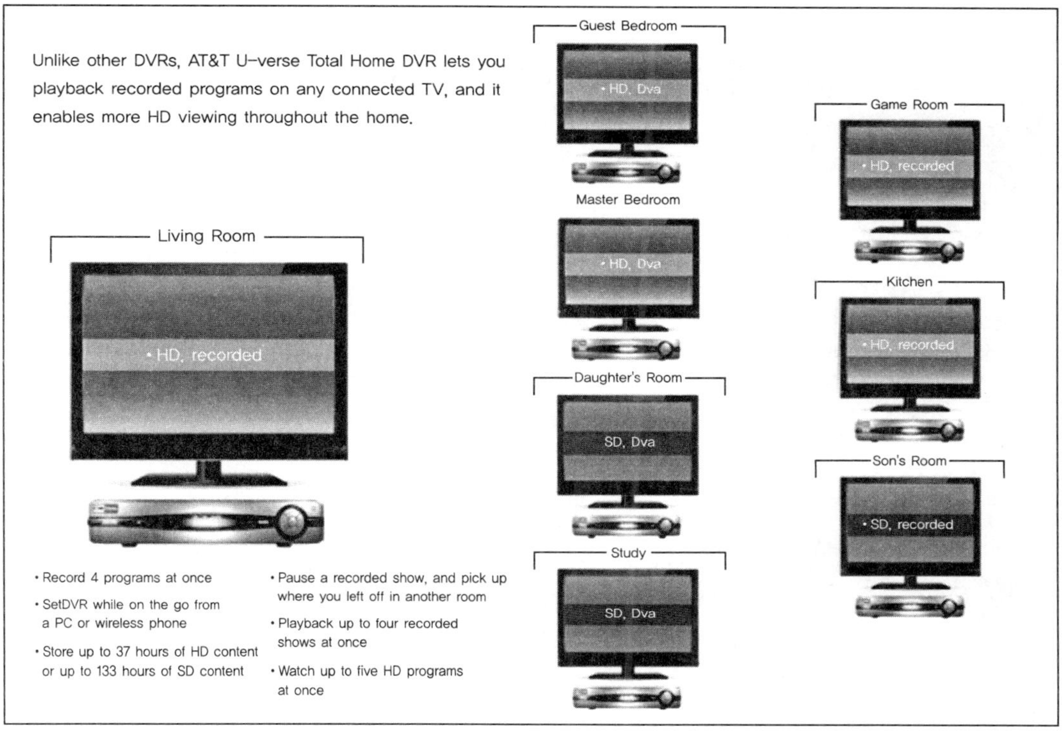

그림 9.12 AT&T Total-Home DVR 설명

도 녹화를 설정할 수 있다. HD 컨텐츠의 경우엔 최대 37시간, SD급 컨텐츠의 경우에는 최대 133시간의 녹화가 가능하며, 한 번에 5개의 프로그램(2개의 라이브, 3개의 녹화방송)을 동시에 시청하는 것도 가능하다.

AT&T와 비슷하게 Verizon FiOS TV도 Home media DVR 이름으로 연동 서비스 및 녹화 서비스를 제공하고 있다. 첫 번째 Home manager 기능을 통해 PC상의 음악 및 사진 파일을 TV를 통해 보여지는 서비스를 제공하고 있으며, U-verse의 Total home DVR와 비슷한 형태의 서비스로 DVR로 집안에 연결된 모든 TV에서의 HD급 및 SD급 프로그램 동시에 녹화 및 재생하는 기능을 제공한다. HD급 컨텐츠의 경우엔 최대 20시간, SD급 컨텐츠의 경우엔 최대 120시간의 녹화가 가능하다. 다른 방에서 녹화된 같은 프로그램을 동시에 시청 가능하며 실시간 다른 방송을 동시에 시청 가능하다

그 외 포르투갈 텔레콤은 IPTV 서비스인 'Meo'에 i-meter라고 불리는 홈 에너지 모니터링 서비스를 제공할 계획이다(2008년 11월 19일). 이 서비스는 사용자가 TV를 통해 에너지 사용량을 모니터링할 수 있고 에너지 사용에 대한 충고를 얻을 수 있다. 모

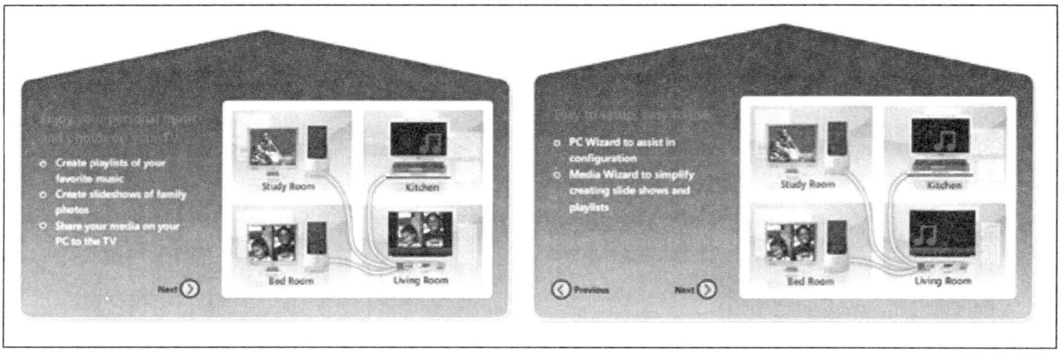

그림 9.13 Home media DVR의 Home Manager 기능

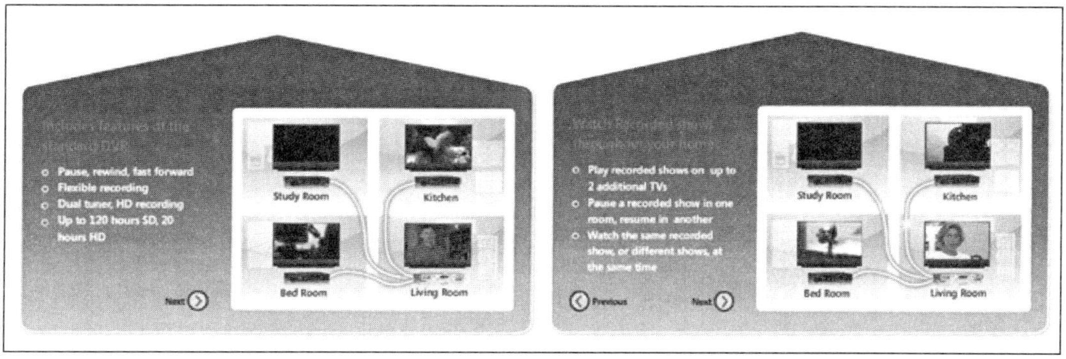

그림 9.14 Home media DVR의 Multi Room 기능

든 IPTV 가입자가 이같은 홈 네트워킹 서비스를 제공받을 수 있을 것이라 밝혔다. 미국의 AT&T의 경우도 IPTV로 집안 곳곳을 살펴 볼 수 있는 홈 비디오 모니터링 서비스를 제공할 예정이다.

연동형 서비스의 확장된 개념으로 최근 Telco 사업자에게 단순히 TPS 등 옥내 서비스를 제공하기 위한 모뎀이나 라우터 차원이 아닌 홈네트워크의 허브기능을 하게 될 홈게이트웨이의 중요성이 높아지고 있다. AT&T는 홈네트워킹을 가능하게 하기 위해 제휴 업체인 2wire의 게이트웨이를 이용함으로써 라우터 역할 차원에서 현재 서비스가 제공되고 있지만 향후 다양한 기기 연동 서비스가 가능하기 위해서는 그 기능이 진화 되어야 할 것이다.

즉 HGI 표준화 단체에 따르면 홈게이트웨이의 정의는 'A device that acts as a hub between the home environment and the broadband network' 이다(HGI report,

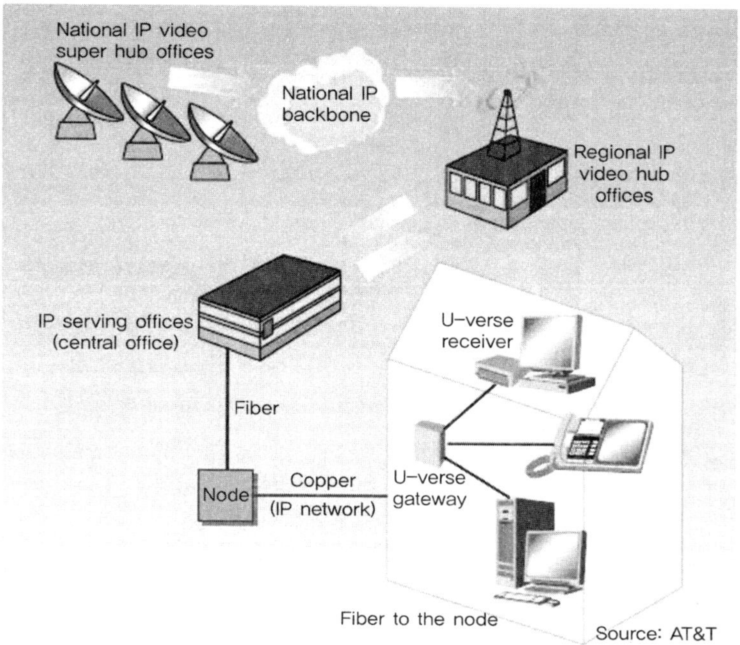

그림 9.15 AT&T Home gateway

2008). 즉 홈게이트웨이가 외부 네트워크와 홈네트워크를 연계시킨다는 것은 옥내 기기간 커뮤니케이션은 물론 미디어 유통과 소비의 허브가 된다는 의미며 이는 홈게이트웨이를 장악하는 플레이어가 옥내 단말에 대한 통제권을 바탕으로 통신, 방송, 미디어를 융합시킨 컨버전스 서비스를 제공할 수 있게 된다는 의미다(ATLAS, 2008). 이러한 이종 기기간 연동서비스는 홈네트워킹의 개념으로 기존 가전사들을 중심으로 시도되어 왔지만 수요 부진 및 네트워크의 한계에 봉착해 있던 상황에서 네트워크 사업자의 IPTV 서비스 산업 진입으로의 본격적인 경쟁 혹은 제휴가 필요한 시점이라고 할 수 있다. 실질적으로 IPTV 홈게이트웨이 서비스의 강화를 위해서는 통합 서비스 이전 단계에 리모컨의 획기적 개선 및 셋톱박스의 고기능화 지원 등 가전 업체의 보다 공격적인 협력 관계가 절실한 상황이다. 향후 서비스 진화에 따른 단말의 고기능화 진행 및 CAS 모듈 분리 표준 등 단말 업체의 진입 여지가 증가할 것으로 예상된다. 현재는 단말기 UI 및 리모컨 개발을 위한 유선 통신 사업자 주도의 협력 관계 수준이나 향후 단말 자체의 기능 개선의 필요성 증가, 홈네트워킹 및 IMS 구현에 대한 요구 증가에 따라 단계적인 독자 모델 적용이 가능할 것이다.

무선 사업자 중심으로 기기 연동의 확장 측면에서 세계 각국에서 펨토셀에 대한 관심이 증가하고 있다. 펨토셀이란 가정이나 사무실 등 옥내에 설치된 브로드밴드망을 통해 이동통신 코어 네트워크에 접속하는 초소형 이동통신 기지국을 의미한다. 이에 따라 이동전화 사용자들은 외부에서 이동통신망을 이용해 음성, 데이터 서비스를 이용하다가 댁내에서는 펨토셀을 통해 IP 기반의 통신 및 방송 서비스를 보다 저렴하게 이용할 수 있다. 예를 들어 사용자가 펨토존에 들어서면 자동으로 단말기가 네트워크에 접속하여 필요한 정보를 다운로드 받거나 사진, 메시지 등의 자동 업로드가 가능하다. 또한 일종의 위치기반 서비스(LBS)로서 개별 펨토셀 접속을 통해 가족의 정확한 위치 및 출입 여부를 자동으로 인식할 수 있다. 펨토셀은 이미 도입되고 있는 홈랜의 다양한 응용기술과 결합하여 새로운 부가 서비스를 제공할 수 있으며 실내에서는 무선 인터넷으로 전화하고 실외에서는 이동전화로 통화하는 듀얼 모드 서비스를 제공할 수 있다. 나아가 펨토셀의 적용 범위가 IPTV와 가전 컨트롤러는 물론 홈네트워킹 게이트 기능으로 확대되고 있는 추세로 홈네트워킹 시장을 겨냥한 Telco 중심의 사업자뿐만 아니라 케이블 TV 사업자도 펨토셀 도입을 적극 검토하고 있다.

FT(France Telecom)의 Soft At Home은 Linux OS, DLNA와 UPnP 포럼의 기술 사양, DSL포럼의 TR-69 표준, HGI와 Open IPTV 포럼의 기술 사양, SIP의 Java script 등이 포함되어 있다. 즉 기존의 기술 표준을 바탕으로 홈게이트웨이 표준화를 위한 요구조건을 작성하였으며, 표준 단일화를 통해 모든 IPTV 시스템 및 컨텐츠가 아무런 문제없이 함께 운영될 수 있다면 소비자들이 셋톱박스와 동영상 프로그램과 같은 IPTV 시스템과 서비스를 저렴하게 구입하고 편리하게 이용할 수 있을 것으로 FT는 강조한다. 뿐만 아니라 통신사업자는 향후 해당 홈게이트웨이를 기반으로 네트워크인증, 기기인증, 암호화, 패킷 필터링 기능, 디바이스 매니지먼트 기능뿐만 아니라 서비스 코디네이션 기능까지를 컨트롤 할 수 있게 될 것이다.

솔루션과 장비업체가 아닌 네트워크 인프라를 보유하고 있는 입장에서 홈게이트웨이를 통해 다양한 디지털 홈서비스를 주도적으로 도입해 갈 수 있을 것이다. 메가 TV 또한 현재 IPTV의 해외 선두 Telco의 전략을 벤치마킹 삼아 주도적인 위치에서 다양한 어플리케이션의 진입을 통한 양방향 서비스 활성화와 홈게이트웨이 중심의 이종기기간 연동 서비스를 제공하는 노력이 필수적이다. KT도 이같은 단순한 TV 제공을 통한 수익 창출이 아닌 IPTV의 홈게이트웨이로의 진화적 트렌드를 인지하고 가치 창출을 위한 적절한 비즈니스 모델을 수립해야겠다.

9.2 IPTV 발전 전망

본 절에서는 기술의 진화라는 거시적인 측면에서 향후 IPTV의 미래 기술환경 요인에 대해 살펴보고, 이러한 논의를 바탕으로 미시적인 관점에서의 단계별 IPTV 기술 발전에 대해 전망해 보고자 한다.

9.2.1 IPTV 진화 방향

IPTV 진화 방향을 세부적으로 살펴보기에 앞서, 우선 현재 기술들의 큰 발전 흐름에 대해 조망해 보고 이러한 부분들이 앞으로 IPTV의 발전에 어떠한 영향을 미칠 것인지에 대해 논의한다. 이후 개별적인 IPTV 서비스 진화에 따른 단계별 발전 방향과 IPTV 인프라 및 필요 기술들에 대해 구체적으로 제시한다.

(1) 유비쿼터스 기술의 발전

최근 들어 유비쿼터스 IT 기술의 급속한 개발 진전에 따라 우리 사회는 IT 기술을 통해 사회 운영 효율성의 증가, 접근성 및 개방성의 확대, 폭넓은 참여가 가능해지게 되었다.

이러한 u-IT 기술 발전에 따른 유비쿼터스 사회가 도래함에 따라 향후 다양한 사회

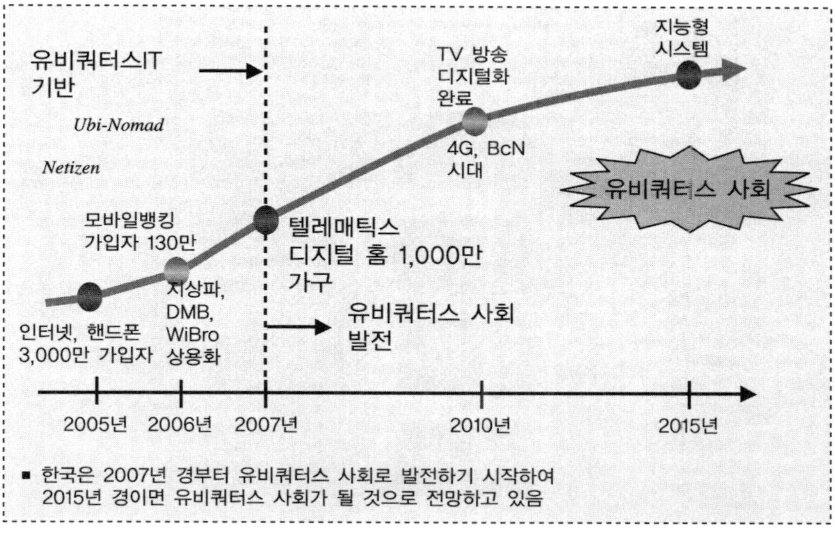

그림 9.16 유비쿼터스 사회의 도래(유비쿼터스 사회 새로운 희망과 도전. 한국전산원)

적 기회 요인들이 나타나게 될 것이다. 이러한 기회 요인들로는 신속성 및 융복합성을 통하여 사회 운영의 효율성 증대와 새로운 가치창출의 기회와 지능화를 통한 사회 인적자원의 창의성 및 유연성의 증대, 그리고 시공간 초월성을 바탕으로 쌍방향적 의사소통이 활성화되고 이러한 커뮤니케이션은 사람 대 사람 및 사람 대 사물 이외에도 사물 대 사물간과 같이 다양한 형태로 나타나게 될 것이다. 그리고 네트워크화를 통해 새로운 시장의 기회 확대 및 경쟁 촉진이 유발되는 환경을 맞이하게 될 것이다.

이러한 u-IT 환경에서는 서비스가 보다 지능화 및 고도화됨으로써 사용자에게 기존에 경험하지 못한 새로운 이용 편의를 제공하게 될 것이며 이용자는 언제, 어디서나, 원하는 서비스를 이용할 수 있게 된다. 또한 사회적 측면의 경우 기존의 사회구조 및 환경에서 가졌던 전통적인 산업 및 서비스들의 구조적인 변화를 겪게 될 것이다.

이러한 현상들은 앞으로 다양하게 삶의 방식에 영향을 미치게 되고, 이것은 바로 IPTV 서비스를 이용할 사용자들의 미래 환경과 직결된다고 볼 수 있다. 이에 향후 IPTV의 발전 방향은 위에서 언급된 바와 같이 u-IT 환경에서의 기술 발전에 따른 사회적 기회 요인을 효과적으로 접목하여 기회요인을 어떻게 수용 및 활용할 것인가가 향후 IPTV 발전에 주요한 기회 요소라 할 수 있다.

(2) IPTV의 진화 개념

IPTV 진화의 개념을 우선 시스템적인 측면과 핵심특징 측면에서 살펴보고자 한다.

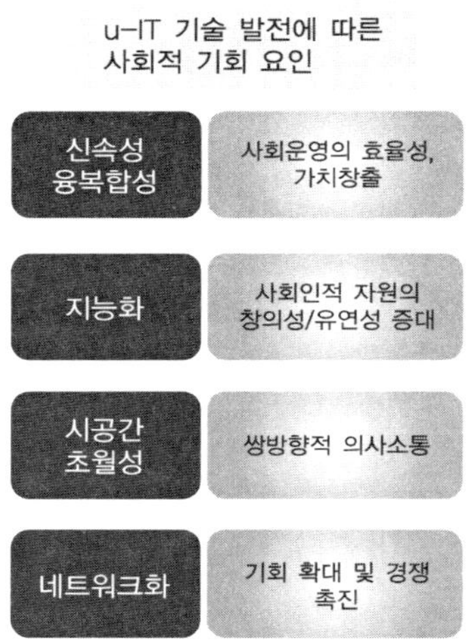

그림 9.17 u-IT 기술발전에 따른 사회적 기회 요인

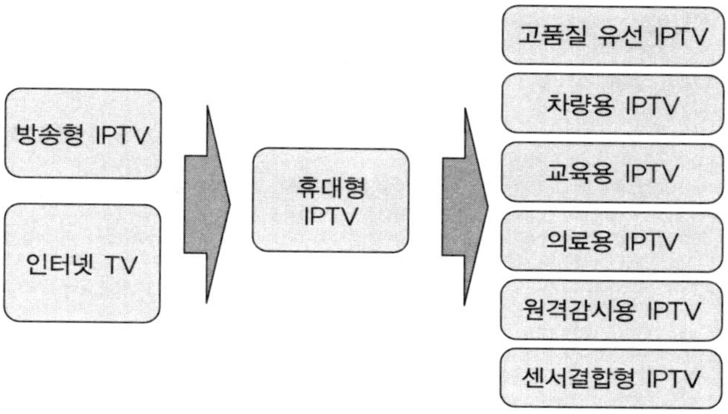

그림 9.18 IPTV 진화 개념 – 시스템 측면

① 시스템 측면

시스템적인 측면에서의 IPTV는 기존의 방송형 IPTV와 인터넷을 기반으로 한 IPTV에서 향후 휴대형 IPTV를 기반으로 한 단계 진화할 것으로 예상된다. 통방융합이 성공적으로 이루어지게 되고, 유무선의 광대역 서비스가 제공되는 시점이 휴대형 IPTV 서비스의 환경이 갖추어지는 환경으로 예상할 수 있다. 이후 다양한 기술적, 사회적 동인에 의하여 개별적 이용 환경에 적합한 형태의 다양한 모습으로 IPTV 시스템이 분화된 형태로 진화하게 될 것이다.

이러한 분화를 통해 차량용 및 교육용, 의료용 등과 같이 다양한 형태의 IPTV 시스템이 등장하게 될 것이며, 이는 IPTV 서비스가 단순히 기존의 TV에 양방향성을 부여하는 것이 아닌, 사회 전반에 걸친 주요한 서비스로서 자리매김하게 될 것이다.

② 핵심 특징 측면

이런 변화를 핵심 특징 면에서 살펴보면, 기존의 '보는 TV' 및 '단순 검색 기능이 탑

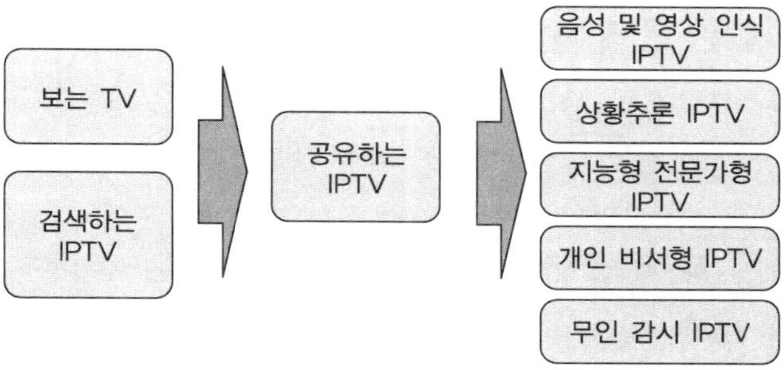

그림 9.19 IPTV 진화 개념 – 핵심 특징 측면

재된 수준의 IPTV' 에서 '공유하는 IPTV' 로 한 단계 진화할 것이다.

이러한 공유하는 IPTV를 지원하기 위해서는 무엇보다도 IPTV 서비스 환경이 기존의 walled garden의 폐쇄적인 형태의 서비스 구조에서 벗어나 보다 개방된 형태로의 변화가 수반되어야 함을 내포하고 있다. 이러한 공유하는 IPTV 환경은 궁극적으로 다양한 상황에 맞는 전문화된 서비스의 형태로의 진화가 예상된다. 사용자의 상황에 맞는 인식을 바탕으로, 개별 용도에 맞는 형태의 서비스들로 진화하는 것이 IPTV 진화의 핵심적인 특징이라 할 수 있다.

특히 이러한 공유하는 IPTV를 위한 개념으로의 진화를 위해서는 필연적으로 수반되어야 하는 요소가 개방이라는 대전제이다. 사업자 내의 사용자간 공유 정도의 수준이 아닌, 언제 어디서나, 누구냐에 관계없이 서비스를 이용할 수 있기 위해서는 현재의 통신사업자 기반의 Walled Garden 형태의 IPTV 사업 모델로서는 한계가 있다.

또한 사업자 입장에서는 IPTV가 단순히 가정의 가장 큰 윈도우를 채우는 홈 엔터테인먼트 서비스로 자리매김하는것 뿐만 아니라 다양한 형태의 서비스 형태로 분화해 나갈 것을 예상하고 이에 적합한 IPTV 서비스 및 플랫폼을 미리 구축하여, 차세대 IPTV 서비스 시장을 공략할 준비가 필요하다.

(3) 차세대 IPTV의 진화 개념

차세대 IPTV의 진화의 개념은 크게 IPTV의 산업적 측면, 단말 측면 그리고 서비스 측면으로 나누어 살펴보고, 각 측면의 진화에 따라 나타나게 될 차세대 IPTV를 예측하여 본다.

① 산업 측면

산업적 측면의 IPTV 발전은 현재 상황에서의 방송형 IPTV, 인터넷 TV, Mobile TV 형태의 서비스 공급자 위주로 분화되어 있는 IPTV 산업 군들이 IPTV 2.0으로의 진화를 통해, 서비스 공급자 이외에 전문화된 서비스를 기점으로 개별 산업 군들이 새로이 활성화 될 것으로 예상된다.

위의 그림 9.20에서 특히 주목해야 할 산업 군들로는 '교통/관광산업', '의료산업' '교육/게임산업', '뉴미디어/광고산업', 'RFID/USN 산업' 군들을 들 수 있다.

'교통/관광' 산업의 경우 향후 IPTV의 이동성이 확대되고 차량용 IPTV와 같은 전문분야의 서비스들이 활성화 되면서 관련 산업 군들의 성장이 예상되며, 원격진료 및 u-Health Care와 같은 서비스들을 위해 의료용 IPTV가 확대될 것으로 예상된다.

또한 교육 및 게임 산업의 발전으로 인해 현재 EBS 교육방송이 동일한 시간에 전국

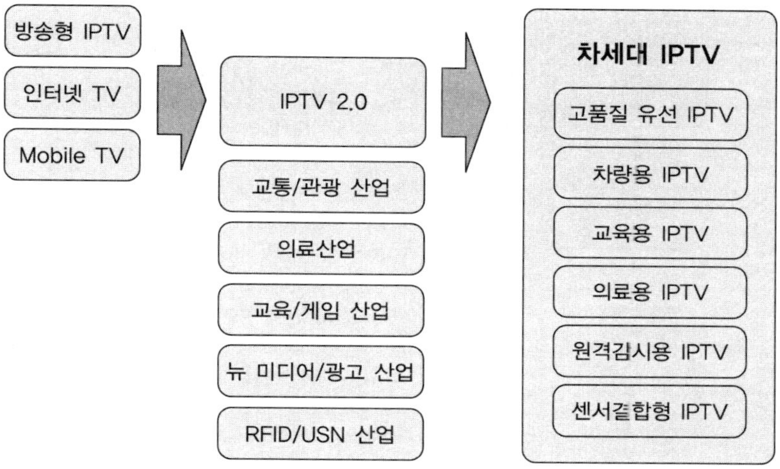

그림 9.20 차세대 IPTV 진화 – 산업 측면

의 학생들을 대상으로 서비스가 되던 것에 반해, 학급 수준별, 또 지역별로 차등화된 T-Learning 서비스를 제공하게 될 것이다.

차세대 IPTV는 사용자의 Presence 정보를 기반으로 개인 맞춤형 수준의 서비스를 제공함으로써 사용자에게는 만족을 광고 및 미디어 시장에는 새로운 시장을 창출할 것으로 예상된다. 보다 정교한 형태의 마케팅과 사용자 취향에 맞는 서비스 제공을 통하여 새로운 미디어 및 광고시장이 성장하게 될 것이다.

그리고 마지막으로 RFID/USN 산업과 결합된 IPTV 산업의 성장이 예상된다. 원격감시 및 센서 결합형의 IPTV 서비스를 통하여 사용자들이 새로운 '천리안(千里眼)'을 가지게 될 것으로 예상된다.

② 단말 측면

IPTV와 관련된 단말측면에서는 현재 고정 방송형 단말, 휴대형 단말, 이동전화 단말, 고정형 IP 단말 등으로 각각의 고유 기능을 기반으로 세분화된 단말 시장이 고유 기능을 기반으로 부가적인 기능들을 흡수해 나가는 융합형(converged) 단말로 변화해 나갈 것으로 예상된다. 특히 이러한 변화의 동인이 되는 Killer App.의 경우 IP 기반의 멀티미디어 서비스 즉, IPTV 서비스가 핵심 Killer App.이 될 것으로 예상된다.

이미 휴대형 및 이동전화 단말의 경우 요금 및 배터리 측면을 제외하면 이러한 Mobile IPTV 서비스가 가능한 상태이며 고정형 IP 단말의 경우 기술의 문제라기 보다는 사업자의 시장 진출 시점이 저울질 되는 대로 가능한 상태이다.

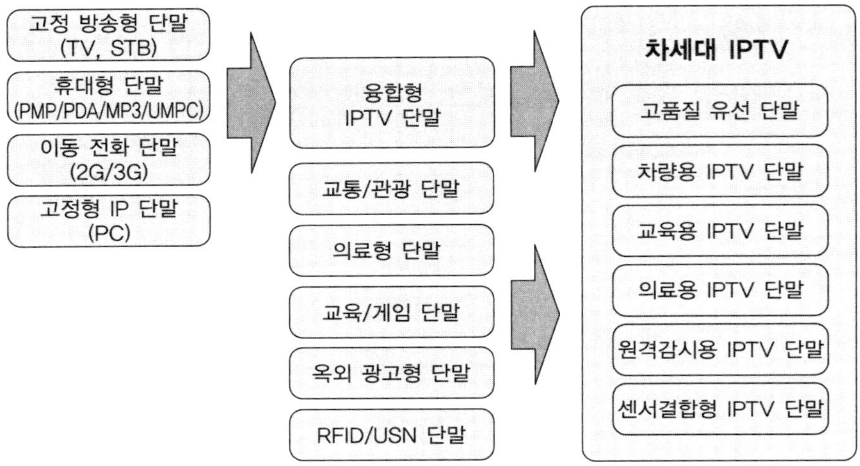

그림 9.21 차세대 IPTV 진화 – 단말 측면

이러한 개별 산업 군을 형성하고 있는 단말들이 융합형 IPTV 단말로 진화함에 있어, 앞서 살펴본 바와 같이 Killer App. 중의 하나는 IPTV가 될 것이며, 이러한 서비스들이 구동되는 환경(클라이언트 및 서버)은 Web을 기반으로 한 Platform이 될 것이다.

현재의 웹은 국내의 'Mobile OK' 표준화 작업에서도 볼 수 있듯이, 다양한 단말의 환경을 지원하기 위한 최적의 플랫폼으로 진화하고 있다.

융합형 및 차세대 IPTV 단말의 경우 컨텐츠의 One-source, Multi-use를 가능하게 하는 환경으로 발전함에 따라 현재는 개별 단말의 특성 및 서비스의 특성에 따라 각각의 개별적 형태로 서비스되던 것이 'One Web' 이라고 불리는 웹 기반의 공통된 서비스 환경으로 서비스될 것으로 예상된다.

이런 변화는 위에서 언급한 현재의 모든 단말 환경에서도 일어나고 있는 것으로서, 고정 방송형 단말의 경우 현재 하이엔드급 및 해외의 사업자의 경우 TV 단말에서 직접 YouTube를 서비스 하거나, Amazon.com의 비디오 컨텐츠를 결제 후 시청할 수 있는 기능들을 제공하고 있으며, 셋톱의 경우에도 제한적인 수준의 브라우징을 지원하고 있다. 휴대형 단말 및 이동전화 단말의 경우 최근 시장의 화두가 풀 브라우징이듯이 웹 브라우징 기능이 단말의 판매에 큰 영향을 미치고 있는 수준이다. 또한 고정형 IP 단말의 경우 가장 충실하게 이러한 브라우징 기능을 제공하고 있는 단말에 속한다.

③ 서비스 측면

서비스 측면에서도 향후 개별 서비스 산업들이 융합된 형태의 IPTV 서비스로 변화 할

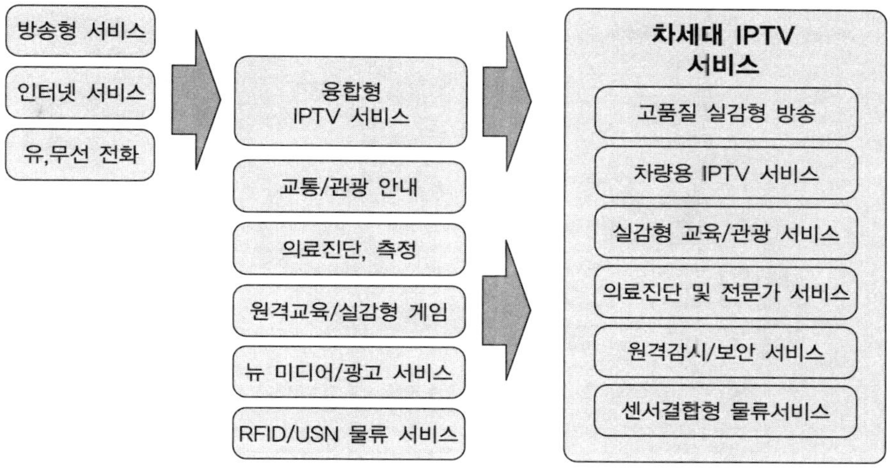

그림 9.22 차세대 IPTV 진화 – 서비스 측면

것으로 예상된다. 서비스의 경우 단말 성능 및 특징에 따라 종속적일 수밖에 없는 특성상 현재의 단말들이 융합 단말로 변화해 감에 따라, 이러한 특징이 서비스에서도 나타나게 될 것이다.

이중 특징적인 변화가 일어날 서비스로는 뉴미디어 및 광고, RFID 및 USN 관련 분야를 들 수 있는데, 교통 및 관광, 의료 관련, 교육 및 게임 관련의 경우 단말 및 서비스의 융합에 따라 서비스 환경 및 윈도우가 넓어짐으로써 기회의 확대라는 측면 수준에서의 접근인 반면, 뉴미디어 및 광고의 경우에는 기존의 서비스 체계가 변하는 형태로, RFID 및 USN은 새로운 시장의 창출이라는 측면에서 큰 변화가 예상된다.

뉴 미디어 및 광고의 경우 현재 기존 지상파 방송사의 광고를 KOBACO가 독점하던 형태에서 새로운 미디어 즉, 뉴 미디어의 성장에 따라 새로운 경쟁 사업자가 출현할 것으로 예상되며, 특히 Google과 같이 이미 통합형 미디어 비즈니스를 제공하고 있는 사업자들과의 경쟁을 피할 수 없게 될 것이다.

9.2.2 IPTV 서비스 기술 발전 전망

차세대 IPTV 발전에 대해 국내의 ETRI의 경우 광대역 네트워크 환경을 기반으로 고속의 이동성 및 초고화질의 영상 처리를 바탕으로 한 시 · 공간의 제약이 없는 참여형, 개인 맞춤형의 실감 서비스로 진화할 것으로 예상되고 있다. 향후 통방 융합 발전 전망에 따라 보다 구체적으로 총 3세대에 걸친 IPTV 서비스 발전 전망을 제시하고 있으

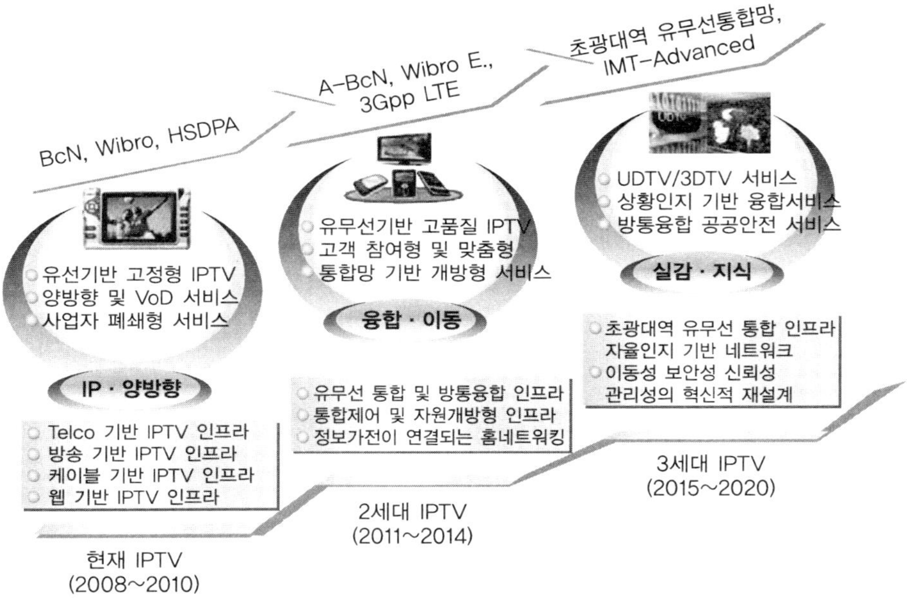

그림 9.23 IPTV 서비스 발전 단계

며, 주요한 기술의 화두는 1단계의 IP 및 양방향, 2단계의 융합 및 이동, 그리고 3단계의 경우 실감과 지식이다.

IPTV 서비스의 발전 단계를 살펴봄으로써 향후 변화에 대해 보다 미시적인 관점으로 알아보자.

1세대 IPTV의 경우 현재의 통신 기술과 방송 기술 등의 결합을 통해 기존 방송 서비스 및 VoD 서비스, 그리고 기본적인 수준의 양방향 TV 서비스를 IP를 기반으로 제공하는 사업자 중심의 폐쇄형 IPTV 환경으로 볼 수 있다. 특히 현재 서비스 되고 있는 IPTV 방송사업자들의 서비스의 경우 기존 컨텐츠를 라이센싱을 통한 유통채널의 확장이라는 점 이외의 별다른 서비스의 차별점을 보이지 못하고 있는 실정이다.

이러한 기존의 서비스 환경에서 앞선 2세대 환경의 경우 유무선 통합망 환경에서 언제 어디서나 어떠한 단말을 이용하여 원하는 형태의 서비스 및 컨텐츠를 최적화된 상황에 맞도록 이용 및 생성할 수 있는 개방형 IPTV로의 진화를 나타내고 있다. 2세대 IPTV 환경에서는 유무선의 통합된 망을 기반으로 방송 및 인터넷 그리고 홈 네트워크가 결합하는 단계로서 개인 맞춤형 서비스가 가능하고, 이용자가 참여할 수 있는 망 개방과 공유가 가능할 것으로 내다보고 있다.

이러한 변화에 있어 웹과 관련하여 주목해야 할 점은 '언제 어디서나 어떠한 단말'

을 이용하여도 서비스가 가능하다는 점과 '개방 및 공유'의 관점이다.

앞서 언급한 바와 같이 웹 진영에서는 'One Web'이라고 불리는 일련의 변화들을 통해 어떠한 서비스 또는 어플리케이션이든 간에, 웹을 통해 그 기능이 제공되는 경우 브라우저를 통해 모든 서비스의 기능이 이용 가능한 환경을 예상하고 있다.

특히 최근 들어 일반적인 사용자가 이용하는 서비스 환경의 경우 웹 환경으로의 빠른 전이가 이루어지고 있으며, 이러한 서비스들은 단순한 작업의 서비스 뿐만 아니라 오피스, 포토샵(Adobe사) 등 기존의 웹 환경에서 처리가 힘들었던 고사양의 어플리케이션들이 속속 웹 환경을 통해 제공되고 있다. 이러한 변화를 SaaS(Software as a Service)라 지칭하는데, 포괄적인 형태의 웹 서비스를 통해 제공되는 것을 의미하고 있다.

뿐만 아니라 과거의 경우 기존의 전용 어플리케이션을 이용하여 재생하였던 동영상과 같은 멀티미디어의 경우에도 브라우저의 기술의 향상과 웹 환경에 적합한 코덱의 발전으로 인하여 브라우저만으로 서비스를 제공받을 수 있다.

개방과 공유에 있어 웹은, 태생적으로 개방된 인터넷이라는 환경의 서비스 플랫폼으로 역할을 수행하면서 충분한 개방형 플랫폼으로 자리매김하였으며 XML 기술의 발전으로 인해 웹 관련 데이터의 공유 및 Open API, Open Social 등 기술에서부터 서비스에 이르기까지 많은 부분들이 공유에 초점을 맞추고 이를 지원하는 방향으로 발전해 나가고 있다.

3세대 IPTV의 경우, 보다 고품질의 3D 및 UD급의 멀티미디어 서비스가 시간 및 공간의 제약없이 서비스되는 환경으로 개인 맞춤형 실감현실 서비스가 제공될 것으로 예상하고 있다.

9.2.3 IPTV를 둘러싼 미디어 시장 환경의 변화

앞서 살펴본 바와 같이 향후 서비스 및 기술은 시장의 융합이라는 큰 측면에서 지속적으로 발전해 나가게 될 것이며, 이러한 변화는 결국 서비스의 핵심이 되는 디지털 미디어 시장의 환경에도 큰 영향을 미치게 될 것이다.

(1) 디지털 미디어 시장 환경 변화

단말 및 서비스의 융합에 따라 IP 네트워크를 이용한 동일한 플랫폼 즉, 웹을 기반으로 한 플랫폼으로 시장 환경이 진화해 나가는 경우 디지털미디어 시장의 입장에서는 동일한 광고 Inventory로 간주할 수 있으며, 이러한 Inventory의 확장은 궁극적으로 Biz 통합으로 인한 신규 BM의 발생 기회로 해석할 수 있다.

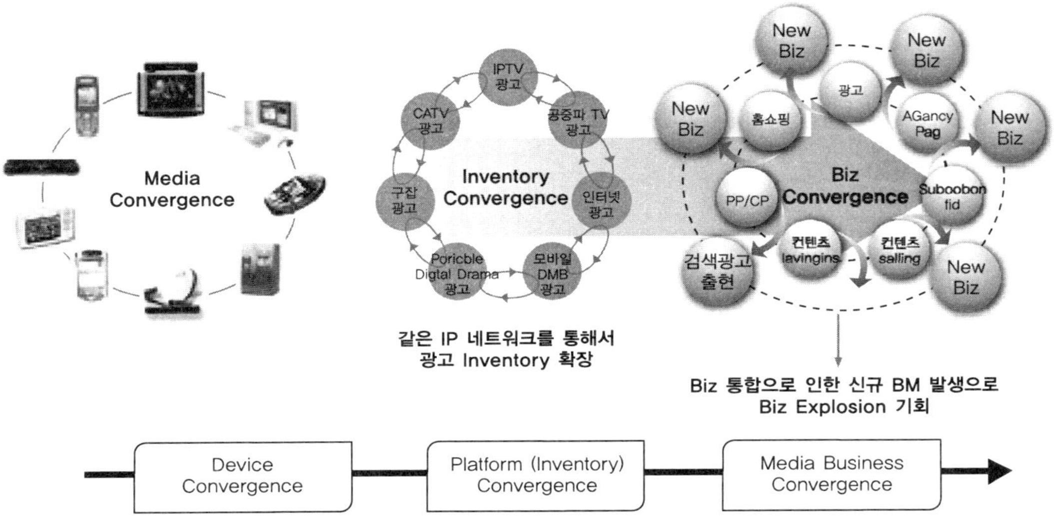

그림 9.24 미디어 플랫폼의 융합에 따른 미디어 Biz간 경계의 붕괴(Daum, 오픈 IPTV 출범에 따른 신규 Biz 기회 창출과 수익 모델)

미디어 컨버전스의 가장 걸림돌인 서비스 환경이 Web 환경을 수용하는 형태로 수렴, 발전해 나감에 따라 이러한 기술적 장벽의 극복이 가능하고, Biz 통합에 따른 기회비용의 절감과 신규 비즈니스 모델의 생성에 따라 새로운 융합 환경의 비즈니스 상황이 전개될 것으로 예상되고 있다.

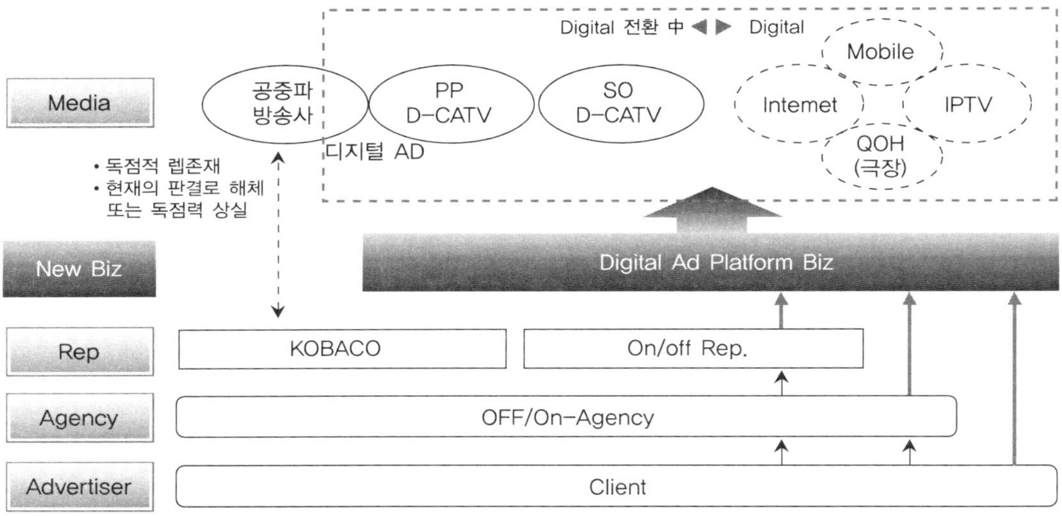

그림 9.25 Digital Media 플랫폼 경쟁 구도(Daum, 오픈 IPTV 출범에 따른 신규 Biz 기회 창출과 수익 모델)

이러한 시장의 변화에 따라 현재 독점적 지위를 가진 사업자(정부- KOBACO)의 민영화 및 개방 여부가 현재 도마에 오른 상황이며, 최근 헌법재판소의 KOBACO의 독점적 사업 권한의 유권 해석을 헌법불합치로 판결 내림에 따라 이러한 변화는 급물살을 탈 것으로 예상된다.

특히 시장의 경쟁을 통해 관련 산업의 시장 활성화가 기대되고 있으며 이러한 변환의 수해자가 바로 관련 디지털 미디어 플랫폼을 가진 사업자들이 될 것으로 예상된다.

(2) 미디어 컨버전스 시장의 도래

이러한 급격한 변화에 따라 새로운 미디어 컨버전스 시장의 도래 시, 기본적으로 규모의 경제에 따른 시장의 재편이 불가피할 것으로 예상되며, 그러한 변화에서 가장 중요한 것은 융합된 미디어 시장의 효율적 접근을 위한 플랫폼의 구축이다.

가장 우선시 되어야 할 것이 디지털 환경에 맞는 광고 플랫폼의 구축을 들 수 있는데, 향후 Free-economics가 대두될 것으로 예상됨에 따라 이러한 시장 환경에서 수익을 창출할 수 있는 광고 플랫폼이 주요한 사업의 수단으로서 등장할 것으로 예상된다.

특히 아래의 구글사와 같은 사례에서도 볼 수 있듯이, 결국 다양한 미디어 채널을 효과적으로 이용하는 것이 경쟁의 우위를 점할 수 있는 유일한 방법으로 볼 수 있다.

그림 9.26의 구글의 경우 각 미디어 채널 별, 광고주 별로 산재되어 있는 미디어 비즈니스를 제휴 및 인수를 통해 통합 운영함으로써 미디어 비즈니스 시장의 거대한 공룡을 자리매김 하고 있다.

결국 IPTV 또한 이러한 미디어 컨버전스 중 하나의 서비스 채널에 불과하지만, 향후 이러한 미디어 컨버전스의 주축이 되는 Killer App.으로 진화해 나갈 경우 IPTV 서비스를 제공하기 위한 플랫폼은 보다 진화에 초점을 둔 즉, 웹을 수용하고 향후 융합

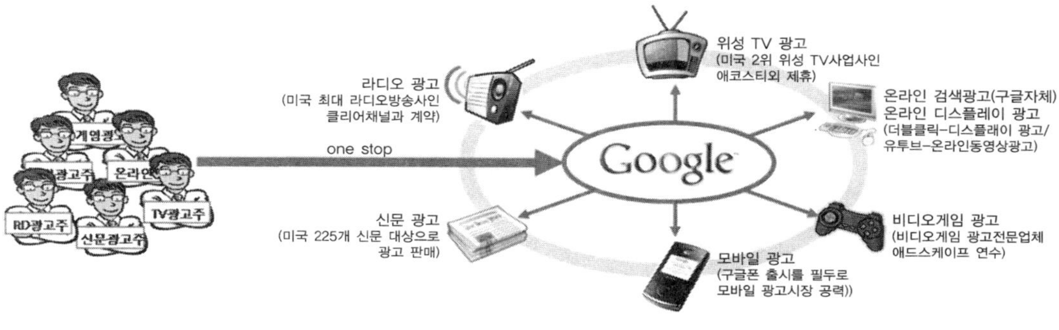

그림 9.26 Google Media Network Business

형태의 미디어 시장의 변화에 맞는 서비스 및 광고 플랫폼으로써의 역할에 중점을 두어야 할 것이다.

9.2.4 Web 기반의 IPTV 기술

u-IT 환경으로의 진화에 있어 다양한 요소 기술들이 거론되고 있으며 이중 일부의 기술은 향후 IPTV의 진화 방향에 있어 주요한 기술로서 이용될 것이다. 이러한 다양한 기술들 중 Web 기반 Video 및 서비스 관련 기술이 어떻게 발전되어 왔고, 향후 어떻게 발전되어 나갈지를 예측함으로써, 이러한 웹 관련 기술들을 이용하여 보다 나은 IPTV 서비스를 제공할 수 있는지에 대한 방법을 모색하고자 한다.

이에 앞서 다양한 용어의 사용으로 인한 혼재를 줄이기 위하여 일반적으로 이용되는 여러 가지 용어에 대해서 간략히 정리한다.

일반적으로 Web 관련 도메인에서는 멀티미디어 영상 서비스들에 관해 다양한 형태의 서비스 및 어플리케이션들이 공존하고 있으며, 이로 인해 다양한 용어들이 혼재되어 사용되어 왔다. 'Internet Video Service' 라는 일반적인 용어 이외에도 'Web TV', 'UCC Site', 및 서비스명이 고유명사화 되는(Web 기반 Video 서비스의 경우 YouTube) 경우가 일반적이었다.

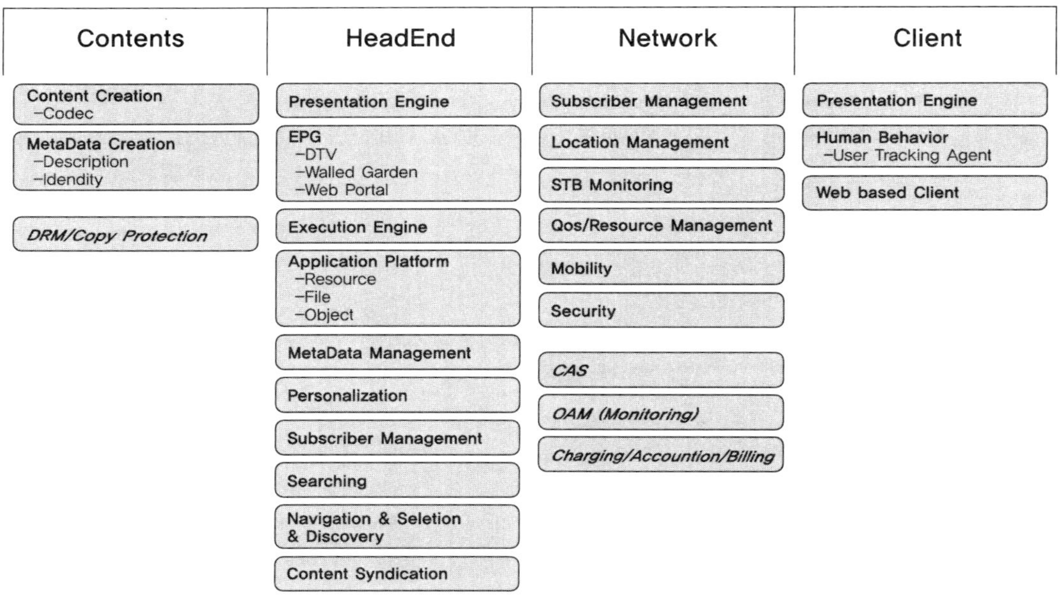

그림 9.27 IPTV functionality

본 보고서에서는 최근 들어 웹상의 동영상 서비스를 지칭하는 용어로서 일반적인 의견이 수렴되고 있는 'Video' 라는 용어를 기본적으로 Web 환경에서의 멀티미디어 서비스를 지칭하는데 사용하며, 동영상 또한 동일한 의미로서 이용한다. 추가적으로 'Video 2.0' 이나 'Video in the Web' (W3C Activity에서 사용) 또한 Web 환경에서의 멀티미디어 서비스를 제공하는 포괄적인 의미로서 사용하고 있음을 밝혀 둔다.

(1) Web 기반 VoD 서비스 기술

그림 9.27은 IPTV 서비스와 관련된 웹 기술들을 매핑한 것으로 IPTV 서비스를 위한 주요 기능들의 관점에서 정리한 그림이다.

그림 9.28은 위의 IPTV 주요 기술 기능들 중 웹 관련 기술과 매핑한 그림이다.

일반적으로 웹 관련 기술은 인터넷 환경을 기반으로 제공되고 있으므로 이에 대해 기술하였고, 사용자 관점에서는 직접 사용자가 서비스를 이용하게 되는 사용자 PC 또는 Mobile 단말에서 제공되는 기술에 대해 매핑하였다.

그림 9.28에서처럼 현재의 Web은 단순히 Video 서비스들을 사용자가 이용하는 환경보다는 Video 서비스가 만들어지고, 유통되고, 소비되는 하나의 Video 생태계(Eco System) 형태의 구성을 가지고 있다. 따라서 이러한 Web 기반 관련 기술들을 CPNT

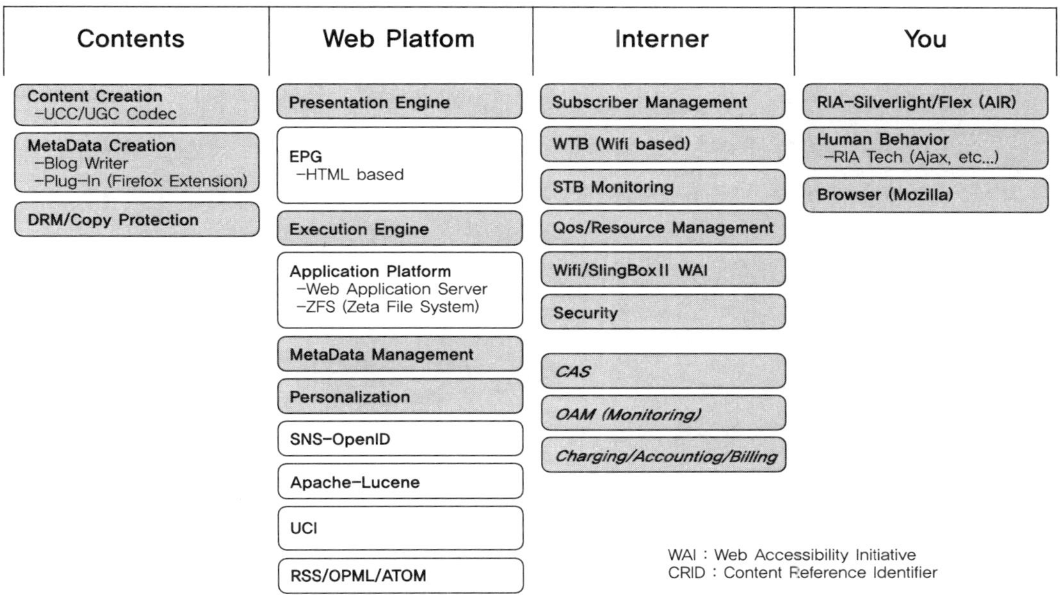

그림 9.28 Web 기반 CPNT Value Chain 상의 Video 서비스 기술

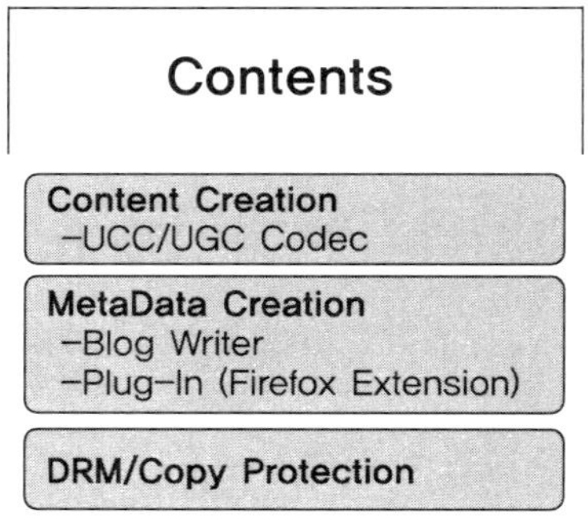

그림 9.29 Contents 관련 Web 기술

Value Chain을 통하여 살펴보고 개별 기능들 중 주요한 연결점이 되는 기술 및 이슈가 되는 기술들에 대해서는 상세히 분석하고자 한다. 특히 위의 'Web 기반 CPNT Value Chain 상의 Video 서비스 기술' 중 회색이 아닌 색의 기술 요소에 대해서 보다 상세히 분석한다.

① Contents 기술

컨텐츠 관련 Web의 주요 기술은 크게 컨텐츠 생산에 관련된 Codec 및 Metadata 관련 정보 기술 및 이를 위한 서비스 기술, 그리고 일반적인 컨텐츠 보안과 관련된 DRM 및 Copy Protection 기술 등을 들 수 있다. 2005년 Web 2.0이라는 키워드의 가장 핵심 중 에 자주 거론 되는 서비스는 바로 UCC(User Create Content)이었는데, 이는 바로 웹이라는 환경이 사용자들로 하여금 손쉽게 자신의 멀티미디어 컨텐츠를 생산하고 유통하는데 있어 유용한 환경임을 나타내는 것이라 볼 수 있다. 사용자들의 컨텐츠 포집 능력이 확대되고 이를 보다 쉬운 웹이라는 환경을 통하여 노출하고 공유할 수 있게 됨으로써 많은 사용자 제작형 컨텐츠들이 나타나게 되었다. 이러한 멀티미디어 컨텐츠를 웹에서 이용하기 위해서는 기존의 사용자 생산 단계에서의 로우(Raw) 데이터 형태만으로는 웹 환경에서 이용하기에 용량 및 코덱적인 측면에 문제가 있음으로 대부분의 컨텐츠가 웹용 환경에 맞는 새로운 코덱 형태로 변환되어 이용되고 있다. 현재 Web 기반 환경에서 널리 이용되는 MPEG4 / H.264 Codec을 제공하는 사업자들은 다음의 표 9.2와 같다.

현재 웹 환경에서 사용자들이 이용할 수 있는 형태는 일반적으로 Post MPEG4의 기술인 H.264를 기반으로 한 코덱을 이용하고 있으며, 이를 활용한 어플리케이션 및 웹 서비스들의 경우 다양한 경쟁자들이 시장에 존재하고 있는 양상을 보이고 있다. 이러

표 9.2 MPEG 4 기반의 Codec를 제공하는 주요 웹 기업

No	Company	Application	Codec
1	Adobe	AIR	H.264
		Flex	H.264
		Flash	9H.264
2	Microsoft	Silverlight	WMV / VC-1
		Windows Media Palyer	WMV / VC-1
3	Apple	Quick Time	H.264
4	Google	YouTube	H.264 (not flash based)

한 다양한 컨텐츠 코덱의 이용으로 인하여 사용자들은 컨텐츠를 이용함에 있어, 새로운 코덱을 설치해야 하는 번거로움이 있고, 웹 기반의 컨텐츠들을 타 유통 채널을 통해 웹이 아닌 다른 서비스 유통 채널에서 이용하고자 할 경우 개별 코덱을 특정 사업자의 서비스 환경으로 다시 변환하여야 하는 문제점이 발생된다. 하지만 웹의 경우 자율적인 경쟁 시장 구조를 지향하고 있음으로 앞으로도 이에 대해서는 사업자들의 경쟁 비즈니스 영역으로 남게 될 확률이 높다고 볼 수 있다.

코덱 이슈 이외에도 현재 주목 받고 있는 것이 바로 컨텐츠 메타데이터(Contents Metadata) 관련 기술이다. 혹자들은 Web 3.0을 Semantic Web이라고 부르기도 하는데 이는 기존의 웹 데이터처럼 데이터만이 독립적으로 존재하는 것이 아니라 데이터별로 어떠한 정보를 내포하고 있는지를 각각의 Metadata를 통해 기술함으로써 보다 의미있는 웹 환경으로 진화할 수 있다. 하지만 웹의 태생적인 한계점으로 인하여 사용자들이 웹을 이용함에 있어 전문적인 지식 및 개개인의 시간을 들여가면서까지 자신들이 생산해내는 웹 기반의 데이터들에 대해 이러한 메타데이터를 기술할 가능성이 극히 희박함으로 시맨틱 웹의 환경이 도래하기까지는 아직 많은 시간이 남은 것으로 예상된다.

메타데이터와 관련해 최근 웹 서비스 사업자들 및 여러 블로깅 서비스, 브라우저들에서 공통적으로 메타데이터의 중요성을 인식하고 사용자들이 보다 편리하게 이용할 수 있는 새로운 형태의 메타데이터 포맷 및 서비스 사용환경을 제공하기 위한 노력을 하고 있는데 그것이 바로 'Microformats' 이다. 이러한 마이크로포맷에 대해서는 마이크로소프트사의 Bill Gates도 Mix06 행사에서 "We need microformats and to get people to agree on them. It is going to bootstrap exchanging data on the Web" 이라고 밝히면서 웹의 데이터들을 보다 가치 있게 하기 위한 시발점으로써의 역할을 하게

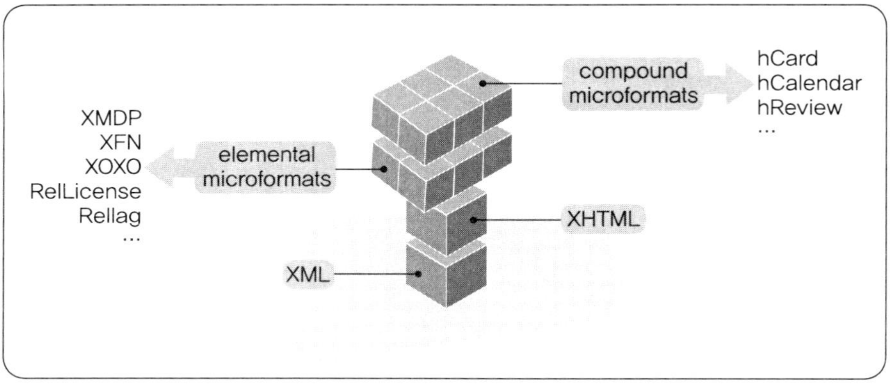

그림 9.30 Microformat

될 것으로 보고 있다.

이러한 마이크로포맷의 경우 브라우저에 표현을 하기 위한 레이아웃을 정의하는 용도로 사용하는 HTML과는 달리 간단한 방법으로 웹 페이지 내의 데이터에 대해 특정한 목적의 의미를 부여할 수 있어, 기존의 HTML을 보다 더 다양한 용도 및 명시적으로 활용할 수 있게 된다. 예를 들어 웹 페이지 안에 마이크로포맷을 적용함으로써 주소록을 공개하고 인맥 관계를 찾거나, 일정을 공유하는 등의 활용이 가능하게 된다. 기존의 검색엔진들은 일반 HTML로만 웹 페이지가 구성되어 있는 경우 문맥정보(Context Information)를 인식하는데 있어 개별적인 알고리즘을 통해 파악하게 되지만 마이크로포맷을 명시적으로 이용한 경우 특정 데이터가 어떠한 문맥정보를 가지고 있는지 보다 쉽고 정확하게 인덱싱할 수 있게 된다. 현재 이렇게 정의된 마이크로포맷은 표 9.3과 같으며 이외에도 많은 마이크로포맷이 존재하며, 현재에도 지속적으로 추가되고 있는 중이다.

② Web Platform 기술

웹 기반 플랫폼 기술의 경우 다양한 오픈 소스 기반의 서비스 플랫폼 기술들이 경쟁을 벌이고 있는 상황이다. 이러한 기술들 중에서 IPTV와 관련된 기술들에 대해서 살펴보고자 한다.

우선 서비스를 위한 기본적인 구성품인 어플리케이션 플랫폼 WAS(Web application server)의 경우 다양한 오픈 소스 기반 서버 및 특정한 용도에 맞춘 형태의 서버들이 제공되고 있다. 특히 이중 관심을 끌고 있는 기술로는 대용량 분산 처리와 관련된 플랫폼 기술과 대용량 스토리지 관련 기술을 들 수 있다. 대용량 분산 처리와 관련하여

표 9.3 Microformats 표준 Specifications

No	Microformat Class	설명	Implementation(현재 서비스 제공중인 서비스 사업자 및 어플리케이션)
1	hCard	People and Organizations	WordPress - hcard Creator Alexa - hcard Search Technorati - Microformats Search Dreamweaver Extention Suite
2	hCalendar	Calendars and Events	MySpace - Events RSS Creator
3	VoteLinks, hReview	Opinions, Ratings and Reviews	SemanticLinks - Firefox extension WordPress - VoteBack Windows Live Writer WordPress Firefox Extension
4	XFN	Social Networks	WordPress
5	rel-lience	Licenses	Dreamweaver Extention Suite Creative Commons(cc) -license chooser Yahoo!(cc) - search Google - "Usage Rights" search
6	rel-tag	Tags, Keywords, Categories	Dreamweaver - Extention Suite WordPress - Tag Plug-In Greasemonkey - script (Firefox Extension)
7	XOXO	Lists and Outlines	Odeo

서는 오픈 소스 커뮤니티 기반의 Hardoop이, Full-featured text 검색과 관련하여서는 Apace Lucene가, 대용량 스토리지 관련 기술의 경우 Zeta File System이 이슈화 되고 있다. 이중 Hardoop의 경우 이미 Amazon이나 Joost와 같은 서비스 사업자에 의해 이용되고 있으며, 그 성능 및 안정성을 입증 받은 상황이다.

EPG의 경우 웹 환경에서는 일반적으로 EPG에 해당하는 정보가 HTML 또는 XML 형태로 제공되고 있으며, 최근 들어 HTML 5 스펙에서는 'Video' Tag가 추가적으로 명시되어 사용이 가능하다. 컨텐츠 신디케이션(Content Syndication)과 관련하여서는 다양한 형태의 기술들이 있으나 최근 들어 블로그 서비스의 급성장으로 인하여 RSS(Real Simple Syndication)을 이용하는 것이 일반적으로 받아들여지고 있다. 이러한 컨텐츠 신디케이션 기술의 경우 기존의 웹 환경에서 사용자가 직접 원하는 사이트를 방문해서 정보를 얻던 방식에서 벗어나 사용자가 선택해 둔 정보에 대해, 새롭게 갱신되는 경우 Feed를 통하여 전달받게 됨으로써 사용자가 컨텐츠 소비에 있어 중심으로

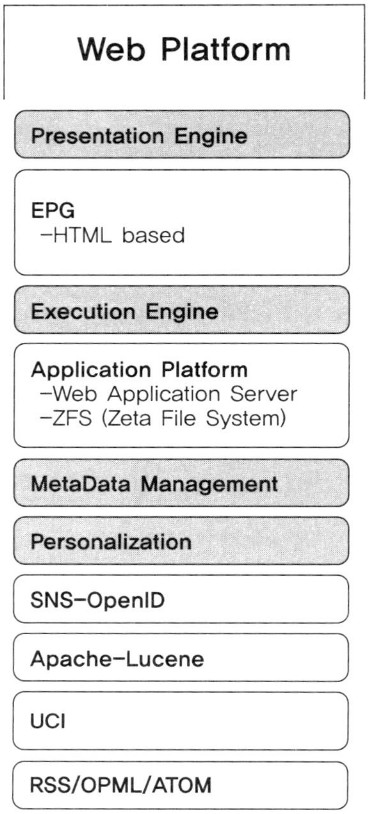

그림 9.31 Platform관련 Web 기술

자리 잡는 장을 열어 주게 되었다. 특히 블로그 및 SNS 서비스들의 발달로 인하여 웹 상에 존재하는 컨텐츠들이 폭발적으로 증가하게 되었고, 그 결과 많은 웹 사용자들이 현재 이러한 컨텐츠 신디케이션 서비스를 이용하고 있다.

이러한 웹 기반의 컨텐츠 신디케이션 기술은 사용자들이 보다 컨텐츠 소비에 있어서 힘을 가지게 되는 결정적인 결과를 제공하였고, 미디어 2.0으로 대변되는 뉴미디어의 확장에 있어 핵심적인 기술요인으로 작용하고 있다.

③ Internet 기술

웹 관련 기술들의 경우 일반적으로 망 환경이 인터넷을 기반으로 사용되고 있으며, 이러한 인터넷의 서비스 환경은 대부분 Pipe 형태만으로 이용되고 있다. 물론 이외에도 P2P 기반의 서비스들의 경우 네트워크 활용 관점에 있어 보다 다양한 기술들을 제시하고 있으나 본 보고서의 방향과는 거리가 있음으로 그에 대해서는 언급하지 않는다.

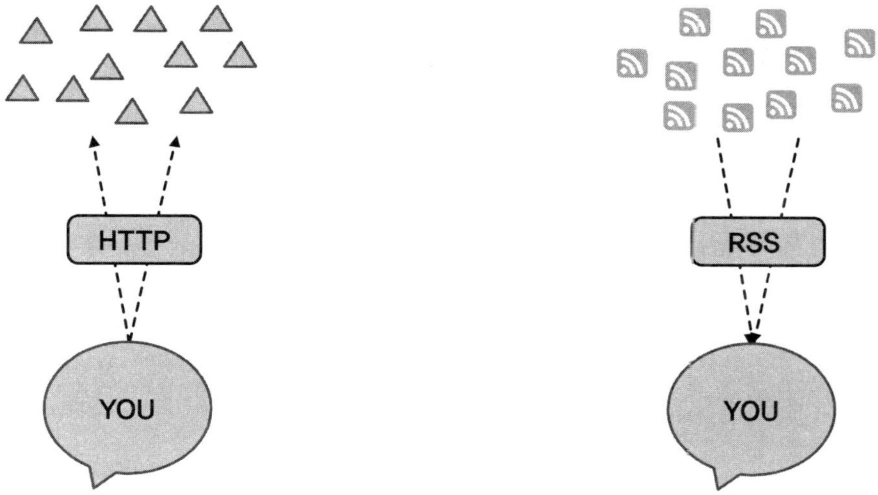

그림 9.32 Empowered You

이외 인터넷 관련 기술 중 중요하게 살펴보아야 할 것으로는 LBS(Location based Service) 기술 중의 하나인 WPS(Wi-fi Positioning Service)이다. 현재 WPS 서비스를 Apple에 제공 중인 SKYHOOK Wireless사의 경우 특수 차량을 이용해 일반 도로를 돌면서 Wi-fi Access point를 Database화 한 후 이를 Geo-Code에 대칭하는 서비스를 제공하는데, 이를 통해서 Wi-fi의 신호가 잡히는 곳의 정보를 바탕으로 사용자의 위치 정보 서비스를 제공해주고 있다. 2008년 3월, 유럽을 기준으로 현재 상위 50위 이내의 대도시에 대해 WPS 서비스를 제공 중이며, 미국과 캐나다 그리고 호주의 경우 사람이 거주하는 지역의 약 70% 정도를 서비스 커버리지로 제공하고 있다.

그림 9.33은 구글맵에서 매칭한 샌프란시스코지역의 WPS 서비스 제공 범위이다. 이러한 WPS 기술의 경우 국내에서도 부분적으로 IP Address와 Geo-Code 기반으로 제공하려는 시도가 이루어지고 있으며, KT의 경우 기 포설된 Nespot Zone의 경우 정확한 Geo 정보를 가지고 있음으로 이를 활용하여 서비스가 가능하다고 볼 수 있다.

④ End User 기술

최근 들어 사용자들의 요구가 증대되면서 Web 환경에서도 멀티미디어 및 양방향 서비스 제공에 관심이 증대되고 있다. 이러한 정점에 있는 것이 바로 RIA(Rich Internet Application)로 대변되는 웹 기술이다. RIA의 경우 직역하면 인터넷 어플리케이션을 풍부하게 해주는 것으로 이해될 수 있으며, 이러한 RIA 기술은 사용자 환경에서 독립

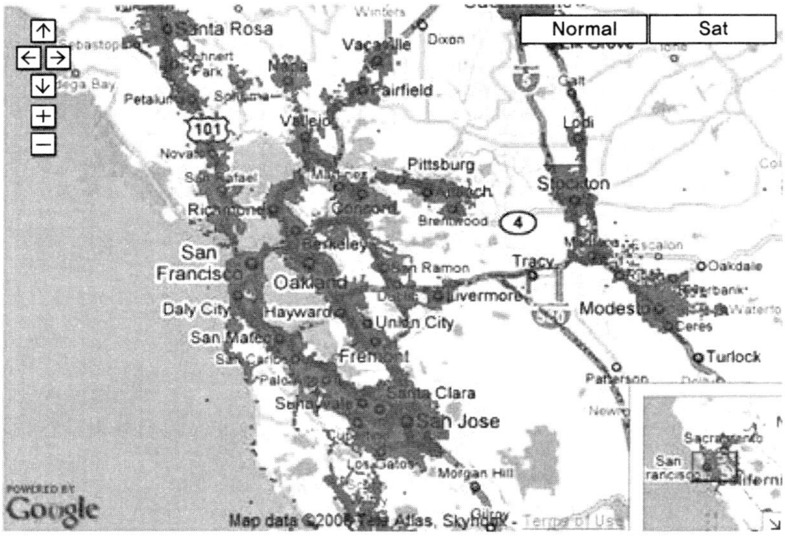

그림 9.33 SKY Hook사의 Service Coverage

적으로 동작하기 보다는 서비스 Framework 형태로 제공되고 있다. 표 9.4는 주요 RIA 프레임워크에 관한 소개이다.

현재 다양한 사업자 및 오픈 소스를 통하여 다수의 RIA 프레임워크가 혼재된 양상을 띄고 있으나, 실질적으로 시장에서의 경우 마이크로소프트 사의 Silverlight와 Adobe사의 Flash/Flex가 양분하고 있는 형태이다. Appcelerator의 경우 오픈 소스 기반의 웹 플랫폼이라는 특성을 가지고는 있으나 시장 점유율 측면에서는 크게 두각을 나타내지는 못하고 있다.

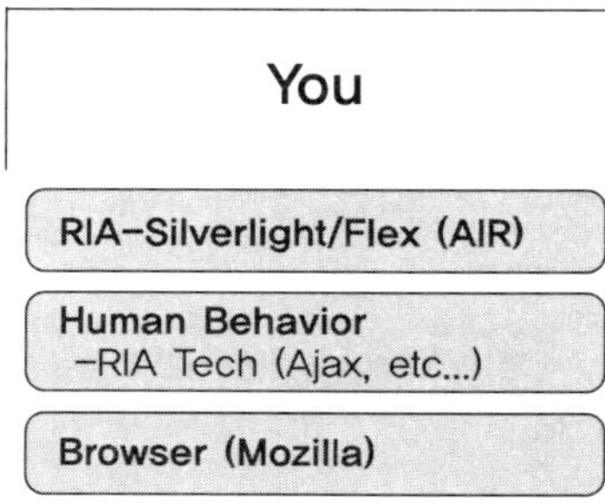

그림 9.34 End User관련 Web 기술

표 9.4 Microformats 표준 Specifications

RIA Framework	Introduction
Appcelerator	Appcelerator is a platform that allows you to quickly build both rich and highly dynamic user interfaces (RIAs) as well as true SOA-based services in Java, Ruby, .NET, PHP or Python - it' s RIA and SOA made easy.
Silverlight	Microsoft® Silverlight™ is a cross-browser, cross-platform plug-in for delivering the next generation of .NET based media experiences and rich interactive applications for the Web.
AIR(Apollo)	Adobe® AIR™ lets developers use their existing web development skills in HTML, AJAX, Flash and Flex to build and deploy rich Internet applications to the desktop.
JavaFX	JavaFX, a new family of products based on Java technology designed to enable consistent user experiences, from desktop to mobile device to set-top box to Blu-ray Disc.
Flash/Flex	Adobe® Flex™ 3 is a cross platform, open source framework for creating rich Internet applications that run identically in all major browsers and operating systems.

(2) Web 기반의 주요 IPTV 기술과 발전 전망

앞서 살펴본 웹 관련 주요 기술들 중 향후 IPTV 발전에 핵심 기술로 자리매김할 부분들에 대하여 발전 전망을 살펴본다. 특히 모든 웹 기술이 IPTV 환경에 적합한 형태는 아니므로 단기적인 관점 즉, 2009~2012년 정도의 IPTV 진화에 초점을 맞추도록 한다.

① RIA(Rich Internet Application)

현재 RIA 시장은 춘추전국시대와 같은 시장 상황으로 볼 수 있으며, 전체적으로는 시장이 형성되어져 가는 초기 상황으로서 개별 사업자들은 지속적으로 새로운 제품군 및 기존 제품군들의 업데이트 시기를 앞당기고 있는 상황이며, 개발자 및 디자이너를 이어주는 생산성 향상 도구에도 많은 투자를 하고 있다.

특히 이중 주목해야 할 플랫폼 두 가지는 앞서 살펴본 바와 같이 마이크로소프트사의 Silverlight 2와 Adobe사의 Flash9/Flex 제품군이다. 현재의 시장 점유율로만 따질 경우 Adobe사의 제품군이 압도적인 우위에 있으나 마이크로소프트사는 PC 및 휴대단말, 게임 콘솔들에 이르는 다양한 플랫폼 경쟁력을 바탕으로 RIA의 시장 점유율을 확대해 나갈 것으로 예상된다.

특히 최근 개최된 2008 Beijing 올림픽의 경우 MSNBC는 Silverlight 기반의 서비스 플랫폼을 통해 모든 올림픽 경기를 웹 상으로 서비스를 제공하였다. 이처럼 RIA 기술은 웹 환경에서의 비디오 서비스와 밀접한 관계를 가지고 있으며, 웹의 한계점으로 지적되었던 편리한 사용자 인터페이스 및 상호응답을 가능하게 해 줌으로써 웹 진영의 IPTV와 대비되는 강력한 기술이며 향후 웹 진영의 킬러 서비스에 활용도가 높은 기술로 볼 수 있다.

특히 마이크로소프트사의 전략 중 IPTV와 관련해 주목해야 할 부분으로는 Surface와 Media Room, 그리고 모바일 관련 전략이다. 향후 Surface 및 Media Room의 서비스들 역시 RIA를 통해 서비스를 구현함으로써 사용자의 편의성 제고 및 동일 플랫폼을 기반으로 한 서비스 전략을 내세울 것으로 예상된다.

② Metadata

앞서 살펴본 바와 같이 멀티미디어 서비스 환경에서의 메타데이터의 중요성은 다시 한 번 강조해도 지나치지 않을 정도이다. 이러한 현재의 웹 환경에서는 이용자의 컨텐츠 이용 방법이 Push형에서 벗어나 사용자가 원하는 시점에 이용하는 형태인 Pull 형태의 서비스가 강화되고 있다.

하지만 이러한 Pull 형태의 이용환경에서 만약 서비스 이용자가 이용하고자 하는 컨텐츠의 정확한 정보를 모른 채 출연자의 정보나 출연자의 극중 이름만을 아는 경우, 또 지속적으로 늘어나는 컨텐츠에 대해 효율적인 사용자 접근 경로를 제공하는 현재의 가능한 수단은 검색을 이용한 방법이다.

이러한 상황에서 컨텐츠의 생명주기를 연장하고 롱테일에서 언급된 규모의 경제 및 차별성에 도달하기 위해서는 꼬리(Tail)에 해당하는 부분에 대한 접근성을 우선적으로 개선하여야 하는데, 이를 위한 가장 손쉬운 방법이 바로 메타데이터를 통하여 컨텐츠의 정보를 배포하고, 보다 정교한 인덱싱을 통하여 해당 컨텐츠에 쉽게 접근할 수 있는 경로를 제공하는 것이 중요하다.

이러한 메타데이터와 관련하여 현재 다양한 국제 표준 MPEG 7/21, ETSI TV-anytime 등에서 관련 미디어의 표준을 제시하고 있는 상황이며, 웹의 경우에도 W3C의 Video in the Web Activity에서 관련 표준 작업을 올해 9월부터 시작한 상황이다.

W3C의 비디오 관련 작업은 현재 표 9.5와 같이 이루어지고 있다.

향후 이러한 메타데이터는 미디어 서비스를 위한 주요한 Ontology의 기본이 되는 수단으로서 활용될 것이며, 현재 각 사업자들은 보다 효과적으로 미디어 별 메타데이터를 구축할 방안을 논의하고 있는 상황이다.

따라서 IPTV 입장에서도 컨텐츠에 대한 메타데이터의 표준 정립과 SBSi와 같이 사용자들의 자연스러운 참여를 기반으로한 메타데이터 온톨로지를 구축하는 방안에 대해 적극적으로 모색하여야 할 것이다.

표 9.5 W3C의 비디오 관련 작업 그룹 및 미션

Groups	Mission
Timed Text Working Group	produce a W3C Recommendation for media online captioning by refining the W3C specification Timed Text (TT) Authoring Format 1.0 - Distribution Format Exchange Profile (DFXP) based in implementation experience and interoperability feedback.
Media Fragments Working Group	address temporal and spatial media fragments in the Web using Uniform Resource Identifiers (URI).
Media Annotations Working Group	provide an ontology designed to facilitate cross-community data integration of information related to media objects in the Web, such as video, audio and images.

9.3 차세대 IPTV

앞서 살펴본 IPTV 진화 방향 및 관련 기술의 발전을 바탕으로 향후 나타나게 될 차세대 IPTV의 중요한 변화에 대해서 살펴보고자 한다.

우선 각각의 세부적인 내용에 들어가기에 앞서 IPTV 서비스를 구성하는 가치사슬 체계인 CPNT Value Chain을 기반으로 Layer별 요구사항 및 KSF(Key Success Factor)를 살펴보면 향후 IPTV의 각 포지션 별로 필요한 요구사항 및 성공을 위한 주요한 핵심 요소들을 정리할 수 있다.

컨텐츠 사업자의 경우 신뢰할 수 있는 안정적인 컨텐츠 유통 채널의 확보를 원하고 있으며, 채널의 다각화를 통한 사용자 접점의 확대를 바탕으로 수익 확대를 꾀하고자 하는 요구사항을 가지고 있다. 현재 국내의 경우 9월 '소니'가 DVD 시장에서 철수하였고, 최근 11월 '워너브라더스'가 국내 DVD 시장 철수를 결정할 만큼 컨텐츠 사업자의 사업환경이 좋지 않은 시점이다. 특히 워너브라더스의 경우 유일한 직배급사임을 감안할 때 국내의 컨텐츠 산업의 현실을 고스란히 반영한다고 볼 수 있다. 광대역의 보급에 따른 불법복제의 확대로 인해 컨텐츠 사업자들은 보다 신뢰할 수 있는 유통 채널의 확보를 필요로 하고 있으며, MegaTV의 경우 이러한 요건을 Walled Garden 형태의 서비스를 통해 DRM 및 CAS 기반의 서비스를 제공할 수 있는 장점을 가지고 있다. 또한 향후 MegaTV의 이용자 증대 시 사용자 접점 확대라는 컨텐츠 사업자의 요구사항을 모두 만족시켜줄 수 있다.

Platform 사업자의 경우 안정적인 유통을 위한 컨텐츠 확보 및 컨텐츠 기반 부가서비스 제공 환경을, 그리고 이러한 수익을 컨텐츠 사업자들에게 정당한 형태로 수익 분배에 대한 요구사항이 있으며, 네트워크의 경우 QoS 및 이동성 지원이 주요한 요구사

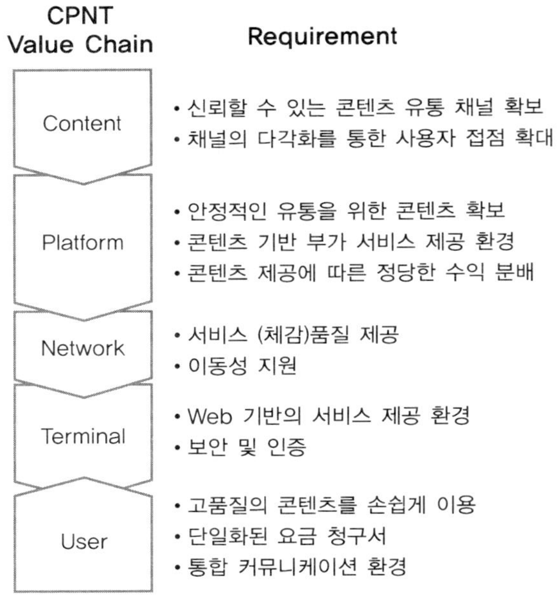

그림 9.35 IPTV CPNT Layer별 요구사항

항이다.

우선 플랫폼의 경우 컨텐츠 중심의 유통 플랫폼이 구축 가능하여야 하므로 컨텐츠의 안정적인 수급을 위한 규모의 경제학이 가능하여야 한다. 또한 이러한 컨텐츠 위에 컨텐츠 이용료 이외의 추가적인 수입이 가능할 수 있도록 컨텐츠 기반 부가서비스 환경이 반드시 제공되어야 한다. 이를 통해 플랫폼 공급자는 컨텐츠 라이센싱에 드는 리스크를 자체적인 부가서비스로 만회하고, 수익원을 확보할 수 있다.

그리고 터미널 관점에서는 웹 기반의 서비스 제공 환경과 컨텐츠의 보안 및 서비스 인증에 관한 부분이 주요한 요구사항 중의 하나이다. 현재 디지털 서비스의 경우 웹을 통해 제공되는 것이 일반화 되어가고 있으며, 최근 들어 인터넷 기반의 비디오 서비스들 또한 사용자 편의를 위해 웹을 통해 제공되고 있다. 이에 향후 IPTV 서비스를 위한 단말은 웹의 기능을 충실히 지원할 수 있어야 하며, 특히 사용자와의 동적인 서비스를 위해 RIA 기반의 기술을 탑재할 수 있는 수준으로 변화하여야 한다.

사용자의 경우 고품질의 컨텐츠를 보다 쉽게 이용할 수 있는 환경과 단일화된 요금 청구서, 그리고 통합된 커뮤니케이션 환경 즉, UC(Unified Communication)을 요구하고 있다.

기존의 TV 화면에서 제한된 수준의 웹을 이용하는 것을 넘어서 IPTV 기반의 커뮤

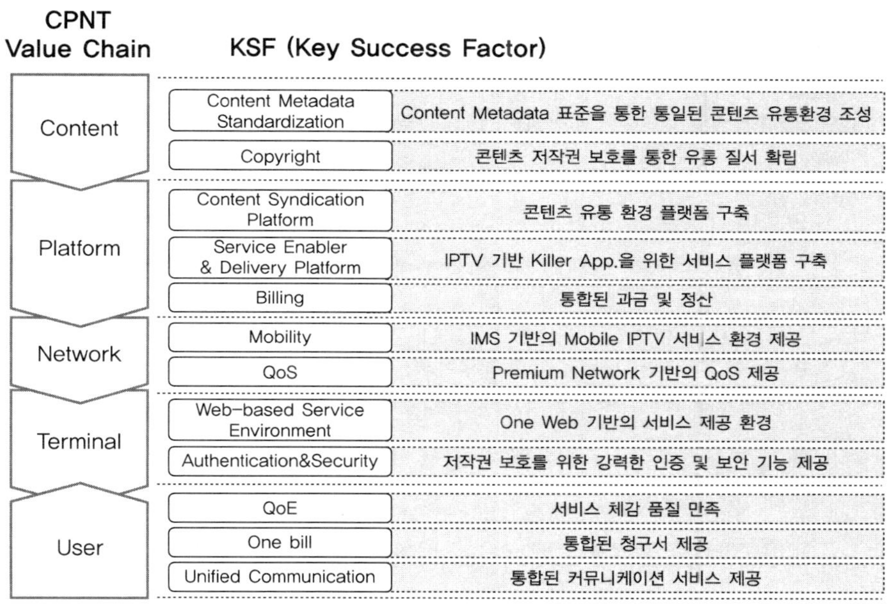

그림 9.36 IPTV CPNT Layer별 Key Success Factor

니케이션 서비스 즉, 다양한 통신 부가 서비스들을 IPTV상에서 이용하는 것을 원하고 있으며, 이러한 서비스에 대해 보다 쉽고 편리하게 이용할 수 있도록 사용자 UI 및 HCI(Human Computer Interface)의 개선을 요구하고 있다.

이러한 요구사항을 충족시키기 위한 각 레이어별 주요 KSF는 다음의 그림 9.36과 같다. 현재 IPTV 서비스를 제공 중인 통신 사업자들의 경우 아래의 각 레이어에 모두 해당하는 사업적 영역을 구축하고 있으므로, 이에 각 레이어의 성공 포인트들을 잘 엮을 수 있는 방안을 제시할 수 있어야 한다.

그림 9.36 IPTV CPNT Layer별 Key Success Factor 통신사 기반의 IPTV 사업자들의 경우 그림 9.36에서 언급한 CPNT 가치사슬상의 전 사업 영역에 걸쳐 서비스를 제공하는 사업자로 볼 수 있으며, 따라서 어떻게 이러한 가치사슬상의 KSF를 MegaTV의 서비스 환경에서 잘 엮어 나갈수 있는지가 차세대 IPTV 발전에 있어서 중요한 사업적 이슈라 할 수 있다.

9.3.1 IPTV 주요 진화 방향

관련 기술의 발전과 IPTV 진화 전망을 기반으로 하여, IPTV의 CPNT 가치사슬의 성공 요소들을 접목시킬 수 있는 3가지 주요 발전 관점을 제시하고자 한다.

첫 번째 진화 방향은 컨텐츠 신디케이션이다.

IPTV의 발전에 있어 컨텐츠 수급이라는 측면에서 향후 Web 상에 존재하는 다양한 컨텐츠들을 어떻게 비용대비 효율적으로 IPTV에서 제공할지의 방안과 기술적 접근 방법을 제안한다. 이는 컨텐츠와 플랫폼 사업자의 사업 영역에 해당하는 것으로 볼 수 있으며, 컨텐츠의 수집에서부터 유통 플랫폼을 통한 사업방향까지를 제시하고자 한다.

두 번째는 향후 Web 서비스 발전에 따른 Web Service 마이그레이션 방안을 제안한다. RIA, Video 2.0, Widget 등 다양한 웹 기반 서비스들이 하루가 멀다 하고 출시되며 IPTV 시장의 경쟁자로 자리매김하고 있는 상황에서 향후 IPTV가 앞으로 이러한 경쟁 서비스들과의 차별점을 유지하면서도 경쟁 서비스의 장점을 흡수할 수 있는 방안에 대해 제시한다. 이는 사용자 단말 즉, 터미널에 관한 사업 영역으로 볼 수 있다.

마지막으로는 IPTV의 플랫폼의 진화 측면에 대해서 제시하고자 한다. 현재의 ACAP 기반의 IPTV 플랫폼의 한계점을 지적하고, 앞으로 도래할 서비스 플랫폼 환경인 웹 기반의 서비스 플랫폼을 어떻게 효과적으로 도입해 나갈지 단기 및 중기적인 관점에서의 플랫폼 발전 방안을 제시하고자 한다. 이는 앞서 살펴본 CPNT 가치사슬 상의 플랫폼과 단말에 해당하는 부분이다.

(1) IPTV 컨텐츠 수급

현재 IPTV의 컨텐츠 수급의 경우 MPP 또는 PP, 그리고 실시간 재전송 서비스인 지상파 서비스들의 경우 개별적인 컨텐츠 등급에 따른 계약을 기반으로 하고 있으며, CUG 기반의 소규모 단체의 특성에 기반한 서비스 계약 형태를 따르고 있다.

IPTV에서 소비되는 대부분의 인기 컨텐츠 즉, 사용자들이 관심을 가지고 있는 컨텐츠 서비스들은 현재 사전 라이센싱을 통해 제공되는 컨텐츠로 볼 수 있다.

컨텐츠 소비 패턴을 기준으로, 이러한 인기 컨텐츠에 해당 하는 부분의 컨텐츠는 전적으로 전문 컨텐츠 생산자와의 계약에 의존하고 있는 상황이다. 이러한 상황이 IPTV 서비스에서도 지속될 경우 타 사업자와의 컨텐츠 차별성의 약화와 'Content is King' 이라는 시장의 현실을 벗어나기 힘들게 된다. 또한 컨텐츠 중심의 시장이 지속될 경우 결국 통신 사업자들이 인터넷 서비스를 통해 파이프 장사를 한 것처럼, 값비싼 IP를 통해 컨텐츠를 전송해주는 CDN 사업자 이외의 수익원을 확보하기 힘든 시장이라 볼 수 있다.

하지만 이러한 컨텐츠의 서비스 독점 현상은 앞서 살펴본 바와 같이 향후 단말 및 서비스의 융합을 통한 차세대 IPTV 환경에서 약해질 것으로 예상된다.

현재와 같이 IPTV를 통해 RMC만 제공되는 환경에서 벗어나 언제 어디서나 편리하게 웹을 이용할 수 있는 환경이 제공될 경우, 인터넷 상의 다양한 컨텐츠에 대한 소비 욕구가 활발히 일어나게 될 것이다. 이렇게 컨텐츠 소비양식이 다양화 될수록 IPTV 서비스는 웹상에 존재하는 다양한 컨텐츠를 저렴한 비용으로 유통할 수 있는 컨텐츠 유통 플랫폼을 필요로 하게 된다. 이는 기존의 수익성 문제로 인해 서비스 되지 못하였던 다양한 컨텐츠들이 IPTV 즉, IPTV 서비스 플랫폼을 통해 사용자들에게까지 전달되는 새로운 시장의 형성을 의미한다.

이러한 컨텐츠의 Long-tail 현상이 IPTV 환경에서 나타날 경우 아래의 그림 9.37과 같이 이미 Head에 해당하는 부분의 경우 여전히 지상파 방송 및 헐리우드와 같이 고급의 컨텐츠를 생산할 수 있는 집단이 여전히 컨텐츠의 파워를 유지한 채 계약 형태의 서비스를 요구할 가능성이 높다. 따라서 사용자의 관심측면에서 Head에 해당하는 컨텐츠들의 경우 'Content is King' 이라는 공식에서 벗어나기 힘듬으로 향후 컨텐츠 신디케이션 환경에 있어서도 IPTV의 주요 서비스에는 해당하겠지만, 신규 서비스 및 부가적인 서비스를 통한 수익 창출 측면에는 이용하기 힘든 한계점이 있다.

Head 이외의 시장이 MPP, PP들이 공급하는 컨텐츠 및 Long-tail 상의 Tail의 Head에 위치하게 되는 부분은 컨텐츠의 파워 이외에도 누가 어떻게 컨텐츠를 노출시키느

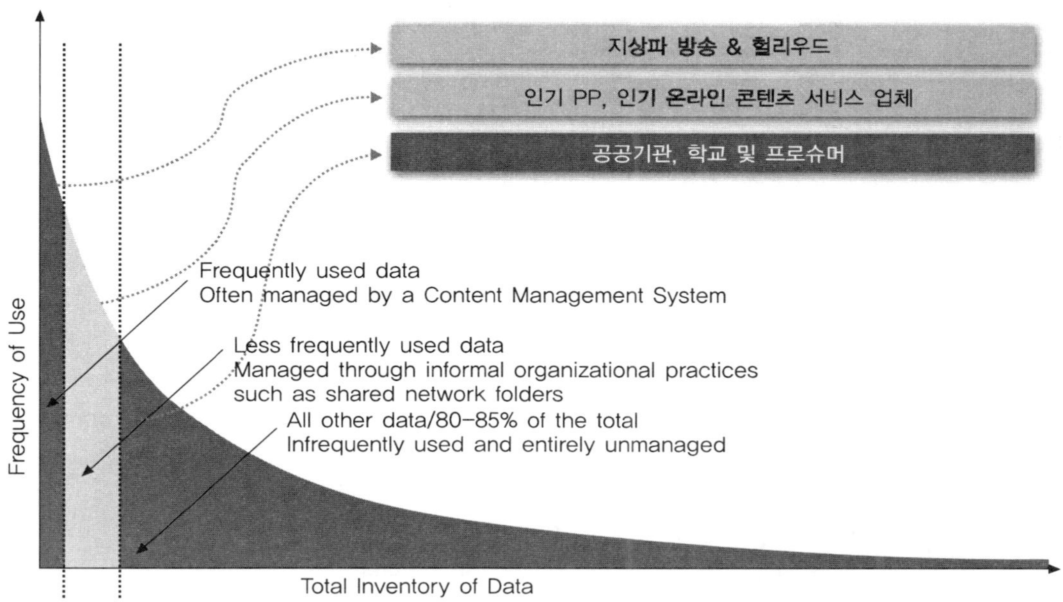

그림 9.37 향후 Content 시장의 Long-tail 현상

냐에 따라 컨텐츠의 노출 및 이에 따른 이용률이 좌우되는 시장이라고 볼 수 있다.

특히 3rd Party 컨텐츠 사업자들이 경쟁하는 구간의 경우 지상파 방송에서도 볼 수 있듯이 황금 채널간의 유휴 채널의 획득비용이 연간 수백억원에 달할 정도로 그 경쟁이 치열한 시장이라 볼 수 있다.

이러한 3rd Party간의 경쟁 구도가 형성되어 있는 컨텐츠 마켓에서 향후 IPTV의 사용자가 늘어날 경우, IPTV 사업자는 지금의 계약관계에서 보다 높은 지위를 획득할 가능성이 높아지게 된다. 따라서 이러한 부분의 컨텐츠 수급의 경우 시장의 파워를 이용하는 것만으로도 타 사업자와의 우위를 지킬 수 있는 부분으로 볼 수 있다.

Long-tail의 마지막 Tail에 대항하는 부분의 컨텐츠들은 현재 대부분 웹 상에 존재하는 컨텐츠라 볼 수 있다. 이러한 컨텐츠들은 현재 웹 서비스 사업자들을 통해 자사의 서비스에 갇힌 형태로 서비스되고 있는 상황이다. 이러한 컨텐츠들의 경우 UCC 또는 UGC로 불리며, 현재 그 컨텐츠의 양적인 측면에서 폭발적으로 증가하고 있는 추세이다. 이러한 컨텐츠들 중에는 사용자가 웹 캠으로 제작한 낮은 인코딩 품질의 컨텐츠뿐만 아니라 전문 소규모 사업자들이 제작한 컨텐츠의 예를 들어 한국정보통신대학교의 대학교 및 대학원 강의 등과 같은 고품질의 전문 컨텐츠들이 혼재하는 시장이다.

따라서 IPTV 사업자의 컨텐츠 신디케이션 전략은 앞으로 이러한 Tail의 Head에 해당하는 컨텐츠들을 발굴해내고, 이러한 컨텐츠들을 IPTV의 고객들에게 제공하여 새로운 컨텐츠의 공급을 통한 사용자층의 확대와 저렴한 비용으로 다양한 컨텐츠 수급이라는 두 가지의 장점을 얻을 것으로 예상된다.

향후 이러한 컨텐츠 신디케이션의 사업 모델을 IPTV에 접목시키기에 앞서 기본적인 컨텐츠 신디케이션 서비스의 발전모델을 5단계로 나누어 살펴보고 현재의 통신 사업자들이 제공중인 IPTV 서비스의 상황에 맞추어 단계별로 설명하고자 한다.

우선 초기의 컨텐츠 신디케이션은 기본적으로 생산과 유통의 일방향적인 형태이다.

표 9.6 컨텐츠 신디케이션 발전 단계

단계	특징
1단계	원소스, 원유즈
2단계	아웃소싱 기반의 신디케이션
3단계	소싱의 다변화
4단계	패키징 신디케이션
5단계	멀티소스, 멀티유즈

이러한 상황의 특징은 한 가지 생산물이 다른 양태로 발전되거나 다른 방식으로 소비될 개연성이 전혀 없다는 것이다. 따라서 생산 단계에서부터 완전한 형태의 모습을 갖춘 컨텐츠가 생산되는 특징을 가지게 된다. 이러한 상황에서는 생산자가 곧 수익을 독점하는 구조이다. 현재의 지상파 방송 사업자들이 가진 컨텐츠 제공의 형태가 바로 이러한 초기의 컨텐츠 신디케이션 형태로 볼 수 있다.

2단계에서는 기본적으로 아웃소싱을 기반으로 한다. 컨텐츠를 판매하는 입장에서 모든 컨텐츠를 생산하기 힘들 경우에는 외부의 컨텐츠를 동원하여 서비스를 제공하게 된다. 컨텐츠를 납품하는 입장에서 자신들이 자체적으로 확보할 수 없는 고품질의 컨텐츠를 확보하면서도 비용을 낮출 수 있고 비용을 통제할 수 있는 반면에, 외부 의존도가 지나치게 높아지거나 특정 컨텐츠 생산자에게 의존하는 경우 매체 전체의 품질이 낮아지거나 정형화되는 위험성을 가지고 있다. 바로 이러한 단계가 현재 IPTV 서비스 사업자들의 컨텐츠 신디케이션 단계에 속하며, 지나치게 지상파 방송사에 의존적인 컨텐츠 공급 구조를 통해 서비스의 정형화 및 부가 서비스 창출의 걸림돌이 되고 있다.

3단계는 신디케이션 소싱이 다변화된 형태로서, 대량의 컨텐츠 생산 시스템을 기반으로 중보된 컨텐츠에 한해 이를 다수의 매체사에게 공급하는 형태이다. 현재 국내의 경우 연합뉴스가 이에 해당한다고 볼 수 있다.

4단계는 패키징 신디케이션 형태로서 국내의 경우 인터넷에서 2000년대를 전후로 본격적인 어그리게이터가 출현하였다. 이는 인터넷 컨텐츠 신디케이션의 시작으로 볼 수 있으며, 초기에 이들의 활동은 언론사 및 전문 컨텐츠 제작사들에 비해 컨텐츠 패키지 품질이 떨어지고 여전히 생산단계에서 신디케이션을 고려하지 않은 채 생산이 이루어지는 문제점을 앉고 있었다.

하지만 최근 들어(2007년 이후) 블로그를 컨텐츠화하여 포털이나 언론사에 컨텐츠를 공급하는 사례(테터앤미디어)가 등장하였고, 신문, 잡지, 블로그 등 전문적인 영역에 대한 컨텐츠 중간 매개상이 출현하고 있다.

또한 뉴스코리아, 뉴스뱅크 등도 이러한 패키징 신디케이션 시장을 개척하고 있는 단계이다.

마지막 단계는 중간의 어그리게이터와 최종 소비단계의 서비스 이용자들이 한데 뒤섞이는 형태가 될 것으로 예상된다. 이러한 환경에서는 구글과 같이 자사의 광고 네트워크에 편입하여 최소한의 자금 조달 형태로 서비스가 가능할 것으로 예상된다.

① Content Aggregation

앞서 언급한 Tail의 Head에 해당하는 웹 컨텐츠를 IPTV상에 수용하기 위해서는 웹 상에 존재하는 다양한 컨텐츠들을 일괄적이고 자동화된 방법으로 수집할 수 있는 컨텐츠 수집 시스템이 필요하다. 이는 앞서 살펴본 컨텐츠 신디케이션의 발전단계에서 약 3단계에 속하는 형태로 볼 수 있다.

현재 사용자 제작형 또는 소규모 전문 컨텐츠 생산자들이 생산해내는 경우 제 각각의 컨텐츠 형태 및 인코딩 포맷으로 되어 있으므로, 이러한 컨텐츠들을 어떻게 효과적으로 수집하고 IPTV 서비스 환경에 맞도록 변화시킬 지가 이러한 컨텐츠를 서비스함에 있어 초기 단계의 중요한 기술적 난관이라고 볼 수 있다.

현재 이와 관련된 기술로는 Web에서 이용하고 있는 RSS 기반의 Feed를 활용하여 개개인 또는 소규모 사업자들을 통해 생성되는 컨텐츠를 수집하고 분류하는 형태의 시스템을 활용할 수 있다.

아래의 컨텐츠 수집 시나리오의 경우 사용자가 직접 IPTV용 컨텐츠 수집을 위한 시스템에 등록한 후 사용자가 생성하는 컨텐츠를 수집하는 방법을 시나리오화 한 것이다.

1. 컨텐츠를 공급하고자 하는 개인 또는 소규모 사업자는 IPTV 사업자의 컨텐츠 신디케이션 포털에 접속하여 컨텐츠 제공에 따른 계약을 체결한다.
2. 컨텐츠 계약의 체결 시 컨텐츠 공급자는 IPTV 사업자의 컨텐츠 신디케이션 포털로부터 Feed를 위한 URL과 이용인증을 위한 Key, 그리고 향후 컨텐츠 생산 시 이용할 컨텐츠 메타데이터 포맷을 받게 된다.
3. 이러한 컨텐츠 Feed 정보를 획득하게 된 사용자는 자신의 컨텐츠를 Feed 양식에 맞는 형태로 생산하고, IPTV 사업자의 컨텐츠 수집 엔진은 이러한 컨텐츠를 주기적으로 수집 또는 Feeding한 후 IPTV 사업자의 서비스 환경에 맞도록 Transcording 및 Metadata 포맷을 변경하는 작업을 제공한다.

웹 크롤링 방식의 멀티미디어 컨텐츠 수집을 통해 웹상의 컨텐츠를 IPTV 사업자의 컨텐츠로 활용하게 될 경우 사용자로부터의 저작권 관련 동의의 문제가 발생하게 되므로 우선 간단한 동의를 기반으로 한 서비스를 통해 제공되는 것이 바람직할 것으로 예상된다.

또한 위와 같은 컨텐츠 수집을 위해서는 IPTV 사업자들이 사용할 컨텐츠 수집 엔진의 설계와 공통포맷으로 이용할 수 있는 컨텐츠 메타데이터의 표준이 개발되어야 한다.

컨텐츠 수집 엔진의 경우 상용 RSS 엔진들이 시중에 많이 있으나, 메타데이터 표준 문제의 경우 향후 IPTV의 발전 방향 및 사업자별 IPTV 서비스 방향에 따라 변수가 많은 부분이라 볼 수 있다.

특히 최근 들어 W3C에서 Video Metadata와 관련된 표준을 진행하고 있고, 각 사업자 역시 개별적인 media annotation 서비스를 구축해나가는 상황에서 IPTV의 사업적 특성 및 웹 상의 컨텐츠 유저들의 특성 즉, 컨텐츠 메타데이터의 수동적 생성을 기피하는 문제에 대한 적절한 대응책이 필요하다고 볼 수 있다.

② Content Syndication

이러한 컨텐츠 수집이 지속적으로 이루어져 규모의 경제를 형성할 경우 IPTV 사업자는 수집된 컨텐츠를 자사의 IPTV 서비스 뿐만 아니라 타 IPTV 사업자 및 관련 컨텐츠를 원하는 사업자들에게 유통을 하는 비즈니스 모델을 새롭게 가져갈 수 있다. 이는 컨텐츠 신디케이션 발전 단계의 약 4단계 이상을 의미하는 것으로서, 사업자의 의지에 따라 5단계 형태의 원소스 멀티유즈 형태의 서비스도 제공이 가능한 상태이다.

표준화된 형태의 컨텐츠 포맷을 각 사업자 별로 다시 변환시켜서 사업자들이 원하는 코덱으로 맞추어 서비스를 제공하고 이러한 컨텐츠 공급을 통해 발생하는 중계 수익을 통하여 플랫폼 비즈니스가 가능하게 된다.

그림 9.38과 같이 컨텐츠 신디케이션을 위해서는 웹 상에 존재하는 다양한 컨텐츠를 수집하여 향후 IPTV 사업자의 컨텐츠 플랫폼인 웹 기반의 컨텐츠 플랫폼을 통해 사용자에게까지 제공이 가능한 구조를 가진다. 이중에서 특히 주의하여야 할 것은 그림의 점선으로 표기된 즉, 3rd Party 컨텐츠 공급자가 단지 서비스 채널의 확장만을 요구하는 경우(즉, 컨텐츠를 IPTV를 통해 정보만 노출하고 서비스 자체는 자체 웹 사이트를 통해 제공하는 형태)에도 서비스 제공이 가능하여야 한다. 예를 들어 현재 웹 상

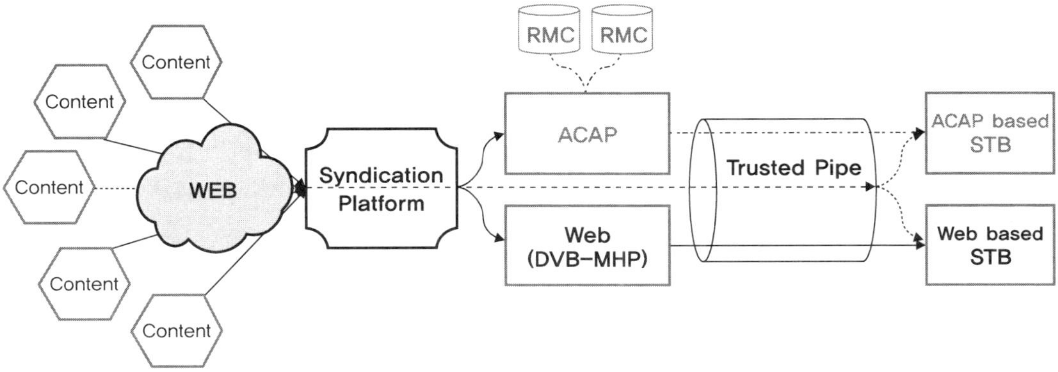

그림 9.38 Content Syndication을 통한 IPTV 환경에서의 웹 컨텐츠 공급

Party	Benefit
Content creators	Increased revenue from – licensing fees from multiple publishers – aggregation of larger audiences for advertising
Content publishers	Affordable access to high–quality content More attractive site for users Increased user engagement, and : – duration of user sessions – page views – advertising impressions
Advertisers	Aggregation of large, targeted online audience Controlled editorial environment Facilitation of online media–buying process
Users	More, high–quality Internet content, Easier to locate

그림 9.39 Content Syndication을 통한 이점

에서 e-Learning 서비스를 제공 중인 '메가스터디' 사의 컨텐츠의 경우 이미 자체적인 웹 상의 시스템을 통해서도 충분히 서비스의 강점을 가지고 있기 때문에 모든 것을 IPTV 사업자 내에서 제어하는 형태의 비즈니스 모델에 동참하지 않을 확률이 높다고 볼 수 있다. 하지만 이러한 컨텐츠들의 경우 사용자 유인 효과가 크고 수익성이 높은 컨텐츠들이므로 현재의 IPTV 이용자 규모 및 바게닝 파워로 공급을 유도하기에는 한계가 있다. 따라서 이러한 컨텐츠들을 유인하기 위해서 위의 (중앙의)점선과 같이 서비스 공급자에게 서비스 제어 기능을 제공하고, IPTV는 통합 과금 등의 서비스를 제공하는 형태도 고려되어야 한다.

그림 9.39와 같은 신디케이션을 통해 얻는 이점을 각각 구분하면 아래와 같다.

이러한 신디케이션의 형태는 비즈니스 구조별, 컨텐츠의 타입별, 파트너와 선택 및 분배 방법에 따라 나뉘어진다.

우선 컨텐츠의 비즈니스 구조별로는 첫째, Licensed Content가 있으며 이는 컨텐츠의 원작자로부터 컨텐츠에 대한 비용을 지불 후 구입하는 형태가 된다. 둘째,

Advertiser-support Content의 경우 광고를 삽입함에 따라 컨텐츠 노출에 따른 비용을 얻는 방식이다. 그리고 마지막으로 Free syndication의 경우 일반적으로 개인의 홈페이지에 올린 컨텐츠 즉, 웹 검색을 통해 이용하게 되는 대다수의 컨텐츠와 정부가 생산해낸 컨텐츠들이 이에 속한다.

컨텐츠 타입별 신디케이션 방법은 크게 두 가지로 나뉘어 지는데 RSS 또는 Atom Feed를 이용한 방법과 Full Content를 유통하는 방법이 있다. RSS 및 Atom Feeds의 경우 컨텐츠의 요약된 정보를 전달하는 수준이며 Full Content의 경우 컨텐츠 전부를 제공하는 형태이다.

마지막으로 파트너의 선택 및 분배 방법에 따라 Opt-in 방식과 Targeted 분배 방법으로 구분할 수 있다. Opt-in의 경우 특정한 사이트에서 특정한 컨텐츠만을 선택해 노출하는 방식이며 Targeted 분배 방식의 경우 컨텐츠 생산자가 파트너의 특정 이용자를 지정하는 경우를 의미한다.

이를 위해 차세대 IPTV는 컨텐츠 신디케이션을 위한 서비스 플랫폼을 새로이 구축하여야 하며 이러한 플랫폼은 웹 기반의 컨텐츠에 최적화 되어 있어야 한다. 궁극적으로는 컨텐츠 신디케이션 플랫폼을 광고를 통한 수익확보를 통해 자생적인 서비스 생태계를 이룰 수 있는 수준으로 발전시켜 나가기 위해서 관련 메타데이터의 표준화를 꾀하여야 한다.

(2) Web Service Migration 전략

현재 새롭게 출시되는 다양한 디지털 서비스들의 경우 대부분이 웹을 기반으로 서비스가 제공되고 있다고 하여도 과언이 아니다. 특히 멀티미디어 서비스들의 경우 과거 대역폭의 한계로 인해 서비스 제공이 불가능한 부분들이 최근 들어 광대역 네트워크의 보급에 따라 서비스가 가능해 졌으며, 이에 따라 다양한 서비스들이 웹을 기반으로 출시되고 있다. 또한 최근 Cloud computing 시대의 도래에 따라 예전의 NC(Network Computer)의 개념이 새롭게 부각되고 있으며, 주요 서비스 사업자(Amazon, Microsoft) 등이 이러한 클라우드 컴퓨팅 사업을 진행하고 있다.

IPTV 사업자 입장에서는 이와 같이 빠르게 변하는 웹 서비스들의 장점을 IPTV에 흡수시키고 IPTV 서비스 이용자들이 보다 쉽게 Web 기반의 서비스와 연동이 가능하도록 마이그레이션 전략이 필요한 상황으로 볼 수 있다.

특히 현재 이슈가 되고 있는 서비스의 개방에 따른 Open APIs와 Open ID와 같이 웹 기반 서비스의 근간이 되는 기술들의 경우 MegaTV에서 우선적으로 도입, IPTV 시장의 웹 기술 도입에 앞장선 모범이 되어야 할 필요가 있는 기술들로 볼 수 있다. 이러한 웹 기반 기술들은 서비스의 활성화에 전제가 되는 기본적이고, 중요한 기술들로서 웹 사용자의 유인 효과를 극대화하기 위한 수단으로도 이용이 가능하다.

현재 IPTV에서 웹상의 기술을 서비스 하는 형태는 크게 두 가지로 분리할 수 있다.

첫째가 MegaTV의 'Naver 검색'과 같은 웹 페이지를 IPTV 서비스용에 맞춘 후 이를 기반으로 제한된 형태의 서비스를 제공하는 것으로 볼 수 있다. 이러한 서비스 제공시 궁극적으로 IPTV 사업자의 경우 사용자의 서비스를 만족시켜줄 수는 있으나 사용자의 IPTV 서비스 이용 집중도가 떨어지고 궁극적으로는 Naver의 트래픽을 제공하는 형태의 서비스로 발전될 가능성이 있음으로 제한된 범위 내에서의 서비스로 한정하여야 한다. 즉 검색 서비스의 경우 현재와 같은 초기 단계를 벗어나 전자 상거래 또는 Naver(즉 검색을 공급하는 사업자의 범위)를 벗어나는 경우를 주의하여야 한다.

둘째는 위젯(Widget)과 같은 응용 어플리케이션을 이용한 방법이다.

현재 위젯의 경우 PC 기반의 OS 상에서 구동하기 위해 위젯을 실행하기 위한 전용 서비스 환경이 필요하다. Vista 기반에서는 Gadget이, Google의 경우 Google Gears를 기반으로 서비스가 제공되며, 브라우저상에서는 웹이 지원된다는 가정하에 특별한 서비스 응용 플랫폼을 필요로 하지 않는다.

이러한 위젯 서비스는 2009년이 위젯 서비스의 원년으로 인식되고 있으며 현재 Haptic 2 및 T-옴니아 폰과 같이 모바일에서도 위젯 서비스의 활용이 늘어남에 따라 IPTV 이용자들도 보다 친숙하게 이용하게 될 것으로 예상할 수 있다.

이러한 위젯 서비스를 제공하기 위해서 STB의 경우 ACAP-J 기반으로 위젯 서비스를 제공할 수 있는 WRE(Widget Runtime Environment)를 제공하여야 한다. 웹 기반의

그림 9.40 Apple App Store 사례

표 9.7 차세대 IPTV 셋톱진화 방향

비용대비 효율성	1단계	2단계	2단계
목표	전용 위젯 서비스 환경 구축	웹 기반 위젯 서비스 환경 제공	IPTV 기반 위젯 서비스 오픈 마켓 활성화
서비스 관련 대응 사항	ACAP-J 기반의 표준 런타임 규격 완성	Web 기반의 위젯들에 대한 유효성 검증 도구 제공 IPTV용 SDK 개발 및 배포	MegaTV 사의 위젯 마켓 개설 수익 쉐어(Share) 방안 제공
관련 STB 대응 사항	ACAP-J 서비스 구동 환경 - 메모리 환경 - 디스크 환경 - 어플리케이션 인스톨 및 제거 환경	Web 기반 표준 수용 - W3C 표준 수용 - SDK 구동을 위한 하드웨어 환경 제공	위젯 마켓과의 연동을 위한 웹 기반 전용 어플리케이션 제공 - 프로그램 등록 및 제거 기능 - 과금 기능 제공

위젯 서비스의 성공 및 Apple App. Store의 성공에서도 볼 수 있듯이, 특정 서비스를 집중적으로 육성하는 기존의 서비스 론칭 방법 보다는 서비스를 제공할 수 있는 플랫폼을 오픈함으로써 보다 많은 개발자 및 사업자의 경쟁을 유도하는 것이 위젯 사업이 성공할 수 있는 필수적인 관건이라 할 수 있다.

특히 이러한 서비스의 관건이 되는 것이 바로 위젯 서비스 개발을 위한 SDK이다. 현재 Apple의 경우 iPhone 및 ipod Touch용 SDK를 온라인으로 제공하고 있으며, 이와 관련된 책자 및 온라인 개발자 서비스를 지원하고 있다.

또한 통신업계의 이러한 움직임을 살펴보면 BT의 경우 자사의 네트워크 리소스를 'BT 21C SDK' 라는 서비스 형태로 제공하고 있으며, 이를 기반으로 개발자들을 지원하는 정책을 펼치고 있다.

향후 IPTV STB가 웹의 수용을 통한 범용성을 가지게 되고 이에 따라 차세대 IPTV는 이를 지원할 수 있는 체계적인 서비스 개발 환경 및 런타임 환경을 지원하여야 한다. 이를 단계별로 예상하면 표 9.7과 같다.

(3) 차세대 웹 기반 IPTV 플랫폼 전략

향후 웹 기반의 서비스 플랫폼으로의 진화에 있어서도 ACAP 플랫폼의 경우 기본적인 웹 서비스 처리를 제외하고 Mobile 형태로의 진화에 DVB-MHP에 비해 전체적인 플랫폼이 너무 Heavy한 문제점(많은 수의 APIs)이 있으며, 특히나 CAS/DRM 관련 기존의 사업자들의 특허 선점으로 인해, 새로운 서비스 또는 사업의 도입 시 여러 문제점이 뒤따르고 있다.

따라서 향후 도입될 STB 및 Platform을 기준으로 ACAP에 종속성을 피할 수 있는 형태로 도입되어야 하며, 이러한 대안이 Web 기반의 서비스 플랫폼이다. Walled garden 형태의 서비스 및 컨텐츠의 owner ship을 유지하고자 하는 IPTV 사업자의 입장에서는 제한된 액세스를 기반으로 웹 플랫폼을 유지해 가는 것이 향후 Open walled garden 형태로의 시장 변화에도 발빠르게 대처할 수 있는 장점을 가지게 되며, 유무선 통합 환경에서도 서비스 제공에 있어 손쉬운 방법을 제시할 수 있다.

1단계에서는 기본적으로 Well-made된 웹 서비스를 IPTV 상으로 끌어들임으로써 서비스 사용자의 이용 만족도 확대에 초점을 맞추어야 한다. 예를 들어 IPTV에서 디지털 액자 서비스를 제공함에 있어서 개별적인 사이트 구축 후, 해당 사이트를 이용한 사용자만이 서비스를 이용할 경우 이용자들은 자신이 늘 이용하던 웹 서비스를 이용할 수 없음으로 사용자의 불만이 노출될 수 있다. 특히 웹 서비스 이용자들의 경우 무료 서비스임에도 불구하고 사용자 충성도가 높은 편임으로 이러한 기존의 서비스 사업자들이 확고한 서비스 영역을 구축한 서비스의 경우 기존 서비스와의 제휴를 통해 사용자들의 거부감을 없애기 위해 제휴를 통한 서비스 제공이 적합하다. 이러한 경우 IPTV에서 허용한 제한된 사이트에 대한 Full Browsing기능을 단말측에서 제공함으로써 사용자의 편의와 사용자들의 타 서비스로의 이탈을 방지할 수 있다.

또한 초기에 IPTV의 포털을 개방함으로써 현재 서비스 이용률이 낮은 IPTV 포털을 보다 활성화시킬 수 있고 IPTV 컨텐츠 및 서비스 정보를 널리 알리는데 효과적으로 이용할 수 있다.

이를 위해 IPTV가 보유하고 있는 컨텐츠에 관한 메타데이터를 웹 상에 개방함으로써 일반 웹 사용자들이 이러한 정보를 이용, 자신의 컨텐츠 생산에 활용함으로써, IPTV 컨텐츠 메타데이터 활용도를 높이고, 사용자들은 IPTV의 메타테이터에 보다 친숙해 짐으로써, 앞서 언급한 메타데이터 온톨로지 구축에 이러한 정보를 이용할 수 있게 된다.

2단계에서는 앞서 언급한 컨텐츠 신디케이션의 초기 단계인 컨텐츠 수집을 통해 웹 상의 컨텐츠를 IPTV에 제공, 사용자들이 보다 쉽고 편리하게 웹 상의 멀티미디어를 IPTV 환경을 통해 서비스 받을 수 있도록 진화하여야 한다.

이를 위해 플랫폼 측면에서는 컨텐츠 수집을 위한 기능과 수집된 컨텐츠를 서비스하기 위해 변환하는 플랫폼이 필요하다. 이러한 컨텐츠 제공 플랫폼은 2단계의 시점까지는 ACAP 기반의 방송 플랫폼이 그대로 유지될 확률이 높음으로 ACAP과 웹을 모두 지원하는 형태가 되어야 할 것이다.

차세대 IPTV의 사용자 환경의 경우 기존의 저가 STB에서 고가의 PC, Netbook 정도가 사용자의 단말에 편입되는 시점으로 볼 수 있으며, 이러한 환경에서 서비스가 가능하도록 IPTV의 어플리케이션 형태의 서비스에 대한 준비가 필요하다고 볼 수 있다. 특히 이러한 상황에서의 서비스 제공시 중점적으로 고려되어야 하는 것이 RIA 기술의 도입이다. 향후 2년 후면 RIA 기술이 보다 성숙되는 시점이고, 사용자들 또한 RIA 기반의 웹 서비스 이용에 익숙해진 상황이 되므로 보다 효과적인 서비스 제공을 위한 환경으로서 이용이 가능할 것으로 예상된다.

3단계에서는 웹 상의 컨텐츠를 신디케이션 함으로써 자생적으로 컨텐츠의 선순환 구조를 확보하는 생태계가 구성되는 시점으로 볼 수 있다. 2단계를 통해 컨텐츠 규모의 경제가 실현되는 경우 이를 기반으로 한 다양한 비즈니스를 펼칠 수 있는 기회가 발생하게 되고, 앞서 컨텐츠 신디케이션의 이점에서도 살펴보았듯이, 다양한 타겟 마케팅 기회의 발생으로 컨텐츠 신디케이션에 드는 비용을 감쇠할 수 있을 것으로 예상할 수 있다.

향후 u-IT 사회가 도래함에 따라 우리 사회는 융합의 물살을 타고 급변할 것으로 예상된다. IPTV는 이러한 융합의 중심에서 시스템 측면에서는 휴대형 IPTV로의 진화 후 각각의 세분화된 특성을 가진 IPTV로의 발전이 예상되며, 핵심 특징 측면에서도 공유하는 IPTV에서 상황 추론 및 지능형 IPTV로의 발전이 예상된다. 특히 이러한 차세대 IPTV는 교통 및 관광산업, 의료산업, 교육 및 게임산업, 뉴 미디어 및 광고산업, RFID 및 USN 산업 등과 융합되어 단말 측면으로는 고품질의 유선 IPTV, 차량용 IPTV, 교육용 IPTV, 의료용 IPTV, 원격감시용 IPTV, 센서 결합형 IPTV들로 발전해 나갈 것이며 서비스 측면으로는 고품질 실감형 방송, 차량용 IPTV 서비스, 실감형 교육 및 관광 서비스, 의료 진단 및 전문가 서비스, 원격 감시 및 보안 서비스, 센서 결합형 물류 서비스로 진화할 것이다.

이러한 차세대 융합형 IPTV를 지원하기 위해서 대두되고 있는 기술 중 Web 기반 IPTV 기술의 경우 Content, Platform 및 사용자 단말에까지 널리 이용될 수 있는 기술로서, 그 타당성을 인정받아 가고 있다. 특히 컨텐츠 분야의 경우 메타데이터의 표준화를 통해 기존의 멀티미디어의 문제점이었던 온톨로지 기반의 시맨틱한 컨텐츠 이용이 가능해 질 것으로 예상되고 있다. 그리고 플랫폼 환경의 경우 대용량 서비스 구현을 위한 성능 검증은 이미 완료된 상황이며, IPTV 서비스에서 사용자 UI에 해당하는 EPG의 경우에도 웹을 통해 충분히 서비스가 가능한 형태이다. 또한 웹 기반의 플랫폼의 경우 컨텐츠 신디케이션을 위한 기술들을 이미 활발히 이용 중이며 이를 통해 컨텐츠 공급자 중심의 시장에서 컨텐츠 소비자 중심의 시장으로 변화를 꾀하고 있다.

사용자 단말의 경우 RIA로 대변되는 서비스 제공 기술을 통하여 보다 사용자 친화적인 인터페이스 및 양방향 서비스의 제공이 가능하다.

9.4 참고문헌

[1] ATIS-0800002 ATIS standard ATIS-0800002 (2006), IPTV Architecture Requirements

[2] ATIS Standard ATIS-0800007, "IPTV High Level Architecture," March 2007

[3] ITU-T, IPTV.GSI-TD-GEN-0032, (2008), IPTV Architecture

[4] ITU-T, Y.Sup 5, Supplement on IPTV service use cases

[5] 함창용 외, "IPTV시장의 국내외 현황 및 시사점", KISDI 이슈리포트, 2008년 9월

찾아보기

정가 19,000원

IPTV 기초와 실무

2009년 9월 15일 초판 인쇄
2009년 9월 25일 초판 발행

저 자 : 김창익 · 박홍식 · 최준균
발행자 : 우명찬 · 송 준
발행처 : 홍릉과학출판사

저자와의 협의하에 인지생략

주 소 : ㊍ 142-885 서울시 강북구 인수동 455-60
등 록 : 1976년 10월 21일 제5-66호
전 화 : 999-2274~5, 996-8341, 903-7037
팩 스 : 905-6729
ISBN : 978-89-7283-778-7

hongpub@hongpub.co.kr
www.hongpub.co.kr